U0254192

住房和城乡建设部“十四五”规划教材
高等学校工程管理和工程造价学科专业指导委员会规划推荐教材

建 筑 力 学

（第二版）

华南理工大学 魏德敏 主编
魏德敏 吴庆华 王 勇 李 牧 肖新瑜 编著

中国建筑工业出版社

图书在版编目（CIP）数据

建筑力学/华南理工大学，魏德敏主编；魏德敏等编著. —2版. —北京：中国建筑工业出版社，2022.12（2024.6重印）

住房和城乡建设部"十四五"规划教材 高等学校工程管理和工程造价学科专业指导委员会规划推荐教材

ISBN 978-7-112-28171-8

Ⅰ. ①建… Ⅱ. ①华… ②魏… Ⅲ. ①建筑科学—力学—高等学校—教材 Ⅳ. ①TU311

中国版本图书馆CIP数据核字（2022）第2175 3号

本书在确保相关专业对建筑力学知识的教学基本要求基础上，将三门力学（理论力学、材料力学、结构力学）的主要内容融为一体，保留了三门力学课程的理论系统性和相互独立性，考虑了教学内容的精简和知识面的覆盖，注重对学生分析和解决实际问题的能力培养。内容精炼，信息量大，通俗易懂，便于自学。

全书内容包括静力学基础，单个杆件的强度、刚度、稳定性问题，静定结构的内力计算和位移计算，超静定结构的内力计算，影响线的概念等。

本书可作为高等学校工程管理、工程造价、建筑学、城乡规划、给排水科学与工程、智能建造等本科专业的课程教材，也可供本科其他专业、高职高专、成人高校师生及有关工程技术人员参考。

为了更好地支持相应课程的教学，我们向采用本书作为教材的教师提供课件，有需要者可与出版社联系。

建工书院：http：//edu.cabplink.com
邮箱：TLP226688@163.com，jckj@cabp.com.cn
电话：（010）58337285

责任编辑：田立平 牛 松 王 跃
责任校对：张 颖

住房和城乡建设部"十四五"规划教材
高等学校工程管理和工程造价学科专业指导委员会规划推荐教材
建筑力学
（第二版）
华南理工大学 魏德敏 主编
魏德敏 吴庆华 王 勇 李 牧 肖新瑜 编著
*
中国建筑工业出版社出版、发行（北京海淀三里河路9号）
各地新华书店、建筑书店经销
北京红光制版公司制版
北京云浩印刷有限责任公司印刷
*
开本：787毫米×1092毫米 1/16 印张：17 字数：417千字
2022年12月第二版 2024年6月第二次印刷
定价：**45.00**元（赠教师课件）
ISBN 978-7-112-28171-8
（39953）

出版说明

党和国家高度重视教材建设。2016年，中办国办印发了《关于加强和改进新形势下大中小学教材建设的意见》，提出要健全国家教材制度。2019年12月，教育部牵头制定了《普通高等学校教材管理办法》和《职业院校教材管理办法》，旨在全面加强党的领导，切实提高教材建设的科学化水平，打造精品教材。住房和城乡建设部历来重视土建类学科专业教材建设，从“九五”开始组织部级规划教材立项工作，经过近30年的不断建设，规划教材提升了住房和城乡建设行业教材质量和认可度，出版了一系列精品教材，有效促进了行业部门引导专业教育，推动了行业高质量发展。

为进一步加强高等教育、职业教育住房和城乡建设领域学科专业教材建设工作，提高住房和城乡建设行业人才培养质量，2020年12月，住房和城乡建设部办公厅印发《关于申报高等教育职业教育住房和城乡建设领域学科专业“十四五”规划教材的通知》（建办人函〔2020〕656号），开展了住房和城乡建设部“十四五”规划教材选题的申报工作。经过专家评审和部人事司审核，512项选题列入住房和城乡建设领域学科专业“十四五”规划教材（简称规划教材）。2021年9月，住房和城乡建设部印发了《高等教育职业教育住房和城乡建设领域学科专业“十四五”规划教材选题的通知》（建人函〔2021〕36号）。为做好“十四五”规划教材的编写、审核、出版等工作，《通知》要求：（1）规划教材的编著者应依据《住房和城乡建设领域学科专业“十四五”规划教材申请书》（简称《申请书》）中的立项目标、申报依据、工作安排及进度，按时编写出高质量的教材；（2）规划教材编著者所在单位应履行《申请书》中的学校保证计划实施的主要条件，支持编著者按计划完成书稿编写工作；（3）高等学校土建类专业课程教材与教学资源专家委员会、全国住房和城乡建设职业教育教学指导委员会、住房和城乡建设部中等职业教育专业指导委员会应做好规划教材的指导、协调和审稿等工作，保证编写质量；（4）规划教材出版单位应积极配合，做好编辑、出版、发行等工作；（5）规划教材封面和书脊应标注“住房和城乡建设部‘十四五’规划教材”字样和统一标识；（6）规划教材应在“十四五”期间完成出版，逾期不能完成的，不再作为《住房和城乡建设领域学科专业“十四五”规划教材》。

住房和城乡建设领域学科专业“十四五”规划教材的特点：一是重点以修订教育部、住房和城乡建设部“十二五”“十三五”规划教材为主；二是严格按照专业标准规范要求编写，体现新发展理念；三是系列教材具有明显特点，满足不同层次和类型的学校专业教学要求；四是配备了数字资源，适应现代化教学的要求。规划教材的出版凝聚了作者、主审及编辑的心血，得到了有关院校、出版单位的大力支持，教材建设管理过程有严格保障。希望广大院校及各专业师生在选用、使用过程中，对规划教材的编写、出版质量进行反馈，以促进规划教材建设质量不断提高。

住房和城乡建设部“十四五”规划教材办公室
2021 年 11 月

第二版前言

《建筑力学》第一版于2010年出版，至今已近12年，先后被评为住房和城乡建设部土建类学科“十二五”规划教材、“十三五”规划教材、住房和城乡建设部“十四五”规划教材为全国多所高校使用，多次印刷。为满足课程教学要求，现修订出版第二版。

本书是在《建筑力学》第一版的基础上，根据教育部高等学校工程管理和工程造价学科专业指导委员会制定的工程管理专业技术平台课程教学基本要求，以及教育部高等学校力学基础课程教学指导委员会制定的理论力学、材料力学和结构力学课程教学基本要求（B类）再次修订的。

这次修订工作除注意保持第一版教材的特点：内容少而精、便于教与学外，还力求做到有所改进和发展。所做修订主要有：(1) 根据教育部力学课程教指委的要求，规范了结点的表述。(2) 完成了与教材对应的多媒体课件和结构力学求解器的制作与开发。(3) 对个别字词、部分插图和例题习题作了修订。

《建筑力学》(第二版) 的修订由华南理工大学魏德敏负责，参与修订的有广州城市理工学院肖新瑜（第一～三章及第五章、第十四章），广州大学吴庆华（第六～八章的修订），广州城市理工学院李牧（第四章、第九章、第十章的修订），广州城市理工学院王勇（第十一～十三章，第十五章）。教材的多媒体课件由李牧和肖新瑜完成，结构力学求解器由王勇研制。

修订不当之处敬请读者指正。

第一版前言

按建设部高等学校工程管理专业指导委员会制定的工程管理专业技术平台课程教学基本要求，以及教育部高等学校非力学专业力学基础课程教学指导分委员会制定的理论力学、材料力学和结构力学课程教学基本要求（B类），在全国高校工程管理专业指导委员会的组织和指导下，我们为工程管理专业编写了这本建筑力学教材。本教材分为上下两篇，上篇（第二章至第七章）主要为理论力学和材料力学的相关内容，下篇（第八至第十四章）主要为结构力学的相关内容。上下两篇内容不重复，有相互联系。

全部讲授完本书约需 80—90 学时。本教材同时可供工程造价、建筑学、城市规划、给排水科学与工程等专业使用。采用本教材时，可根据各专业的不同要求和学时数对内容酌情取舍，部分内容可留作自学，或根据实际情况作为专题讲授，或融合到其他专业课程中讲授。在主要章节后附有一定数量的思考题和习题，可根据需要选做。

本书由华南理工大学魏德敏（第一章、第四章、第十四章）、陈宽德（第八至第十章）王勇（第十一至第十三章）、广州大学吴庆华（第二章、第三章、第五至第七章）编著，魏德敏主编。

由于编者水平和时间所限，本书不足之处在所难免，衷心希望使用本书的广大读者和教师提出宝贵意见，使本书得到完善和充实。

目　　录

上　　篇

下　　篇

上　　篇

第一章 绪论

建筑力学是将理论力学中的静力学、材料力学、结构力学等课程中的主要内容，依据知识和内容的连续性和相关性，重新组织形成的建筑结构力学知识体系。该知识体系适合建筑学、城市规划、工程管理、工程造价房地产开发与管理、给排水科学与工程等专业培养目标的需要，满足相关专业对力学知识的基本要求，为这些专业了解建筑结构和构件设计与计算提供基础知识。

第一节　建筑力学的研究对象

在土木工程中，由建筑材料按照一定的方式组成，能承受荷载并起骨架作用的部分称为结构。组成结构的各单独部分称为构件。例如图 1-1（a）所示单层工业厂房结构中的屋面板、柱、吊车梁、基础等均为构件。

当厂房承受吊车竖向荷载或水平荷载作用时，由于结构的纵向联系较弱，可取如图 1-1（b）所示平面结构来分析。计算厂房屋架的内力时，可取如图 1-1（c）所示计算简图。计算厂房柱子内力时，可取如图 1-1（d）所示计算简图。

一、结构的类型

按几何特征，结构一般可分为三种类型：

1. 杆系结构。它是由若干根长度远大于其他两个方向尺度（横截面的宽度和高度）的杆件所组成的结构。例如图 1-1（b)为图 1-1（a）厂房结构的一个横向承重排架，它即为杆系结构。

如果组成杆系结构的所有杆件的轴线位于同一平面内，且荷载也作用在此平面内，则该杆系结构为平面杆系结构，否则，便是空间杆系结构。

2. 薄壁结构。它是厚度远小于其他两个方向尺度的结构。当它为一平面板状物体时，称为薄板，如图 1-2（a）所示；当它具有曲面外形时，称为薄壳，如图 1-2（b）所示。由若干块薄板或薄壳可组成薄壳结构（图 1-3）。

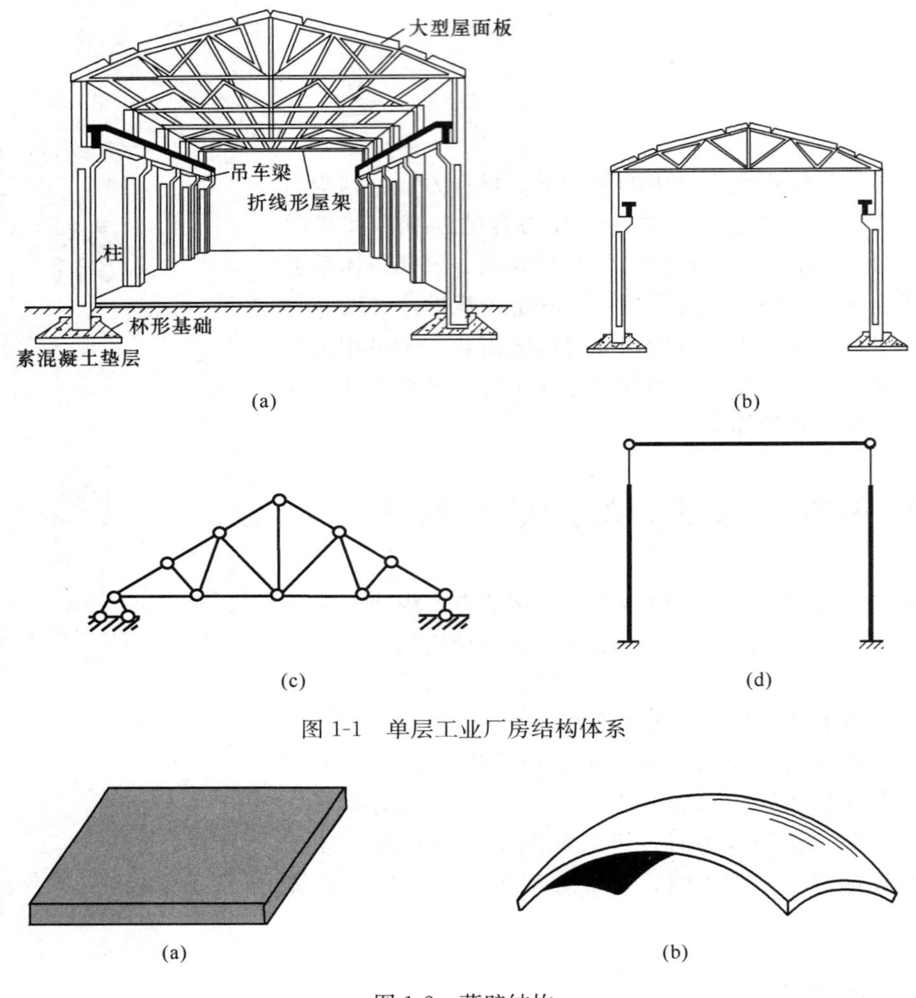

图 1-1　单层工业厂房结构体系

图 1-2　薄壁结构

（a）薄板；（b）薄壳

3. 实体结构。它是三个方向的尺度大约为相同量级的结构。例如堤坝、挡土墙（图 1-4a）、块式基础（图 1-4b）等均属实体结构。

二、平面杆系结构的类型

建筑力学以杆系结构为研究对象，重点研究平面杆系结构。

杆系结构杆件之间的相互联结处称为结点，结点的计算简图一般可归纳为以下两类：

1. 铰结点

铰结点的特征是所联结的杆件可以绕结点相对转动但不能相对移动，可以传递力但不能传递力矩，图 1-5（a）为五杆联结的铰结点示意图。图 1-1（c）所示钢屋架计算简图中所有杆件联结处均为铰结点。

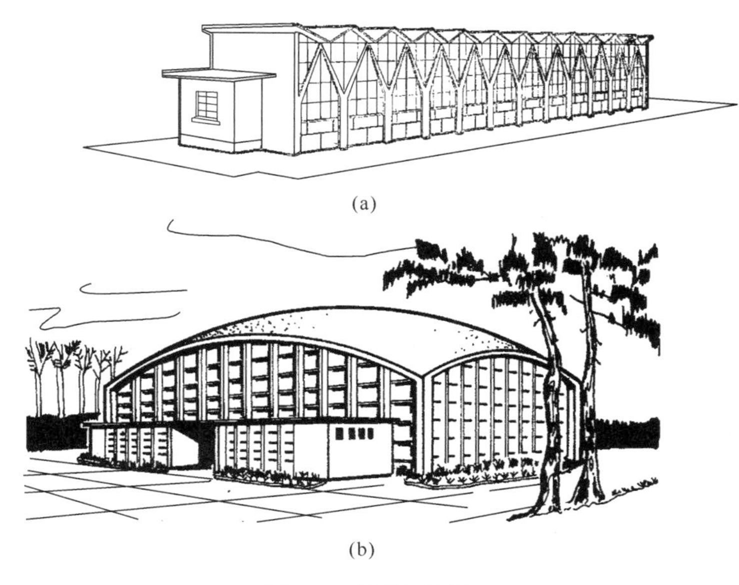

(a)

(b)

图 1-3　薄壳结构屋面

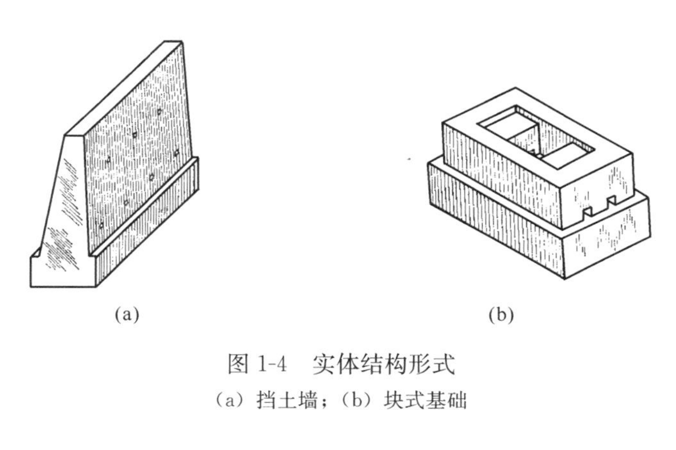

(a)　(b)

图 1-4　实体结构形式

(a) 挡土墙；(b) 块式基础

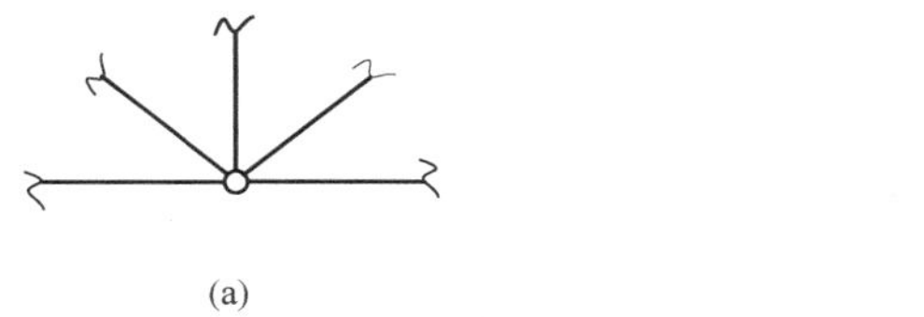

(a)　(b)

图 1-5　结点的类型

(a) 铰结点；(b) 刚结点

2. 刚结点

刚结点的特征是所联结的杆件之间不能发生相对转动也不能有相对移动，可以传递力也能传递力矩，图 1-5（b）为三杆联结的刚结点示意图。图 1-1（d）所示单层厂房计算简图中钢筋混凝土柱的变截面处为刚结点。

结构与基础相联结的部分称为支座。图 1-1（c）所示屋架与钢筋混凝土柱子的联结部分，可被简化成固定铰支座（左）和可动铰支座（右）。而图 1-1（d）所示钢筋混凝土柱与地基基础的联结部分，一般被简化为固定支座。

结点和支座可统称为约束。一般，结点对杆件的反作用力称为约束反力，支座对结构的反作用力称为支座反力（详见第二章）。

常见的平面杆系结构主要有以下五种类型：

1. 梁

梁是一种以弯曲变形为主的构件。图 1-6 给出四种类型的梁：简支梁（图 1-6a）、多跨静定梁（图 1-6b）、单跨超静定梁（图 1-6c）和多跨超静定梁（图 1-6d）。

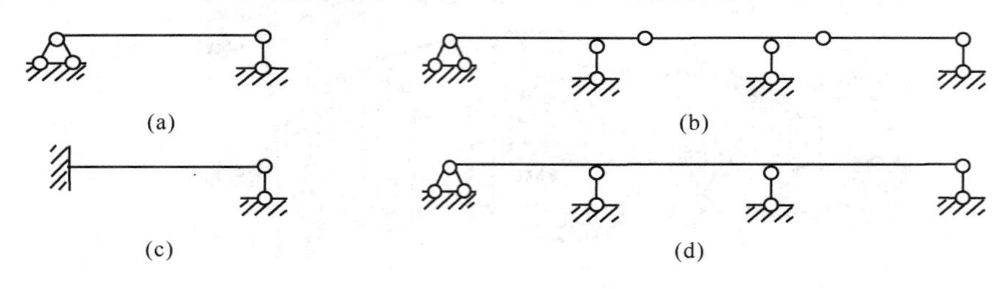

图 1-6 梁

(a) 简支梁；(b) 多跨静定梁；(c) 单跨超静定梁；(d) 多跨超静定梁

2. 拱

拱是由曲杆组成，且在竖向荷载作用下能产生水平支座反力的结构。图 1-7（a）给出静定三铰拱，图 1-7（b）为超静定无铰拱。

图 1-7 拱

(a) 静定三铰拱；(b) 超静定无铰拱

3. 桁架

桁架是由直杆组成，各杆端以理想铰联结而成。在结点荷载作用下，各杆只有轴力。图 1-8（a）为静定桁架，图 1-8（b）为超静定桁架。

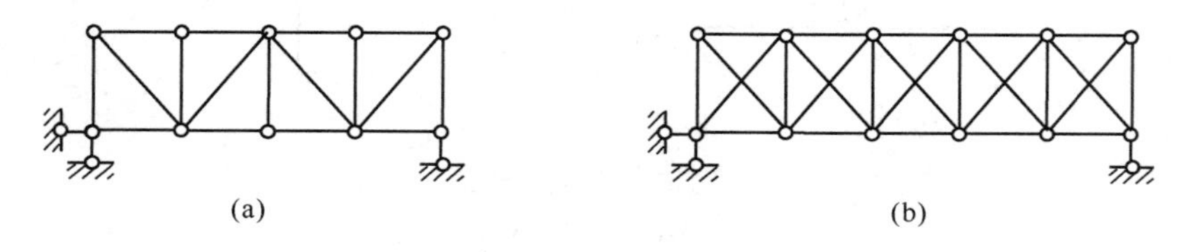

图 1-8 桁架

(a) 静定桁架；(b) 超静定桁架

4. 刚架

刚架是由梁和柱组成，以弯曲变形为主的结构。图 1-9（a）给出静定刚架，图 1-9（b）和图 1-9（c）分别给出单层单跨和多层多跨超静定刚架。

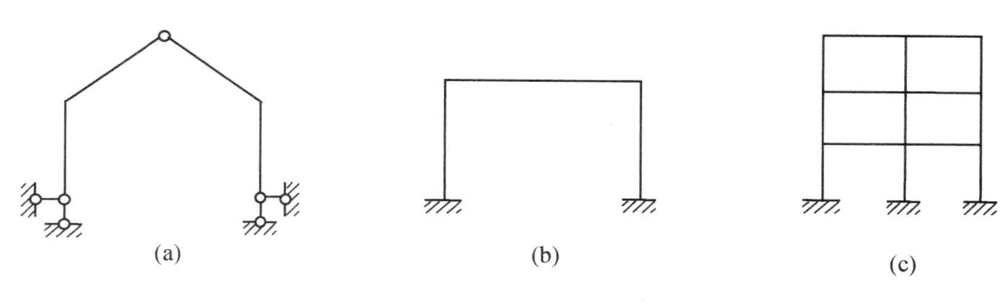

图 1-9 刚架

(a) 静定刚架；(b) 单层单跨超静定刚架；(c) 多层多跨超静定刚架

5. 组合结构

组合结构的特点是，结构中有些杆件只有轴力，有些杆件以弯曲变形为主。图 1-10（a）为静定组合结构，图 1-10（b）为超静定组合结构。

图 1-10 组合结构

(a) 静定组合结构；(b) 超静定组合结构

第二节 建筑力学的任务

建筑结构在承受荷载的同时还会受到支撑它的周围物体的反作用力，这些荷载和周围物体的反作用力都是建筑结构受到的外部作用。一般，结构在外部作用下，组成结构的各个构件都将受到力的作用，并且产生相应的位移和变形。一个合理的建筑结构必须是既能安全地承担荷载，又能最经济地使用材料。

建筑力学的任务是研究能使建筑结构安全、正常地工作且符合经济要求的设计理论和计算方法。具体任务是：

1. 研究物体的受力分析、力系简化与平衡的理论

这是建筑力学的静力学基础。

2. 研究结构和构件在荷载作用下内力的计算方法，以保证结构有足够的强度

所谓强度，是指结构抵抗破坏的能力。

人们都知道结构在过大的荷载作用下可能破坏，例如厂房中的吊车梁，在吊车起吊重物时可能因为强度不足发生弯曲断裂，这是绝对不允许的。因此，进行强度计算的目的在于保证结构在正常工作情况时不会发生破坏，同时也符合经济的要求。

3. 研究结构和构件在荷载作用下变形的计算方法，以保证结构有足够的刚度

所谓刚度，是指结构抵抗变形的能力。

一个结构在荷载作用下，虽然有了足够的强度，但变形过大，会影响正常使用或人们的安全感和舒适感。例如在吊车梁起吊重物时，吊车梁产生的弯曲变形过大，就会影响吊车的正常行驶。进行刚度计算的目的在于保证结构不发生使用上不能允许的过大变形。

4. 研究结构的稳定性，以保证结构不会发生失稳破坏

所谓稳定性，是指结构保持原有平衡状态的能力。

如果结构中的受压构件（例如柱子）比较细长，当压力超过一定限度时，构件不能维持原来直线形式的平衡状态，发生突然弯曲，从而导致结构的破坏，这种现象称为“失稳”。稳定计算的目的就是保证结构不发生失稳现象。

5. 研究建筑结构的组成规律和合理形式

建筑结构一般都是由许多构件组成的几何不变体系，无论荷载大小，各个构件之间以及结构整体与支承结构之间不会发生相对运动。建筑结构不能采用可变体系，因此，研究组成规律的目的是保证结构各部分之间不致发生相对运动，以承受预定的荷载。而研究结构合理形式的目的则是为了充分发挥结构的性能，更有效地利用材料，以达到安全、经济的目的。

建筑力学的主要任务是研究力系的简化和平衡问题，研究结构的几何组成规则，研究结构及其构件的强度、刚度、稳定性，在安全和经济原则下为结构构件设计提供必要的理论基础和计算方法。

第三节　刚体、变形体及其基本假设

结构和构件可统称为物体。在建筑力学中将物体抽象化为两种理想计算模型：刚体、变形体。

所谓刚体是指无论受到什么样的力作用，其形状和大小都不会改变的物体。换言之，刚体是在任何情况下，物体内任意两点间的距离都不会改变的物体。

实际上，刚体是不存在的。任何物体受力作用都会发生不同程度的变形，均为变形体。但在一些力学问题中，物体变形大小与所研究的问题无关，或对所研究的问题影响很小，这时可以不考虑物体的变形，将物体视为刚体，从而使研究的问题得到一定的简化。譬如：微小变形情况下，变形对平衡问题和内力的求解影响甚微，因此，在建立平衡方程和求解内力时，可将物体假设为刚体。然而在研究构件的强度、刚度和稳定性时，就需要与这些构件在荷载作用下的变形联系起来，构件的变形虽然非常小仍不能忽略，必须把它们看作变形体。

另外，在一些力学问题中，如果不考虑物体的变形就得不到问题的正确解。这时，需将物体视为理想变形体。理想变形体的材料性质满足以下假设：

（1）连续性假设：认为物体的材料是密实的，物体内部材料是无空隙地连续分布的。

（2）均匀性假设：认为材料的力学性质是均匀的，从物体上任取一部分，材料的力学性质完全相同。

（3）各向同性假设：认为材料沿不同方向的力学性质是相同的。

按照连续、均匀、各向同性假设而理想化的一般变形固体被称为理想变形体。采用理想变形体模型可以使理论分析和计算得到简化，所得结果在大多数情况下能满足工程要求。

第四节　杆件变形的基本形式

杆系结构中杆件的轴线多为直线，也有轴线为曲线和折线的杆件。它们分别被称为直杆（图 1-11a）、曲杆（图 1-11b）和折杆（图 1-11c）。

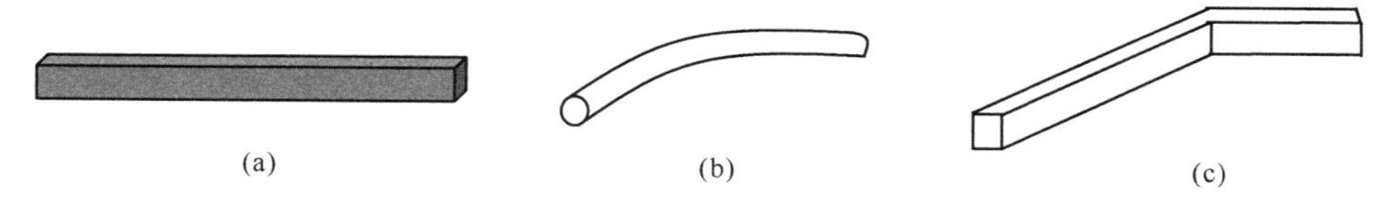

图 1-11　杆件的形式（一）
（a）直杆；（b）曲杆；（c）折杆

横截面尺寸保持相同的杆件称为等截面杆（图 1-12a）；横截面尺寸变化的杆件称为变截面杆（图 1-12b）。

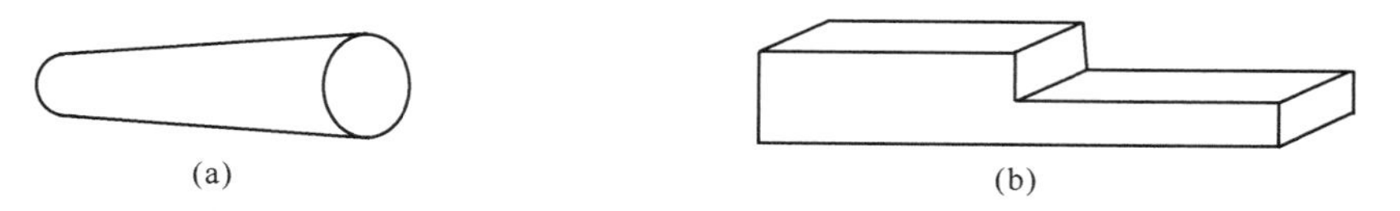

图 1-12　杆件的形式（二）
（a）等截面杆；（b）变截面杆

杆件受外力作用将产生变形。变形形式是复杂多样的，与外力施加的方式有关，但都可以归结为以下四种基本变形形式之一，或者是这些基本变形形式的组合。以下给出直杆的四种基本变形形式。

1. 轴向拉伸或压缩

一对方向相反的外力沿轴线作用于杆件，杆件的变形主要表现为长度的伸长或缩短，这种变形形式称为轴向拉伸或轴向压缩，如图 1-13（a）所示。

2. 剪切

一对相距很近、方向相反的平行力垂直于轴线作用于杆件，杆件的变形主要表现为两个横截面沿力作用方向发生错动，这种变形形式称为剪切，如图 1-13（b）所示。

3. 扭转

一对方向相反的力偶作用于杆件的两个横截面，杆件的相邻横截面绕轴线发生相对转

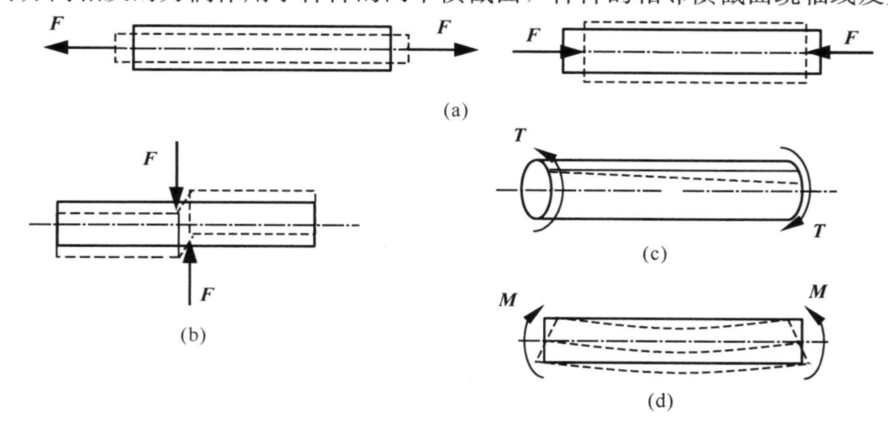

图 1-13　杆件变形形式
（a）轴向拉伸或压缩；（b）剪切；（c）扭转；（d）弯曲

动，这种变形形式称为扭转，如图 1-13（c）所示。

4. 弯曲

一对方向相反的力偶作用于杆件轴线所在的平面内，杆件的轴线由直线变为曲线，这种变形形式称为弯曲，如图 1-13（d）所示。

以上四种基本变形形式都是在特定的受力情况下发生的。杆件的实际受力状态往往是复杂的，因此，杆件的变形多为各种基本变形形式的组合，一般应当按照组合变形问题处理。当某一种基本变形形式起主要作用时，可按这种基本变形形式计算。

第五节 荷载的分类

作用于杆系结构上的荷载可以分为以下不同的类型：

1. 按荷载作用范围可分为分布荷载和集中荷载

分布作用在结构杆件轴线上的荷载称为分布荷载。当分布荷载在结构上均匀分布时，称为均布荷载，如杆件的自重；当荷载不均匀分布时，称为非均布荷载，如水对水池侧壁的压力是随深度线性增加的。

如果荷载作用的范围远小于杆件的几何尺寸，可以认为荷载集中作用于一点，称为集中荷载，如吊车梁上的轮压。

当研究对象是刚体时，作用在杆件上的分布荷载可用其合力（集中荷载）来代替。例如，分布的重力荷载可以用作用于重心的集中合力来代替。当研究对象是变形固体时，作用于杆件上的分布荷载一般不能随意用集中合力来代替。

2. 按荷载作用的时间可分为恒荷载和活荷载

恒荷载是指永久作用在结构上的荷载。如结构的自重以及固定在结构上的永久附属物的重量。

活荷载是指暂时作用于结构的荷载。如车辆、吊车、风、雪等。

活荷载还可划分为可动荷载和移动荷载两类。可动荷载是指在结构上能占有任意位置的活荷载，如风载、雪载；而移动荷载则为一组互相平行、间距不变且能在结构上移动的活荷载，如车辆、吊车。

3. 按荷载作用的性质可分为静力荷载和动力荷载

静力荷载是指缓慢增加到一定值，不会使结构产生明显冲击和振动，因而可以忽略惯性力影响的荷载。如结构的自重及人群等活荷载。

动力荷载是指大小和方向随时间明显变化的荷载，它使结构的内力和变形随时间变化。如爆炸冲击波的压力，地震时由于地面运动在结构上产生的惯性荷载等。

另外，结构除了承受荷载外，还会受到其他外在因素的作用，如温度的改变、支座的移动、制造误差等。

第二章 静力学基础

本章将介绍静力学的一些基本概念和几个公理，这些概念和公理是静力学的基础。然后介绍物体的受力分析和受力图。

静力学是研究物体在力系作用下的平衡条件的科学。在静力学中，所研究的物体只限于刚体。因此，静力学又称为刚体静力学。

平衡是指物体相对处于静止或匀速直线运动的状态。

刚体是指在任何荷载作用下其形状和大小均不会改变的物体。这是一个抽象化的模型。

第一节　力、力矩及其性质

一、力的基本概念

力是物体间相互的机械作用。在力的作用下物体将发生运动和形状的改变，这两种改变称之为力对物体作用的外效应和内效应。

力的三要素：力对物体的作用效应取决于力的大小、方向和作用点，我们称之为力的三要素。由力的三要素知，力为一矢量，记作 $\boldsymbol{F}$，可用一有向线段 AB 来表示，如图 2-1 所示。其中线段 AB 的长度按比例表示力的大小，线段 AB 的指向表示力的方向，线段 AB 的起点表示力的作用点。在国际单位制中，力的单位为 N（牛顿）和 kN（千牛顿），$1\text{kN} = 1 \times 10^3\text{N}$。

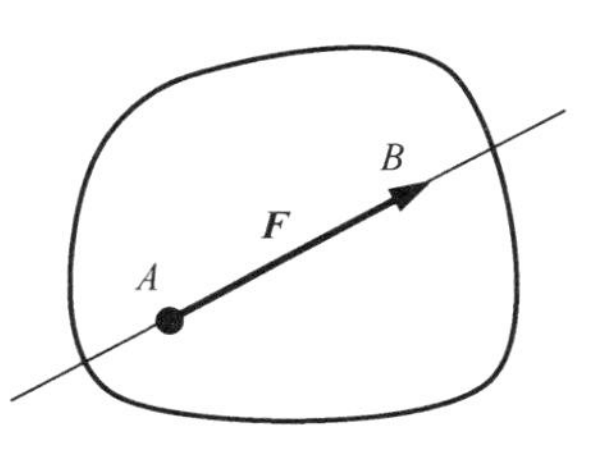

图 2-1　力的表示

力系：作用在物体上的一组力称为力系。**平衡力系：**使刚体处于平衡状态的力系。**等效力系：**若两力系对同一物体的作用效应相同，则这两个力系互为等效力系。按力系中各力的作用线是否位于同一平面，可分为：**平面力系**和**空间力系**。

二、静力学的基本公理

公理 1　力的平行四边形法则

作用于物体上同一点的两个力可合成为一个合力，合力也作用于该点，合力的大小和方向由以这两个力矢为邻边所构成的平行四边形的对角线来确定。即：合力矢 $\boldsymbol{F}_R$ 为两个分力矢 $\boldsymbol{F}_1$、$\boldsymbol{F}_2$ 的矢量和（或几何和），如图 2-2（a）所示。其表达式为：

$$\boldsymbol{F}_R = \boldsymbol{F}_1 + \boldsymbol{F}_2 \tag{2-1}$$

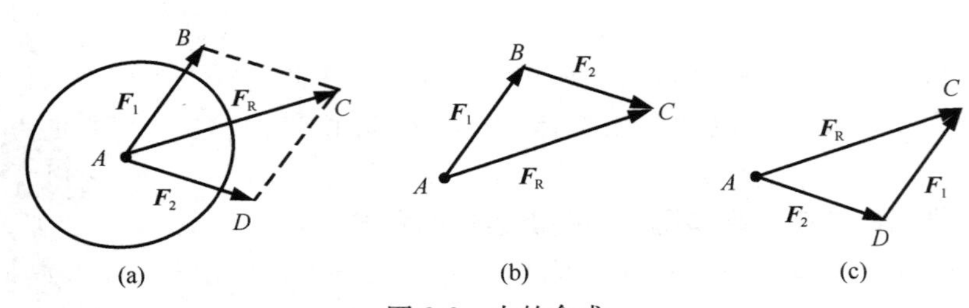

图 2-2　力的合成

（a）平行四行形法则；（b）三角形法则（一）；（c）三角形法则（二）

图 2-2（a）中平行四边形 $ABCD$ 被称为力的平行四边形。当然也可以只画出半个平行四边形，如图 2-2（b）、（c）所示，三角形 ABC、ADC 被称为力的三角形。力的三角形的作法是将两个分力首尾相接，从一个分力的起点到另一个分力的终点画出合力即可。这种方法称为**力的三角形法则**。显然，它等价于力的平行四边形法则。

将分力用一个合力代替的过程，称为力的**合成**；其逆过程是将一个合力用两个分力来代替，称为力的**分解**。由力的平行四边形法则可知：力的合成结果是唯一的，而力的分解结果有无数个，如图 2-3（a）所示。通常将力 $\boldsymbol{F}$ 分解为两个正交方向的分力 $\boldsymbol{F}_x$ 和 $\boldsymbol{F}_y$，如图 2-3（b）所示。

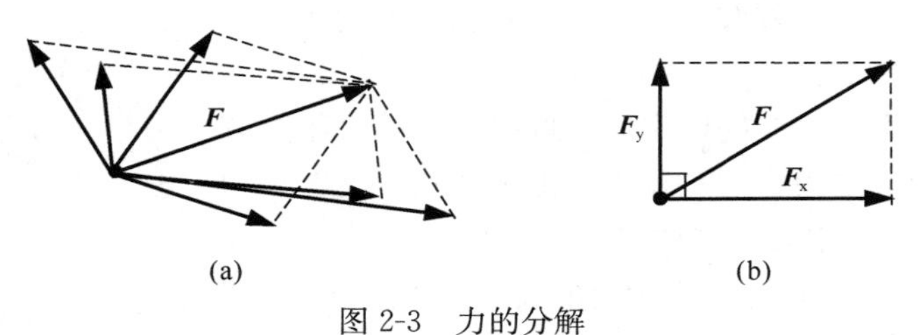

图 2-3　力的分解

（a）力的任意方向分解；（b）力的正交分解

公理 2　二力平衡条件

作用于刚体上的两个力，使刚体处于平衡的必要与充分条件是：这两个力大小相等、方向相反，且作用在同一直线上。图 2-4（a）所示，当力 $\boldsymbol{F}_1$、$\boldsymbol{F}_2$ 的大小相等时，则刚体

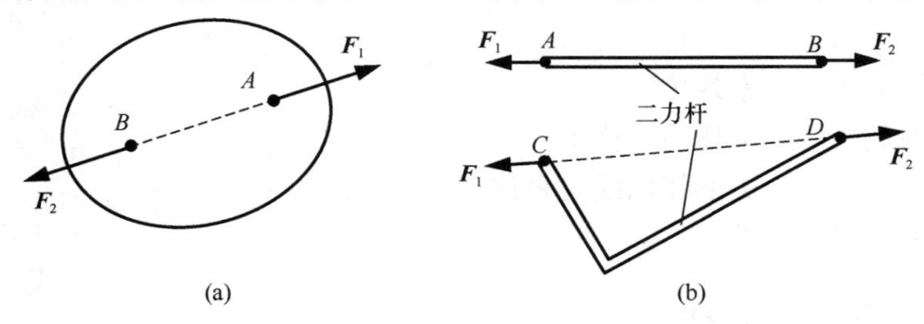

图 2-4　力的平衡

（a）二力平衡条件；（b）二力杆

处于平衡状态。此时力 $\boldsymbol{F}_1$、$\boldsymbol{F}_2$ 称为一对平衡力，组成一个最简单的平衡力系。

我们将受两个力作用处于平衡的杆件称为二力杆，如图 2-4（b）所示，当力 $\boldsymbol{F}_1$、$\boldsymbol{F}_2$ 的大小相等时，AB 杆、CD 杆在两个力作用下处于平衡状态，则 AB 杆、CD 杆均称为二力杆。

公理 3 加减平衡力系原理

在作用于刚体的已知力系中加上或减去任一平衡力系，并不改变原力系对刚体的效应。

由公理 3 可推导出下面两个推论：

推论 1 力的可传性

作用于刚体上的力可沿其作用线移至刚体内的任一点，而不改变此力对刚体的效应。

证明：图 2-5（a）所示，刚体在 A 点作用有力 $\boldsymbol{F}$，根据公理 3，在刚体的 B 点加上沿力 $\boldsymbol{F}$ 作用线且大小与力 $\boldsymbol{F}$ 相等的一对平衡力 $\boldsymbol{F}'$ 和 $\boldsymbol{F}''$，如图 2-5（b）所示，则图 2-5（a）与 2-5（b）两图上作用的力等效；再根据公理 3，在刚体上减去一对由力 $\boldsymbol{F}$ 和 $\boldsymbol{F}''$ 组成的平衡力，得到图 2-5（c），因此，图 2-5（a）与 2-5（c）等效，即将力 $\boldsymbol{F}$ 沿其作用线等效地移动到了 B 点。上述推论得证。

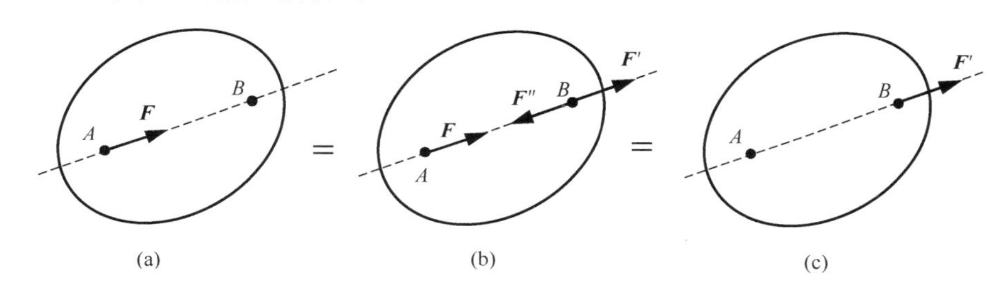

图 2-5 力的传递

由力的可传性可知，对于作用在刚体上的力而言，其作用的效应与作用点的位置无关，此时可沿其作用线任意滑动，所以作用在刚体上的力是一个滑动矢量。

推论 2 三力汇交平衡定理

作用于刚体上三个相互平衡的力，如其中两个力的作用线汇交于一点，则这三个力的作用线必在同一平面内，且第三个力的作用线定通过汇交点。

证明：如图 2-6 所示，刚体在力 $\boldsymbol{F}_1$、$\boldsymbol{F}_2$、$\boldsymbol{F}_3$ 的作用下处于平衡，且力 $\boldsymbol{F}_1$、$\boldsymbol{F}_2$ 的作用线汇交于 O 点。根据公理 3 将力 $\boldsymbol{F}_1$、$\boldsymbol{F}_2$ 沿作用线移至 O 点，并得到该两力的合力 $\boldsymbol{F}_R$。由于刚体在力 $\boldsymbol{F}_3$ 和 $\boldsymbol{F}_R$ 的作用下处于平衡，此时力 $\boldsymbol{F}_3$ 的作用线必与 $\boldsymbol{F}_R$ 共线，即力 $\boldsymbol{F}_3$ 的作用线一定通过 O 点且与力 $\boldsymbol{F}_1$、$\boldsymbol{F}_2$ 共面。上述推论得证。

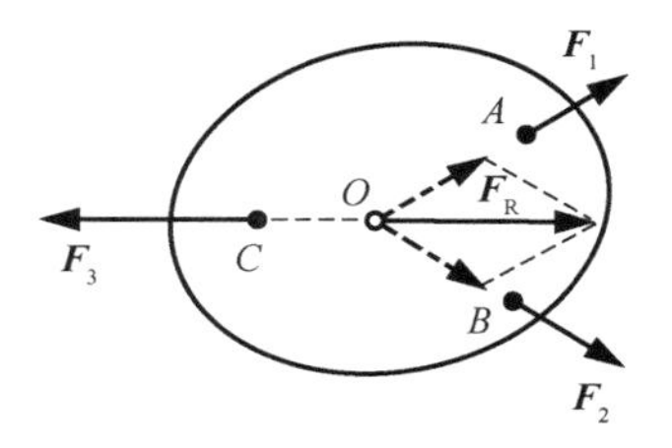

图 2-6 三力汇交平衡

公理 4 作用和反作用定律

两物体间的相互作用力总是大小相等、方向相反、沿同一作用线，并分别作用于这两个物体上。

用一根绳索悬挂一个重物，如图 2-7 所示。此时绳索给重物一个作用力 $\boldsymbol{F}_T$，反过来重物给绳索一个反作用力 $\boldsymbol{F}'_T$ 。力 $\boldsymbol{F}_T$ 和 $\boldsymbol{F}'_T$ 大小相等，方向相反，沿同一直线分别作用在重物和绳索上；即有 $\boldsymbol{F}_{\mathrm{T}}=-\boldsymbol{F}'_{\mathrm{T}}$。

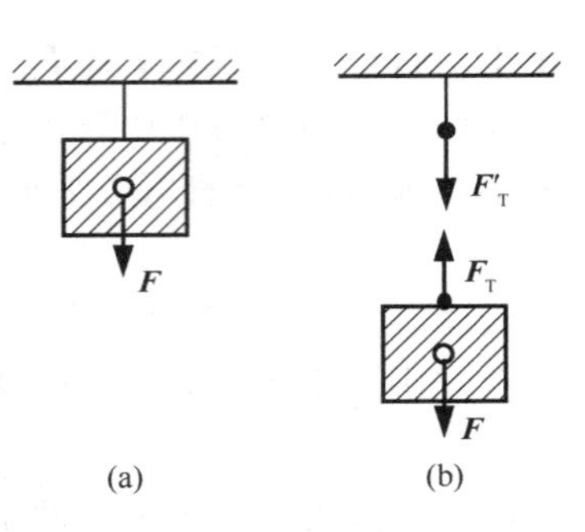

图 2-7 力的作用与反作用

三、力矩及其性质

由力的外效应可知，作用在刚体上的力会使刚体的运动状态发生变化，这种变化包括刚体产生移动和转动。力对物体的转动效应用**力对点的矩**（简称**力矩**）来量度。

1. 力矩（力对点的矩）

图 2-8 所示，力 $\boldsymbol{F}$ 作用在刚体上使刚体产生绕平面内某一点 O 点（矩心）转动，由实验可知，其转动效应与作用在刚体上力 $\boldsymbol{F}$ 的大小以及该力到 O 点（矩心）的距离 h（力臂）有关；在平面内力 $\boldsymbol{F}$ 对刚体的转动效应用力的大小与力臂的乘积来量度，称为力对点之矩，用 $M_{\mathrm{O}}(\boldsymbol{F})$ 表示，表达式为：

$$M_{\mathrm{O}}(\boldsymbol{F})=\pm F\cdot h \tag{2-2}$$

由式（2-2）可知，在平面问题中 $M_{\mathrm{O}}(\boldsymbol{F})$ 是一个代数量，单位是 N·m（牛·米）或 kN·m（千牛·米）；而式中的正负号表示力使刚体绕 O 点的转动方向，通常规定为：逆时针方向为正，顺时针方向为负。图 2-8 中的方向使 $M_{\mathrm{O}}(\boldsymbol{F})>0$。

由图 2-8 可知，$M_{\mathrm{O}}(\boldsymbol{F})$ 为三角形 OAB 面积的 2 倍，即：

$$M_{\mathrm{O}}(\boldsymbol{F})=2A_{\Delta\mathrm{OAB}} \tag{2-3}$$

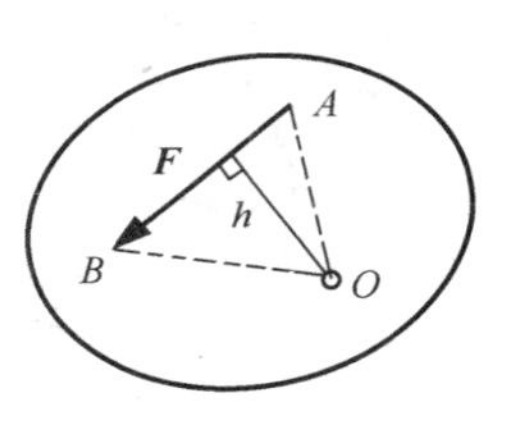

图 2-8 力矩

2. 合力矩定理

如果一个平面力系可以合成为一个合力 $\boldsymbol{F}_{\mathrm{R}}$，则此时合力与各分力组成的力系等效，即两者作用在刚体上使刚体产生的转动效果相同，由此可得合力矩定理：合力对任一点之矩等于各分力对同一点之矩的代数和。可表示为：

$$M_{\mathrm{O}}(\boldsymbol{F}_{\mathrm{R}})=\sum M_{\mathrm{O}}(\boldsymbol{F}_i) \tag{2-4}$$

四、力偶及其性质

1. 力偶与力偶矩

由工程实践知，物体在一对大小相等、方向相反、作用线相互平行的力作用下，将只产生转动。由这一对力组成的力系，称为**力偶**。图 2-9 所示，记作（$\boldsymbol{F}$，$\boldsymbol{F}'$）。力偶的两力间的垂直距离 d 称为力偶臂，力偶所在的平面称为力偶作用面。

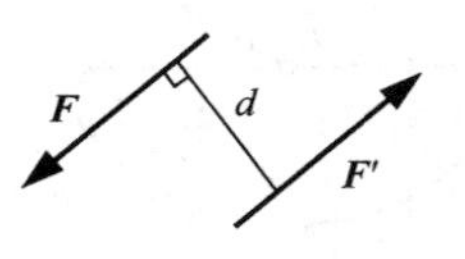

图 2-9 力偶

力偶对物体的转动效应，用力偶矩来量度，力偶矩的值等于力的大小与力偶臂的乘积，即：

$$M=\pm Fd \tag{2-5}$$

力偶矩 M 是一个代数量，单位是 N·m（牛·米）或 kN·m（千牛·米）；而式中的正负号表示力偶的转动方向，通常规定逆时针方向为正，顺时针方向为负。图 2-9 给出的是力偶矩 M 的正方向。

2. 力偶的性质

力偶有以下三个性质：

性质一 力偶不能与一个力等效（即力偶没有合力），力偶只能由力偶来平衡（即不能与一个力平衡）。

性质二 力偶可在其作用面内任意移转，对刚体的作用效果不变。

性质三 保持力偶矩的大小和转向不变，可同时改变力偶中力的大小与力臂的长短，对刚体的作用效果不变。

因此，同一平面内的两个力偶，如果力偶矩相等，则两力偶等效。这就是**力偶等效定理**。

由以上力偶的性质可知，力偶矩是力偶作用的唯一量度。所以，通常用如图 2-10 所示的符号来表示力偶，其中 M 是力偶矩。

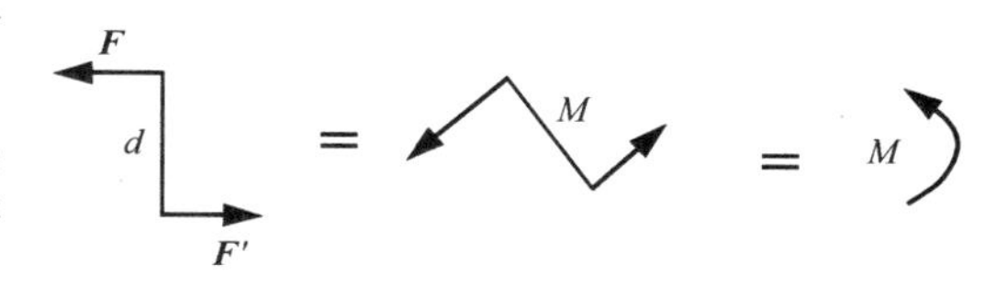

图 2-10 力偶的表示

作用在物体上同一平面内的各力偶所组成的力系，称为**平面力偶系**。平面力偶系可以合成为一个合力偶，此合力偶的力偶矩等于力偶中各分力偶矩的代数和。

第二节 约束与约束反力

根据物体在空间的位移是否受到限制，我们将物体分为**自由体**和**非自由体**。位移不受任何限制地在空间任意移动的物体称为自由体；位移在某些方向受到限制，不能在空间任意移动的物体称为非自由体。限制非自由体位移的周围物体称为**约束**。约束作用于被限制物体上的力称为约束反力（或约束力），其方向与该约束所限制的非自由体的位移方向相反；而约束反力的大小不能预先确定，是一种被动力。下面介绍工程中常见的约束类型。

1. 光滑接触面约束

当物体与约束之间的接触面是光滑的，可略去相互之间的摩擦力，此时约束不能限制物体沿接触面的切线方向的位移，而只能限制物体沿接触面的法线方向指向约束内部的位移。所以约束反力作用于接触点处，沿接触面的法线方向且指向物体内部。这种约束反力称为法向约束力，用 $\boldsymbol{F}_{NA}$ 表示，如图 2-11 所示。

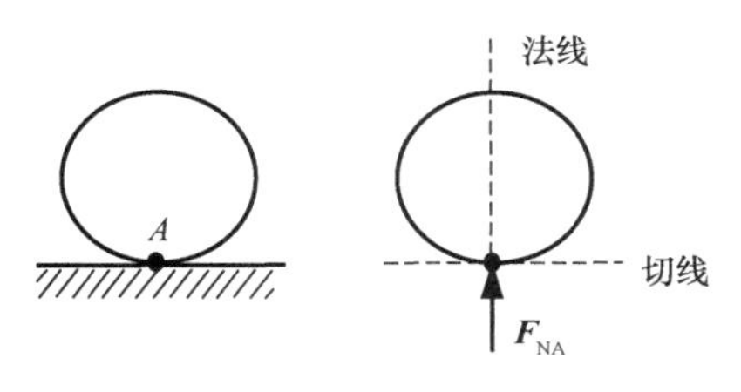

图 2-11 法向约束力

2. 柔索约束

工程中由绳索、皮带、钢丝绳、链条等构成的约束称为柔索约束。这类约束的特点是柔索本身只能承受拉力，所以它对物体的约束反力也只能是拉力。即约束反力作用于接触点，方向沿柔索背离物体。用 $\boldsymbol{F}_{T}$ 表示，如图 2-7 所示。

3. 圆柱铰链约束

图 2-12（a）所示，用圆柱销钉将两个孔径相同的构件连接在一起，构成圆柱铰链（简称铰链），其示意简图用一个空心的小圆圈表示。由于圆柱销钉与孔在某点处的接触点是一种光滑接触，但接触点的位置无法事先确定，因而用两个大小未知的正交分力 $\boldsymbol{F}_{x}$ 和 $\boldsymbol{F}_{y}$ 来表示构件之间的相互作用力，如图 2-12（b）所示。如铰链连接的两构件中有一个构件被固定在地基或机架上作为支座，则这种约束称为固定铰支座。图 2-12（c）给出固定

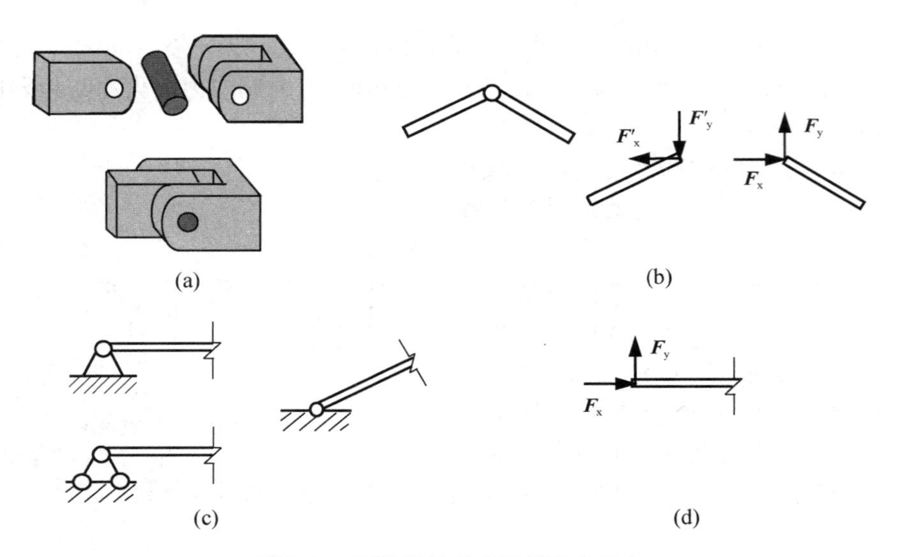

(a) (b) (c) (d)

图 2-12 圆柱铰链约束及其约束反力

(a)圆柱铰链;(b)圆柱铰链约束反力;(c)固定铰支座;(d)固定铰支座约束反力

铰支座的各种表示方式。与铰链相同，固定铰支座的约束反力也用两个互相垂直的未知力 $\boldsymbol{F}_x$ 和 $\boldsymbol{F}_y$ 来表示，如图 2-12(d)所示。

4. 辊轴支座(可动铰支座)约束

图 2-13(a)所示，在铰链支座的底部装上一排滚轮，此时支座可沿支承面产生滚动，这种约束称为辊轴支座(或可动铰支座)，可动铰支座的各种表示方式如图 2-13(b)所示。

由于该约束允许沿接触面滚动，只限制沿支承面法线方向的位移，因而其约束反力 $\boldsymbol{F}$ 的方向沿支承面的法线方向，如图 2-13(c)所示。

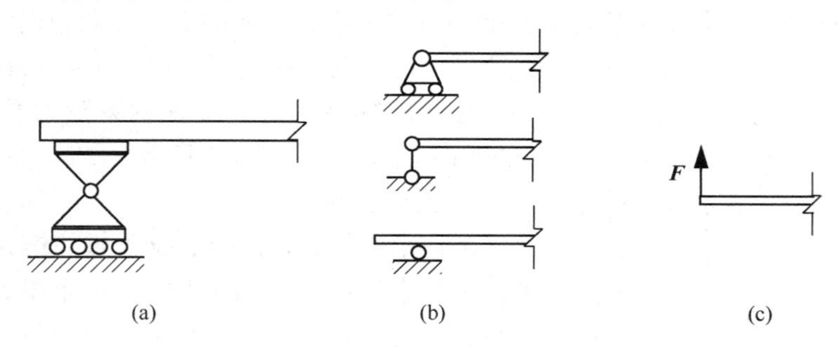

(a) (b) (c)

图 2-13 辊轴支座及其约束反力

(a)辊轴支座;(b)示意图;(c)约束反力

5. 固定端支座约束

图 2-14(a)所示为一工程中常见的约束形式，梁的一端牢固地插入墙体内，该端既不能移动也不能转动，这种约束形式称为固定端支座(简称固定端)，其示意简图如图 2-14(b)所示。固定端的约束反力可以用两个互相垂直的力 $\boldsymbol{F}_{Ax}$、$\boldsymbol{F}_{Ay}$ 和一个力偶 M_A 来表示，如图 2-14(c)所示。

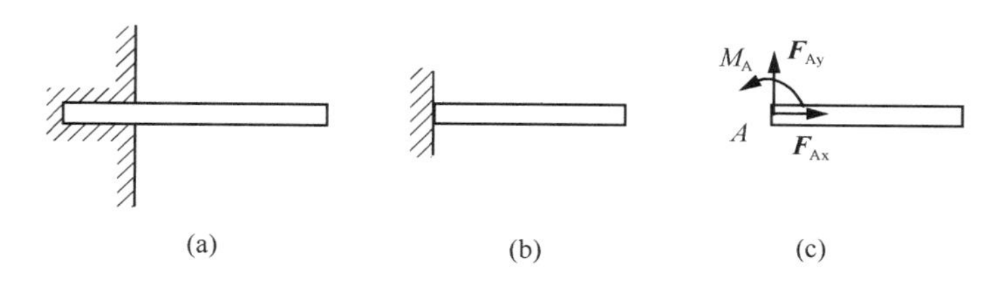

图 2-14　固定端支座及其约束反力

（a）固定端支座；（b）示意图；（c）约束反力

6. 定向支座（滑动支座）约束

图 2-15　定向支座及其约束反力

（a）定向支座；（b）约束反力

用两根等长的平行链杆将物体与支承面相连，如图 2-15（a）所示。此时该支座既不能沿链杆轴线方向移动同时也不能转动，即只允许杆端沿与链杆垂直的方向移动，这种约束形式称为定向支座（或滑动支座）。定向支座的约束反力可以用一个沿链杆轴线方向的力 $\boldsymbol{F}_{Ay}$ 和一个力偶 M_A 来表示，如图 2-15（b）所示。

第三节　受力分析与受力图

为了确定某个物体上所受的未知约束反力，我们必须了解该物体的受力情况，即分析物体上共作用有哪些力，这些力的作用位置和方向如何，包括所有的主动力和被动力（约束反力），这个过程称为物体的受力分析。

我们将需要分析的物体称为研究对象，首先解除周围的物体对研究对象的约束，将其分离出来，这种解除约束的物体，称为**隔离体**（或分离体）。然后分析隔离体上的受力情况，并画出其所受的全部力。这种表示物体受力的简图，称为**受力图**。画受力图是解决力学问题的关键步骤。具体过程如下：

（1）取所要研究的物体为研究对象，画出隔离体图。

（2）在隔离体图上画出所有作用于其上的主动力。

（3）按约束性质画出隔离体上所受的所有约束力（被动力）。

下面举例如下：

【例 2-1】 如图 2-16（a）所示，斜靠墙壁上重量为 $\boldsymbol{W}$ 的梯子，除由光滑的水平地面和铅直墙壁支承外，同时在 D 点处用水平绳索与墙壁相联。试画出梯子 AB 的受力图。

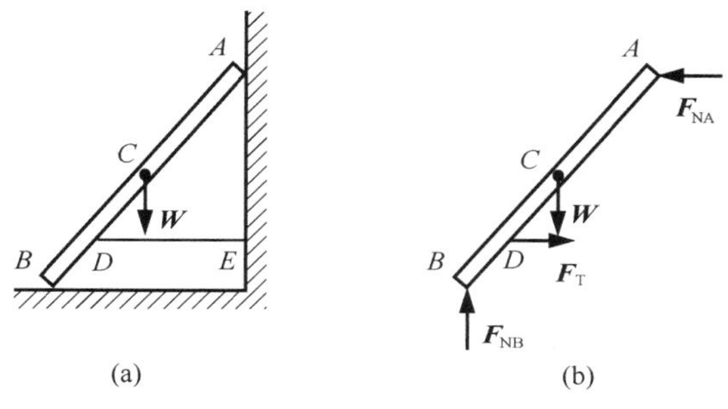

图 2-16　梯子的受力状态

（a）简图；（b）受力图

【解】

（1）选取梯子 AB 为研究对象，取隔离体，画出隔离体图。

（2）在隔离体图上画出作用的主动力，即重力 $\boldsymbol{W}$。

（3）研究隔离体上所受的约束反力。梯子在 A、B 点处受到来自光滑墙壁和地面的法向约束，因此在 A 点处受水平约束力 $\boldsymbol{F}_{NA}$ 的作用，在 B 点处受垂直约束力 $\boldsymbol{F}_{NB}$ 的作用；梯子在 D 点处受到绳索的柔性约束，因此在 D 点处受绳索的拉力 $\boldsymbol{F}_{T}$ 的作用。

梯子上共作用有四个力，其受力图如图 2-16（b）所示。

【例 2-2】 图 2-17 为一个三铰刚架的荷载及受力图。左右两根杆在 C 点处用铰链相联，在 A、B 处用固定铰支座与地基相连接。该刚架在 D 点处受到一竖向荷载 $\boldsymbol{F}$ 的作用，各杆的自重不计。试分别作出 AC 杆和 BC 杆的受力图和整个刚架的受力图。

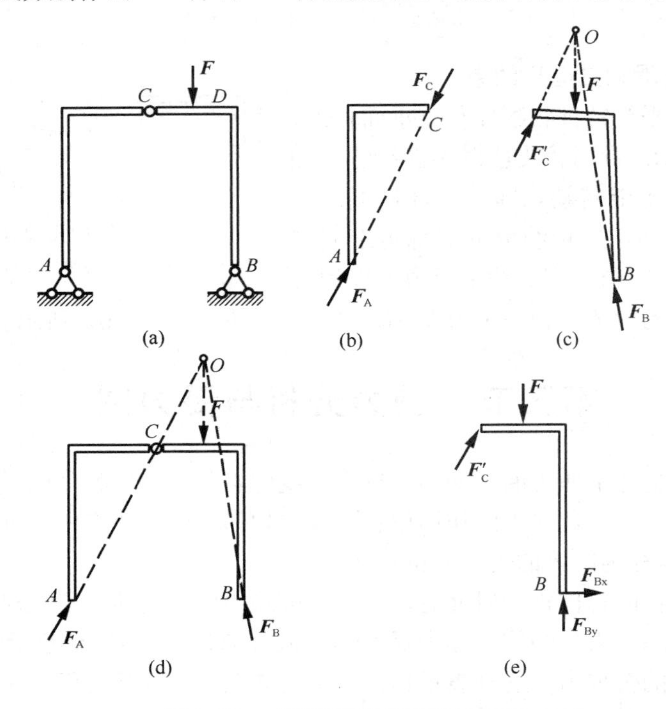

图 2-17　三铰刚架的荷载及受力图

（a）简图；（b）AC 杆受力图；（c）BC 杆受力图；

（d）整体受力图；（e）BC 杆受力图

【解】（1）先对 AC 杆进行受力分析，由于其自重不计，且杆只在 A、C 处受到铰链的约束，则在 A、C 处分别作用有一个约束反力 $\boldsymbol{F}_{A}$、$\boldsymbol{F}_{C}$，而 AC 杆在这两个力作用下处于平衡，即 AC 杆为二力杆。所以 $\boldsymbol{F}_{A}$、$\boldsymbol{F}_{C}$ 是一对平衡力，AC 杆受力图如图 2-17（b）所示。

（2）对 BC 杆进行受力分析，不计自重，主动力有荷载 $\boldsymbol{F}$。在铰链 C 处受到 AC 杆的约束力 $\boldsymbol{F}'_{C}$，且 $\boldsymbol{F}_{C}$ 与 $\boldsymbol{F}'_{C}$ 是作用力和反作用力。在 B 处受到一个固定铰链的约束反力 $\boldsymbol{F}_{B}$，它的方向可根据三力汇交平衡定理来确定。BC 杆受力图如图 2-17（c）所示。

（3）对整个刚架进行受力分析，不计自重，主动力有荷载 $\boldsymbol{F}$，在 A、B 处受到固定铰链的约束反力 $\boldsymbol{F}_{A}$、$\boldsymbol{F}_{B}$。而铰链 C 处所受的力有 $\boldsymbol{F}_{C}=-\boldsymbol{F}'_{C}$，这种在系统内成对出现，作用效应相互抵消的力，称为**内部相互作用力**。内部相互作用力在受力图上不需画出。受力图上只画系统外的物体给系统的作用力，这种力称为**外力**。整个刚架的受力图如图 2-17（d）所示。

需要说明的是，在对 BC 杆进行受力分析时，也可以不考虑三力汇交平衡定理。在 B

处受到一个固定铰链的约束反力 $\boldsymbol{F}_{\mathrm{B}}$，它的方向也可不确定，用两个正交分力 $\boldsymbol{F}_{\mathrm{Bx}}$、$\boldsymbol{F}_{\mathrm{By}}$ 来表示，如图 2-17（e）所示。

【例 2-3】 图 2-18（a）所示，简支梁 AB 受到均布荷载 q 的作用，试作出 AB 梁的受力图。

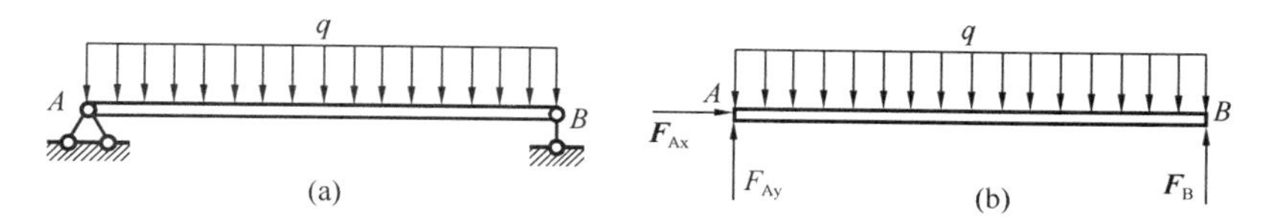

图 2-18 简支梁受均布荷载作用

（a）简图；（b）受力图

【解】

（1）选取 AB 梁为研究对象，取隔离体，画出隔离体图；

（2）在隔离体图上画出作用的主动力，即均布荷载 q；

（3）研究隔离体上所受的约束反力。

梁在 A 点处受到固定铰支座的约束，由于方向不确定，约束力用 $\boldsymbol{F}_{\mathrm{Ax}}$、$\boldsymbol{F}_{\mathrm{Ay}}$ 来表示。在 B 点处受可动铰支座的约束，约束反力为竖向力 $\boldsymbol{F}_{\mathrm{B}}$。梁的受力图如图 2-18（b）所示。

画物体的受力图，应注意以下几个方面：

（1）应根据需要选取适当的研究对象。

（2）要按每个约束的性质画出相应的约束反力。

（3）由于内部相互作用力是成对出现，相互抵消，所以不必画出。

（4）当分析物体间的相互作用时，应根据作用和反作用定律，作用力与反作用力中只要有一个方向确定，另一个的方向一定与之相反。

（5）受力图必须包括所有主动力与被动力，不能漏画或多画。

习题

2-1 画出图中指定物体的受力图。图中未标明自重的物体均不计自重，且所有接触均为光滑接触。

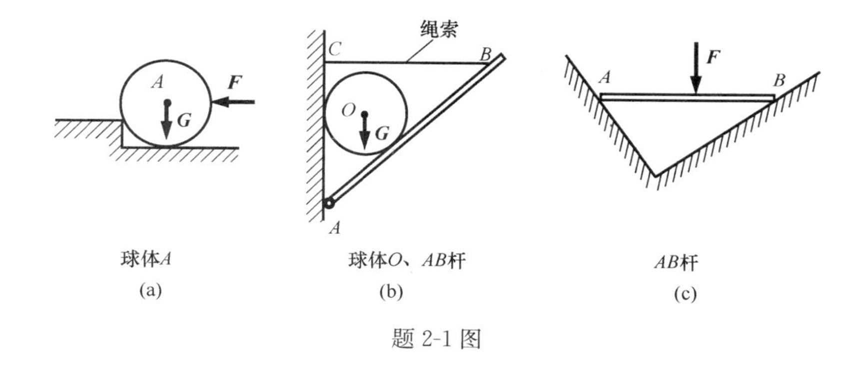

题 2-1 图

2-2　不计自重，画出图中各杆件的受力图。

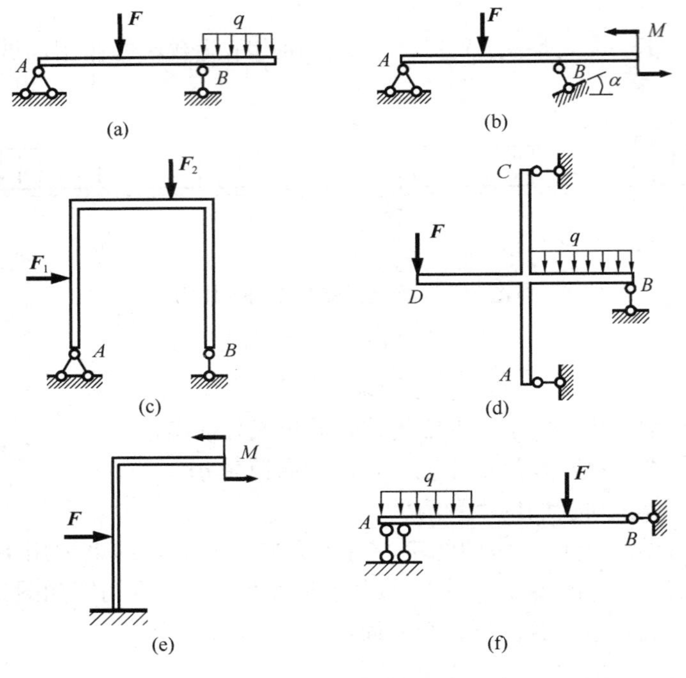

题 2-2 图

2-3　不计自重，画出图中各指定物体的受力图。

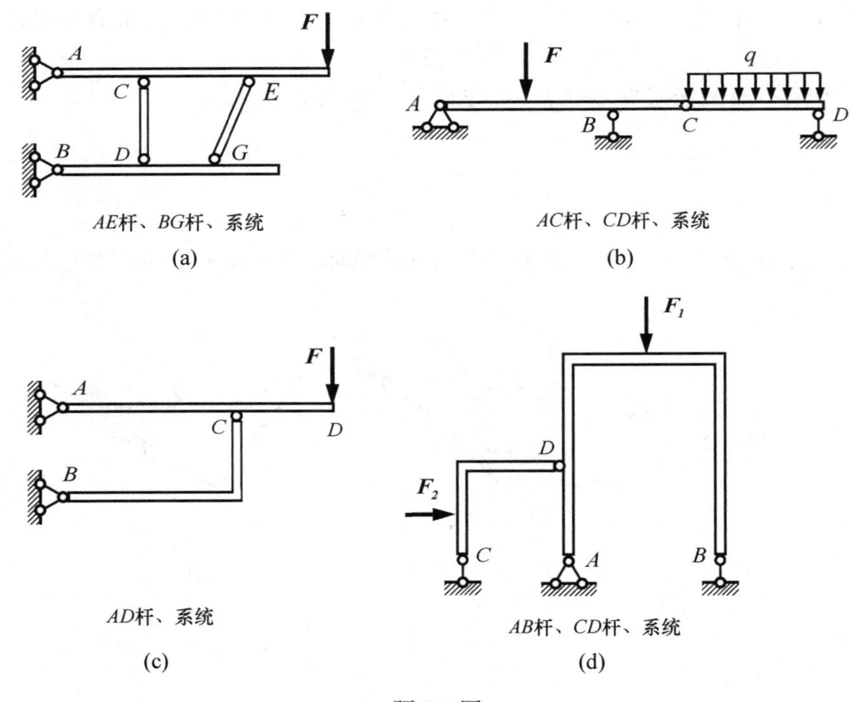

题 2-3 图

第三章 平面力系

当力系中各力的作用线位于同一平面时，称为**平面力系**。在平面力系中各力的作用线汇交于一点的力系，称为**平面汇交力系**。在平面力系中各力的作用线相互平行的力系，称为**平面平行力系**。若平面力系中力的作用线任意分布，则称为**平面任意力系**。

本章主要内容是平面任意力系的简化及其平衡条件。

第一节 平面任意力系的简化

一、力的投影及合力投影定理

1. 力的投影

图 3-1（a）所示，为了得到力 F 在 x 轴上的投影，过力 F 的起点 A 和终点 B 分别作 x 轴的垂线，所得垂足 a 和 b 之间的线段长度即为力 F 在 x 轴上投影的绝对值。当从 a 到 b 的指向与 x 轴的正向一致时，投影为正，反之为负。所以力 F 在 x 轴上的投影是一个代数量，其大小等于力 F 的大小乘以力与 x 轴正向夹角 α 的余弦，记作 F_x，即：

$$F_x = F\cos\alpha \tag{3-1a}$$

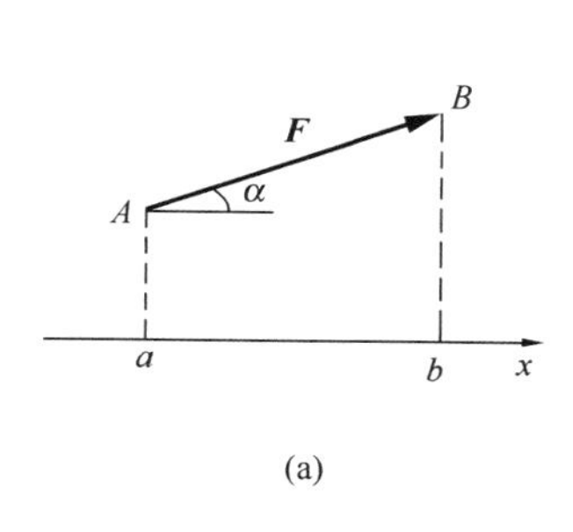

(a)

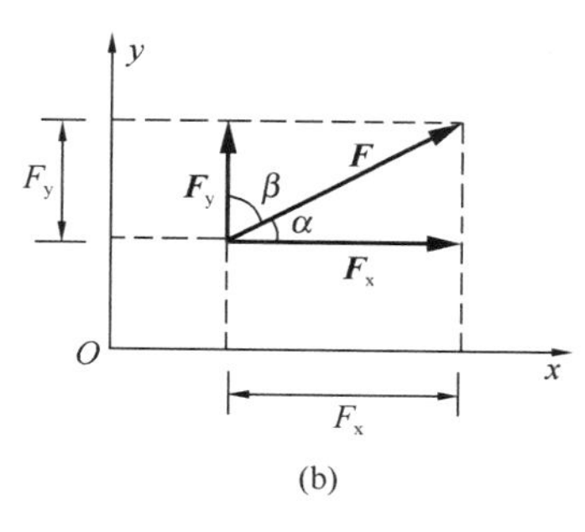

(b)

图 3-1 力的投影

（a）力在 x 轴上的投影；（b）力在 x、y 轴上的投影

同理，可得力 F 在 y 轴上的投影：

$$F_y = F\cos\beta \tag{3-1b}$$

如果已知力 F 在两个正交轴上的投影 F_x、F_y，就可以确定力 F 的大小及方向，如图 3-1（b）所示。其表达式为：

$$\left.\begin{aligned}F&=\sqrt{F_{x}^{2}+F_{y}^{2}}\\ \tan\alpha&=F_{y}/F_{x}\end{aligned}\right\}\tag{3-2}$$

从图 3-1（b）还可以看出，如将力 F 分解为两个正交的分力 F_x 和 F_y，两分力的大小正好等于力 F 在两个轴上投影的绝对值。注意这种关系只在正交轴上成立。

2. 合力投影定理

我们可以将一个平面汇交力系中的各力沿作用线滑动至汇交点处，即得到一个共点力系。对该共点力系反复利用力的平行四边形法则，可将该力系合成为一个合力 $\boldsymbol{F}_R$。合力等于各分力的矢量和，即：

$$\boldsymbol{F}_R=\boldsymbol{F}_1+\boldsymbol{F}_2+\cdots\cdots=\Sigma\boldsymbol{F}_i\tag{3-3}$$

由合矢量投影定理，可得**合力投影定理**：力系的合力在任一坐标轴上的投影，等于力系中各分力在同一坐标轴上投影的代数和。如合力在两个坐标上的投影分别为 F_{Rx}、F_{Ry}，则表达式为：

$$\left.\begin{aligned}F_{Rx}&=F_{1x}+F_{2x}+\cdots\cdots=\Sigma F_{ix}\\ F_{Ry}&=F_{1y}+F_{2y}+\cdots\cdots=\Sigma F_{iy}\end{aligned}\right\}\tag{3-4}$$

二、力的平移定理

图 3-2 所示，力 F 作用在刚体上的 A 点，由公理 3 可知，在刚体上的任一点 B 处加上一对与 F 大小相等、方向平行的平衡力 F' 和 F''，将与原力系等效；然后将其重新组合成一个力偶（F，F''）和一个力 F'（F，F''）称为附加力偶，其矩为：

$$M=Fd=M_B(F)\tag{3-5}$$

由此得到**力的平移定理**：作用在刚体上点 A 的力 F 要平行移动到任一点 B 而不改变其对刚体的作用效应，则必须同时附加一个力偶，该附加力偶的力偶矩等于力 F 对点 B 的矩。

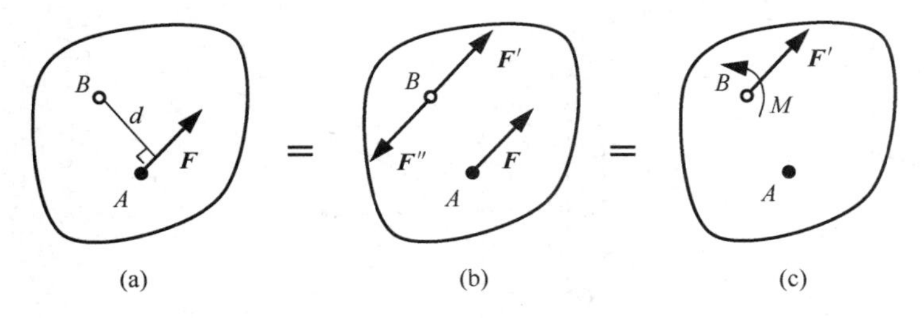

图 3-2 力的平移

三、平面任意力系向作用面内一点的简化

图 3-3（a）所示一平面任意力系，在平面内任取一点 O 作为简化中心，由力的平移定理可将所有的力移至简化中心，如图 3-3（b）所示。那么图 3-3（b）中所有作用在 O 点的力可看成一个作用线汇交于 O 点的平面汇交力系和一个由附加力偶组成的平面力偶系。

对于平面汇交力系，可反复利用力的平行四边形法则，最后将其合成为一个力 F'_R，它等于图 3-3（b）中各力的矢量和，表达式为：

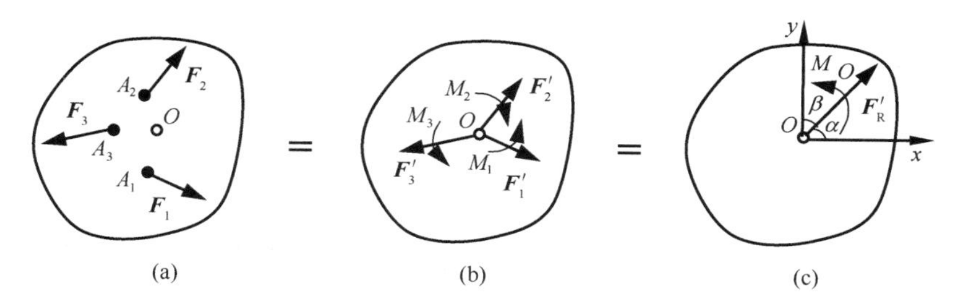

图 3-3　平面任意力系的简化

$$\boldsymbol{F}'_{\mathrm{R}} = \boldsymbol{F}'_1 + \boldsymbol{F}'_2 + \boldsymbol{F}'_3 + \cdots\cdots = \sum \boldsymbol{F}'_i \tag{3-6}$$

对于平面力偶系可合成一个力偶，其力偶矩 M_{O} 等于图 3-3（b）中各附加力偶矩的代数和，表达式为：

$$M_{\mathrm{O}} = M_1 + M_2 + M_3 + \cdots\cdots = \sum M_{\mathrm{O}}(\boldsymbol{F}_i) \tag{3-7}$$

综上所述，一般情况下，平面任意力系向平面内任意一点简化，可得到一个力 $\boldsymbol{F}'_{\mathrm{R}}$ 和一个力偶 M_{O}。力 $\boldsymbol{F}'_{\mathrm{R}}$ 等于力系各力的矢量和，作用在简化中心，称为**主矢**。力偶 M_{O} 等于力系各力对简化中心的力偶矩之代数和，称为**主矩**。

图 3-3（c）所示的坐标系中，主矢的大小和方向可由下式确定：

$$\begin{aligned} F'_{\mathrm{R}} &= \sqrt{(\sum F_{\mathrm{x}})^2 + (\sum F_{\mathrm{y}})^2} \\ \cos\alpha &= \sum F_{\mathrm{x}} / F'_{\mathrm{R}} \\ \cos\beta &= \sum F_{\mathrm{y}} / F'_{\mathrm{R}} \end{aligned} \tag{3-8}$$

四、平面任意力系简化结果的进一步分析

平面任意力系向其平面内任意一点简化，得到一个主矢 $\boldsymbol{F}'_{\mathrm{R}}$ 和一个主矩 M_{O}。下面根据主矢和主矩的不同情况，对力系作进一步的分析。

1. 主矢 $\boldsymbol{F}'_{\mathrm{R}} \neq \mathbf{0}$，主矩 $M_{\mathrm{O}} = \mathbf{0}$ 的情况

由于主矩为零，则原力系只与一个力等效，即 $\boldsymbol{F}'_{\mathrm{R}}$ 就是力系的合力，合力的作用点在简化中心。

2. 主矢 $\boldsymbol{F}'_{\mathrm{R}} \neq \mathbf{0}$，主矩 $M_{\mathrm{O}} \neq \mathbf{0}$ 的情况

此时可利用力的平移定理的逆过程，将一个力和一个力偶等效变换为一个合力，如图 3-4所示。该合力的大小和方向与主矢相同，而合力的作用点在 O_1 点，O_1 点与 O 点的距离可由式（3-9）表达得到：

$$d = |M_{\mathrm{O}}| / F'_{\mathrm{R}} \tag{3-9}$$

图 3-4　主矢和主矩不为零的简化结果分析

3. 主矢 $F'_R=0$，主矩 $M_O\neq 0$ 的情况

此时平面任意力系中各力向简化中心平移后，所得的汇交力系是一个平衡力系，即原力系与主矩等效。所以原力系可简化为一个力偶，其力偶矩等于 M_O，且与简化中心位置无关。

4. 主矢 $F'_R=0$，主矩 $M_O=0$ 的情况

此时平面任意力系是一个平衡力系，在该力系作用下刚体处于平衡。具体分析见下一节。

第二节　平面任意力系的平衡条件

一、平衡条件的基本形式

由上节知，当平面力系的主矢和主矩均等于零时，该力系为平衡力系。因此，平面力系平衡的充分与必要条件是其主矢 $\boldsymbol{F}'_R=0$ 和主矩 $M_O=0$。结合式（3-7）、式（3-8）得到平面力系的平衡方程：

$$\left.\begin{aligned}\sum F_x&=0\\ \sum F_y&=0\\ \sum M_O(\boldsymbol{F})&=0\end{aligned}\right\}\tag{3-10}$$

【例 3-1】图 3-5（a）所示悬臂梁 AB，A 端为固定端、B 端为自由端。梁上作用集度为 $q=10\text{kN/m}$ 的均布荷载和一集中力 $F=20\text{kN}$。已知 $\alpha=45°$，$l=2\text{m}$。试计算固定端的约束反力。

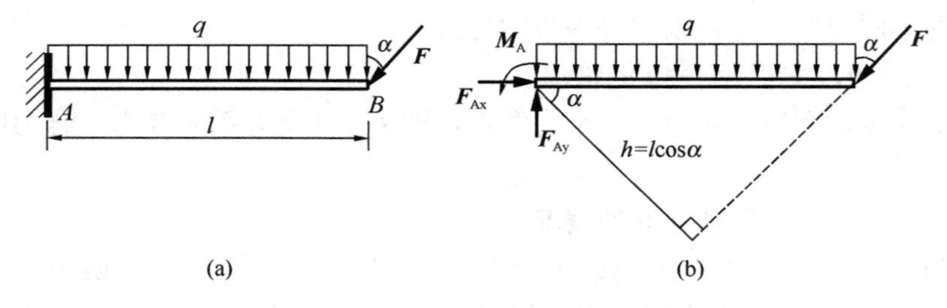

图 3-5　悬臂梁受荷载作用

（a）简图；（b）受力图

【解】（1）作梁 AB 的受力图，如图 3-5（b）所示。

（2）列出平衡方程：

$$\sum F_x=0 \qquad F_{Ax}-F\sin\alpha=0$$

$$\sum F_y=0 \qquad F_{Ay}-F\cos\alpha-q\times l=0$$

$$\sum M_A(\boldsymbol{F})=0 \quad M_A-q\times l\times\frac{l}{2}-F\times(l\cos\alpha)=0$$

这里，均布荷载可以形成一个合力，其大小等于 ql，作用点位于分布范围的中点。

（3）将各已知值代入以上方程，可得：

$$F_{Ax} = 10\sqrt{2}\text{kN} = 14.14\text{kN}(\rightarrow)$$

$$F_{Ay} = 10(2+\sqrt{2})\text{kN} = 34.14\text{kN}(\uparrow)$$

$$M_{A} = 20(1+\sqrt{2})\text{kN}\cdot\text{m} = 48.28\text{kN}\cdot\text{m}(\text{逆时针})$$

二、平面任意力系平衡方程的其他形式

式（3-10）也称平面力系的平衡方程的基本形式（一矩式），当然平面力系的平衡方程还可以写成二矩式、三矩式，见式（3-11）、式（3-12）。

$$\left.\begin{aligned}\Sigma F_{x} &= 0\\ \Sigma M_{A}(\boldsymbol{F}) &= 0\\ \Sigma M_{B}(\boldsymbol{F}) &= 0\end{aligned}\right\} \quad \text{或} \quad \left.\begin{aligned}\Sigma F_{y} &= 0\\ \Sigma M_{A}(\boldsymbol{F}) &= 0\\ \Sigma M_{B}(\boldsymbol{F}) &= 0\end{aligned}\right\} \tag{3-11}$$

$$\left.\begin{aligned}\Sigma M_{A}(\boldsymbol{F}) &= 0\\ \Sigma M_{B}(\boldsymbol{F}) &= 0\\ \Sigma M_{C}(\boldsymbol{F}) &= 0\end{aligned}\right\} \tag{3-12}$$

其中，二矩式中 A、B 两点的连线不能与 x 轴（或 y 轴）垂直。三矩式中的 A、B、C 三点不能在同一直线上。

【例 3-2】 简支梁 AB 承受荷载如图 3-6（a）所示，试计算梁在 A、B 端所受的约束反力。

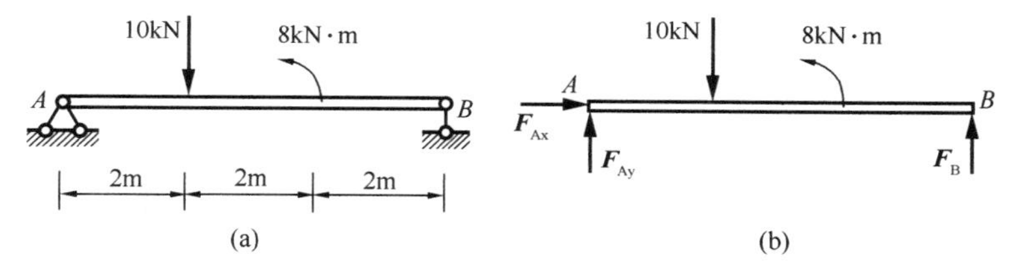

图 3-6 简支梁的荷载及受力图

（a）简图；（b）受力图

【解】（1）作梁 AB 的受力图，如图 3-6（b）所示。

（2）列出平衡方程：

$$\Sigma F_{x} = 0 \qquad F_{Ax} = 0$$

$$\Sigma M_{B}(\boldsymbol{F}) = 0 \qquad -F_{Ay}\times 6\text{m} + 10\text{kN}\times 4\text{m} + 8\text{kN}\cdot\text{m} = 0$$

$$\Sigma M_{A}(\boldsymbol{F}) = 0 \qquad F_{B}\times 6\text{m} - 10\text{kN}\times 2\text{m} + 8\text{kN}\cdot\text{m} = 0$$

（3）解方程组可得：

$$F_{Ax} = 0,\quad F_{Ay} = 8\text{kN}(\uparrow),\quad F_{B} = 2\text{kN}(\uparrow)$$

三、平面汇交力系和平面平行力系的平衡方程

平面汇交力系和平面平行力系均是平面任意力系的特殊情况。其平衡方程可从平面任意力系的平衡方程中导出。

1. 平面汇交力系

力系中各力的作用线汇交于一点 O，则各力对汇交点的力矩恒等于零，即：$\sum M_O(\boldsymbol{F}) \equiv 0$，所以平面汇交力系独立的平衡方程只有两个：

$$\left.\begin{aligned}\sum F_x = 0\\ \sum F_y = 0\end{aligned}\right\} \tag{3-13}$$

2. 平面平行力系

当选取 x 轴与平面平行力系中各力作用线相垂直时，则各力在 x 轴上的投影恒等于零，即：$\sum F_x \equiv 0$，所以平面平行力系独立的平衡方程也只有两个：

$$\left.\begin{aligned}\sum F_y = 0\\ \sum M_O(\boldsymbol{F}) = 0\end{aligned}\right\} \tag{3-14a}$$

或：

$$\left.\begin{aligned}\sum M_A(\boldsymbol{F}) = 0\\ \sum M_B(\boldsymbol{F}) = 0\end{aligned}\right\} \tag{3-14b}$$

其中，A、B 两点的连线不能与 x 轴垂直。

【例 3-3】 图 3-7（a）所示刚架在 C 点承受水平荷载 F，试求刚架在 A、B 端所受的约束反力。

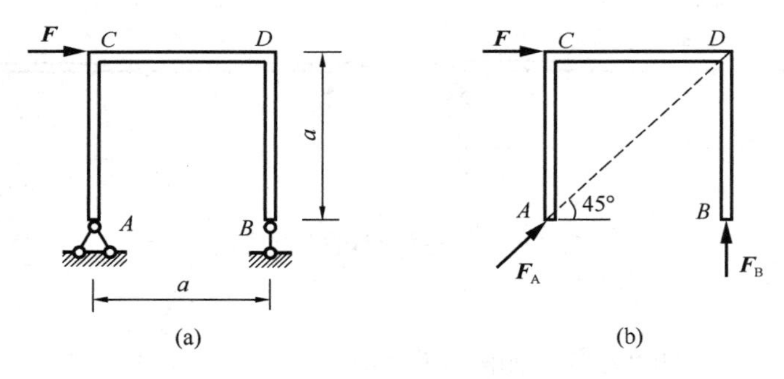

图 3-7 简支刚架受荷载作用

（a）简图；（b）受力图

【解】（1）作刚架的受力图

由于 B 端为可动铰支座，可以确定 B 端的约束反力沿铅垂方向，且其作用线与力 $\boldsymbol{F}$ 的作用线相交于 D 点；而根据三力汇交平衡定理可知，固定铰支座 A 的约束反力的作用线必通过 D 点，如图 3-7（b）所示。

（2）列出汇交力系的平衡方程

$$\Sigma F_x = 0 \quad F_A \times \cos 45^\circ + F = 0$$

$$\Sigma F_y = 0 \quad F_A \times \sin 45^\circ + F_B = 0$$

（3）解方程

$$F_A = -\sqrt{2}F(\swarrow)$$

$$F_B = F(\uparrow)$$

可见，A 端的约束反力大小为 $\sqrt{2}F$，而负号表明其实际方向与图中所设方向相反，应为斜向下。B 端的约束反力大小为 F，实际方向与图中所设的方向相同，为竖直向上。如式后括号所示。

【例 3-4】 杠杆 AB 受力如图 3-8（a）所示，试计算要保持 AB 杆水平时，需在 B 端施加多大的力。

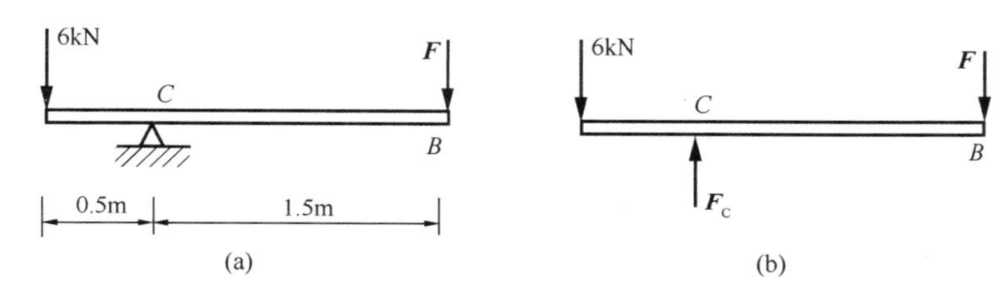

图 3-8 杠杆的平衡

（a）简图；（b）受力图

【解】（1）作 AB 杆的受力图

由图 3-8（b）可知，该力系为平面平行力系。

（2）列平衡方程：

$$\Sigma M_C(\boldsymbol{F}) = 0 \quad 6\text{kN} \times 0.5\text{m} - F \times 1.5\text{m} = 0$$

（3）解方程

$$F = 2\text{kN}(\downarrow)$$

即当 F 为 2kN 时，AB 杆保持水平状态。

四、物体系统的平衡

工程中，有一些结构是由几个物体组成的系统，称之为物体系统（简称物体系）。当物体系统平衡时，其中的每个物体都处于平衡状态。对于每一个受平面任意力系作用的物体均可建立三个平衡方程。如物体系由 n 个物体组成，则可以建立 $3n$ 个独立的平衡方程。在求解物体系统的平衡问题时，可以选取其中每个物体作为研究对象，列出全部平衡方程，然后联立求解。当然，也可以先选取整个系统为研究对象，求出一些未知量后，再选取某些单个物体作为研究对象，列平衡方程解出其他未知量。在选取研究对象和列平衡方程时，应尽量避免求解联立方程。

【例 3-5】 三铰刚架承受荷载如图 3-9（a）所示，试计算刚架支座 A、B 处的约束反力。

【解】（1）首先以整个系统为研究对象。作出如图 3-9（b）所示的受力图。列出平衡方程：

$$\Sigma F_x = 0 \qquad F_{Ax} - F_{Bx} + 10\text{kN} = 0 \qquad \text{(a)}$$

$$\Sigma M_B(\boldsymbol{F}) = 0 \qquad F_{Ay} \times 4\text{m} + 10\text{kN} \times 2\text{m} - 20\text{kN/m} \times 4\text{m} \times 2\text{m} = 0 \qquad \text{(b)}$$

$$\Sigma M_A(\boldsymbol{F}) = 0 \qquad F_{By} \times 4\text{m} - 10\text{kN} \times 2\text{m} - 20\text{kN/m} \times 4\text{m} \times 2\text{m} = 0 \qquad \text{(c)}$$

由方程（b）、（c）可得出：

$$F_{Ay} = 35\text{kN}(\uparrow)$$

$$F_{By} = 45\text{kN}(\uparrow)$$

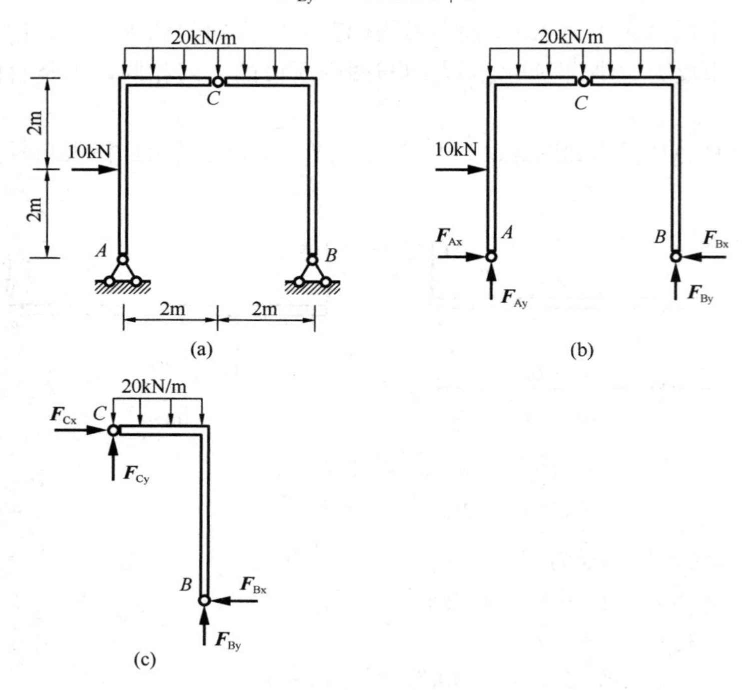

图 3-9 三铰刚架的荷载及受力图

（a）简图；（b）系统受力图；（c）*BC* 杆受力图

（2）以 *BC* 杆为研究对象，其受力如图 3-9（c）所示。建立相对于 *C* 点的力矩平衡方程：

$$\Sigma M_C(\boldsymbol{F}) = 0 \quad F_{By} \times 2\text{m} - F_{Bx} \times 4\text{m} - 20\text{kN/m} \times 2\text{m} \times 1\text{m} = 0 \qquad \text{(d)}$$

将 F_{By} 的值代入式（d），得到：

$$F_{Bx} = 12.5\text{kN}(\leftarrow)$$

再将 F_{Bx} 的值代入式（a），得到：

$$F_{Ax} = 2.5\text{kN}(\rightarrow)$$

由于这些约束反力的计算结果均为正值，因此它们的实际方向与图 3-9（b）所示一致。

【例 3-6】 连续梁受荷载情况如图 3-10（a）所示，试计算支座 *A*、*B*、*D* 处的约束反力。

【解】（1）首先选 CD 杆为研究对象，其受力图如图 3-10（b）所示。关于 C 点的力矩平衡方程为：

$$\sum M_C(\boldsymbol{F}) = 0 \quad F_D \times 6\text{m} - 120\text{kN} \times 3\text{m} = 0 \tag{a}$$

由该力矩平衡方程可得：

$$F_D = 60\text{kN}(\uparrow)$$

（2）再以整个梁为研究对象，其受力图如图 3-10（c）所示。得到三个平衡方程：

$$\sum F_x = 0 \qquad F_{Ax} = 0 \tag{b}$$

$$\sum M_B(\boldsymbol{F}) = 0 \quad F_{Ay} \times 8\text{m} - 40\text{kN/m} \times 8\text{m} \times 4\text{m} + 120\text{kN} \times 5\text{m} - F_D \times 8\text{m} = 0 \tag{c}$$

$$\sum M_A(\boldsymbol{F}) = 0 \quad F_B \times 8\text{m} - 40\text{kN/m} \times 8\text{m} \times 4\text{m} - 120\text{kN} \times 13\text{m} + F_D \times 16\text{m} = 0 \tag{d}$$

将 F_D 代入式（c）和（d），得到：

$$F_{Ay} = 145\text{kN}(\uparrow), \qquad F_B = 235\text{kN}(\uparrow)$$

显然，这些约束反力的实际方向与图 3-10（c）所示一致。

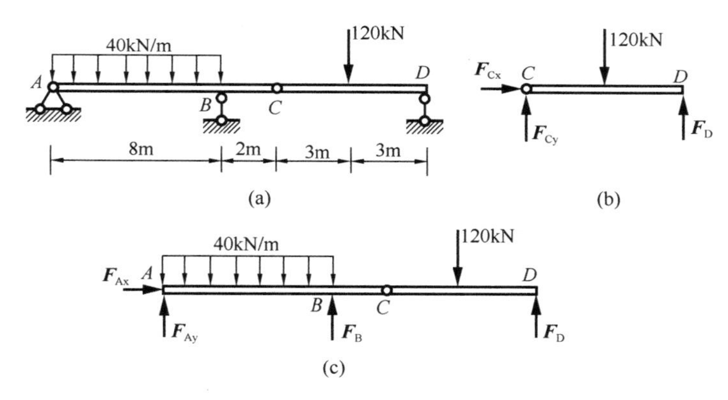

图 3-10　多跨静定梁的荷载及受力图

（a）简图；（b）CD 杆受力图；（c）系统受力图

习题

3-1　用钢索 AB、AC 悬挂一重量 10kN 的重物，如图所示。当不计钢索自重，求钢索的拉力。

3-2　如图所示，一重量 G=1kN 的球体，放在两个光滑的斜面之间。试计算两个斜面的约束反力。

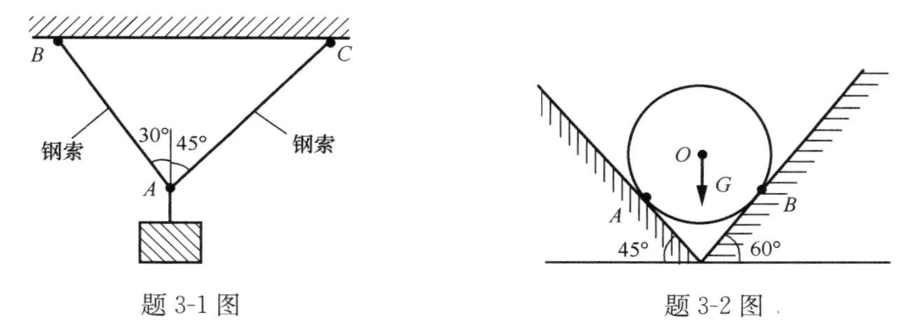

题 3-1 图　　　　题 3-2 图

3-3 单跨静定梁受力如图所示，如不计梁的自重，试计算各梁的支座反力。

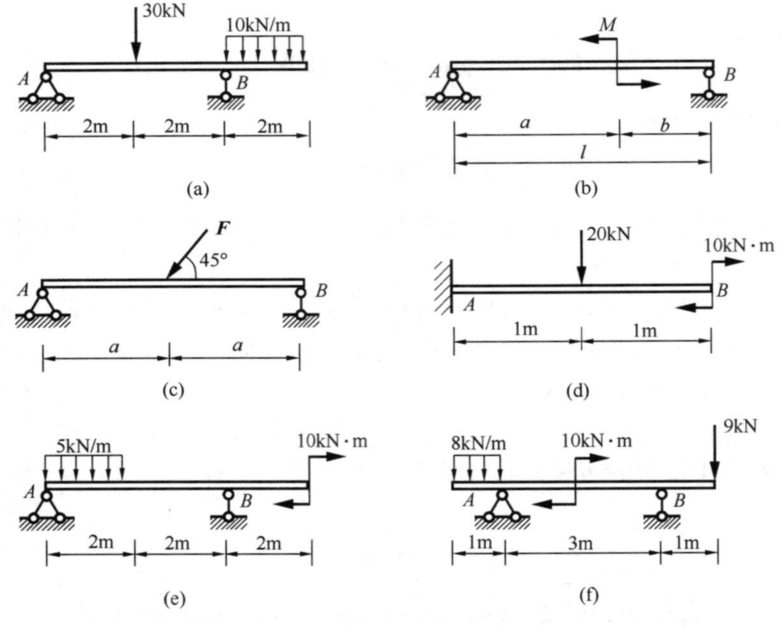

题 3-3 图

3-4 刚架受力如图所示，已知 $F=qa$。不计刚架自重，计算支座 A 的约束反力。

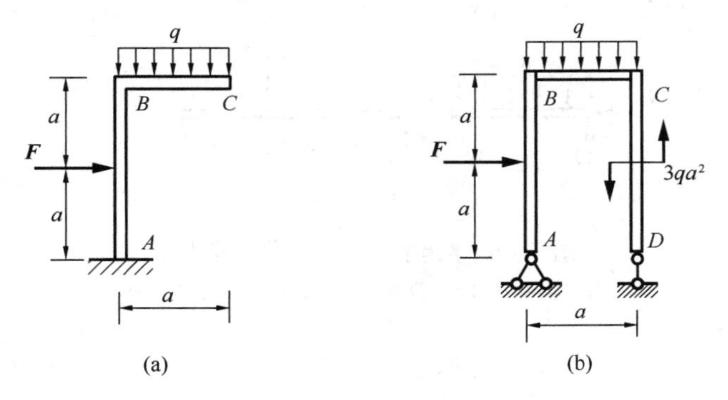

题 3-4 图

3-5 静定桁架受力如图所示，不计自重。试计算支座 A、B 的约束反力。

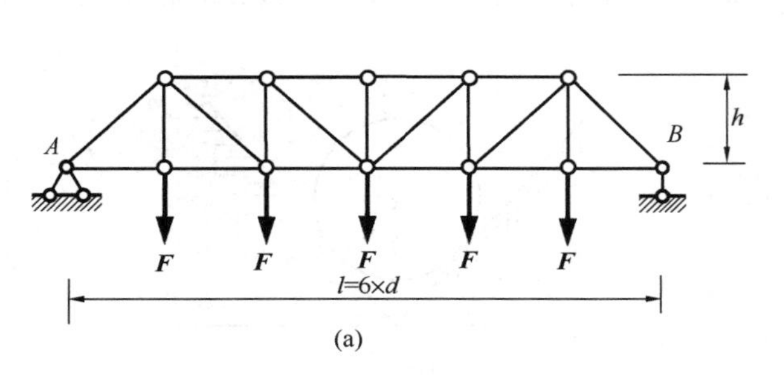

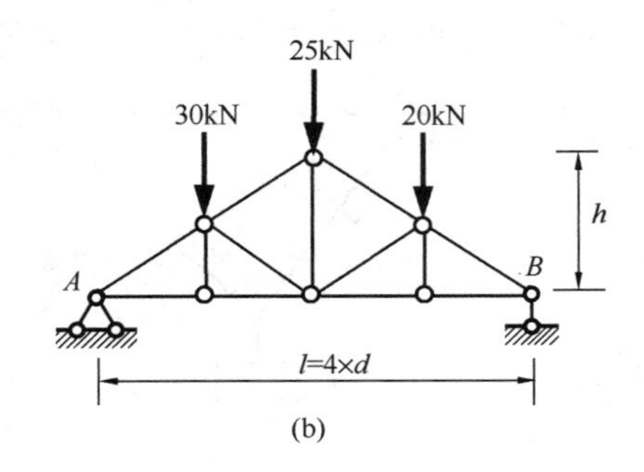

题 3-5 图

3-6　如图所示，对称三铰刚架由左右两部分铰结而成，每一部分的重量 $G=50\text{kN}$，左边部分受外荷载 $F=25\text{kN}$。试计算支座 A、B 的约束反力。

3-7　连续梁受力如图所示，不计梁的自重。试求支座 A、C 的约束反力。

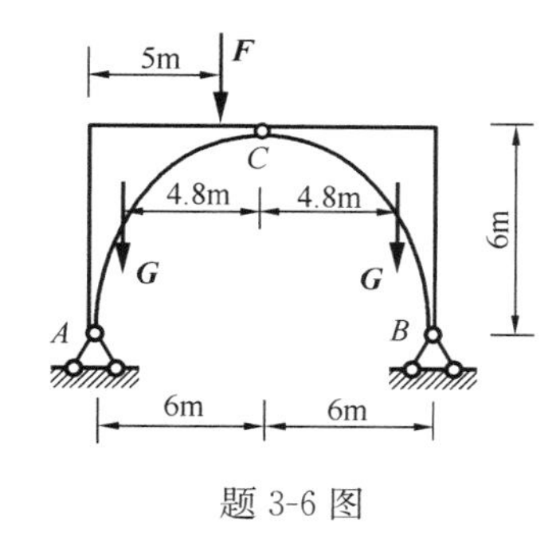

题 3-6 图

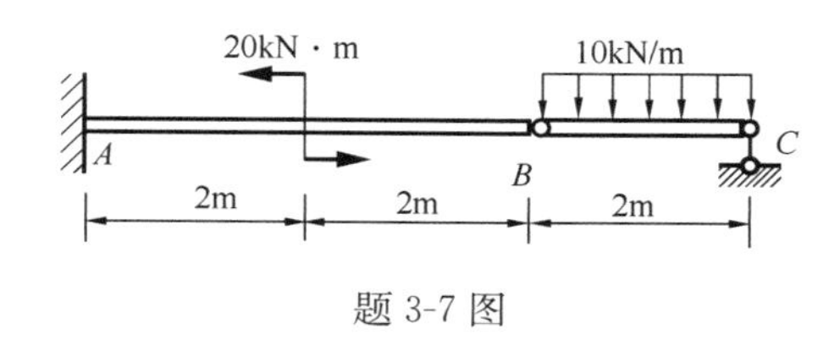

题 3-7 图

第四章 平面体系的几何组成分析

本章对平面体系的几何构成进行分析，给出平面体系的自由度计算公式，以及平面几何不变体系的基本组成规律，这对平面杆系结构的内力分析是非常必要的。

第一节　几何组成分析的目的

体系受到任意荷载作用时，若不考虑材料的应变，即把杆件当作刚体，体系能保持其几何形状和位置不变的，则称为**几何不变体系**，如图 4-1（a）所示体系。而另一类体系，如图 4-1（b）所示，尽管只受到很小的力 $\boldsymbol{F}$ 的作用，也将发生几何形状的改变，这类体系称为**几何可变体系**。

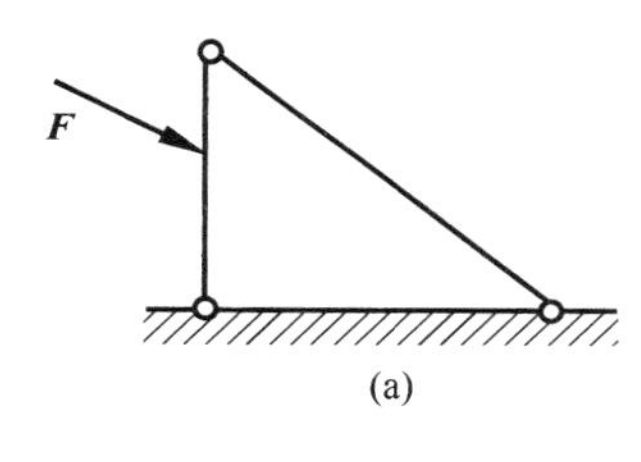

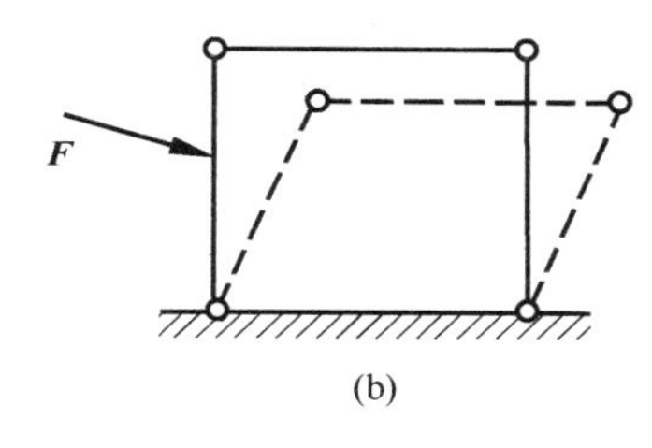

图 4-1　平面体系

（a）几何不变体系；（b）几何可变体系

在实际工程中，建筑结构都需要承受一定的荷载，而几何可变体系在荷载作用下内力很大或不能维持平衡，将会发生倒塌，因此几何可变体系一般是不能用来作为结构的，建筑结构必须是几何不变体系。

图 4-2（a）所示体系，由在一条直线上的三个铰及杆件 AC、BC 组成。在外力 $\boldsymbol{F}$ 的作用下会产生微小的位移，如图 4-2（b）所示。发生位移后，由于形成一个三角形，它就不再继续运动了。这种在原来的位置上发生微小位移后不能再继续运动的体系，称为瞬变体系。瞬变体系承受荷载后，构件将产生很大的内力。根据图 4-2（c），由两个方向力的平衡条件，有：

$$\Sigma F_x = 0 \qquad F_1 \cos\theta - F_2 \cos\theta = 0$$

$$\Sigma F_y = 0 \quad F_1 \sin\theta + F_2 \sin\theta - F = 0$$

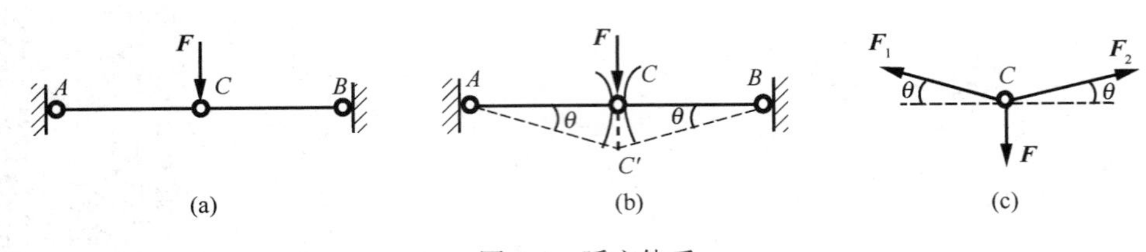

图 4-2 瞬变体系
(a) 简图；(b) 位移；(c) 受力

得到：

$$F_1 = F_2 = \frac{F}{2\sin\theta}$$

当位移很小时，θ 也很小，$\sin\theta \to 0$，则杆的轴力非常大，$F_1 \to \infty$。

对体系的几何组成所进行的分析，称为几何组成分析或机动分析。这种分析的目的在于：判断某一体系是否几何不变，从而决定它能否作为结构；研究几何不变体系的组成规律，以保证所设计的结构能够承受荷载并保持平衡；此外，通过几何组成分析，可以正确区分静定结构和超静定结构，确定适当的结构内力计算方法。

本章只讨论平面体系的几何组成分析。平面体系中的刚体简称为刚片。

第二节 平面体系的自由度

为了确定一个体系是否可变，首先需要知道该体系的自由度。一个体系的自由度就是体系运动时，可以独立变化的几何参数的个数，即完全确定体系位置所需要的独立坐标个数。

先研究一点在平面内运动的自由度。图 4-3（a）所示点 A，可在平面内自由运动，即它有沿着 x 轴和 y 轴运动的自由，A 点在 xoy 平面的位置可以用两个坐标 x 和 y 来确定，因此，平面内一个点的自由度等于 2。

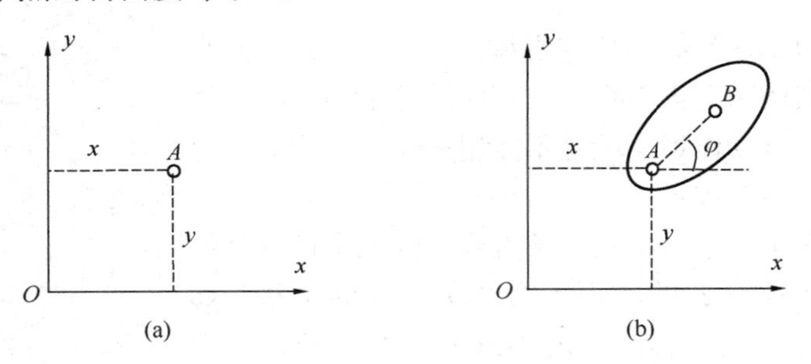

图 4-3 平面内点和刚片的自由度
(a) 点的自由度；(b) 刚片的自由度

再研究一个刚片在平面内运动的自由度。图 4-3（b）所示刚片，在其平面内除了有沿着 x 轴和 y 轴运动的自由外，还有绕刚片上任意一点转动的自由，即刚片的位置可以用刚片上任意点 A 的坐标 x 和 y 以及过 A 点的任一直线 AB 的倾角 φ 来确定。因此，平面内一个刚片的自由度等于 3。

对于一个具有自由度的刚片，当加入某些约束装置时，它的自由度将减少。凡减少一个自由度的装置称为一个联系或一个约束。常见的约束有链杆和铰。例如用一根链杆将一刚片与基础相连，如图 4-4（a）所示，则刚片 AB 不能沿链杆方向（竖向）移动，因而减少了一个自由度，故一根链杆为一个联系。

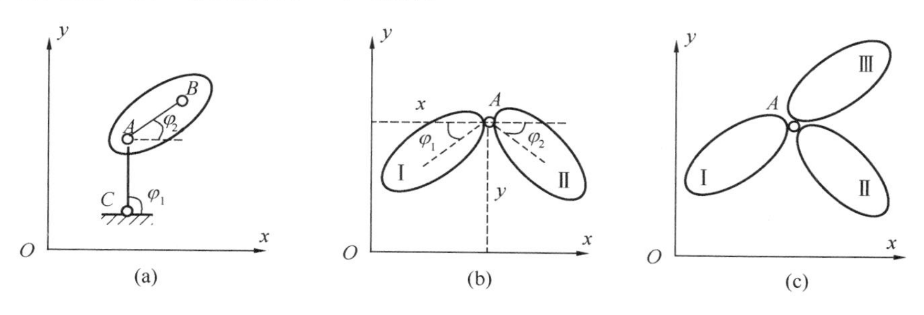

图 4-4　常见约束

（a）链杆；（b）单铰；（c）复铰

连接两个刚片的铰称为单铰。图 4-4（b）所示刚片Ⅰ和Ⅱ用铰在 A 点连接起来，刚片Ⅰ的位置可由 A 点的坐标 (x, y) 及转角 φ_1 确定，而刚片Ⅱ只能绕着铰 A 转动，其位置只需一个参数 φ_2 即可确定。这样，两个刚片总的自由度就由 6 减少为 4。可见一个单铰为两个联系。

如果一个铰同时连接三个及三个以上的刚片，该铰称为复铰。如图 4-4（c）所示，三个刚片共用一个铰 A 相联。若刚片Ⅰ的位置可由三个参数确定，而刚片Ⅱ、Ⅲ都只能绕着铰 A 转动，从而各减少了两个自由度。这样，三个刚片总的自由度就由 9 减少为 5。因此，连接三个刚片的复铰相当于两个单铰，可以减少四个自由度。由此可推知，连接 n 个刚片的复铰相当于 $(n-1)$ 个单铰，可以减少 $2(n-1)$ 个自由度。

下面讨论两类平面体系的自由度计算公式。

一、刚片系的自由度公式

一个平面体系，通常是由若干个刚片通过铰相连，并用支座链杆与基础连接而成的。设其刚片数为 m，单铰数为 h，支座链杆数为 r，则体系的计算自由度 W 为：

$$W = 3m - 2h - r \tag{4-1}$$

应用式（4-1）时，必须注意单铰数 h 只包括刚片与刚片之间相互连接的铰，而不包括刚片与支座链杆相连处的铰。另外，当体系不与基础相连，体系相对于外部有 3 个自由度，只需研究体系内部的可变性，计算自由度时可取 $r = 3$。

【例 4-1】 计算如图 4-5 所示体系的自由度。

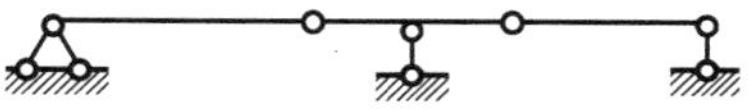

【解】 已知该体系 $m = 3$，$h = 2$，$r = 4$

由（4-1）式得到：

图 4-5

$$W = 3m - 2h - r = 3 \times 3 - 2 \times 2 - 4 = 1 > 0$$

因此，该体系有一个自由度，缺少一个必要联系。

它为几何可变体系。

【例 4-2】 计算如图 4-6 所示体系的自由度。

【解】该体系与基础未连接，故取 $r=3$，

而 $m=7$，$h=9$，则有，

$$W=3m-2h-r=3\times7-2\times9-3=0$$

因此，该体系的自由度为零。

【例 4-3】计算如图 4-7 所示体系的自由度。

【解】已知该体系

$$m=5,\ h=5,\ r=6$$

$$W=3m-2h-r=3\times5-2\times5-6=-1<0$$

因此，该体系的自由度小于 0，有一个多余联系。

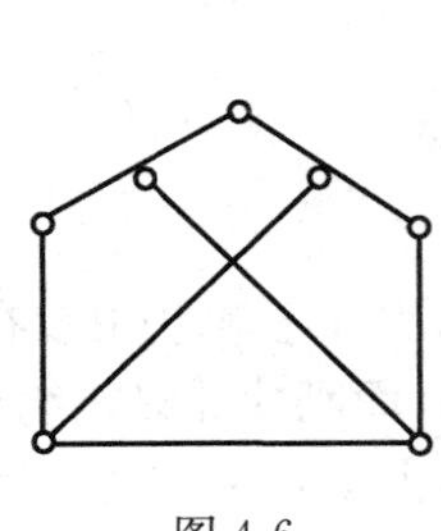

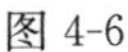

图 4-6

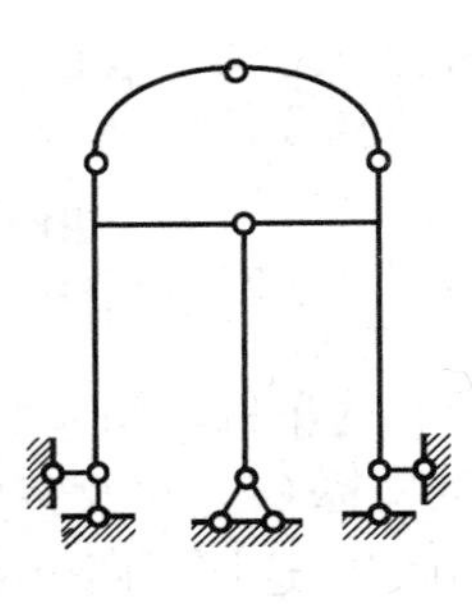

图 4-7

二、链杆系的自由度计算公式

如果平面体系杆件之间的连接以及体系与基础的连接均为铰结，则称为铰结链杆体系，简称链杆系。这类体系的计算自由度可以用式（4-1）计算，也可以用下面的简便计算公式来计算。设体系的铰结点数为 j，杆件数为 i，支座链杆数为 r，则体系的计算自由度为：

$$W=2j-i-r \tag{4-2}$$

同样，当体系与基础未连接时，计算自由度时需取 $r=3$。

【例 4-4】计算如图 4-8 所示体系的自由度。

【解】已知体系的 $j=9$，$i=15$，$r=3$

由式（4-2）可得：

$$W=2j-i-r=2\times9-15-3=0$$

若用式（4-1）计算体系的自由度，则：

$m=15$，$h=21$，$r=3$

$$W=3m-2h-r=3\times15-2\times21-3=0$$

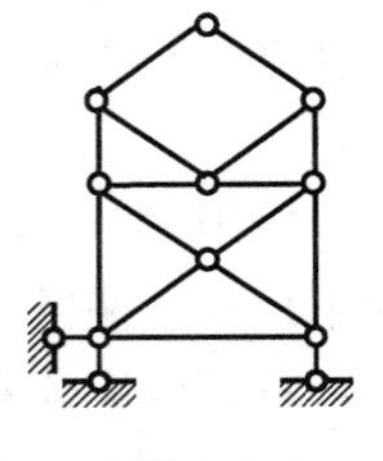

图 4-8

因此，该体系的自由度为零。

显然，对于杆件较多的链杆系，式（4-2）的计算要比式（4-1）简便。

【例 4-5】计算如图 4-9 所示体系的自由度。

【解】可按链杆系计算，取 $j=3$，$i=2$，$r=5$

$$W=2j-i-r=2\times3-2-5=-1<0$$

即体系的自由度小于 0，有一个多余联系。

若按刚片系计算公式计算，则：

$$m=4,\ h=3,\ r=7$$

$$W=3m-2h-r=3\times4-2\times3-7=-1<0$$

显然，两个计算公式得到的结果相同。

图 4-9

由以上算例的计算结果可知，任何平面体系的计算自由度将属于以下三种情况：

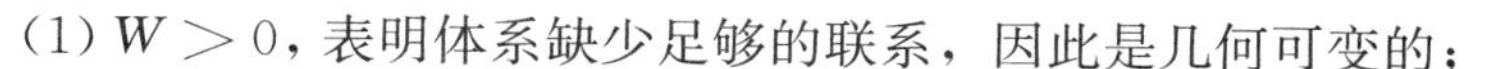

(1) $W>0$，表明体系缺少足够的联系，因此是几何可变的；

(2) $W=0$，表明体系具有成为几何不变体系所需的最少联系数；

(3) $W<0$，表明体系具有多余联系。

因此，一个几何不变体系必须满足 $W\leqslant0$ 的条件。但是，$W\leqslant0$ 不是几何不变体系的充分条件。为了判别体系是否几何不变，还必须研究几何不变体系的合理组成规律，进行体系的几何组成分析。

第三节　几何不变体系的组成规律

组成平面几何不变体系的一般规律可归纳为以下四个。

规律一：两个刚片用不全相交于一点也不全平行的三根链杆连接，组成几何不变体系。

图 4-10（a）所示刚片Ⅰ和Ⅱ由交于点 O 的两根链杆 ab 和 cd 相连，组成四链杆机构。点 O 是两个刚片的相对转动瞬心，因此构成一个可变体系。

若增加一根不通过 O 点的链杆 ef，如图 4-10（b）所示，则体系将有 O_1、O_2、O_3 三个瞬心，而体系不可能同时绕这三个瞬心转动，因而该体系是几何不变体系。

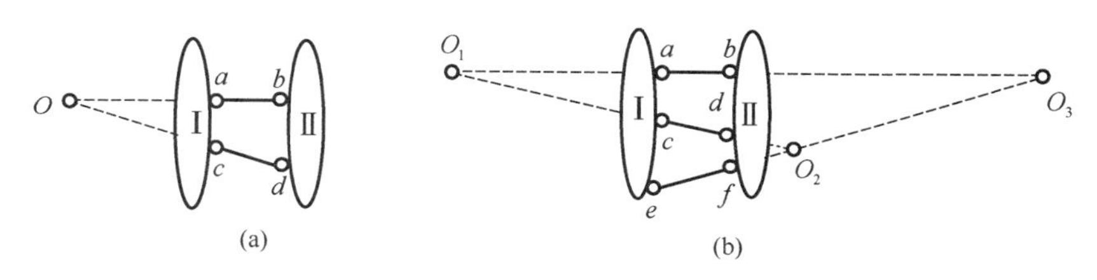

图 4-10

当三根链杆的延长线交于同一点时，如图 4-11（a）所示，则两刚片可绕交点 O 作相对转动，但发生微小转动后，三杆不再交于同一点，故运动不再继续发生。这种在某一瞬时可以发生微小运动的体系，称为瞬变体系。当三根链杆全平行时，可以认为它们均相交于无穷远点，故属于“全交于一点”。这时又有两种情况：当三杆平行但不等长时，如图 4-11（b）所示，两刚片可沿链杆垂直方向作相对运动，但当发生微小移动后，三杆不再全部平行，因此属于瞬变体系；当三杆平行且等长时，如图 4-11（c）所示，则运动可以一直继续下去，故为几何常变体系。但是，无论瞬变体系还是常变体系都为几何可变体系，一般不能在工程中应用。

规律二：三个刚片用不在同一直线上的三个铰两两相连，组成几何不变体系。

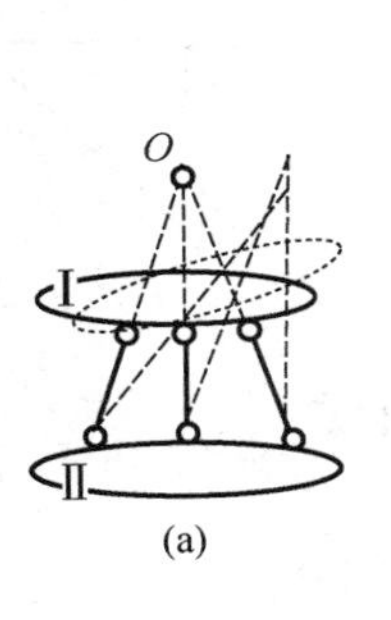

(a)

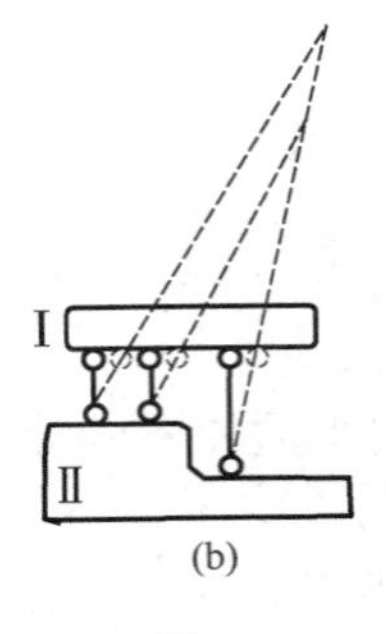

(b)

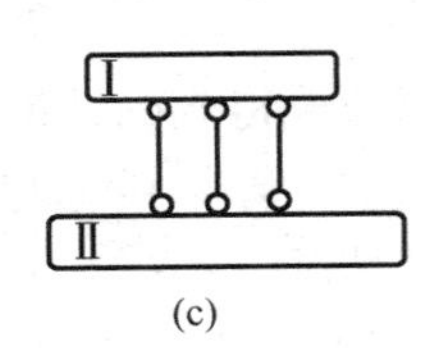

(c)

图 4-11

图 4-12 所示铰结三角形，每根杆件为一个刚片，每两个刚片间用一个单铰连接。假设刚片Ⅰ不动，则刚片Ⅱ将绕铰 A 转动，其上的 O 点只能在以 A 为圆心以 AO 为半径的圆弧上运动；而刚片Ⅲ将绕铰 B 转动，其上的 O 点只能在以 B 为圆心以 BO 为半径的圆弧上运动。而铰 O 不可能同时沿两个不同的圆弧运动，因而 O 点固定不动，刚片上的其他点也不可能有相对运动。因此，铰结三角形是几何不变体系。

例如图 4-13 所示三铰拱，左、右两个半拱和基础分别为刚片Ⅰ、Ⅱ、Ⅲ，这三个刚片被三个不共线的铰 A、B、C 两两相连，组成几何不变体系。

如果三个铰在同一直线上时，如图 4-14 所示，刚片Ⅰ、Ⅱ分别绕铰 A、B 转动，铰 C 可沿两圆弧的公切线方向运动。但微小移动之后，三铰不再共线，体系变为几何不变体系。因此，该体系为几何瞬变体系。

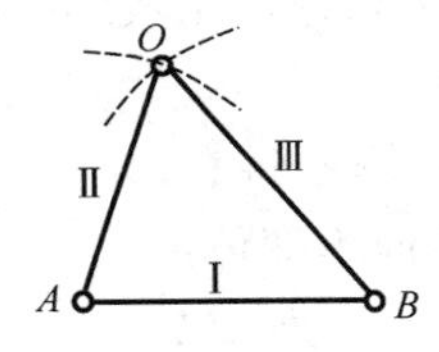

图 4-12 铰结三角形

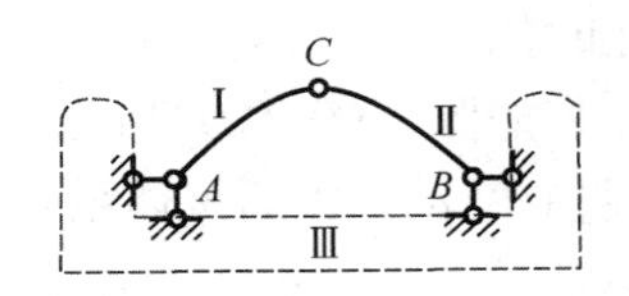

图 4-13 三铰拱

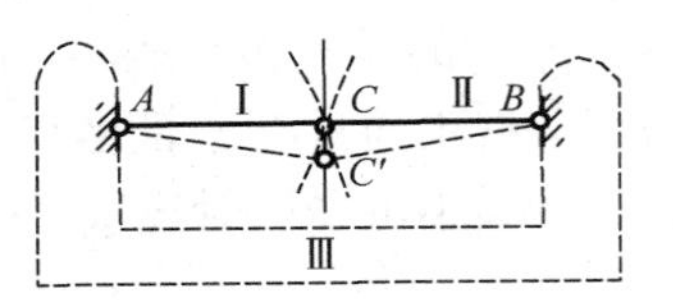

图 4-14 几何瞬变体系

规律三：两个刚片用一个铰和一根不过该铰心的链杆连接，组成几何不变体系。

规律三是规律二的推广，如图 4-15 所示，因为这根不过铰心的链杆 cd 可以作为一个刚片，与另外两个刚片组成铰结三角形。

规律四：在一个刚片上增加一个二元体，仍为几何不变体系。

何谓二元体？两根不在同一条直线上的链杆连接出一个新结点的装置称为二元体。显然，规律四也是规律二的推广，如图 4-16 所示。

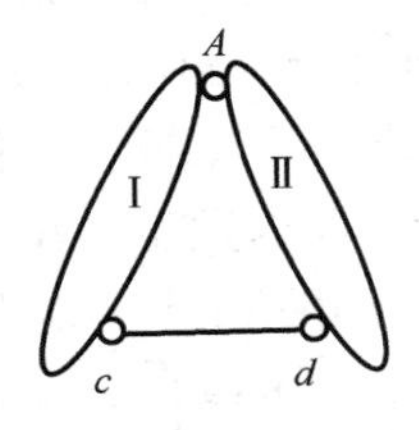

图 4-15

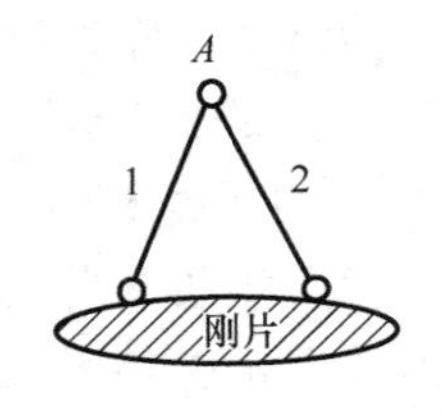

图 4-16

反过来，如果从一个体系上拆除一个二元体，剩下的部分是几何不变的，则原来的体系必定是几何不变的。若去掉二元体后剩下的体系是几何可变的，则原来的体系也必定是几何可变的。

综上所述可得以下结论：在一个体系上增加或拆除二元体，不会改变原有体系的几何组成特性。

下面通过一些例题说明如何运用这些规律分析体系的几何组成特性。

【例 4-6】 试对如图 4-17（a）所示体系进行几何组成分析。

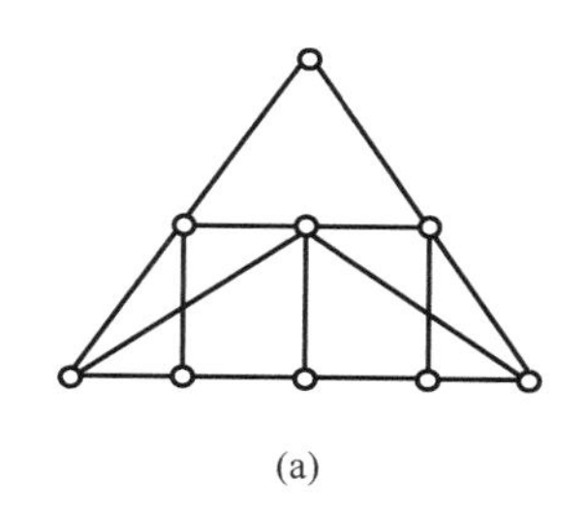
(a)

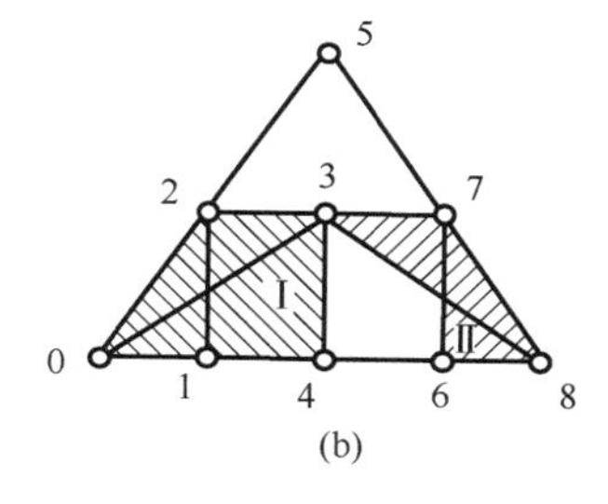

(b)

图 4-17
（a）简图；（b）几何组成分析

【解】（1）计算体系的自由度

由图 4-17（a）可知，该体系是链杆系

$$j=9,\quad i=15,\quad 取\ r=3$$

由公式（4-2），则有：

$$W=2j-i-r=2\times9-15-3=0$$

（2）进行几何组成分析

如图 4-17（b）所示，在基本不变体三角形 012 上依次加两个二元体（23-30）、（34-41），形成刚片Ⅰ，在三角形 678 上加一个二元体（37-38）形成刚片Ⅱ。刚片Ⅰ和Ⅱ用铰 3 和一根不过铰心的链杆 46 组成几何不变体，在该不变体上加一个二元体（25-57），仍为几何不变体系。

因此，该体系为无多余约束的几何不变体系。

【例 4-7】 试分析如图 4-18 所示体系的几何组成。

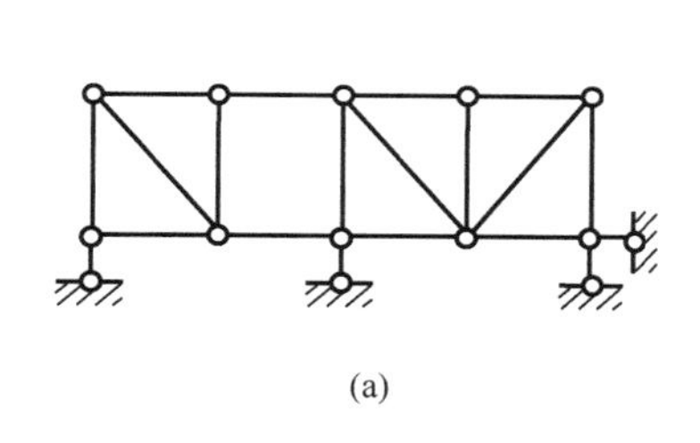
(a)

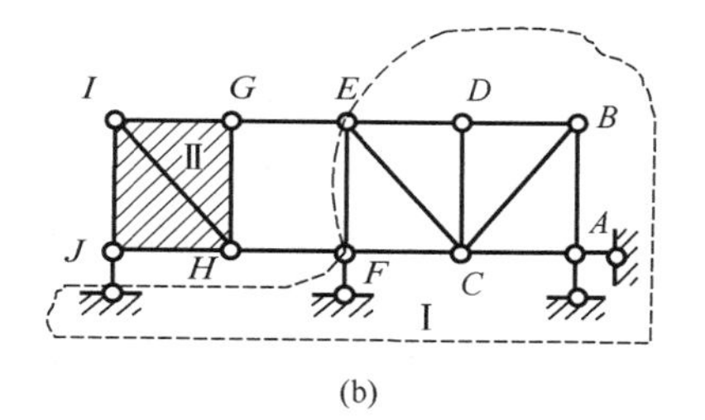

(b)

图 4-18
（a）简图；（b）几何组成分析

【解】（1）计算体系的自由度

从图 4-18（a）可知，该体系为链杆系

$$j=10,\quad i=16,\quad r=4$$

由公式（4-2），可得：

$$W=2j-i-r=2\times10-16-4=0$$

（2）进行几何组成分析

如图 4-18（b）所示，在三角形 ABC 上依次加三个二元体（BD-DC）、（DE-EC）、（EF-FC），仍为几何不变体。该不变体与基础用三根不全相交于一点也不全平行的链杆连接，组成刚片Ⅰ。

体系左边是由基本三角形 IJH 加一个二元体（IG-GH）形成的刚片Ⅱ。

刚片Ⅰ与Ⅱ用不全相交于一点也不全平行的三根链杆 EG、FH 及 J 点处的支杆连接，组成无多余约束的几何不变体。

【例 4-8】试对如图 4-19 所示体系进行几何组成分析。

【解】（1）计算体系的自由度

从图 4-19（a）可知，该体系为刚片系

$$m=3,\quad h=2,\quad r=5$$

由公式（4-1），得到：

$$W=3m-2h-r=3\times3-2\times2-5=0$$

（2）进行几何组成分析

如图 4-19（b）所示，将杆 AB、BC 及基础分别看作刚片Ⅰ、Ⅱ、Ⅲ，这三个刚片分别用两个实铰（1，3）、（1，2）及虚铰（2，3）两两相连，而这三个铰不共线，所以组成几何不变体系。然后在该不变体上加一个二元体，组成无多余约束的几何不变体系。

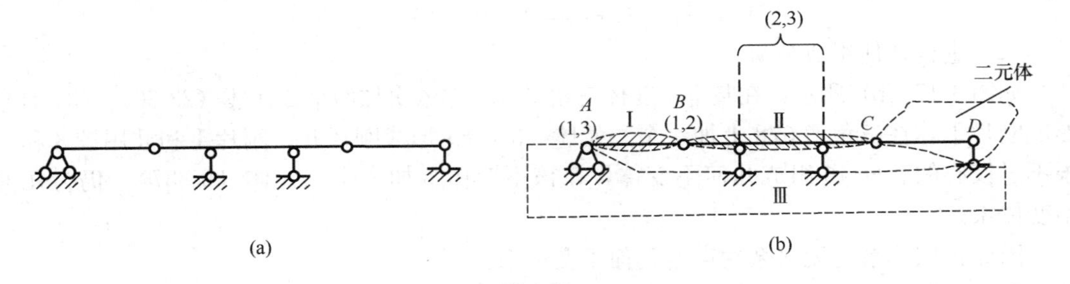

图 4-19

（a）简图；（b）几何组成分析

【例 4-9】试对如图 4-20 所示体系进行几何组成分析。

【解】（1）计算体系的自由度

从图 4-20（a）可知，该体系为刚片系

$$m=3,\quad h=2,\quad r=5$$

由公式（4-1）有：

$$W=3m-2h-r=3\times3-2\times2-5=0$$

（2）进行几何组成分析

如图 4-20（b）所示，将基础连同两个固定铰支座作为刚片Ⅰ，T 形杆 BCE 作为刚片Ⅱ，刚片Ⅰ和Ⅱ用三个链杆 AB、CD、EF 相连，这三个链杆不全相交于一点也不全平行，故组成无多余约束的几何不变体系。

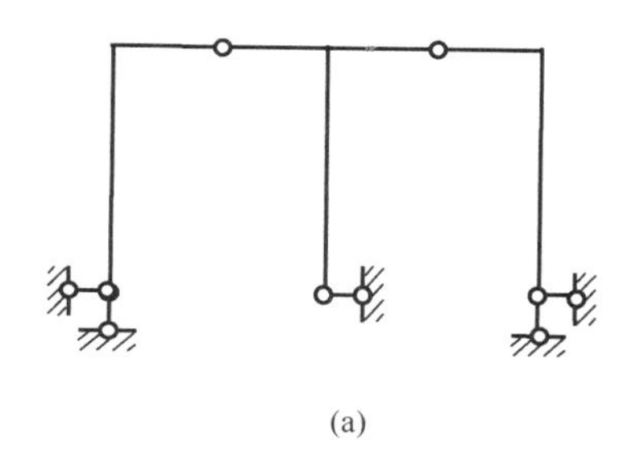
(a)

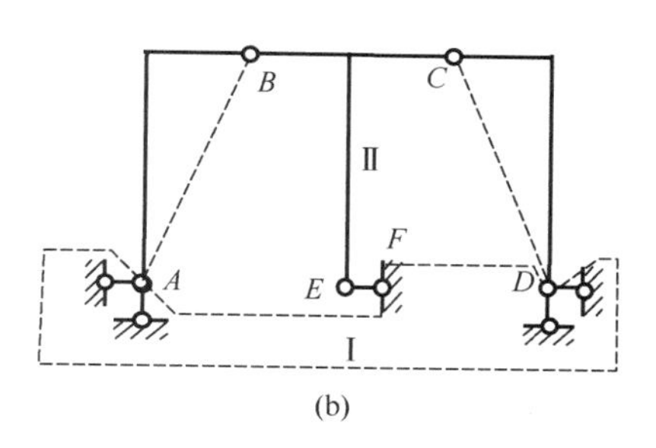

(b)

图 4-20
(a) 简图；(b) 几何组成分析

【例 4-10】 试对如图 4-21 所示体系进行几何组成分析。

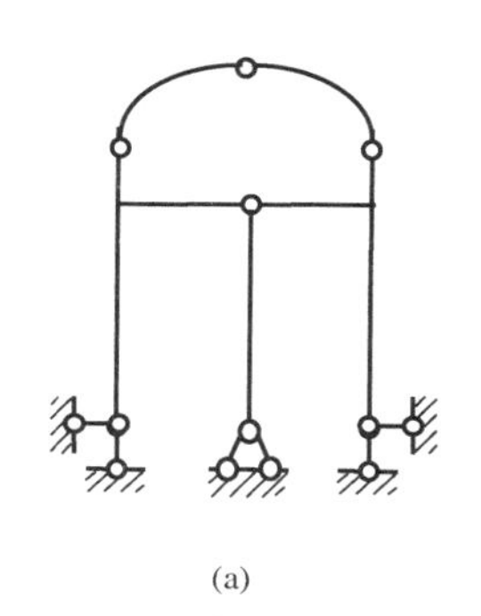
(a)

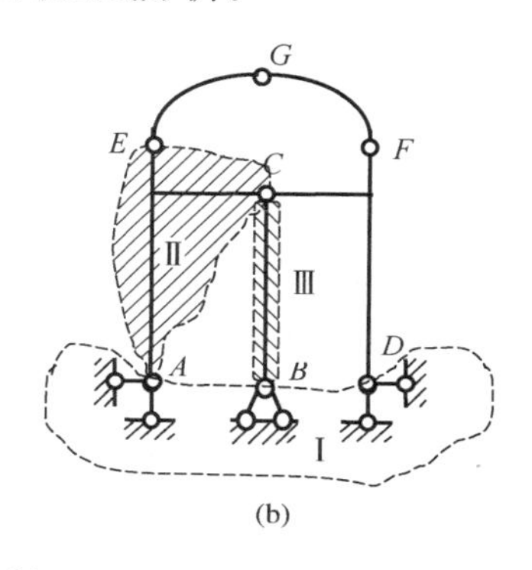

(b)

图 4-21
(a) 简图；(b) 几何组成分析

【解】(1) 计算体系的自由度

从图 4-21 (a) 可知，这是刚片系

$$m=5,\quad h=5,\quad r=6$$

由公式 (4-1)，可得：

$$W=3m-2h-r=3\times5-2\times5-6=-1<0$$

(2) 进行几何组成分析

如图 4-21 (b) 所示，将基础连同三个固定铰支座作为刚片Ⅰ，T 形杆 AEC 作为刚片Ⅱ，BC 作为刚片Ⅲ，这三个刚片用三个不共线的铰 A、B、C 两两相连，组成几何不变部分。T 形杆 FDC 与该几何不变部分用两个铰 D、C 相连，组成有一个多余约束的几何不变体系。在其上再加一个二元体仍为有一个多余约束的几何不变体系。

【例 4-11】 试分析如图 4-22 所示体系的几何组成。

【解】(1) 计算体系的自由度

从图 4-22 (a) 可知，这是链杆系

$$j=12,\quad i=20,\quad r=4$$

用公式 (4-2) 计算，可得：

$$W=2j-i-r=2\times12-20-4=0$$

(2) 进行几何组成分析

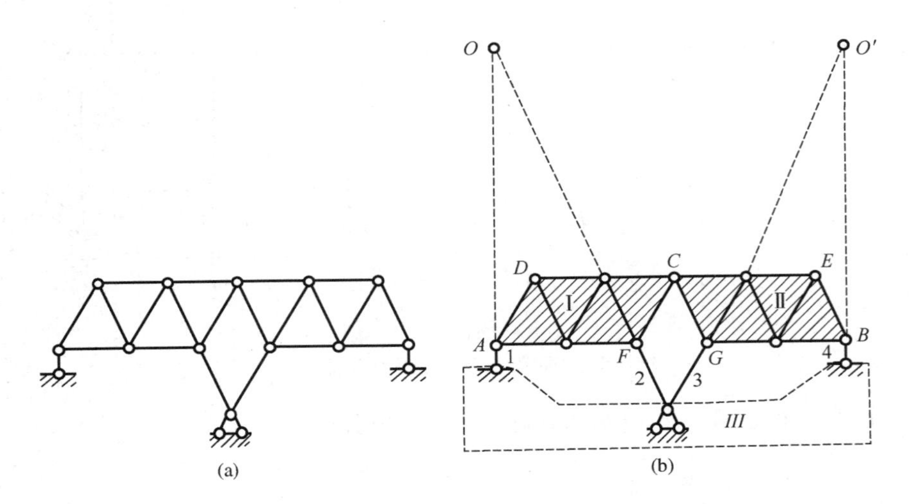

图 4-22

(a) 简图；(b) 几何组成分析

如图 4-22 (b) 所示，将基础连同一个固定铰支座作为刚片Ⅲ，在基本三角形上依次加三个二元体分别形成刚片Ⅰ和Ⅱ。刚片Ⅰ与Ⅱ用铰C相连，刚片Ⅰ与Ⅲ用链杆1和2形成的虚铰O相连，刚片Ⅱ与Ⅲ用链杆3和4形成的虚铰O'相连，这三个铰不共线，故组成无多余约束的几何不变体系。

【例 4-12】试分析如图 4-23 所示体系的几何组成。

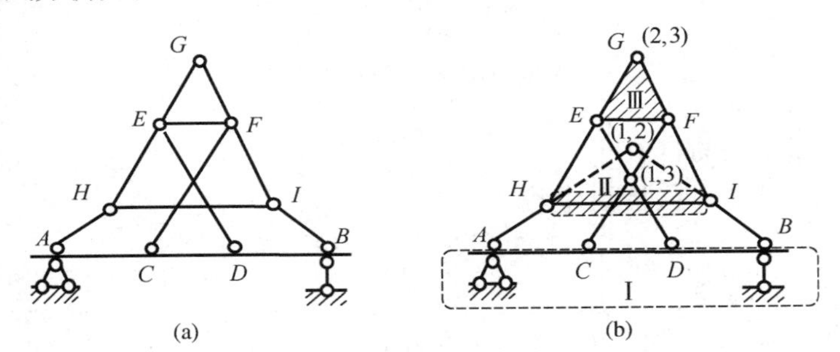

图 4-23

(a) 简图；(b) 几何组成分析

【解】(1) 计算体系的自由度

从图 4-23 (a) 可知，该体系是刚片系

$$m=11,\quad h=15,\quad r=3$$

应用公式 (4-1) 计算，得到：

$$W=3m-2h-r=3\times11-2\times15-3=0$$

(2) 进行几何组成分析

如图 4-23 (b) 所示，杆件 AB 与基础用三根不全交于一点也不全平行的链杆连接，可组成刚片Ⅰ，水平链杆 HI 和三角形 EFG 分别作为刚片Ⅱ和Ⅲ。刚片Ⅰ与Ⅱ用链杆 AH 和 BI 形成的虚铰 (1, 2) 相连，刚片Ⅰ与Ⅲ用链杆 CF 和 DE 形成的虚铰 (1, 3) 相连，刚片Ⅱ与Ⅲ用链杆 EH 和 FI 形成的铰 (2, 3) 相连，这三个铰共线，故组成几何

瞬变体系。

【例 4-13】 试对如图 4-24 所示体系进行几何组成分析。

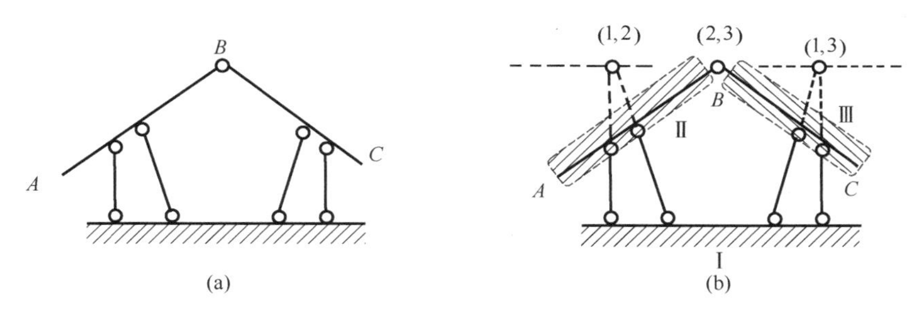

图 4-24

(a) 简图;(b) 几何组成分析

【解】(1) 计算体系的自由度

从图 4-24 (a) 可知,该体系是刚片系

$$m=2,\quad h=1,\quad r=4$$

应用公式 (4-1) 计算,可得:

$$W=3m-2h-r=3\times2-2\times1-4=0$$

(2) 进行几何组成分析

如图 4-24 (b) 所示,将基础作为刚片Ⅰ,斜杆 AB 和 BC 分别作为刚片Ⅱ和Ⅲ。刚片Ⅰ与Ⅱ用两个链杆形成的虚铰 (1, 2) 相连,刚片Ⅰ与Ⅲ用两个链杆形成的虚铰 (1, 3) 相连,刚片Ⅱ与Ⅲ用实铰 (2, 3) 相连,这三个铰共线,故组成几何瞬变体系。

【例 4-14】 试对如图 4-25 所示体系进行几何组成分析。

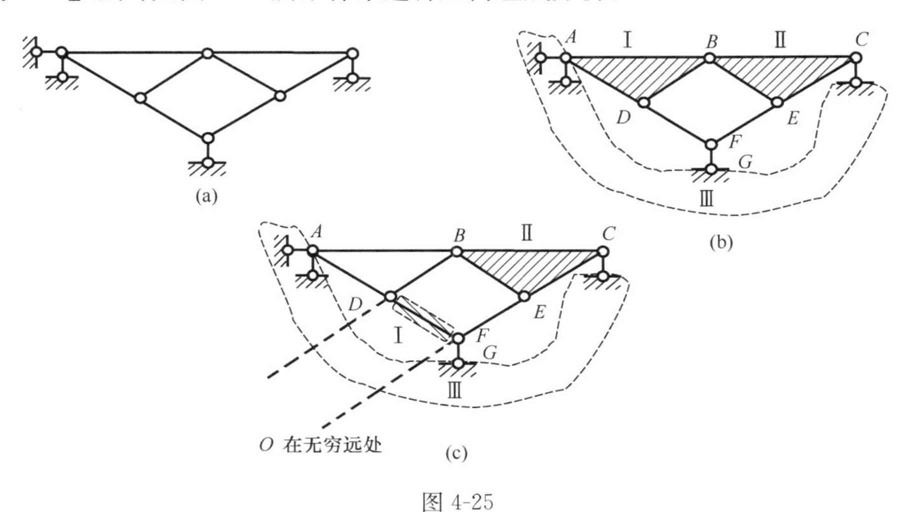

图 4-25

(a) 简图;(b) 几何组成分析 1;(c) 几何组成分析 2

【解】(1) 计算体系的自由度

从图 4-25 (a) 可知,这是链杆系

$$j=6,\quad i=8,\quad r=4$$

应用公式（4-2），得到：

$$W=2j-i-r=2\times6-8-4=0$$

(2) 进行几何组成分析

若按图 4-25（b）所示，将基础连同 A 处的固定铰支座作为刚片Ⅲ，三角形 ABD 和 BCE 分别作为刚片Ⅰ和Ⅱ。刚片Ⅰ和Ⅲ用铰 A 相连，刚片Ⅰ与Ⅱ用铰 B 相连，但刚片Ⅱ与Ⅲ之间只用 C 处的一根支杆直接相连，链杆 FG 没有连接到刚片Ⅱ上，链杆 DF 和 EF 没有用上。因此，几何组成分析无法进行下去。

如图 4-25（c）所示，刚片Ⅱ和Ⅲ取法不变，将链杆 DF 作为刚片Ⅰ，则刚片Ⅰ和Ⅲ用链杆 AD 与 FG 形成的虚铰 F 相连，刚片Ⅱ与Ⅲ用链杆 AB 与 C 处支杆形成的虚铰 C 相连，刚片Ⅰ与Ⅱ用平行链杆 BD 和 EF 形成的无穷远处虚铰相连，由于该虚铰在 CF 的延长线上，故三铰共线，形成几何瞬变体系。

综上所述，平面体系可以分为几何不变体系和几何可变体系。几何可变体系包括几何瞬变体系和几何常变体系。无多余约束的几何不变体系，其计算自由度 $W=0$，而有多余约束的几何不变体系，其计算自由度 $W<0$。

第四节　静定结构与超静定结构

通过以上对几何不变体系组成规律的讨论，我们知道用来作为结构的体系必须是几何不变的。几何不变体系可分为无多余约束和有多余约束两类。无多余约束的几何不变体系称为**静定结构**，有多余约束的几何不变体系则称为**超静定结构**或**静不定结构**。

从平衡的角度讲，对一个平衡的体系可能列出的独立的平衡方程数目是确定的。如果平衡体系的未知量数目等于独立的平衡方程数目，由平衡方程可以唯一确定全部未知量，则所研究的平衡问题是静定问题。这类体系是静定结构。

例如，图 4-26 为无多余约束的平面体系，其未知支座反力为三个，该平面体系可列出三个独立的静力平衡方程，所有未知力都可由平衡方程唯一确定，因此它是静定梁结构。

图 4-27 所示无多余约束的结构，由 AC、BC 两个构件组成，每个构件可以列出三个独立的平衡方程，体系共可列出 $2\times3=6$ 个独立的平衡方程。而体系在铰 A、B、C 处各有两个未知约束力，共六个未知量。这六个未知量可由体系的六个平衡方程唯一确定，因此该体系是静定刚架结构。

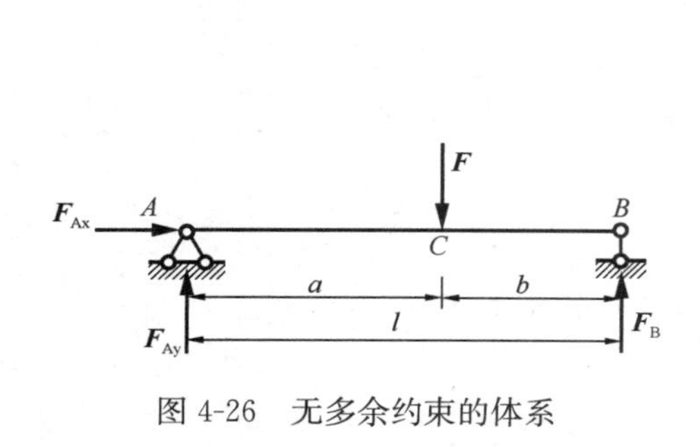

图 4-26　无多余约束的体系

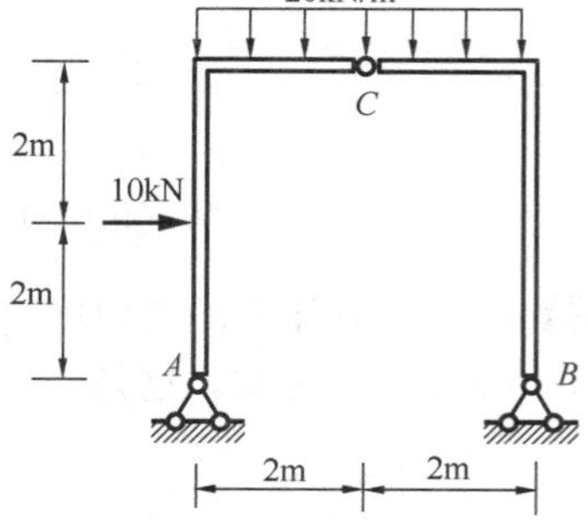

图 4-27　无多余约束的结构

工程中为了减少结构的变形，提高其强度和刚度，常常在静定结构上增加约束，形成有多余约束的结构，从而增加了未知量的数目。未知量的数目大于独立的平衡方程的数目，仅用平衡方程不能求解出全部未知量，则所研究的问题称为超静定问题。这类结构是超静定结构。

例如，图 4-28 为有多余约束的结构，未知约束反力的数目为四个，仅由三个静力平衡方程无法求出全部未知约束反力，故为一次超静定结构。

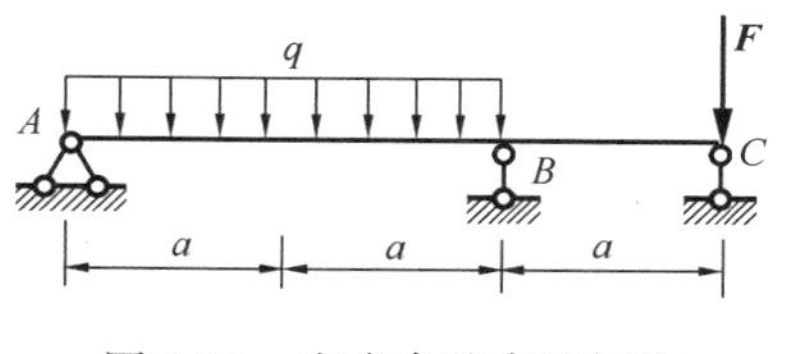

图 4-28　有多余约束的结构

关于静定结构的计算将在第八章～第十章中介绍，超静定结构的计算方法将在第十一章～第十三章中介绍。

习题

4-1　试计算图示平面体系的自由度，并进行几何组成分析。

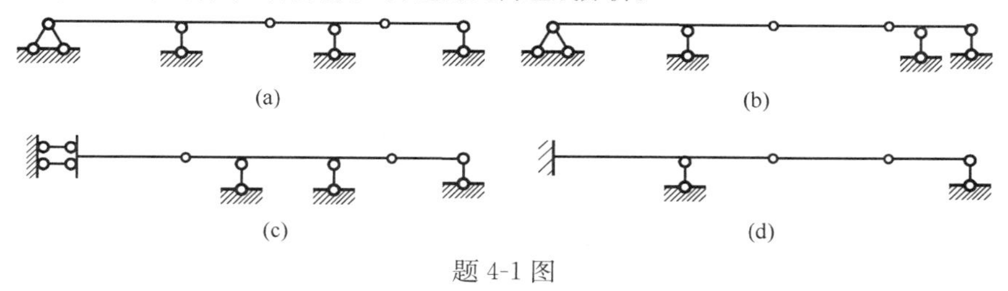

题 4-1 图

4-2　试计算图示平面链杆系的自由度，并进行几何组成分析。

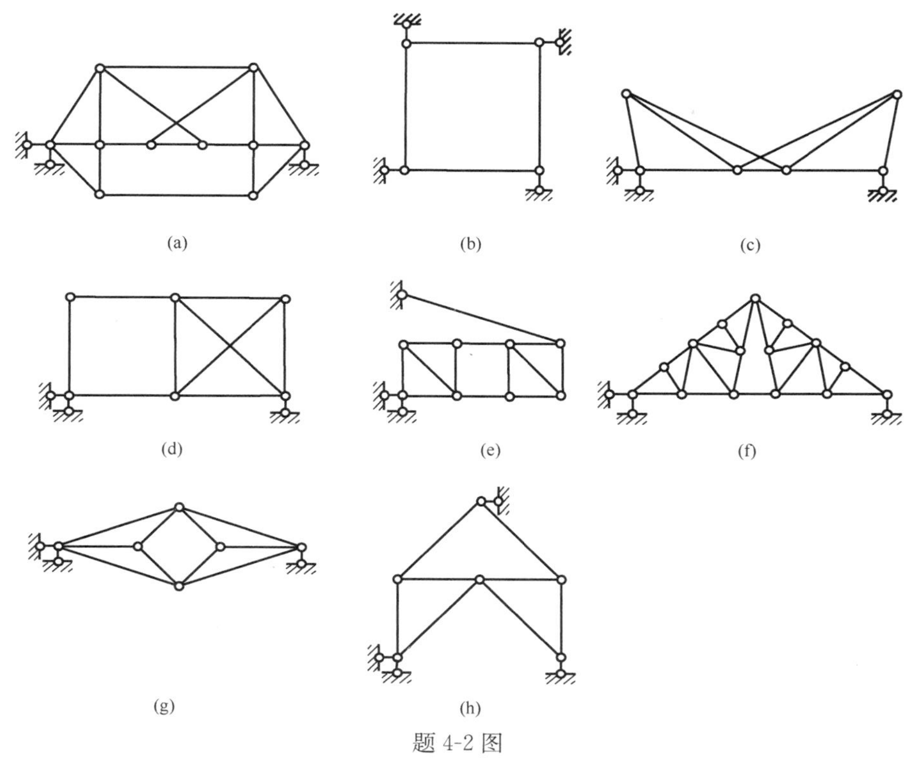

题 4-2 图

4-3 计算图示平面体系的自由度，并进行几何组成分析。

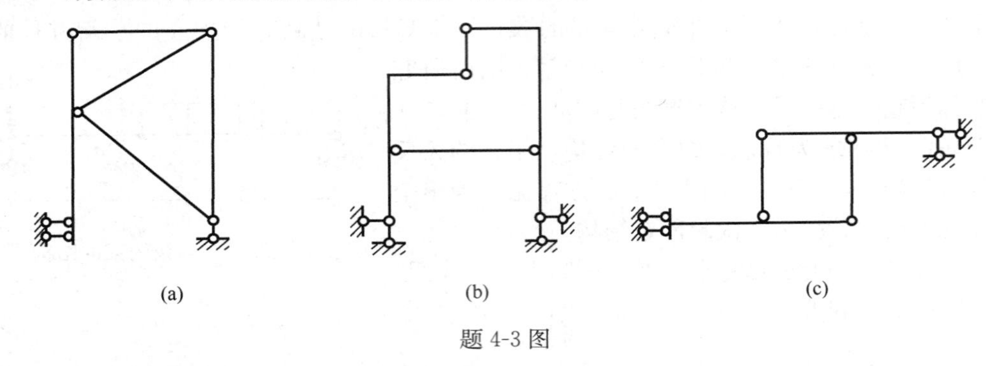

题 4-3 图

4-4 试对图示平面体系进行几何组成分析。

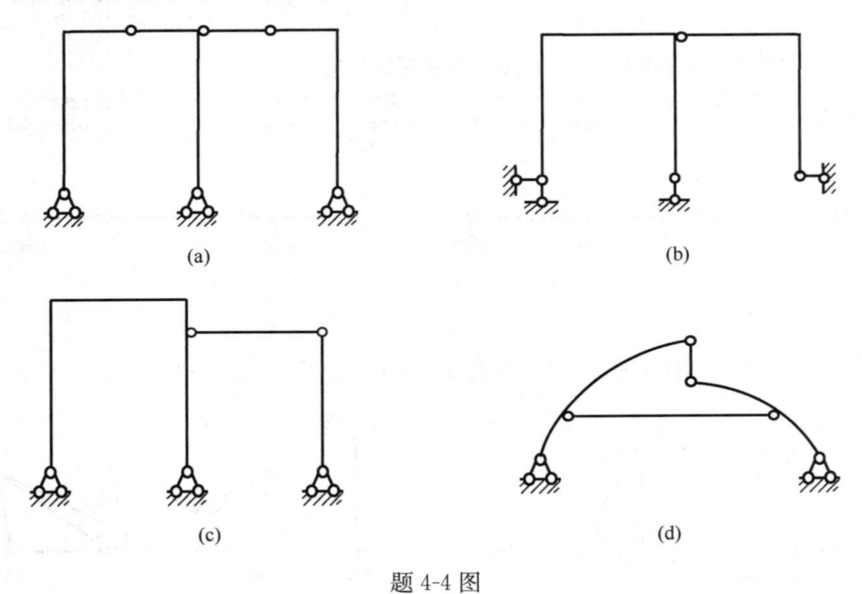

题 4-4 图

4-5 添加最少数目的链杆和支杆，使体系成为几何不变，而且无多余约束。

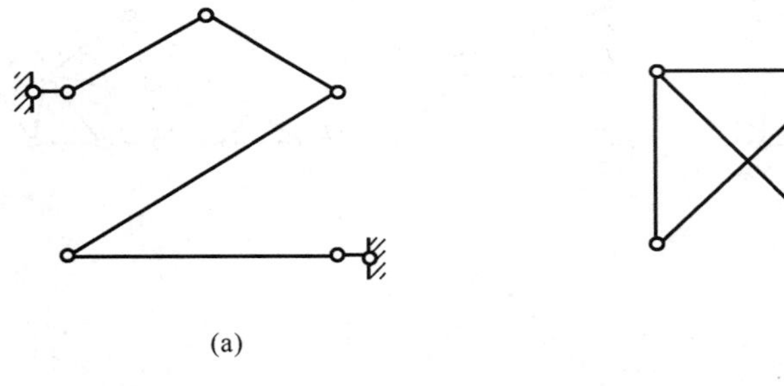

题 4-5 图

第五章 轴向拉压杆件

本章主要研究轴向拉伸或轴向压缩杆件的内力分析、应力与应变计算，轴向拉压缩杆件正常工作所需满足的强度条件，以及轴向受压杆件的稳定性。

第一节 基本概念

为了保证结构能够正常工作，组成结构的每一个构件必须具有足够的承载能力。构件的承载能力包括：足够的**强度**，足够的**刚度**，满足**稳定性**要求。

组成构件的材料为固体，且在荷载的作用下会产生变形，称之为**可变形固体**。对于可变形固体制成的构件，我们在进行强度、刚度、稳定性计算时，为了简化计算常略去一些次要因素，除了对材料进行**连续性**、**均匀性**、**各向同性**的理想化假设外，还要采用小变形的几何假设。

由于我们所研究的构件在荷载作用下，其变形远小于构件的几何尺寸，因此在研究构件的平衡等问题时，可采用构件的初始几何尺寸和形状进行计算。这种变形微小的几何假定称之为**小变形假设**。

可变形固体在荷载作用下产生变形，当荷载不超过某个范围时，材料在去除外力后能完全恢复的变形，称为**弹性变形**（相对微小）；当荷载过大时，卸载后变形则不能完全恢复，不能消失而残留的变形，称为**塑性变形**。本教材只考虑结构在弹性变形范围内的小变形。

我们已经知道，一个方向尺寸远大于另外两个方向尺寸的构件，称为**杆件**（简称为杆）。杆的几何因素主要有**横截面**和**轴线**（图 5-1）。横截面是沿垂直杆长度方向的截面，轴线为所有横截面的形心的连线。轴线是直线、横截面处处相等的杆件被称为等截面的直杆（简称为等直杆），我们主要研究等直杆。

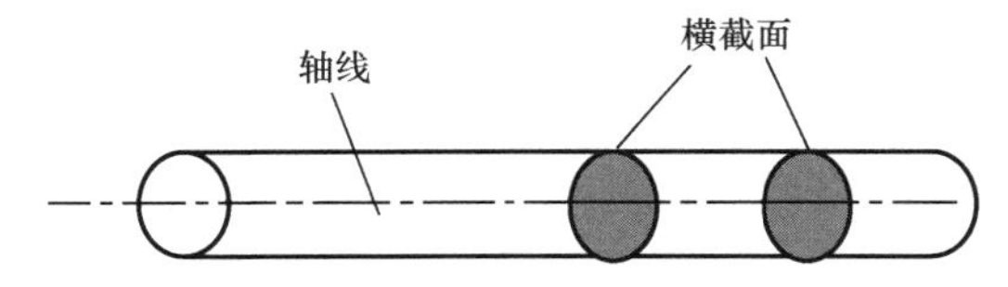

图 5-1　杆件的几何因素

在实际工程中，有很多主要受到轴向拉伸或压缩的杆件。如图 5-2 所示桁架中的杆件，图 5-3 所示简易起重装置中的受拉钢索等。

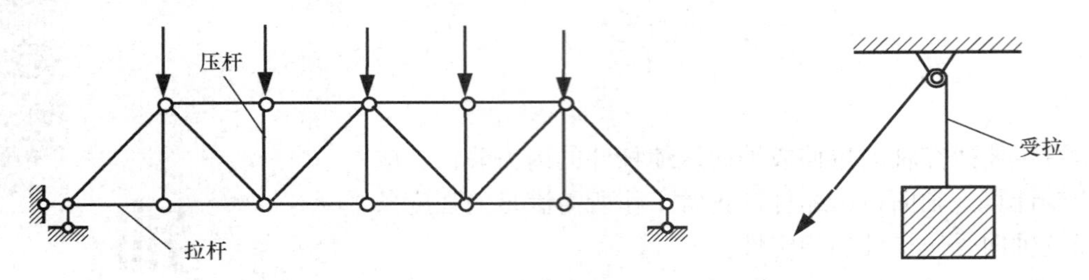

图 5-2 桁架中的杆件　　图 5-3 简易起重装置中的受拉钢索

轴向拉伸或压缩时，外力或合力的作用线沿杆件轴线，杆件的主要变形为轴向伸长或缩短。作用线沿杆件轴线的荷载称为**轴向荷载**。以轴向伸长或缩短为主要特征的变形形式称为**轴向拉压**。以轴向拉压变形为主的杆件，称为拉压杆。

第二节　拉压杆的内力与应力

一、拉压杆的内力

1. 内力

杆件在外力作用发生变形时，内部各质点的相对位置将发生变化，则各质点之间的相互作用力发生改变。由外力作用所引起的，杆件内部各相邻部分之间相互作用力的改变量，就是建筑力学中所研究的内力。由于我们所研究的物体是连续的、均匀的，因而杆件内部各相邻部分之间相互作用的是一分布内力系，将分布内力系进行合成，合成的结果称为内力。

2. 截面法　轴力

为了计算杆件内力，通常采用的方法是：将杆件假想地切开以显示内力，并由平衡条件建立其内力与外力间的关系或由外力确定内力的方法，称为截面法。截面法是分析杆件内力的一般方法。

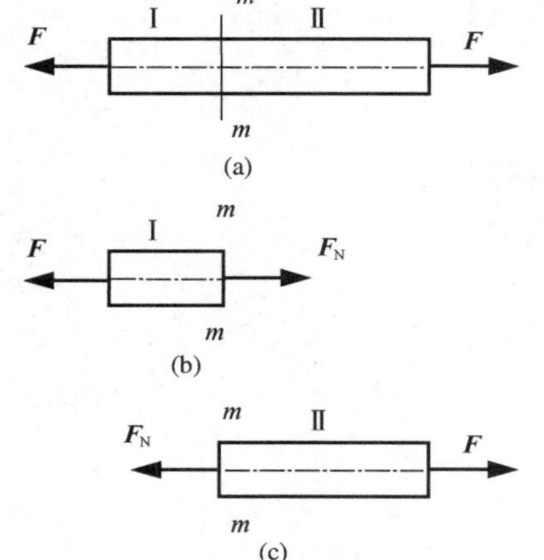

图 5-4 截面法的具体过程
(a) 切取；(b) 代替；(c) 平衡

截面法的具体过程是：

（1）**切取**：从需求内力截面假想地切开杆件，如图 5-4（a）所示。

（2）**代替**：任取杆件的一侧研究，用内力代替切除部分对保留部分的作用，如图 5-4（b）、（c）中的 $\boldsymbol{F}_N$。

（3）**平衡**：对切取部分列平衡方程，求解内力。

$$\sum F_x = 0 \quad F_N - F = 0 \quad F_N = F$$

由上面平衡可知，轴向拉压杆内力的作用线与杆的轴线重合，这种内力称为**轴力**，用 $\boldsymbol{F}_N$ 表示。我们对轴力的符号和方向做了规定：轴力是拉力时为正，其箭头沿截面外法线方向，产生轴向拉伸变形；轴力是压力时为负，其箭头沿截面内法线方向，产生轴向压缩变形。

注意：在采用截面法之前不允许使用力的可传性原理，不允许预先将杆上荷载用一个静力等效的力系代替。

3. 轴力图

当杆上所受力多于两个时，杆在不同截面上的轴力不同，此时要分段采用截面法求杆件轴力，用表示轴力与截面位置关系的图线（**轴力图**）来表明轴力随着截面位置的变化而变化的情况。轴力图中的横坐标代表横截面的位置，纵轴代表轴力大小。需要标出轴力的数值及正负号，特别是绝对值最大的轴力。一般，轴力的正值画在横坐标的上方，负值画在其下方。

【例 5-1】 一阶梯截面杆所受荷载如图 5-5 (a)所示，试作杆的轴力图。

【解】（1）计算各杆段的轴力

计算 AB 杆段内任一截面上的轴力时，用Ⅰ-Ⅰ截面截取杆的左半段，如图 5-5（b）所示。假定轴力为拉力，由力的平衡得到：

$$F_{N1}=50\text{kN}$$

计算 BC 杆段内任一截面上的轴力时，用Ⅱ-Ⅱ截面截取杆的右半段，如图 5-5（c）所示。假定轴力为拉力，由力的平衡可得：

$$F_{N2}=-100\text{kN}$$

这里，所得轴力为负值，表明轴力的实际方向与假定相反，所以该轴力是压力。

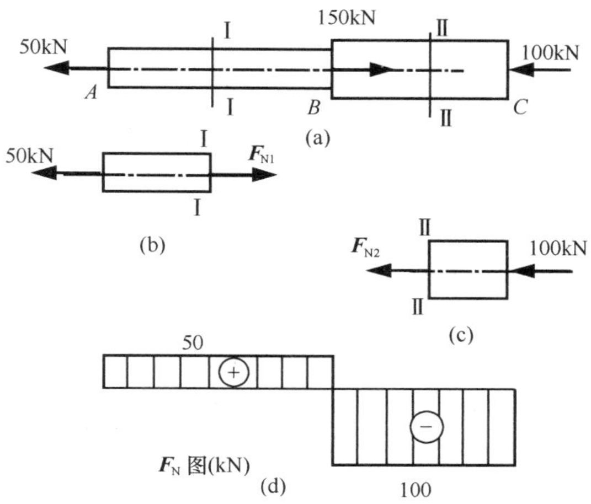

图 5-5

（a）受力情况；（b）AB 段轴力；（c）BC 段轴力；（d）轴力图

（2）作轴力图

该阶梯杆的轴力图如图 5-5（d）所示。由轴力图可知：杆件轴力的大小、方向只与外力有关，而与截面形状无关。

二、杆件截面上的应力

1. 应力的概念

为了判断杆的强度是否满足要求，除了确定杆上的内力，还必须给出杆上的内力分布情况，检验杆的材料承受荷载的能力。我们将杆件截面上内力的分布集度称为**应力**。图 5-6 (a)所示，如要考察杆件 m-m 截面上 k 点处的应力，可在 k 点的周围取一微小面积 ΔA，设作用在 ΔA 面积上内力的合力为 $\Delta \boldsymbol{F}$，则在 ΔA 上内力 $\Delta \boldsymbol{F}$ 的平均集度为：

$$\bar{\boldsymbol{p}}=\frac{\Delta \boldsymbol{F}}{\Delta A} \tag{5-1}$$

这里 $\bar{\boldsymbol{p}}$ 称为面积 ΔA 上的**平均应力**。一般来说，截面上的内力并非均匀分布，故平均应力的大小和方向将随面积 ΔA 的大小变化而改变。

为了准确地表示内力在 m-m 截面上 k 点处的集度，可令 $\Delta A\rightarrow 0$，所得极限值 $\boldsymbol{p}$，称为

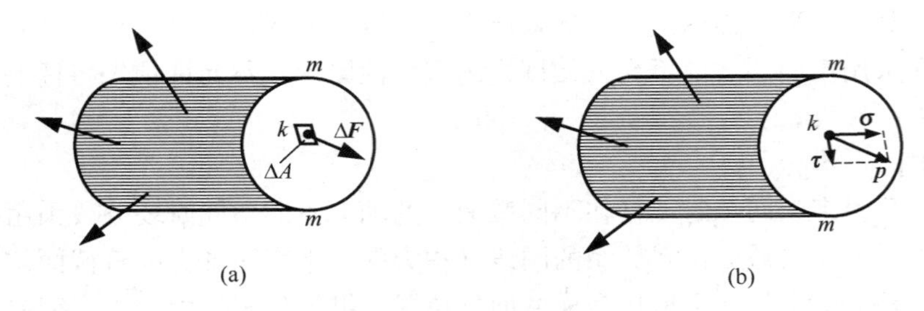

图 5-6 杆件截面应力

m-m 截面上 k 点处的总应力，即：

$$\boldsymbol{p} = \lim_{\Delta A \to 0} \frac{\Delta \boldsymbol{F}}{\Delta A} \tag{5-2}$$

总应力 $\boldsymbol{p}$ 的方向与 $\Delta \boldsymbol{F}$ 的极限方向相同。通常将总应力 $\boldsymbol{p}$ 分解为与截面垂直的法向分量 $\boldsymbol{\sigma}$ 和与截面相切的切向分量 $\boldsymbol{\tau}$，如图 5-6（b）所示。法向分量 $\boldsymbol{\sigma}$ 称为**正应力**，切向分量 $\boldsymbol{\tau}$ 称为**切应力**。

由上可知，在讨论应力时必须明确是哪个截面上哪一点处的应力。应力是一个矢量，其分量的符号规定为：沿截面外法线的正应力为正，反之为负；对截面内部某一点产生顺时针力矩的切应力为正，反之为负。应力及其分量的量纲是 Pa（帕）和 MPa（兆帕），$1\text{Pa} = 1\text{N/m}^2$，$1\text{MPa} = 10^6\text{Pa}$。

2. 拉压杆横截面上的应力

由上述的正应力和切应力的方向可知，拉压杆横截面上的内力（轴力）不可能由截面上各处的切应力合成得到，所以与轴力相对应的截面上的应力只能是正应力。为了研究正应力在截面上的分布情况，首先观察杆件在承受轴向荷载时表面的变形情况，从而推出杆件内部的变形情况，再进一步得出应力在截面上的变化规律。

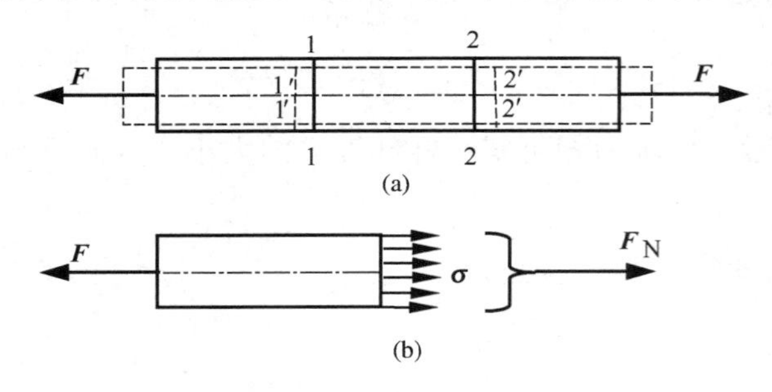

图 5-7 拉压杆横截面上的应力

图 5-7（a）所示，实验前，在杆表面画上两条与杆轴线相垂直的横线 1-1 和 2-2，杆件拉伸变形后可见两横线平行移动至 1′-1′ 和 2′-2′ 处。根据这一现象，可得假设：变形前是平面的横截面，变形后仍为平面，称为**平面假设**。由平面假设，杆件变形后两横截面沿杆轴线作相对平移，即杆的任意两横截面间的纵向线段的变形是均匀的。由材料的均匀性假设及杆的应力与变形的线性关系可推知，杆在横截面上的分布内力（应力）是均匀分布的。即横截面上各点的正应力 $\boldsymbol{\sigma}$ 是相等的，如图 5-7（b）所示。设杆的横截面面积为 A，则横截面上各点的正应力 $\boldsymbol{\sigma}$ 为：

$$\boldsymbol{\sigma} = \frac{\boldsymbol{F}_{\mathrm{N}}}{A} = \frac{\boldsymbol{F}}{A} \tag{5-3}$$

式（5-3）为拉压杆横截面上正应力 $\boldsymbol{\sigma}$ 的计算公式。$\boldsymbol{\sigma}$ 的符号与轴力相同，即拉应力为正、压应力为负。

【例 5-2】 阶梯截面杆受力情况如图 5-5 所示，试计算各段杆横截面上的正应力，并确定最大正应力。已知 AB 段杆的横截面面积 $A_1 = 400\text{mm}^2$，BC 段杆的横截面面积 $A_2 = 1000\text{mm}^2$。

【解】 由图 5-5（d）可知，AB 杆段的轴力值 $F_{N1} = 50\text{kN}$，则该段杆横截面上的正应力值 σ_1 为：

$$\sigma_1 = \frac{F_{N1}}{A_1} = \frac{50 \times 10^3 \text{N}}{400 \times 10^{-6} \text{m}^2} = 125 \times 10^6 \text{ N/m}^2 = 125\text{MPa}(\text{拉应力})$$

而 BC 杆段的轴力值为 $F_{N2} = -100\text{kN}$，则该段杆横截面上的正应力值 σ_2 为：

$$\sigma_2 = \frac{F_{N2}}{A_2} = \frac{-100 \times 10^3 \text{N}}{1000 \times 10^{-6} \text{m}^2} = -100 \times 10^6 \text{N/m}^2 = -100\text{MPa}(\text{压应力})$$

因此，该阶梯截面杆的最大正应力为 125MPa，发生在 AB 杆段。

3. 拉（压）杆斜截面上的应力

上面已经分析了拉压杆横截面上的应力，除了这一特定方位截面上的应力以外，我们还需要研究杆件任意斜截面上的应力情况。为了分析与横截面成 α 角的斜截面 m-m（图 5-8a）上的应力情况，用截面法截取杆件左半部分进行分析，如图 5-8（b）所示。

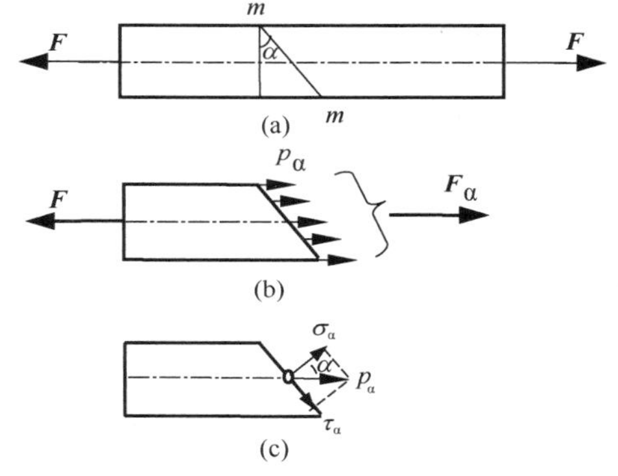

图 5-8 拉压杆斜截面上的应力

采用与上述分析横截面上正应力变化规律相同的方法，可得：斜截面上的各点处的应力值 p_α 也是处处相等。即：

$$p_\alpha = \frac{F_\alpha}{A_\alpha} = \frac{F}{A/\cos\alpha} = \frac{F}{A}\cos\alpha = \sigma_0 \cos\alpha$$

式中，$\sigma_0 = F/A$ 为横截面上的正应力，α 为斜截面与横截面的夹角，逆时针方向为正。

将 p_α 分解为沿截面法线方向的正应力值 σ_α 和切线方向的切应力值 τ_α，如图 5-8（c）所示，可得：

$$\begin{aligned} \sigma_\alpha &= p_\alpha \cos\alpha = \sigma_0 \cos^2\alpha \\ \tau_\alpha &= p_\alpha \sin\alpha = \frac{\sigma_0}{2}\sin^2\alpha \end{aligned} \tag{5-4}$$

由上式可知，当 $\alpha = 0°$ 时，正应力最大，$\sigma_{\max} = \sigma_0$；当 $\alpha = 45°$ 时，切应力最大，$\tau_{\max} = \sigma_0/2$。

第三节 许用应力与强度条件

一、许用应力和安全因数

根据应力公式计算出杆件的最大工作应力后，还不能判断杆件是否会因强度不足而破坏。我们将材料破坏时的应力称为**极限应力**，用 σ_u 表示，它是由材料的拉伸和压缩实验确定。对于韧性材料，当截面上的工作应力达到屈服极限时，将出现明显的塑性变形影响构件的正常工作，故一般取材料的屈服极限 σ_s 为极限应力；对于脆性材料，当截面上的工作应力达到强度极限时，将发生断裂破坏，故一般取材料的强度极限 σ_b 为极限应力。即：

$$\sigma_u = \begin{cases} \sigma_s & 韧性材料 \\ \sigma_b & 脆性材料 \end{cases} \tag{5-5}$$

为了保证杆件不因强度不足而破坏，则其最大工作应力应低于其极限应力；同时为了保证杆件有必要的安全储备，把材料的极限应力除以一个大于 1 的系数 n，得到材料的**许用应力**，用 $[\sigma]$ 表示。其表达式为：

$$[\sigma] = \frac{\sigma_u}{n} \tag{5-6}$$

式中，系数 $n>1$，称为**安全因数**。这里主要考虑两方面的因素，一方面是考虑使杆件有必要的安全储备，另一方面要考虑在强度计算中有些量存在理论值与实际值之间的偏差，所以安全因数的确定非常复杂且涉及很多方面。在实际工程中安全因数的取值可根据国家有关设计规范的规定来确定。

二、强度条件

当杆件的最大工作应力不超过材料的许用应力时，构件就可以正常工作，且具有一定的安全储备。由此可以确定拉伸（或压缩）杆件的**强度条件**为：

$$\sigma_{max} \leqslant [\sigma] \tag{5-7}$$

对于等截面直杆，拉（压）的强度条件可写成：

$$\frac{F_{N,max}}{A} \leqslant [\sigma] \tag{5-8}$$

根据强度条件可以对受轴向拉伸和压缩的杆件进行强度计算。运用强度条件通常可以解决以下三类强度问题。

（1）**强度校核**：已知杆件的许用应力、截面尺寸和所受荷载，校核强度条件是否满足，来判断杆件是否破坏，这称为强度校核。采用式（5-8）进行校核。

（2）**截面设计**：已知杆件的许用应力和所受荷载，由强度条件确定杆件截面尺寸为多大时，才不会破坏，这称为截面设计。这时，式（5-8）可改写为：

$$A \geqslant \frac{F_{N,max}}{[\sigma]} \tag{5-9}$$

（3）**许可荷载确定**：已知杆件的许用应力、截面几何尺寸，由强度条件来确定杆件的最大承载能力，这称为许可荷载确定。这时，式（5-8）可改写为：

$$F_{N,max} \leqslant [\sigma]A \tag{5-10}$$

【例 5-3】 图 5-9 所示圆截面杆，直径 $d=20$mm，承受轴向荷载 $F=30$kN 的作用。已知材料的屈服应力 $\sigma_s = 235$MPa，安全因数 $n=1.5$。试校核该杆的强度。

【解】 由式（5-6）计算出材料的许用应力为：

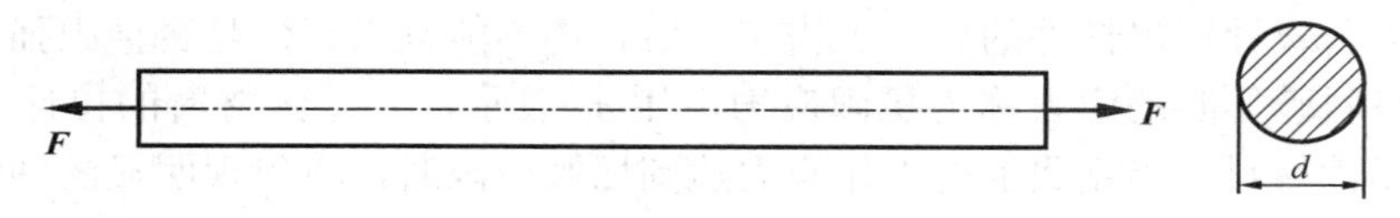

图 5-9 轴向受拉圆杆

$$[\sigma]=\frac{\sigma_u}{n}=\frac{\sigma_s}{n}=\frac{235\text{MPa}}{1.5}=156.7\text{MPa}$$

杆件横截面上的正应力为：

$$\sigma=\frac{F_N}{A}=\frac{F_N}{\frac{\pi}{4}d^2}=\frac{30\times10^3\text{N}}{\frac{\pi}{4}\times(20\times10^{-3})^2\text{m}^2}=95.5\times10^6\text{N/m}^2=95.5\text{MPa}<[\sigma]$$

可见，该杆件的工作应力小于许用应力，满足强度条件，不会因强度不足而破坏。

第四节　应变和变形

一、应变

我们将荷载作用下杆件几何尺寸和形状所发生的改变称之为**变形**。由于变形使得杆件上各点的位置发生改变称之为**位移**。为了研究杆件内一点的变形情况，可以围绕该点取一个微小的正六面体，称之为**单元体**。图 5-10 所示：单元体沿 x 方向的边长为 Δx，变形后的改变量为 $\Delta\delta_x$（即变形），改变量 $\Delta\delta_x$ 除以边长 Δx 得到 x 方向单位长度的变形，称为该边长的平均线应变：$\bar{\varepsilon}_x=\frac{\Delta\delta_x}{\Delta x}$。当 $\Delta x\to0$ 时，平均线应变的极限值就为该点沿 x 方向的线应变：

$$\varepsilon_x=\lim_{\Delta x\to0}\frac{\delta_{\Delta x}}{\Delta x}=\frac{d\delta_x}{dx}$$

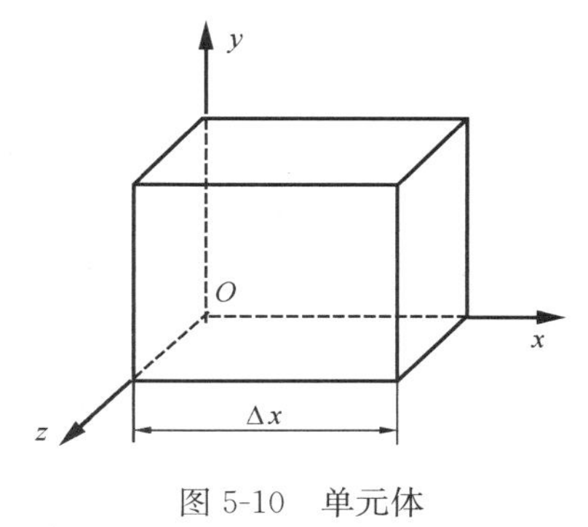

图 5-10　单元体

二、轴向拉（压）变形和胡克定律

当等直杆受轴向拉伸或轴向压缩荷载作用时，拉（压）杆将发生沿轴向的伸长或缩短，这种变形称为纵向变形。在杆产生纵向变形的同时，杆的横向尺寸也会发生改变，将产生横向的缩小或增大，这种变形称为横向变形，如图 5-11所示。

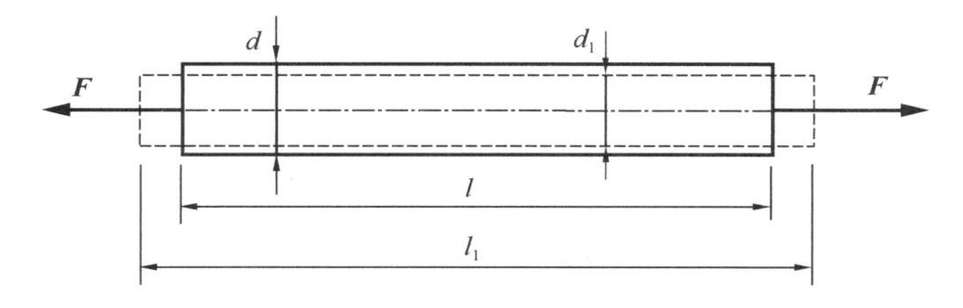

图 5-11　轴向拉（压）变形

1. 轴向拉（压）杆的纵向变形

设轴向拉（压）杆原长为 l，变形后长度为 l_1，则杆的纵向变形为：

$$\Delta l=l_1-l$$

由于轴向拉伸（压缩）时的变形是均匀的，所以平均线应变就是各点的线应变，则纵向线应变为：

$$\varepsilon = \frac{\Delta l}{l} \tag{5-11}$$

当拉伸时 $\Delta l > 0$，ε 为正值，称为拉应变；当压缩时 $\Delta l < 0$，ε 为负值，称为压应变。

2. 轴向拉（压）杆的横向变形

杆在产生纵向变形的同时还会发生横向变形，如图 5-11 所示，圆截面拉杆原来的直径为 d，变形后的直径为 d_1，则杆的横向变形为：

$$\Delta d = d_1 - d$$

则杆的横向线应变为：

$$\varepsilon' = \frac{\Delta d}{d}$$

当拉伸时 $\Delta l > 0$，则 $\Delta d < 0$，ε' 为负值，即横向应变与纵向应变的符号相反。

3. 胡克定律

胡克定律的表达式为：

$$\varepsilon = \frac{\sigma}{E} \quad 或 \quad \sigma = E\varepsilon \tag{5-12}$$

式中，E 称为弹性模量，单位为 Pa，其数值随材料而异，由实验测定。

将 $\sigma = F/\mathrm{A}$，$\varepsilon = \Delta l/l$ 代入式（5-12），则有

$$\Delta l = \frac{Fl}{EA} = \frac{F_{\mathrm{N}}l}{EA} \tag{5-13}$$

这一关系式表明，当杆件的应力不超过材料的比例极限 σ_{P} 时，杆的轴向变形 Δl 与外力 F 及杆长 l 成正比，与横截面积 A 成反比。随着 EA 的增加，变形 Δl 会减少。即 EA 反映了杆抵抗拉伸（压缩）变形的能力，因而称为杆的抗拉（压）刚度。

4. 泊松比

实验表明，当拉（压）杆件的应力不超过材料的比例极限 σ_{P} 时，其横向应变与纵向应变之比为一常数，该常数称为横向变形系数或泊松比，用 ν 表示：

$$\nu = \frac{|\varepsilon'|}{|\varepsilon|} = -\frac{\varepsilon'}{\varepsilon}$$

$$\varepsilon' = -\nu\varepsilon \quad 或 \quad \varepsilon' = -\nu\frac{\sigma}{E} \tag{5-14}$$

【例 5-4】 图 5-12(a) 所示等直杆的横截面积为 A、弹性模量为 E，试计算杆件 D 点的位移。

【解】 解题的关键是先准确计算出每段杆的轴力，然后计算出每段杆的变形，再将各杆段的轴向变形累加即可得出 D 点的水平位移。这里要注意位移的正负号应与坐标轴的方向相对应。

（1）作杆的轴力图

用截面法可以得到：CD 杆段的 $F_{\mathrm{N}} = -3F$，BC 杆段的 $F_{\mathrm{N}} = 0$，AB 杆段的 $F_{\mathrm{N}} = -F$，整个杆件的轴力如图 5-12(b) 所示。

（2）计算各杆段的轴向变形：

$$\Delta l_{AB}=-\frac{Fa}{EA}(\leftarrow),\ \Delta l_{BC}=0,\ \Delta l_{CD}=-\frac{3Fa}{EA}(\leftarrow)$$

（3）计算 D 点的水平位移：

$$\Delta D=\Delta l_{AB}+\Delta l_{BC}+\Delta l_{CD}=-\frac{4Fa}{EA}\ (\leftarrow)$$

所以，D 点的水平位移值为：$\frac{4Fa}{EA}$，方向向左。

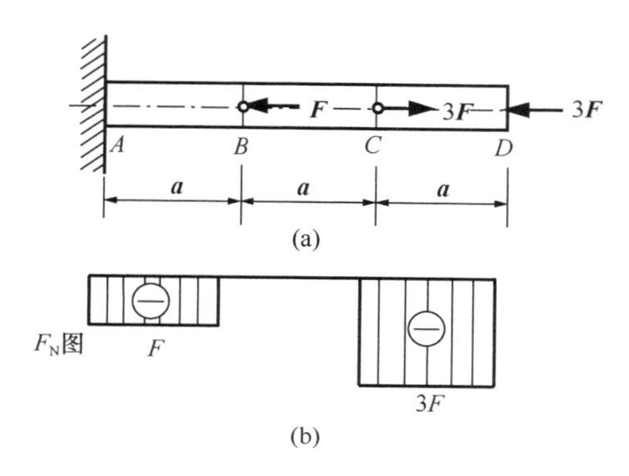

图 5-12　等直轴力杆件

（a）简图；（b）轴力图

第五节　轴压杆的稳定性

当作用于细长杆件的轴向压力达到或超过一定限度时，受压杆可能突然由受压状态变为受弯状态，则杆件丧失了保持直线平衡的稳定性，这一现象称为失稳。对于轴向受压杆件除了要考虑杆件的抗压强度和压缩变形之外，还必须研究其稳定问题。

一、稳定的概念

图 5-13(a) 所示的一细长压杆，假设该压杆为理想直杆且所受压力保持方向不变，则杆受到轴向压力后将保持直线状态。若此时在杆上作用一微小的横向力使杆变弯，当撤去该横向力后可能出现三种不同的现象：当轴向压力较小时，受压杆将恢复其原来的直线平

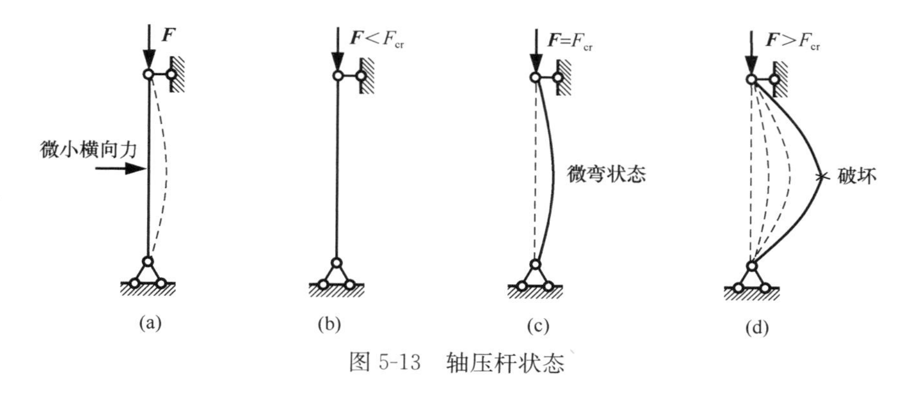

图 5-13　轴压杆状态

衡状态（图 5-13b）；当轴向压力达到某一特定值时，受压杆将不能恢复其原来的直线平衡状态，而在微弯状态下处于平衡（图 5-13c）；当轴向压力超过该特定值时，则弯曲变形继续发展直至杆件破坏，即失稳（图 5-13d）。

上述现象表明，随着轴向压力逐渐增大，压杆经历了两种不同性质的平衡。当轴向压力较小时，杆的直线平衡状态是稳定的；当轴向压力较大时，杆的直线平衡状态是不稳定。杆从直线平衡的稳定状态转变为直线平衡的不稳定状态所对应的轴向压力值，称为**临界荷载**（也称为**临界力**），用 F_{cr} 表示。在临界荷载作用下，压杆既可在直线状态下保持平衡，也可在微弯状态下保持平衡。当轴向压力达到或超过压杆的临界荷载时，压杆将发生失稳。

所以，研究压杆的稳定问题的关键是确定其临界荷载。如果压杆的工作压力不超过临界荷载，则压杆就不会发生失稳。

二、临界荷载的欧拉公式

1. 欧拉临界荷载

实验表明，临界荷载 F_{cr} 的大小与杆件的材料、长度、横截面的形状和尺寸，以及两端的支承情况等因素有关。当杆件应力不超过材料的比例极限 σ_p 时，可按照压杆在 F_{cr} 作用下处于微弯平衡状态，列出压杆的挠曲线微分方程，进而推导出欧拉临界荷载 F_{cr} 的计算公式（即欧拉公式）：

$$F_{cr}=\frac{\pi^2 EI}{(\mu l)^2} \tag{5-15}$$

式中，E 为材料的弹性模量，l 为杆件长度，I 为杆件横截面对中性轴的惯性矩（其计算见表 5-1），μ 为与杆端支承情况有关的长度系数（其取值见表 5-2）。

常见截面的惯性矩 **表 5-1**

截面形状	矩形	圆形	圆环
中性轴的位置	y, z, h, b	y, z, d	y, z, d, D, $\alpha=\frac{d}{D}$
对中性轴的惯性矩	$I_z=\frac{bh^3}{12}$	$I_z=\frac{\pi d^4}{64}$	$I_z=\frac{\pi D^4}{64}(1-\alpha^4)$

2. 临界应力

当压杆受临界荷载作用时，其横截面上的临界压应力 σ_{cr} 可按轴向受压杆的应力公式计算，即：

$$\sigma_{cr}=\frac{F_{cr}}{A}=\frac{\pi^2 EI}{(\mu l)^2 A}=\frac{\pi^2 E}{(\mu l)^2/\left(\frac{I}{A}\right)}=\frac{\pi^2 E}{(\mu l/i)^2}=\frac{\pi^2 E}{\lambda^2} \tag{5-16}$$

其中，$i=\sqrt{I/A}$ 是压杆横截面对中性轴的惯性半径，$\lambda=(\mu l)/i$ 称为压杆的长细比（或柔度）。λ 值越大，压杆越细长，相应的 σ_{cr} 就越小，即压杆越容易失稳。

各种支承情况下的长度系数 表 5-2

支承情况	两端铰支	一端固定一端铰支	两端固定	一端固定一端自由
挠曲线形状				
长度系数 μ	1.0	0.7	0.5	2.0

3. 欧拉公式的适用范围

前面已提到，只有杆件应力不超过材料的比例极限（即 $\sigma_{cr} \leqslant \sigma_p$）时，才可以使用欧拉公式来计算临界荷载。因而欧拉公式的适用范围可表示为：

$$\sigma_{cr} = \frac{\pi^2 E}{\lambda^2} \leqslant \sigma_p$$

或写成：

$$\lambda \geqslant \sqrt{\frac{\pi^2 E}{\sigma_p}} = \pi \sqrt{\frac{E}{\sigma_p}} = \lambda_p \tag{5-17}$$

式中，λ_p 为使用欧拉公式的柔度界限值。柔度 $\lambda \geqslant \lambda_p$ 的压杆称为细长杆（或大柔度压杆）。因此，只有大柔度压杆才能使用欧拉公式计算其临界荷载和临界应力。

工程中把 $\lambda < \lambda_p$ 的压杆称为中小柔度压杆，欧拉公式已不能适用。这类压杆的临界应力通常采用经验公式进行计算。常用的经验公式有直线公式和抛物线公式等，可由相关的工程规范中查得。

三、轴向受压杆的稳定计算

1. 压杆的稳定条件

为了使压杆能够正常工作，则杆的最大工作应力不能超过稳定许用应力 $[\sigma]_{st}$，即

$$\sigma = \frac{F}{A} \leqslant \frac{\sigma_{cr}}{n_{st}} = [\sigma]_{st} \tag{5-18}$$

式中，n_{st} 称为稳定安全因数，$[\sigma]_{st}$ 称为稳定许用应力。式（5-18）称为压杆的稳定条件。

稳定安全因数的选取除了考虑与前面的第三节中强度安全因数选取时相同的因素以外，还必须考虑杆件的初曲率、压力的偏心度以及杆件截面上的残余应力等不利因素。因而稳定安全因数的取值一般大于强度安全因数，具体取值可从有关设计规范和工程手册中查得。

2. 压杆稳定计算

在压杆设计中，通常采用将压杆的稳定许用应力 $[\sigma]_{st}$ 用材料的强度许用应力 $[\sigma]$ 乘以稳定因数 φ 来表示。即：

$$[\sigma]_{st} = \frac{\sigma_{cr}}{n_{st}} = \varphi[\sigma] \tag{5-19}$$

则压杆的稳定条件可表示为：

$$\frac{F}{A} \leqslant \varphi[\sigma] \tag{5-20}$$

式中，稳定因数 $\varphi = \dfrac{\sigma_{cr}}{n_{st}[\sigma]}$ 也称为折减系数，其值与杆件柔度 λ 以及所用的材料等有关。稳定因数和许用应力可由有关设计规范和工程手册中查得。表 5-3 给出轴压杆件的截面分类，表 5-4 为 Q235 钢 b 类截面中心压杆随柔度 λ 变化的稳定因数 φ。工程中常用的 Q235 钢的强度许用应力 $[\sigma]=170\text{MPa}$。

根据稳定条件，可以对受压杆件进行三个方面的计算。

（1）稳定校核：

$$\frac{F}{A} \leqslant \varphi[\sigma]$$

（2）截面设计：

$$A \geqslant \frac{F}{\varphi[\sigma]}$$

选择截面时，由于 A 和 φ 均未知，一般需采用试算法。

（3）许可荷载确定：

$$F \leqslant \varphi[\sigma]A$$

轴压杆件的截面分类 **表 5-3**

	截面形状和对应轴	
类别	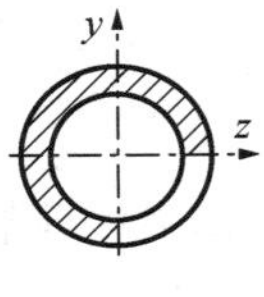 y z	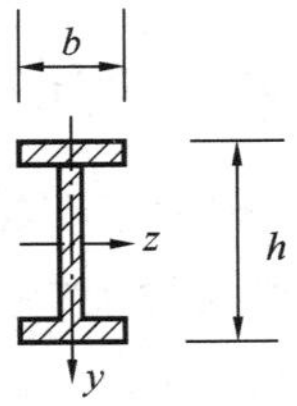 b h z y
a 类	轧制，对任意轴	轧制，$b/h \leqslant 0.8$，对 z 轴
b 类	焊接，对任意轴	轧制，$b/h \leqslant 0.8$，对 y 轴 $b/h > 0.8$，对 y、z 轴 焊接，翼缘为轧制边，对 z 轴
c 类		焊接，翼缘为轧制边，对 y 轴

Q235 钢 b 类截面中心受压直杆的稳定因数 φ 表 5-4

λ	0	1	2	3	4	5	6	7	8	9
0	1	1	1	0.999	0.999	0.998	0.997	0.996	0.995	0.994
10	0.992	0.991	0.989	0.987	0.985	0.983	0.981	0.978	0.976	0.973
20	0.97	0.967	0.963	0.96	0.957	0.953	0.95	0.946	0.943	0.939
30	0.936	0.932	0.929	0.925	0.922	0.918	0.914	0.91	0.906	0.903
40	0.899	0.895	0.891	0.887	0.882	0.878	0.874	0.87	0.865	0.861
50	0.856	0.852	0.847	0.842	0.838	0.833	0.828	0.823	0.818	0.813
60	0.807	0.802	0.797	0.791	0.786	0.78	0.774	0.769	0.763	0.757
70	0.751	0.745	0.739	0.732	0.726	0.72	0.714	0.707	0.701	0.694
80	0.688	0.681	0.675	0.668	0.661	0.655	0.648	0.641	0.635	0.628
90	0.621	0.614	0.608	0.601	0.594	0.588	0.581	0.575	0.568	0.561
100	0.555	0.549	0.542	0.536	0.529	0.523	0.517	0.511	0.505	0.499
110	0.493	0.487	0.481	0.475	0.47	0.464	0.458	0.453	0.447	0.442
120	0.437	0.432	0.426	0.421	0.416	0.411	0.406	0.402	0.397	0.392
130	0.387	0.383	0.378	0.374	0.37	0.365	0.361	0.357	0.353	0.349
140	0.345	0.341	0.337	0.333	0.329	0.326	0.322	0.318	0.315	0.311
150	0.308	0.304	0.301	0.298	0.265	0.291	0.288	0.285	0.282	0.279
160	0.276	0.273	0.27	0.267	0.265	0.262	0.259	0.256	0.254	0.251
170	0.249	0.246	0.244	0.241	0.239	0.236	0.234	0.232	0.229	0.227
180	0.225	0.223	0.22	0.218	0.216	0.214	0.212	0.21	0.208	0.206
190	0.204	0.202	0.2	0.198	0.197	0.195	0.193	0.191	0.19	0.188
200	0.186	0.184	0.183	0.181	0.18	0.178	0.176	0.175	0.173	0.172
210	0.17	0.169	0.167	0.166	0.165	0.163	0.162	0.16	0.159	0.158
220	0.156	0.155	0.154	0.153	0.151	0.15	0.149	0.148	0.146	0.145
230	0.144	0.143	0.142	0.141	0.14	0.138	0.137	0.136	0.135	0.134
240	0.133	0.132	0.131	0.13	0.129	0.128	0.127	0.126	0.125	0.124
250	0.123	—	—	—	—	—	—	—	—	—

【例 5-5】 有一长度 $l=4.5\text{m}$，两端铰支的红松压杆，如图 5-14 所示，其平均直径 $d=300\text{mm}$，顺纹抗压强度许用应力 $[\sigma]=10\text{MPa}$。试求该压杆所能承受的许可压力值。

【解】 我国《木结构设计标准》GB 50005—2017 中对木制压杆，按树种的弯曲强度分两类，并给出稳定因数的计算公式。红松属于树种强度 TC13 级（“13”表示弯曲强度为 13 MPa)，其稳定因数计算公式为：

$\lambda \leqslant 91$ 时

$$\varphi=\frac{1}{1+\left(\frac{\lambda}{65}\right)^{2}} \tag{a}$$

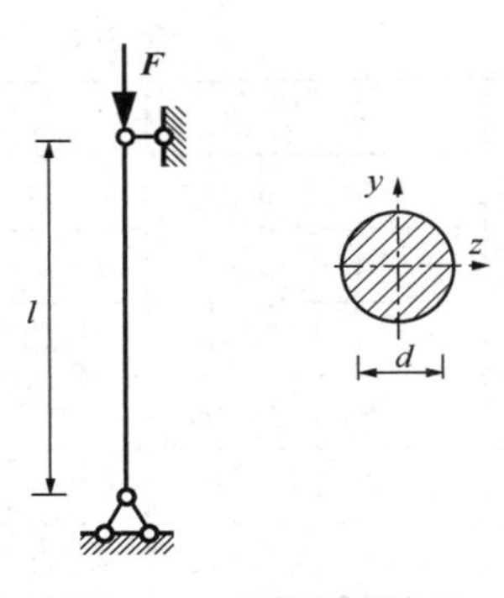

图 5-14 两端铰支压杆

$$\lambda > 91 \text{ 时} \qquad \varphi = \frac{2800}{\lambda^2} \tag{b}$$

(1) 计算压杆的柔度

圆形截面的惯性半径为：

$$i = \sqrt{\frac{I}{A}} = \sqrt{\frac{\pi d^4/64}{\pi d^2/4}} = \frac{d}{4}$$

所以，圆截面压杆的柔度为：

$$\lambda = \frac{\mu l}{i} = \frac{\mu l}{d/4} = \frac{1.0 \times 4.5\text{m} \times 4}{300 \times 10^{-3}\text{m}} = 60$$

(2) 计算稳定因数及许可压力

因 $\lambda = 60 < 91$，故稳定因数按式 (a) 计算，即：

$$\varphi = \frac{1}{1 + \left(\frac{\lambda}{65}\right)^2} = \frac{1}{1 + \left(\frac{60}{65}\right)^2} = 0.540$$

从而得到许可压力为：

$$[F] = \varphi[\sigma]A = 0.540 \times 10 \times 10^6 \text{N/m}^2 \times \frac{\pi}{4} \times (300 \times 10^{-3}\text{m})^2$$

$$= 381.7 \times 10^3 \text{N} = 381.7\text{kN}$$

习题

5-1 计算图示杆件指定截面的轴力，并作杆的轴力图。

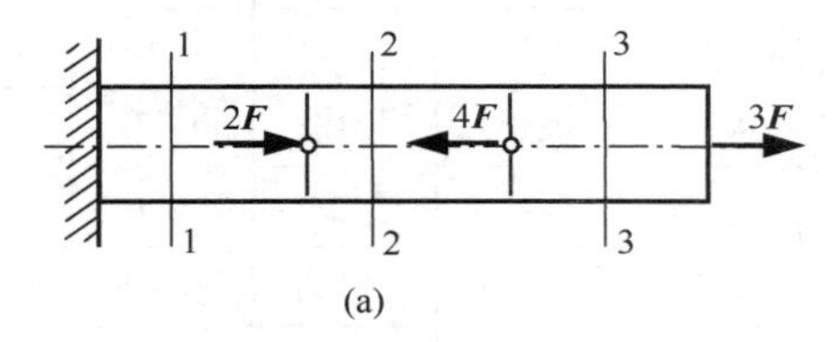

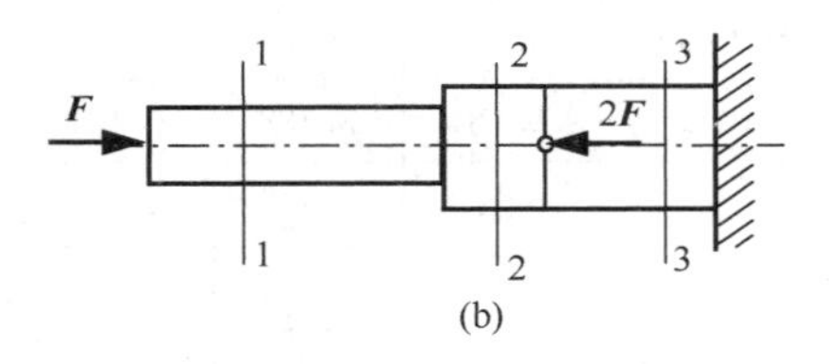

题 5-1 图

5-2 作图示杆件的轴力图，并求 1—1、2—2、3—3 截面的应力，确定杆件内的最大正应力。已知整个杆件各段均为圆杆，其中 AB 段直径为 30mm，BC 段直径为 20mm，CD 段直径为 40mm。

5-3 已知矩形等直杆件截面尺寸为 b=40mm，h=80mm，承受轴向荷载如图所示。若已知最大的正应力为 100MPa，试求 F 的大小。

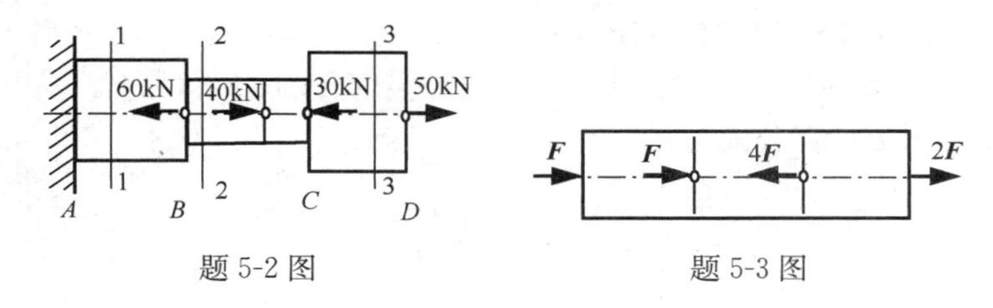

题 5-2 图　　题 5-3 图

5-4　如图所示，用钢索 AB、AC 悬挂一重量 $W=10\text{kN}$ 的重物。已知两根钢索的横截面面积均为 150mm^2，求钢索上所受的最大正应力。

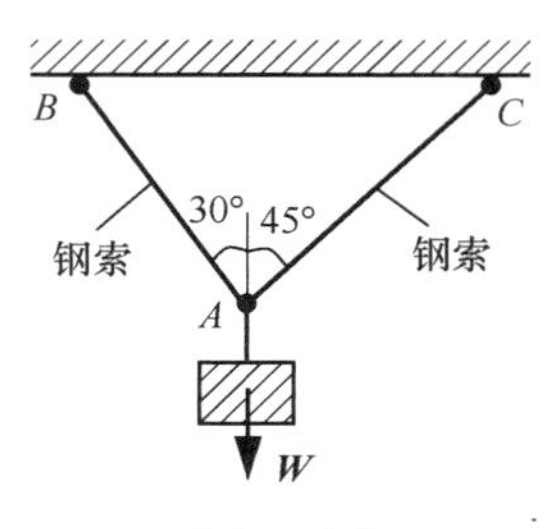

题 5-4 图

5-5　承受轴向荷载 F 的直杆如图所示，杆横截面面积为 100mm^2。已知杆在 $\alpha=30°$，$45°$两个斜截面上的正应力分别为 75MPa、50MPa，试计算此时杆上所受力 F 的大小。

5-6　图示托架中 AB 杆是直径为 30mm 的圆杆，BC 杆为 10 号的工字钢。两杆材料均为 Q235 钢，已知材料的许用正应力为 $[\sigma]=170\text{MPa}$，试计算该托架的许可荷载 $[F]$（注：10 号工字钢的面积 $A=14.3\text{cm}^2$）。

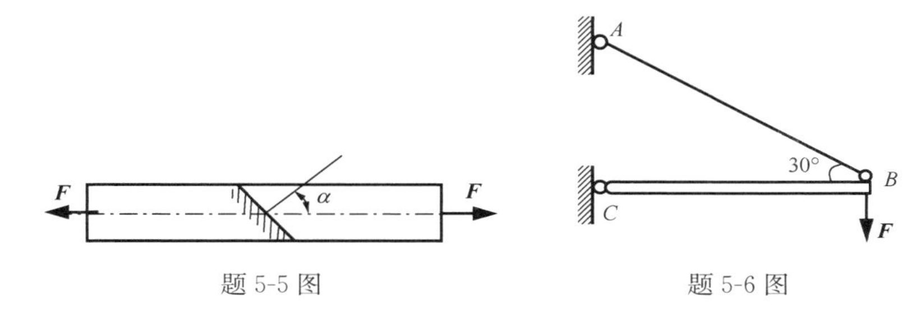

题 5-5 图　　　　题 5-6 图

5-7　图示为一起重用吊环，已知 $F=900\text{kN}$，$\alpha=24°$。吊环两侧臂的截面均为 $b\times h$ 的矩形，且 $b/h=0.3$。已知侧臂的材料许用应力 $[\sigma]=120\text{MPa}$，试确定两侧臂的截面尺寸。

5-8　用绳索起吊钢管，如图所示，已知钢管的重量 $W=8\text{kN}$，绳索的直径 $d=36\text{mm}$，材料的许用应力 $[\sigma]=9\text{MPa}$，试校核绳索的强度。

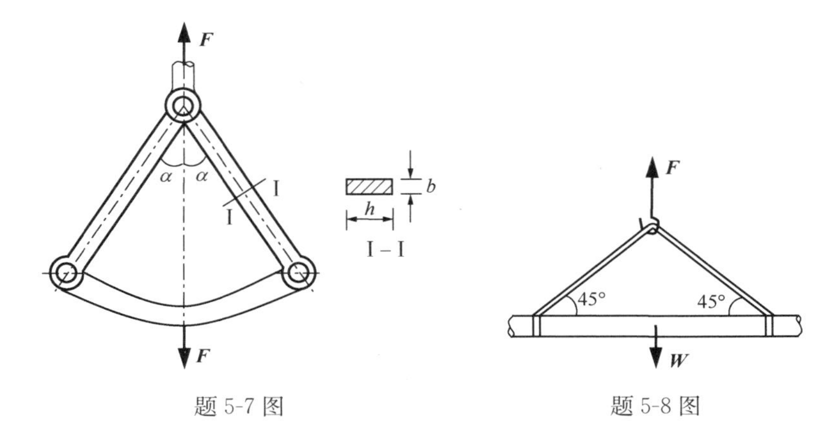

题 5-7 图　　　　题 5-8 图

5-9　阶梯杆受力如图所示，已知 $d_1=30\text{mm}$，$d_2=20\text{mm}$；材料的弹性模量 $E=200\text{GPa}$。试求：(1) 杆的轴力图；(2) 杆内最大正应力；(3) 杆的总变形。

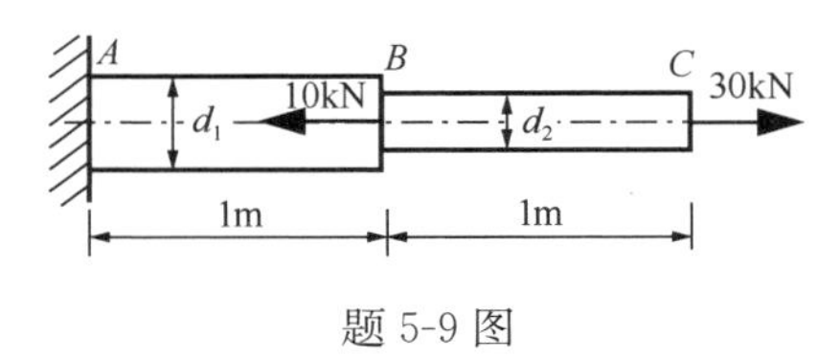

题 5-9 图

5-10　两端为球铰的中心受压钢柱，已知材料的 $E=210\text{GPa}$，$\sigma_p=200\text{MPa}$，压杆长度为 3m，其截面为 18 号工字钢，试求此杆的临界荷载（注：18 号工字钢的面积 $A=30.6\text{cm}^2$，$I_z=1660\text{cm}^4$，$I_y=122\text{cm}^4$）。

5-11　图示托架中 AB 杆为强度等级是 TC15 的圆截面木杆，直径为 $d=250\text{mm}$，AB 杆两端为球形铰，材料的许用应力 $[\sigma]=10\text{MPa}$。试验算此木杆是否安全。

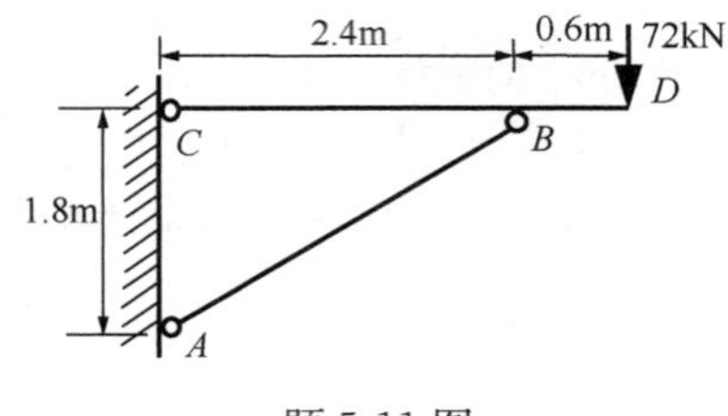

题 5-11 图

注：TC15 级稳定因数计算公式为：

$$\varphi=\frac{1}{1+\left(\frac{\lambda}{80}\right)^2}\quad(\lambda\leqslant 75)$$

$$\varphi=\frac{3000}{\lambda^2}\quad(\lambda>75)$$

第六章 剪切和扭转杆件

本章主要研究等截面直杆在剪切和挤压作用下应力的实用计算方法及其相关强度验算，受扭圆截面杆件的内力分析、应力和应变的计算，以及所需满足的强度和刚度条件。

第一节　剪切和挤压的实用计算

一、剪切的概念与工程应用

图 6-1(a) 所示，杆件在一对大小相等、方向相反、相距很近、垂直于杆轴线的外力作用下，杆件的主要变形为沿平行外力之间的截面（**剪切面**）发生相对错动变形，这种变形称为剪切。

在实际工程中我们把在构件连接处起连接作用的部件称为**连接件**，如：螺栓、销钉、键（图 6-1c)、铆钉(图 6-1b)、木榫接头、焊接接头等。这些连接件都是承受剪切的构件。

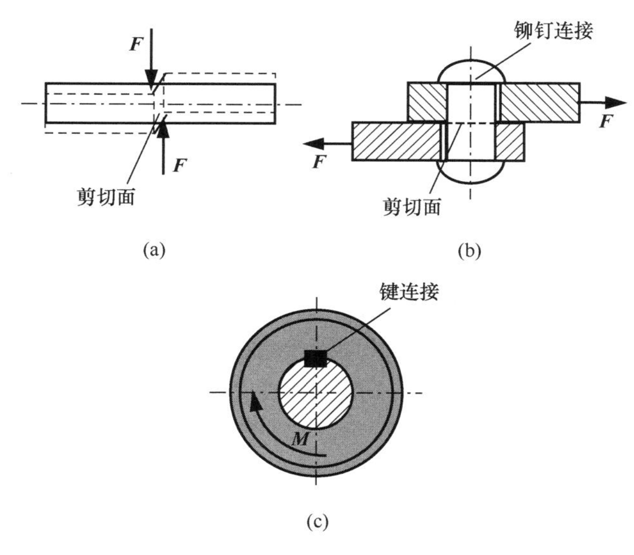

图 6-1　剪切变形

二、剪切强度计算

在连接件的剪切面上，应力的实际分布情况比较复杂，其上的切应力并非均匀分布，并且往往还存在正应力；同时构件本身的几何尺寸又比较小。所以在工程设计中，对这类构件通常采用**工程实用计算方法**。这种方法是按照破坏可能性，采用既能反映受力基本特征又能简化计算的假设，计算出名义应力；然后再根据直接试验结果确定出许用应力，进行强度计算。

图 6-1(b) 所示，两块钢板用铆钉连接，当钢板承受拉力 F 时，铆钉的受力如图 6-2 所示。用截面法可得剪切面上的剪力 F_S：

$$F_S = F$$

在剪切实用计算中，假设剪切面上的切应力是均匀分布的，可得剪切面上的名义切应力为：

$$\tau = \frac{F_S}{A_S} = \frac{F}{A_S} \tag{6-1}$$

式中，F_S为剪切面上的剪力，A_S为剪切面的面积。

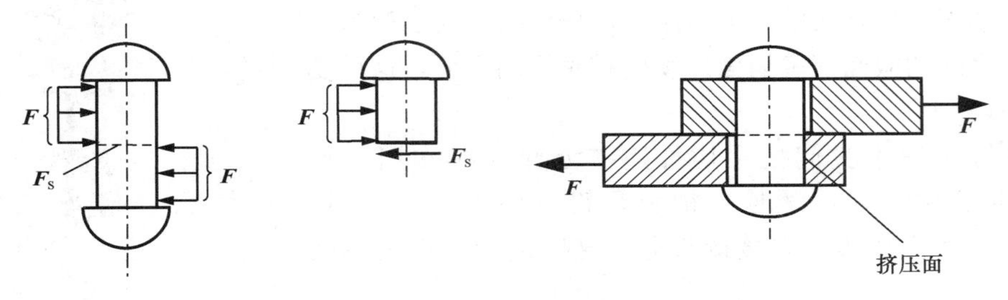

图 6-2　铆钉受力图

图 6-3　挤压力和挤压面

根据直接试验确定出的材料极限切应力除以一个大于 1 的安全因数 n，得到材料的许用切应力，则剪切强度条件可表示为：

$$\tau = \frac{F_S}{A_S} \leqslant [\tau] \tag{6-2}$$

三、挤压强度计算

在外力作用下，连接件与被连接件之间是通过接触面来传递压力的，这种局部承压的现象称为**挤压**（图 6-3）。接触面上的压力称为**挤压力**，用 F_{bs} 表示，可由平衡条件求得。当挤压力过大时，可能使连接件或被连接件在接触面处产生局部塑性变形，从而使连接失效，这种现象称为**挤压破坏**。所以应该进行挤压强度计算。在挤压强度计算中，也假设挤压面上的压应力是均匀分布的，可得名义挤压应力 σ_{bs} 为：

$$\sigma_{bs} = \frac{F_{bs}}{A_{bs}} \tag{6-3}$$

式中，F_{bs}为接触面上的挤压力，A_{bs}为计算挤压面面积。当挤压面为平面时，计算挤压面面积就是该平面的面积；当挤压面为弧面时，取受压面在相应直径平面上的投影面积为计算挤压面面积。

同样根据直接试验，用材料的极限挤压应力除以一个大于 1 的安全因数 n，得到材料的许用挤压应力 $[\sigma_{bs}]$，则挤压强度条件为：

$$\sigma_{bs} = \frac{F_{bs}}{A_{bs}} \leqslant [\sigma_{bs}] \tag{6-4}$$

【例 6-1】图 6-4 所示的铆钉连接件中，板和铆钉为同一种材料。已知材料的拉伸许用应力 $[\sigma] = 140\text{MPa}$，挤压许用应力 $[\sigma_{bs}] = 210\text{MPa}$，剪切许用应力 $[\tau] = 100\text{MPa}$，铆钉直径 $d = 16\text{mm}$，板宽 $b = 80\text{mm}$，中间板厚度 $t_1 = 12\text{mm}$，上下板厚度 $t_2 = 7\text{mm}$。若所受拉力 $F = 80\text{kN}$，试校核此连接件的强度。

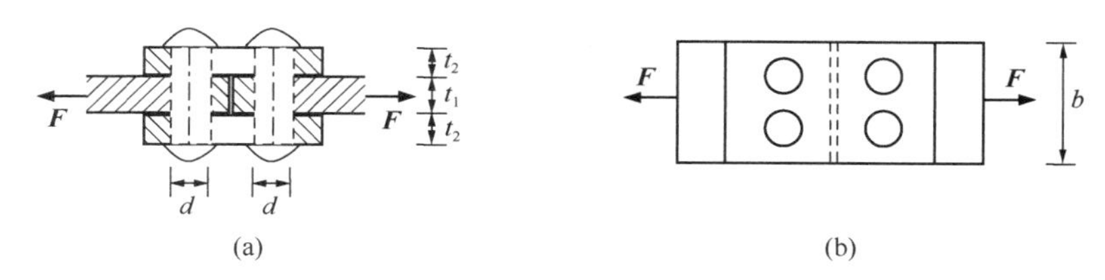

图 6-4　铆钉连接件

【解】校核此连接件的强度，需考虑以下三个强度条件：（1）铆钉的剪切强度条件；（2）铆钉和板的挤压强度条件；（3）板的轴向拉伸强度条件。下面分别进行计算：

（1）剪切强度计算

此时每个铆钉所受的力为 $F/2$，每个铆钉有上下两个受剪面，剪切面是直径为 d 的圆截面，其剪力 $F_S = (F/2)/2 = 20\text{kN}$，剪切面上的剪应力为：

$$\tau = \frac{F_S}{A_S} = \frac{20 \times 10^3 \text{N}}{\dfrac{\pi \times (16 \times 10^{-3} \text{m})^2}{4}} = 99.5 \times 10^6 \text{Pa} < [\tau]$$

因此，铆钉满足剪切强度条件。

（2）挤压强度计算

此时有两种情况：①中间板部分：挤压力 $F_{bs} = F/2$，挤压面是一个直径为 $d = 16\text{mm}$，高度为 12mm 的半圆柱面，其计算挤压面积取在其直径平面上的投影面积 $A_{bs} = dt_1$；②上下板部分：挤压力 $F_{bs} = (F/2)/2$，挤压面是一个直径为 $d = 16\text{mm}$，高度为 7mm 的半圆柱面，其计算挤压面积取在直径平面上的投影面积 $A_{bs} = dt_2$。这里取两者中计算挤压应力较大者计算，即中间板部分：

$$\sigma_{bs} = \frac{F_{bs}}{A_{bs}} = \frac{40 \times 10^3 \text{N}}{16 \times 12 \times 10^{-6} \text{m}^2} = 208.3 \times 10^6 \text{Pa} < [\sigma_{bs}]$$

因此，铆钉和板满足挤压强度条件。

（3）拉伸强度计算

由于开孔，板的截面受到削弱，其最小受拉面积为 $A = bt - 2dt$，则最大拉伸应力为：

$$\sigma = \frac{F_N}{A} = \frac{80 \times 10^3 \text{N}}{(80 \times 12 - 2 \times 16 \times 12) \times 10^{-6} \text{m}^2} = 138.9 \times 10^6 \text{Pa} < [\sigma]$$

显然，板满足轴向拉伸强度条件。

综合上述计算，此连接件部分安全。

第二节　扭转的概念与工程应用

图 6-5(a) 所示，杆件在作用面垂直于杆轴线的一对外力偶作用下，杆件的相邻横截面绕轴线发生相对转动，这种变形称为**扭转**。此时杆件表面的纵向线倾斜了一个角度 γ，γ 称为**切应变**；两端截面相对转动了一个角度 φ，φ 称为**扭转角**。

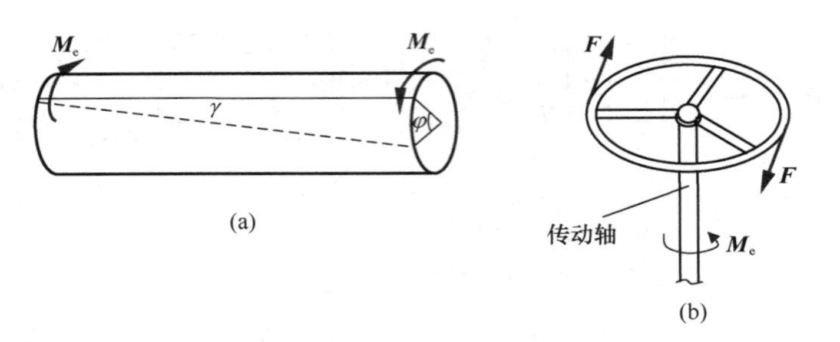

图 6-5　受扭杆件

(a) 切应变和扭转角；(b) 方向盘传动轴

在实际工程中，有很多受扭杆件，如汽车方向盘的传动轴（图 6-5b）等。这些以扭转为主要变形的杆件称为轴，这里我们只讨论横截面为圆形的等直圆轴的扭转问题。

第三节　圆轴扭转的应力和强度

一、传动轴的外力偶矩、扭矩和扭矩图

1. 传动轴的外力偶矩

对受扭杆件进行应力和变形计算时，首先要计算作用在受扭杆件上的外力偶和杆件横截面上的内力。作用在受扭圆轴上的外力偶在工程中通常不是直接给出的，往往只知道它所传递的功率和转速。所以需要将功率和转速换算为力偶矩，根据每分钟轴上传递的功与外力偶矩所作的功相等，可得外力偶矩 M_e 的计算公式：

$$M_e = 9550\frac{P}{n}(\mathrm{N \cdot m}) \tag{6-5}$$

式中，P 为轴所传递的功率，单位是千瓦（kW）；n 为轴的转速，单位是每分钟的转数（r/min）。

2. 扭矩和扭矩图

当作用于圆轴上的外力偶矩全部求出后，就可以用截面法计算轴上的内力。图 6-6(a) 所示，假想将轴沿 m-m 截面切开，任取轴的一侧进行平衡研究（图 6-6b、c），由平衡方程可得：

$$\sum M=0 \quad T-M_e=0 \quad T=M_e$$

由上面平衡条件可知，受扭杆的内力为一力偶矩，其作用面与杆的轴线垂直，称为**扭矩**，用 T 表示。为了使根据Ⅰ部分和Ⅱ部分所计算的同一截面处的内力具有相同的符号，我们对这里的扭矩规定了正负号。扭矩的正负可按右手螺旋法则确定：扭矩矢量离开杆横截面为正，指向杆横截面为负。

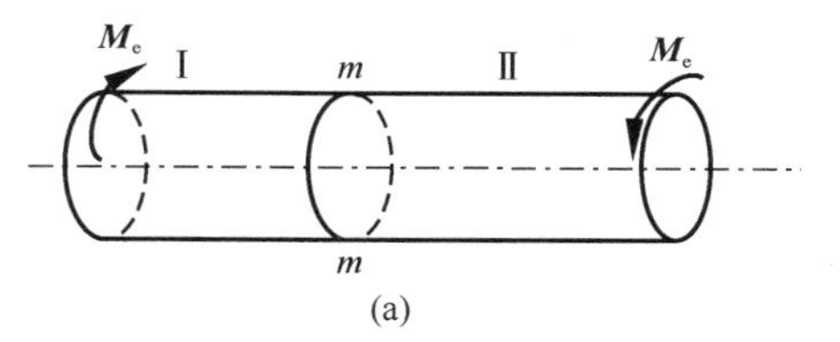

(a)

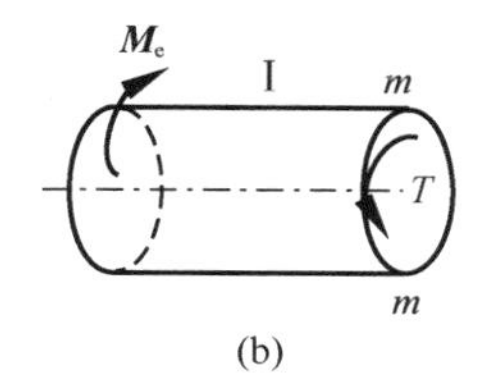

(b)

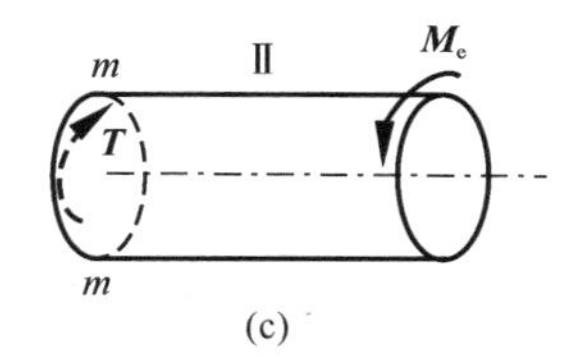

(c)

图 6-6　受扭杆的扭矩

为表明扭矩随横截面位置的变化情况，与轴力图类似可作出**扭矩图**。横坐标代表横截面位置，纵轴代表扭矩大小，标出扭矩值及正负号，一般：正值画上方，负值画下方。

【例 6-2】传动轴如图 6-7(a) 所示，主动轮 A 输入功率 $P_A=50\text{kW}$，从动轮 B、C、D 输出功率分别为 $P_B=P_C=15\text{kW}$，$P_D=20\text{kW}$，轴的转速 $n=300\text{r/min}$，计算各轮上所受的外力偶矩，并作扭矩图。

【解】(1) 计算外力偶矩

$$M_A=9550\frac{P_A}{n}=9550\frac{50\text{kW}}{300\text{r/min}}=1591.7\text{N}\cdot\text{m}$$

$$M_B=9550\frac{P_B}{n}=9550\frac{15\text{kW}}{300\text{r/min}}=477.5\text{N}\cdot\text{m}$$

$$M_C=9550\frac{P_C}{n}=9550\frac{15\text{kW}}{300\text{r/min}}=477.5\text{N}\cdot\text{m}$$

$$M_D=9550\frac{P_D}{n}=9550\frac{20\text{kW}}{300\text{r/min}}=636.7\text{N}\cdot\text{m}$$

M_B　M_C　M_A　M_D

B　C　A　D

(a)

955

477.5

⊕

T 图 (N·m)

⊖

636.7

(b)

图 6-7　受扭传动轴

(a) 简图；(b) 扭矩图

(2) 作扭矩图

图 6-7(b) 给出该传动轴的扭矩图。

二、扭转时圆轴横截面上的应力

计算出圆轴的内力后，我们将进一步研究其横截面上的应力。由正应力和切应力的方向可知，圆轴横截面上的内力（扭矩）不可能由截面上各处的正应力合成得到，所以与扭矩相对应的横截面上的应力只能是切应力。为了确定切应力在截面上的分布情况，与研究拉、压杆横截面上的应力相类似，首先观察圆轴在承受外力偶后表面的变形情况，从而推出杆内部的变形情况，再进一步得出应力在截面上的变化规律。

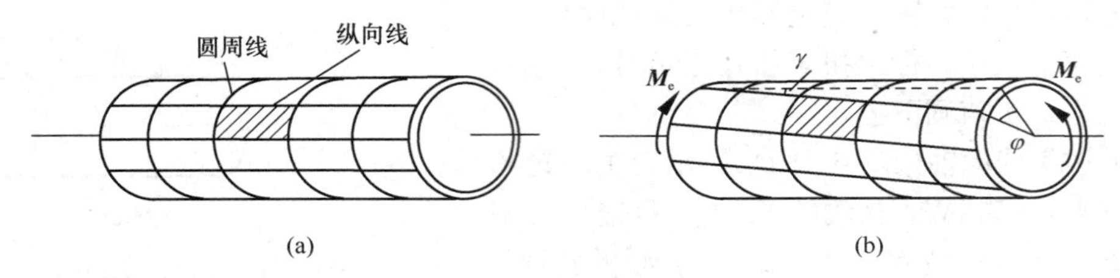

图 6-8 扭转时横截面的变形

（a）试验前；（b）试验后

图 6-8(a) 所示，试验前，在轴的表面画上等距离的纵向线和圆周线。在轴的两端加上两个大小相等、方向相反的外力偶，使其发生扭转变形，此时可见：各圆周线绕轴线发生相对转动，但大小、形状及相邻圆周线的间距不变；各纵向线倾斜了一个角度，但仍近似为直线，原来轴表面上的矩形扭成为平行四边形。根据这一现象，可得假设：圆轴的横截面变形后仍保持为平面，其形状和大小不变，其半径仍为直线，且相邻两截面的间距不变，只是相对转动了一个角度。这一假设称为圆轴扭转的**平面假设**。由该平面假设可推断，扭杆横截面上无正应力只有切应力；各点切应力的方向与其半径线垂直，大小与该点到截面圆心的距离成正比，如图 6-9(a) 所示。由平衡条件可得圆轴横截面上任一点处的切应力 τ_ρ 的计算公式为：

$$\tau_\rho = \frac{T\rho}{I_\rho} \tag{6-6}$$

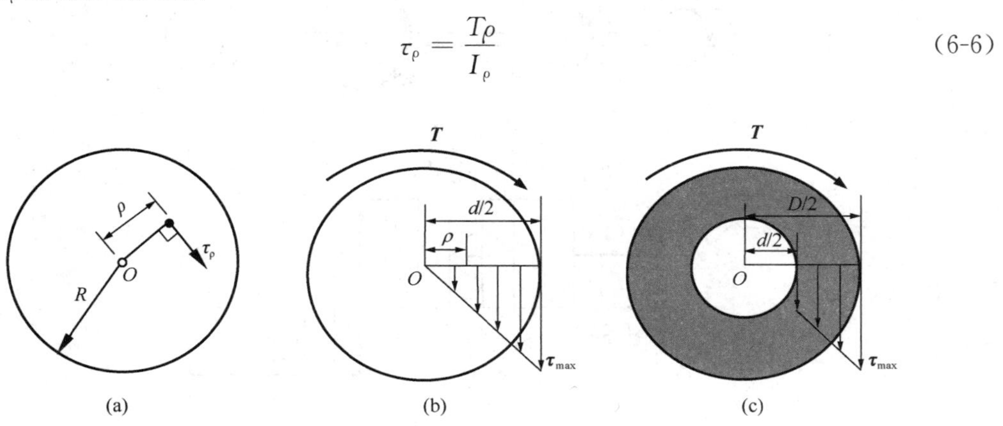

图 6-9 圆轴扭转时横截面上的切应力变化

（a）横截面任一点；（b）实心圆轴；（c）空心圆轴

式中，T 为横截面上的扭矩；ρ 为该点到截面圆心的距离；截面的极惯性矩 $I_\rho=\int_A \rho^2 \mathrm{d}A$，与截面几何尺寸有关。实心圆轴和空心圆轴横截面上的切应力沿任一半径方向的变化情况如图 6-9(b)、(c) 所示。

在圆轴的边缘处，即 $\rho=R$ 时，切应力达到最大值：

$$\tau_{\max}=\frac{TR}{I_\rho}=\frac{T}{I_\rho/R}=\frac{T}{W_\rho} \tag{6-7}$$

式中，$W_\rho=I_\rho/R$ 称为抗扭截面系数，与截面几何尺寸有关。

注意：上面各式只适用于圆轴，且横截面上的最大切应力值不得超过材料的剪切比例极限。

下面计算两种圆截面扭杆的极惯性矩和抗扭截面系数。

直径为 d 的实心圆轴：

$$I_\rho=\int_0^{\frac{d}{2}} 2\pi\rho^3 \mathrm{d}\rho=\frac{\pi d^4}{32} \quad W_\rho=\frac{I_\rho}{d/2}=\frac{\pi d^3}{16}$$

外直径为 D、内直径为 d，内外径之比为 $\alpha=\dfrac{d}{D}$ 的空心圆轴：

$$I_\rho=\frac{\pi}{32}(D^4-d^4)=\frac{\pi D^4}{32}(1-\alpha^4)$$

$$W_\rho=\frac{I_\rho}{D/2}=\frac{\pi D^3}{16}(1-\alpha^4)$$

三、扭转时的强度条件

当圆轴的最大工作切应力 $\tau_{\max}$ 不超过材料的许用切应力 $[\tau]$ 时，构件就可以正常工作。即圆轴扭转时的强度条件为：

$$\tau_{\max}\leqslant[\tau] \tag{6-8a}$$

对于等直圆杆，扭转强度条件可写成：

$$\tau_{\max}=\frac{T_{\max}}{W_\rho}\leqslant[\tau] \tag{6-8b}$$

材料的许用切应力 $[\tau]$ 是根据扭转试验得到的材料极限切应力，再除以一个大于 1 的安全因数 n 后得到。各种工程材料的扭转许用切应力 $[\tau]$，可在相关手册中查到。在静载作用下，材料的扭转许用切应力与拉伸许用应力 $[\sigma]$ 有一定的关系：对于韧性材料，如低碳钢等，$[\tau]=(0.5\sim0.6)[\sigma]$；对于脆性材料，如灰铸铁等，$[\tau]=(0.8\sim1.0)[\sigma]$。

与轴向拉压强度条件相同，运用圆轴扭转时的强度条件可以进行扭转强度校核、截面设计和许可荷载确定。

【例 6-3】某汽车主传动轴钢管外径 $D=75\text{mm}$，壁厚 $t=3\text{mm}$，传递扭矩 $T=1.98\text{kN}\cdot\text{m}$，材料的许用切应力 $[\tau]=100\text{MPa}$，试校核轴的强度。

【解】(1) 计算截面的抗扭截面系数

$\because$ $D=75\text{mm}$，$t=3\text{mm}$

$\therefore$ $d=D-2t=69\text{mm}$，$\alpha=d/D=0.92$，则：

$$W_\rho = \frac{\pi D^3}{16}(1-\alpha^4) = \frac{\pi \times (75\times 10^{-3}\mathrm{m})^3}{16}[1-(0.92)^4] = 2.35\times 10^{-5}\mathrm{m}^3$$

(2) 校验钢管轴的扭转强度

由强度条件:

$$\tau_{\max} = \frac{T}{W_\rho} = \frac{1.98\times 10^3\mathrm{N\cdot m}}{2.35\times 10^{-5}\mathrm{m}^3} = 84.3\times 10^6\mathrm{Pa} = 84.3\mathrm{MPa} < [\tau] = 100\mathrm{MPa}$$

所以，该轴的强度满足要求。

(3) 校验实心轴的扭转强度

将上述空心轴改成实心轴，仍使 $\tau_{\max} = 84.3\mathrm{MPa}$，需要计算实心轴的直径应该多大。

由强度条件:

$$\tau_{\max} = \frac{T}{W_\rho} = \frac{1.98\times 10^3\mathrm{N\cdot m}}{\pi d^3/16} = 84.3\times 10^6\mathrm{Pa}$$

得到:

$$d = 49.3\times 10^{-3}\mathrm{m} = 49.3\mathrm{mm}$$

则空心轴与实心轴的截面面积比（重量比）为:

$$\frac{A_{空}}{A_{实}} = \frac{\pi[D^2-(D-2t)^2]}{4}\Big/\left(\frac{\pi d^2}{4}\right) = 0.355 \approx \frac{1}{3}$$

可见，相同强度下空心轴的用钢量仅为实心轴的三分之一左右，所以空心轴比实心轴更经济。

第四节　圆轴扭转的变形和刚度

一、扭转时的变形

扭转变形通常用两个横截面间的相对扭转角 φ 来度量（图 6-8b），对于长度为 l 的一段圆轴，其两端横截面的相对扭转角为:

$$\varphi = \int_0^l \frac{T}{GI_\rho}\mathrm{d}x \tag{6-9a}$$

其中，G 称为材料的剪切模量，单位为 Pa，其数值随材料而异，由试验测定。

如两个横截面间的扭矩值不变，且为同一材料制成的等直圆轴，则 GI_ρ 为常数，此时上述积分式可写成:

$$\varphi = \frac{Tl}{GI_\rho} \tag{6-9b}$$

由该式可知：随着 GI_ρ 的增加，相对扭转角 φ 会减少。即 GI_ρ 反映了圆轴本身抵抗扭转变形的能力，因而 GI_ρ 称为圆轴的抗扭刚度。

二、扭转时的刚度条件

对于受扭圆轴，即使满足了强度条件，有时也不能保证轴的正常工作。譬如，轴在扭转变形过大时，会影响机器的精度，还会使机器在运转时产生较大的振动，因此必须对轴的扭转变形加以控制，即要求轴应有足够的刚度。在计算圆轴的刚度时，通常是控制轴的

单位长度扭转角 φ'，使它的最大值不超过一个规定的允许值 $[\varphi']$，即：$\varphi'_{max} \leqslant [\varphi']$，其中 $[\varphi']$ 称为许可单位长度扭转角，它的常用单位是°/m（角度/米）。对于精密机器的轴常取 $[\varphi'] = 0.15 \sim 0.30°/m$，一般的轴取 $[\varphi'] = 0.5 \sim 1.0°/m$，详见有关的工程手册。

由式（6-9b）可得单位长度扭转角（rad/m，弧度/米）为：

$$\varphi' = \frac{T}{GI_\rho} \tag{6-10a}$$

则用角度表示的圆轴扭转刚度条件为：

$$\varphi'_{max} = \frac{T}{GI_\rho} \times \frac{180°}{\pi} \leqslant [\varphi'] \tag{6-10b}$$

利用上述圆轴扭转时的刚度条件可以进行扭转刚度校核、截面设计和许可荷载计算。

【例 6-4】 空心圆轴内外径之比为 $\alpha = d/D = 0.8$，已知轴的转速为 150r/min，传递功率为 50kW，材料的切变模量 $G = 80GPa$，许用切应力 $[\tau] = 40MPa$，许可的单位长度扭转角 $[\varphi'] = 0.5°/m$。试根据强度条件和刚度条件选择该轴的直径。

【解】（1）计算轴上所受的外力偶矩

$$m = 9550\frac{P}{n} = 9550\frac{50kW}{150r/min} = 3183N \cdot m$$

则轴上的扭矩为：$T = m = 3183N \cdot m = 3.183kN \cdot m$

（2）计算截面的抗扭截面系数 W_ρ 和极惯性矩 I_ρ

$$W_\rho = \frac{\pi D^3}{16}(1-\alpha^4) \quad I_\rho = \frac{\pi D^4}{32}(1-\alpha^4)$$

（3）根据强度条件计算所需直径

将 T 和 W_ρ 代入强度条件：$\tau_{max} = \dfrac{T}{W_\rho} \leqslant [\tau]$，得到：

$$\frac{16T}{\pi D^3(1-\alpha^4)} \leqslant [\tau]$$

则满足强度条件所需的直径为：

$$D \geqslant \sqrt[3]{\frac{16T}{\pi(1-\alpha^4)[\tau]}} = \sqrt[3]{\frac{16 \times 3183N \cdot m}{\pi(1-0.8^4) \times 40 \times 10^6 Pa}} = 0.0882m = 88.2mm$$

$$d = 0.8D \geqslant 0.8 \times 88.2mm = 70.6mm$$

（4）根据刚度条件计算所需直径

再将 T、G 和 I_ρ 代入刚度条件：$\varphi' = \dfrac{T}{GI_\rho} \times \dfrac{180°}{\pi} \leqslant [\varphi']$，得到：

$$\frac{32T}{G\pi D^4(1-\alpha^4)} \times \frac{180°}{\pi} \leqslant [\varphi']$$

则满足扭转刚度条件所需的直径为：

$$D \geqslant \sqrt[4]{\frac{32T \times 180°}{G\pi^2(1-\alpha^4)[\varphi']}} = \sqrt[4]{\frac{32 \times 3183N \cdot m \times 180°}{80 \times 10^9 Pa \times \pi^2(1-0.8^4) \times 0.5°/m}}$$
$$= 0.0942m = 94.2mm$$

$$d = 0.8D \geqslant 0.8 \times 94.2mm = 75.4mm$$

显然，该轴的扭转刚度条件起控制作用。所以，该轴的外径 D 应大于等于 94.2mm，内径 d 应大于等于 75.4mm。

习题

6-1　冲床如图所示，若要在厚度为 t=10mm 的钢板上冲出直径为 d=40mm 的圆孔，已知材料的剪切强度极限 τ_{μ}=200MPa，试计算冲头的最小冲压力 F。

6-2　图示一螺栓接头，已知 F=30kN，t=20mm，螺栓材料的许用切应力 [τ]= 80MPa，挤压许用应力 [σ_{bs}]= 200MPa，试确定螺栓所需的直径 d。

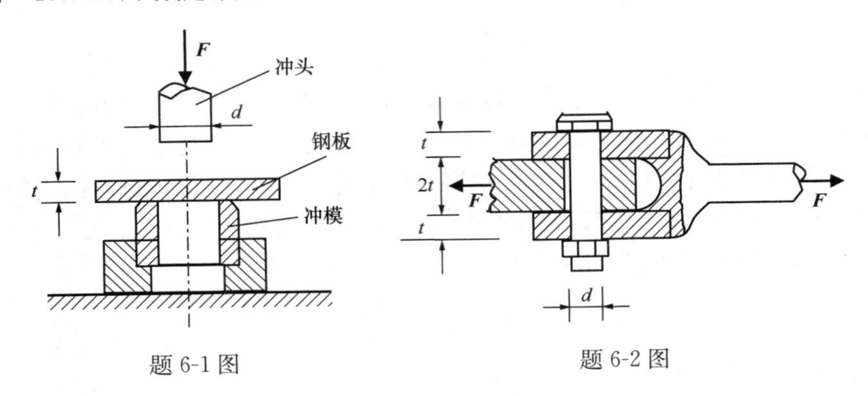

题 6-1 图　　　题 6-2 图

6-3　图示螺钉连接件受拉力 F 作用，已知：F=80kN，D=2d，h=0.5d，材料的许用切应力 [τ]=90MPa，挤压许用应力 [σ_{bs}]=280MPa，拉伸许用应力 [σ]=160MPa，试求满足强度要求的螺钉最小直径 d。

6-4　传动轴如图所示，主动轮 A 输入功率 P_A=50kW，从动轮 B、C 输出功率分别为 P_B=20kW，P_C=30kW，轴的转速 n=250r/min，试作出杆的扭矩图。

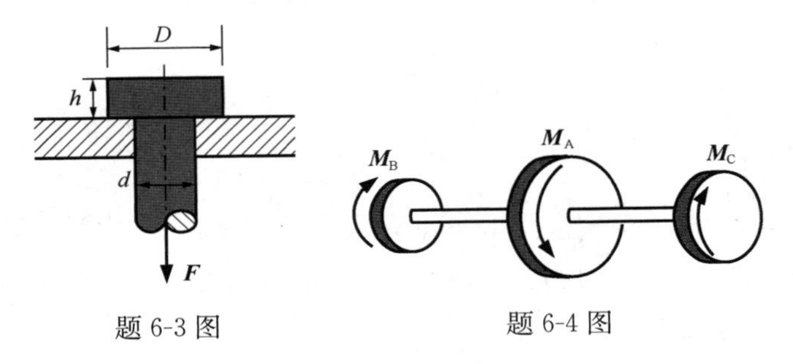

题 6-3 图　　　题 6-4 图

6-5　一等直空心圆轴外径 D = 140mm，内径 d = 100mm，所受外力偶矩如图所示，试求：(1) 轴的扭矩图；(2) E 截面上的切应力分布图；(3) E 截面上距圆心 O 为 ρ = 60mm 的 F 点的切应力。

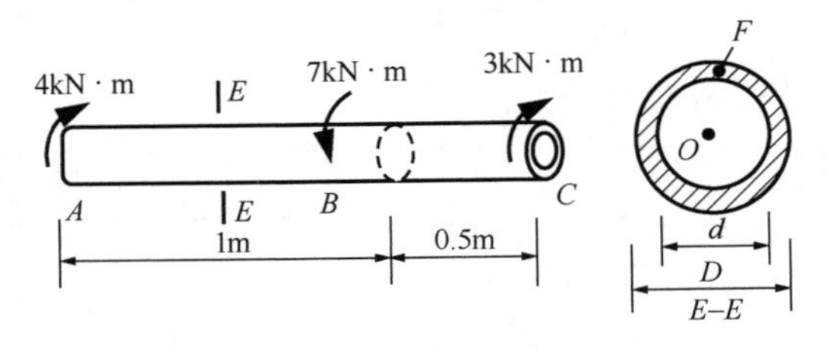

题 6-5 图

6-6　已知圆轴的转速 n=300r/min，所传递功率为 P=50kW。材料的许用切应力 [τ]= 60MPa，试

选择该轴的直径。

6-7　已知一机器主轴的转速 $n=580\text{r/min}$，所传递功率为 $P=55\text{kW}$。主轴的直径 $d=120\text{mm}$，材料的许用切应力 $[\tau]=40\text{MPa}$，试校核该轴的强度。

6-8　图示一实心传动轴，轮 1 为主动轮，力偶矩 $M_1=7\text{kN}\cdot\text{m}$，轮 2、轮 3、轮 4 为从动轮，所受力偶矩分别为 $M_2=3\text{kN}\cdot\text{m}$，$M_3=2\text{kN}\cdot\text{m}$，$M_4=2\text{kN}\cdot\text{m}$。已知轴直径 $d=80\text{mm}$，材料的剪切模量 $G=80\text{GPa}$，许用切应力 $[\tau]=90\text{MPa}$。试校核该轴的强度，并求出轴两端的相对转角 φ。

6-9　图示一等直圆杆，已知材料的切变模量 $G=80\text{GPa}$，许用切应力 $[\tau]=60\text{MPa}$，许可单位长度扭转角为 $[\varphi']=0.5°/\text{m}$，试确定轴的直径 d。

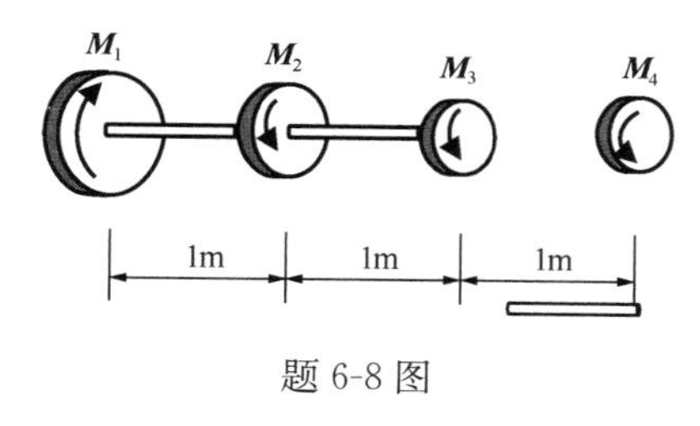

题 6-8 图

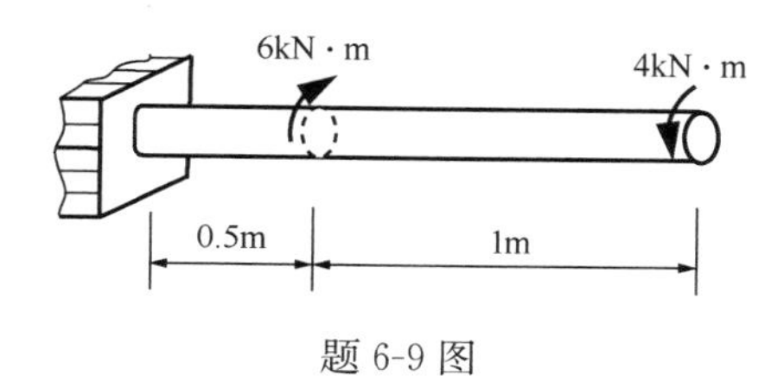

题 6-9 图

第七章 平面弯曲杆件

本章主要研究杆件的平面弯曲问题，重点是单跨静定梁在荷载作用下的内力分析，横截面上弯曲应力的分布规律以及相应的强度条件。

第一节　截面的几何性质

在计算外力作用下杆件的应力和变形时，均需用到与杆件横截面的形状、尺寸相关的几何量。例如在轴向拉压杆中用到的横截面面积 A，受扭圆杆中用到的极惯性矩 I_ρ 及抗扭截面系数 W_ρ 等。这些与截面形状和几何尺寸相关的几何量称为截面的几何性质。下面我们介绍后面将用到的一些截面几何性质。

一、截面的静矩和形心位置

图 7-1 表示一任意形状的杆件横截面，设截面内任一点的坐标为 x、y，在该点处取一微小面积 $\mathrm{d}A$，则 $y\mathrm{d}A$ 和 $x\mathrm{d}A$ 分别称为该微面积相对于 x 和 y 轴的静矩（或面积矩）。而将式（7-1）

$$S_x = \int_A y\mathrm{d}A, \quad S_y = \int_A x\mathrm{d}A \tag{7-1}$$

分别称为整个横截面相对于 x 轴和 y 轴的静矩。

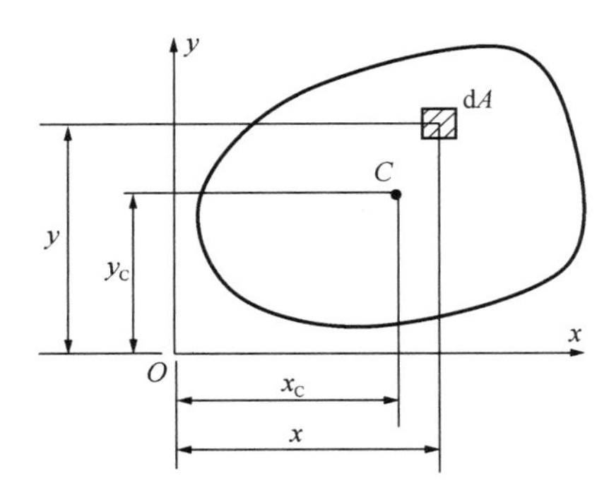

图 7-1　截面的静矩和形心

截面的静矩是相对于一定的轴来说的，同一截面相对于不同轴的静矩是不同的。静矩可以是正值或负值，也可以为零。静矩的常用单位是 m^3 或 mm^3。

如果将微面积看作力，则 $y\mathrm{d}A$ 和 $x\mathrm{d}A$ 就相当于力矩，由合力矩定理可知：

$$\int_A y\mathrm{d}A = Ay_C, \quad \int_A x\mathrm{d}A = Ax_C \tag{7-2a}$$

式中，x_C、y_C为截面形心 C 的坐标（图 7-1）。

利用式（7-1）可知，截面的静矩也可表达为：

$$S_x = Ay_C, \quad S_y = Ax_C \tag{7-2b}$$

上式表明，截面对某轴的静矩等于截面的面积与其形心到该轴距离的乘积。一般情况下，式中的面积 A 是可知的，利用此式可由截面的静矩来确定截面的形心位置。

当坐标轴通过截面的形心时，则该轴称为此截面的形心轴。由式（7-2）可知，截面对形心轴的静矩为零；反之，若截面对某轴的静矩为零，则该轴必为截面的形心轴。对于有对称轴的截面，对称轴一定是截面的形心轴。

如果截面的图形是由几个简单图形（如矩形、圆形等）组成的组合截面。由静矩的定义可知，组合截面对某一轴的静矩应等于其所有组成部分对该轴静矩的代数和，即：

$$S_x = \sum S_{xi} = \sum A_i y_{Ci}, \ S_y = \sum S_{yi} = \sum A_i x_{Ci} \tag{7-3}$$

式中，A_i 为任一组成部分的面积，x_{Ci} 和 y_{Ci} 分别为该组成部分的形心坐标。

由式（7-2）和式（7-3），进而可得出截面的形心位置：

$$x_C = \frac{\sum A_i x_{Ci}}{\sum A_i}, \ y_C = \frac{\sum A_i y_{Ci}}{\sum A_i} \tag{7-4}$$

【例 7-1】 计算如图 7-2 所示半圆形截面对其直径轴 x 的静矩及其形心的坐标 y_C。

【解】 平行于 x 轴取一窄长条，其面积为：

$$\mathrm{d}A = 2\sqrt{r^2 - y^2}\mathrm{d}y$$

则，

$$S_x = \int_A y\mathrm{d}A = \int_0^r y(2\sqrt{r^2 - y^2})\mathrm{d}y = \frac{2}{3}r^3$$

$$y_C = \frac{S_x}{A} = \frac{2r^3/3}{\pi r^2/2} = \frac{4r}{3\pi}$$

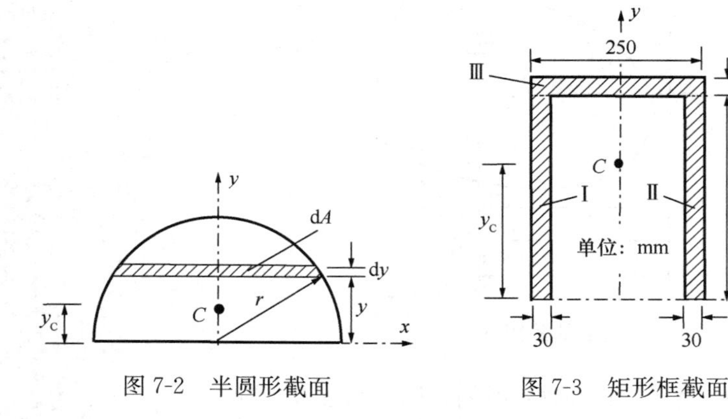

图 7-2 半圆形截面　　图 7-3 矩形框截面

【例 7-2】 计算如图 7-3 所示矩形框截面的形心位置。

【解】 由对称性可知：$x_C = 0$，而计算 y_C 有两种方法。

方法一：将此图形分为Ⅰ、Ⅱ、Ⅲ三个矩形条，则

$$A_1=A_2=(30\times300)\text{mm}^2,\ A_3=(250\times30)\ \text{mm}^2,\ y_1=y_2=150\text{mm},\ y_3=315\text{mm}$$

$$y_C=\frac{\sum A_i y_{Ci}}{\sum A_i}=\frac{2\times(30\times300\times150)+250\times30\times315}{2\times(30\times300)+250\times30}\text{mm}=198.53\text{mm}$$

方法二：此图形也可看成由 $(250\times330)\ \text{mm}^2$ 的矩形Ⅰ减去 $(190\times300)\ \text{mm}^2$ 的矩形Ⅱ组成，则

$$A_1=(250\times330)\text{mm}^2,\ A_2=(190\times300)\text{mm}^2,\ y_1=165\text{mm},\ y_2=150\text{mm}$$

$$y_C=\frac{\sum A_i y_{Ci}}{\sum A_i}=\frac{250\times330\times165-190\times300\times150}{250\times330-190\times300}\text{mm}=198.53\text{mm}$$

方法二称为负面积法。

二、截面的惯性矩、惯性积和惯性半径

图 7-4 表示一任意形状的截面，设截面内任一点的坐标为 x、y，在该点处取一微小面积 $\text{d}A$，则 $y^2\text{d}A$ 和 $x^2\text{d}A$ 分别称为该微面积相对于 x 轴和 y 轴的惯性矩。而将式（7-5）：

$$I_x=\int_A y^2\text{d}A,\quad I_y=\int_A x^2\text{d}A \tag{7-5}$$

分别称为整个横截面相对于 x 轴和 y 轴的惯性矩。

显然，截面对于坐标原点的极惯性矩为：

$$I_\rho=\int_A \rho^2\text{d}A=\int_A (x^2+y^2)\text{d}A=I_x+I_y$$

微面积 $\text{d}A$ 与坐标 x、y 的乘积 $xy\text{d}A$ 称为该微面积相对于 x 轴和 y 轴的惯性积。而将下列积分：

$$I_{xy}=\int_A xy\text{d}A \tag{7-6}$$

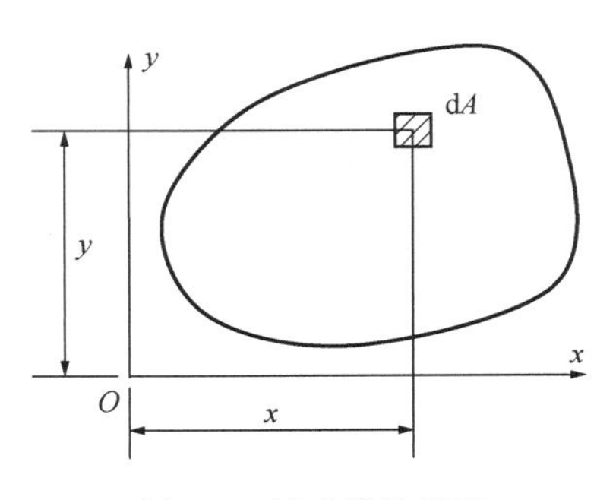

图 7-4 任意形状截面

称为整个横截面相对于 x 轴和 y 轴的惯性积。

截面的惯性矩和惯性积分别是相对于某个轴和某一对轴来说的，同一截面相对于不同坐标轴的惯性矩和惯性积是不同的。惯性矩的值恒为正值；惯性积可以是正值或负值，也可以为零。假如 x、y 两个坐标轴中有一个为截面的对称轴时，则惯性积恒为零。惯性矩和惯性积的常用单位是 m^4 或 mm^4。

在有些问题中，为了应用上的方便，将截面的惯性矩表示成截面面积 A 与惯性半径平方的乘积，即：

$$I_x=i_x^2A,\ I_y=i_y^2A \tag{7-7a}$$

式中，i_x 和 i_y 分别称为截面对 x 轴和 y 轴的惯性半径。上式也可写成：

$$i_x=\sqrt{\frac{I_x}{A}},\ i_y=\sqrt{\frac{I_y}{A}} \tag{7-7b}$$

【例 7-3】计算如图 7-5 所示矩形对通过其形心且与对应边平行的 x、y 轴的惯性矩 I_x、I_y和惯性积 I_{xy}。

【解】计算对 x 轴的惯性矩时，平行于 x 轴取一窄长条，其面积为 $\mathrm{d}A=b\mathrm{d}y$，则

$$I_x=\int_A y^2\mathrm{d}A=\int_{-h/2}^{h/2}y^2(b\mathrm{d}y)=\frac{bh^3}{12}$$

同理，计算对 y 轴的惯性矩时，取 $\mathrm{d}A=h\mathrm{d}y$，可得：

$$I_y=\int_A x^2\mathrm{d}A=\int_{-b/2}^{b/2}x^2(h\mathrm{d}x)=\frac{hb^3}{12}$$

又因为 x、y 轴皆为对称轴，故 $I_{xy}=0$。

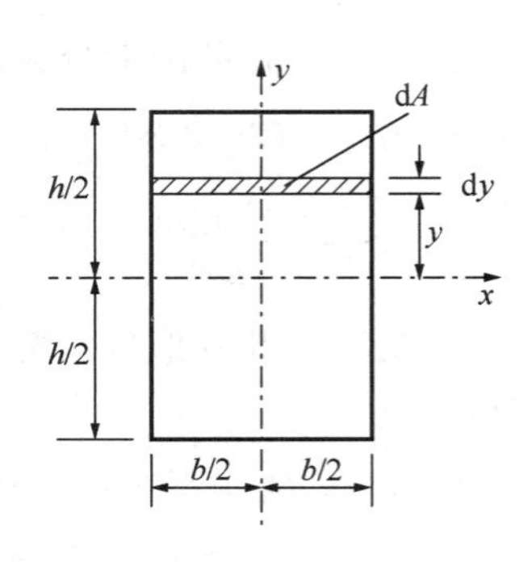

图 7-5　矩形截面

表 7-1 中列出了一些常用简单截面的几何性质，工程中广泛采用的各种型钢的截面几何性质可从型钢规格表中查得。

简单截面的几何性质　　**表 7-1**

序号	截面形状和形心位置	面积 A	惯性矩		惯性半径	
			I_x	I_y	i_x	i_y
1		bh	$\frac{bh^3}{12}$	$\frac{hb^3}{12}$	$\frac{h}{2\sqrt{3}}$	$\frac{b}{2\sqrt{3}}$
2		$\frac{bh}{2}$	$\frac{bh^3}{36}$	$\frac{hb^3}{36}$	$\frac{h}{3\sqrt{2}}$	$\frac{b}{3\sqrt{2}}$
3		$\frac{\pi d^2}{4}$	$\frac{\pi d^4}{64}$	$\frac{\pi d^4}{64}$	$\frac{d}{4}$	$\frac{d}{4}$
4	$\alpha=\frac{d}{D}$	$\frac{\pi D^2}{4}(1-\alpha^2)$	$\frac{\pi D^4}{64}(1-\alpha^4)$	$\frac{\pi D^4}{64}(1-\alpha^4)$	$\frac{D}{4}\sqrt{(1+\alpha^2)}$	$\frac{D}{4}\sqrt{(1+\alpha^2)}$

续表

序号	截面形状和形心位置	面积 A	惯性矩		惯性半径	
			I_x	I_y	i_x	i_y
5	$\delta \ll r_0$	$2\pi r_0\delta$	$\pi r_0^3\delta$	$\pi r_0^3\delta$	$\frac{r_0}{\sqrt{2}}$	$\frac{r_0}{\sqrt{2}}$

三、平行移轴公式和组合截面的惯性矩

如上所述，截面的惯性矩和惯性积分别是相对于某一个轴和某一对轴来说的，同一截面相对于不同坐标轴的惯性矩和惯性积是不同的，但它们之间可以进行换算。

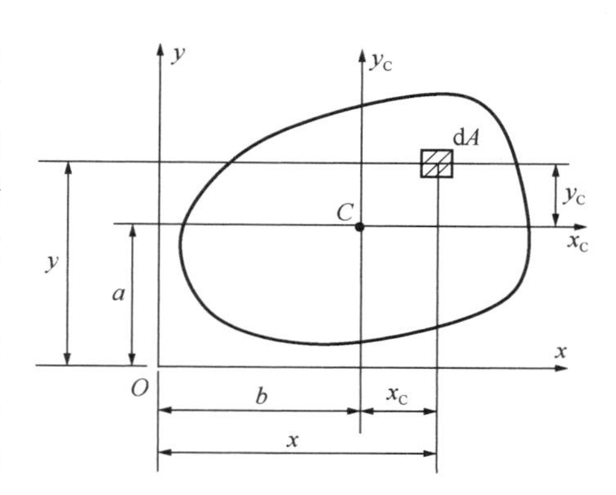

图 7-6　任意截面及其形心

任一形状的截面如图 7-6 所示，截面对任意坐标轴 x、y 轴，其惯性矩和惯性积分别为 I_x、I_y 和 I_{xy}；另有一对与其平行的截面形心轴 x_C、y_C 轴，截面对形心轴的惯性矩和惯性积分别为 I_{x_C}、I_{y_C} 和 $I_{x_Cy_C}$。下面建立 I_x、I_y、I_{xy} 与 I_{x_C}、I_{y_C}、$I_{x_Cy_C}$ 之间的关系。

由图 7-6 可知，两个坐标系的坐标之间有以下关系：$x = x_C + b$，$y = y_C + a$，则

$$I_x = \int_A y^2 dA = \int_A (y_C + a)^2 dA = \int_A y_C^2 dA + 2a\int_A y_C dA + a^2\int_A dA \tag{7-8}$$

由惯性矩和静矩的定义，式（7-8）的各项积分分别为：

$$\int_A dA = A \quad \int_A y_C dA = 0 \quad \int_A y_C^2 dA = I_{x_C}$$

式（7-8）可写成

$$I_x = I_{x_C} + a^2 A \tag{7-9a}$$

同理，有：

$$I_y = I_{y_C} + b^2 A \tag{7-9b}$$

$$I_{xy} = I_{x_Cy_C} + abA \tag{7-9c}$$

式（7-9）称为惯性矩与惯性积的平行移轴公式。

组合截面对某坐标轴的惯性矩应等于所有组成部分对该轴的惯性矩之和，即

$$I_x = \sum_{i=1}^{n} I_{xi}, \ I_y = \sum_{i=1}^{n} I_{yi} \tag{7-10}$$

式中，I_{xi}、I_{yi} 分别为任一组成部分对 x 和 y 轴的惯性矩，n 为全部简单图形的个数。

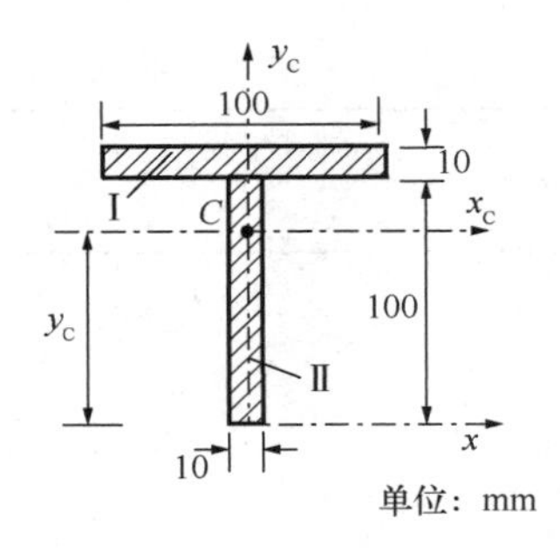

图 7-7 T 形截面

【例 7-4】计算如图 7-7 所示 T 形截面对形心轴的惯性矩。

【解】(1) 计算形心位置

T 形截面有一个对称轴，截面可以分成两个矩形条：

$$A_1 = (100 \times 10)\text{mm}^2,\ y_1 = 105\text{mm}$$

$$A_2 = (10 \times 100)\text{mm}^2,\ y_2 = 50\text{mm}$$

则该截面的形心位置为：

$$x_C = 0$$

$$y_C = \frac{\sum A_i y_i}{\sum A_i} = \frac{100 \times 10 \times 105 + 10 \times 100 \times 50}{100 \times 10 + 10 \times 100}\text{mm} = 77.5\text{mm}$$

(2) 计算对形心轴的惯性矩

$$I_{y_C} = I_{y_{C1}} + I_{y_{C2}} = \left(\frac{10 \times 100^3}{12} + \frac{100 \times 10^3}{12}\right)\text{mm}^4 = 8.42 \times 10^5\ \text{mm}^4$$

$$I_{x_C} = (I_{x_{C1}} + a_1^2 A_1) + (I_{x_{C2}} + a_2^2 A_2) = \left[\frac{100 \times 10^3}{12} + (105 - 77.5)^2 \times 100 \times 10\right]\text{mm}^4$$

$$+ \left[\frac{10 \times 100^3}{12} + (77.5 - 50)^2 \times 10 \times 100\right]\text{mm}^4 = 23.55 \times 10^5\text{mm}^4$$

第二节 平面弯曲杆件的内力

一、弯曲的概念与梁的计算简图

如图 7-8(a) 所示，当作用在直杆上的外力与杆轴线垂直时，杆的轴线将由直线变成曲线，这种变形称为**弯曲**。在实际工程中，有很多承受弯曲的杆件，并将以弯曲变形为主的杆件称为**梁**，如吊车梁（图 7-8b）等。

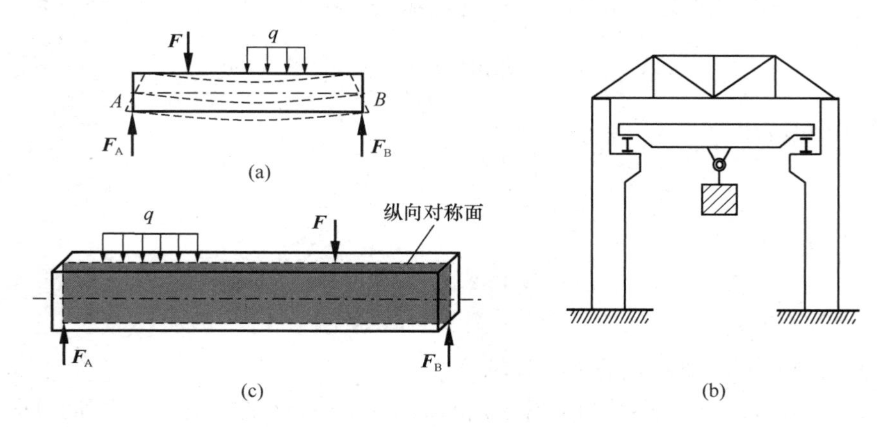

图 7-8 弯曲的概念

(a) 弯曲变形；(b) 吊车梁；(c) 平面弯曲

工程上常用的梁，其横截面大多具有对称轴，对整个梁而言则具有纵向对称面，如

图 7-8（c）所示。如梁上的所有外力都作用在此纵向对称面内，则梁变形后的轴线将是一条在该纵向对称面内的平面曲线，这种弯曲称为**平面弯曲**（或**对称弯曲**）。平面弯曲是弯曲问题中最常见最简单的情况，下面我们主要研究梁的平面弯曲。

由于所研究的是等截面直梁，且外力均作用在梁的纵向对称面内，所以通常可以用梁的轴线来代替梁，将荷载和支座直接加在轴线上，构成梁的计算简图。

由平面力系的平衡方程可知，当梁的未知支座反力不超过三个时，可由平衡条件全部求出，这类梁称为**静定梁**。当仅由静力平衡方程无法确定出梁的全部支座反力时，这类梁称为**超静定梁**（或**静不定梁**）。梁在两支座之间的长度称为梁的**跨度**，只有一跨的梁称为单跨梁，两跨及以上的梁称为多跨梁。这里我们只研究单跨静定梁。工程中常见的单跨静定梁有以下三种：悬臂梁（图 7-9a）、简支梁（图 7-9b）和外伸梁（图 7-9c）。

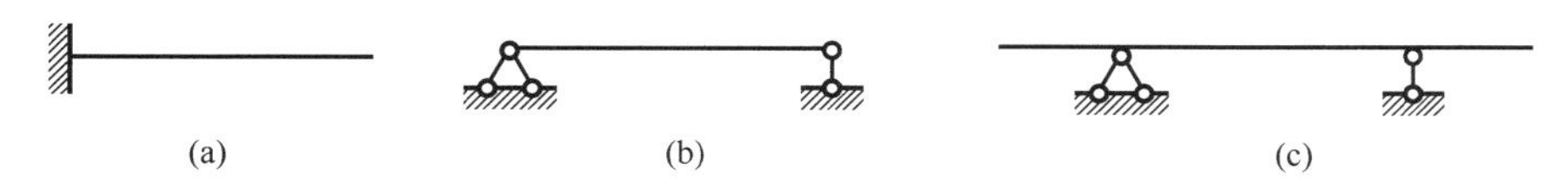

图 7-9　常见单跨静定梁
（a）悬臂梁；（b）简支梁；（c）外伸梁

二、梁的弯曲内力—剪力与弯矩

计算梁的内力仍采用截面法。对于如图 7-10(a) 所示的简支梁，首先计算支座反力，由整体平衡条件：

$$\sum M_B = 0 \quad F\times b - F_A\times l = 0 \quad F_A = \frac{Fb}{l}\,(\uparrow)$$

$$\sum M_A = 0 \quad F\times a - F_B\times l = 0 \quad F_B = \frac{Fa}{l}\,(\uparrow)$$

然后用假想 m-m 截面将梁切开，取左侧梁段为研究对象（图 7-10b），由局部平衡方程：

$$\sum F_y = 0 \quad F_A - F_S = 0 \quad F_S = F_A = \frac{Fb}{l}\,(\text{方向向下})$$

$$\sum M_O = 0 \quad M - F_A\times x = 0 \quad M = \frac{Fb}{l}x\,(\text{下侧受拉})$$

这里 O 点为截面的形心。式中与截面平行的内力 F_S 称为剪力；位于纵向对称面内上的内力偶矩 M 称为弯矩。同样，如取右侧梁段为研究对象（图 7-10c），建立平衡方程也可求得 F_S（方向向上）和 M（下侧受拉）。

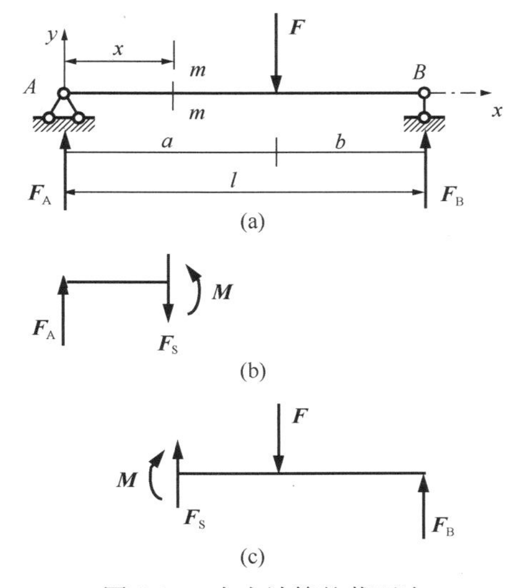

图 7-10　内力计算的截面法

为使左、右两侧梁上计算得出的同一截面处的剪力具有相同的正负号，对剪力的正负号做了如下规定：当剪力使微段产生顺时针转动时，剪力为正值（图 7-11a）；反之为负值（图 7-11b）。对于弯矩通常不规定正负号，但要注明受拉侧。

图 7-12(a) 中，当微段产生的弯曲向下凸时，为下侧受拉；在图 7-12(b) 中，当微段产生的弯曲向上凸时，为上侧受拉。

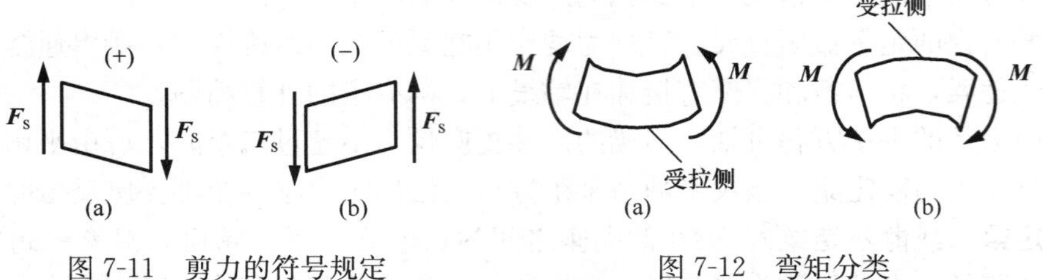

图 7-11 剪力的符号规定
(a) 剪力为正；(b) 剪力为负

图 7-12 弯矩分类
(a) 下侧受拉；(b) 上侧受拉

【例 7-5】 计算如图 7-13(a) 所示简支梁指定截面上的剪力和弯矩。

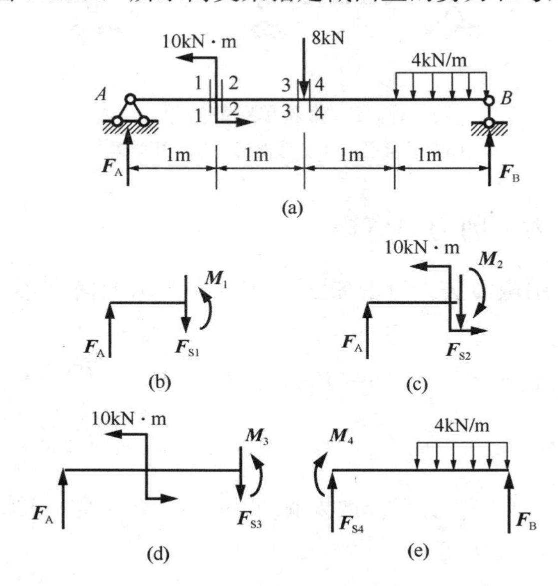

图 7-13 荷载作用下的简支梁

【解】 (1) 计算支座反力

由整体平衡条件：

$$\sum M_B = 0$$

$$F_A \times 4\text{m} - 10\text{kN}\cdot\text{m} - 8\text{kN} \times 2\text{m} - 4\text{kN/m} \times 1\text{m} \times 0.5\text{m} = 0$$

$$\sum M_A = 0$$

$$F_B \times 4\text{m} + 10\text{kN}\cdot\text{m} - 8\text{kN} \times 2\text{m} - 4\text{kN/m} \times 1\text{m} \times 3.5\text{m} = 0$$

$$F_A = 7\text{kN}\ (\uparrow) \quad F_B = 5\text{kN}\ (\uparrow)$$

(2) 求 1-1 截面的剪力和弯矩

取 1-1 截面左侧梁段为研究对象，如图 7-13(b) 所示。

由平衡方程可得：

$$\sum F_y = 0 \quad F_A - F_{S1} = 0$$

$$\sum M_1 = 0 \quad M_1 - F_A \times 1\text{m} = 0$$

则，$F_{S1}=7\text{kN}$，$M_1=7\text{kN}\cdot\text{m}$（下侧受拉）

（3）求2-2截面的剪力和弯矩

取2-2截面左侧梁段为研究对象，如图7-13(c)所示由平衡方程可得：

$$\sum F_y=0 \quad F_A-F_{S2}=0$$

$$\sum M_2=0 \quad -F_A\times 1\text{m}+10\text{kN}\cdot\text{m}-M_2=0$$

则，$F_{S2}=7\text{kN}$，$M_2=3\text{kN}\cdot\text{m}$（上侧受拉）

（4）求3-3截面的剪力和弯矩

取3-3截面左侧梁段为研究对象，如图7-13(d)所示。由平衡方程可得：

$$\sum F_y=0 \quad F_A-F_{S3}=0$$

$$\sum M_3=0 \quad -F_A\times 2\text{m}+10\text{kN}\cdot\text{m}+M_3=0$$

则，$F_{S3}=7\text{kN}$，$M_3=4\text{kN}\cdot\text{m}$（下侧受拉）

（5）求4-4截面的剪力和弯矩

取4-4截面右侧梁段为研究对象，如图7-13(e)所示。由平衡方程可得：

$$\sum F_y=0 \quad F_{S4}+F_B-4\text{kN/m}\times 1\text{m}=0$$

$$\sum M_4=0 \quad F_B\times 2\text{m}-4\text{kN/m}\times 1\text{m}\times 1.5\text{m}-M_4=0$$

则，$F_{S4}=-1\text{kN}$，$M_4=4\text{kN}\cdot\text{m}$（下侧受拉）

由以上计算可知，集中力偶作用处两侧截面（1-1和2-2）的弯矩会发生突变，由下侧受拉的7kN·m变为上侧受拉的3kN·m，突变值为10kN·m；而集中力作用处两侧截面（3-3和4-4）的剪力会发生突变，由+7kN变为−1kN，突变值为8kN。

三、梁的剪力图与弯矩图

通常，梁上不同截面上的剪力和弯矩是不同的，剪力和弯矩是截面位置坐标x的函数，一般可写成：

$$F_S=F_S(x) \quad M=M(x)$$

它们分别被称为剪力方程和弯矩方程。式中，横坐标x代表横截面的位置，纵轴代表剪力或弯矩大小。根据剪力方程或弯矩方程作出表示$F_S(x)$或$M(x)$的图形，分别称为剪力图或弯矩图，剪力图和弯矩图统称为内力图。一般，剪力图正值画在轴线上方，负值画在轴线下方，需要标明正负号；弯矩图画在受拉侧，不需标明正负号。

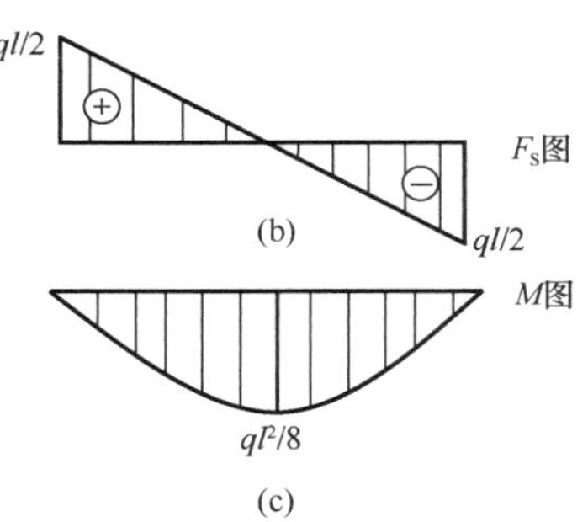

图7-14 简支梁受均布荷载作用

【例7-6】作出如图7-14(a)所示简支梁在均布荷载q作用下的剪力图和弯矩图。

【解】（1）计算支反力

由对称性和整体平衡条件可得：

$$F_A=F_B=\frac{ql}{2} \quad (\uparrow)$$

（2）建立剪力方程和弯矩方程

取长度为 x 的杆段为隔离体，由平衡条件可得：

$$F_S(x) = F_A - qx = \frac{ql}{2} - qx$$

$$M(x) = F_A x - qx\frac{x}{2} = \frac{q}{2}(l-x)x$$

（3）作剪力图和弯矩图

由剪力方程知，剪力图为一条斜直线，只需确定两点：

$$x = 0，F_S = ql/2$$

$$x = l，F_S = -ql/2$$

据此可绘出剪力图，如图 7-14(b) 所示。

由弯矩方程知，弯矩图为二次抛物线，则至少需确定三点：

$$x = 0 \text{ 和 } x = l，M = 0$$

$$x = l/2，M = ql^2/8 \text{（下侧受拉）}$$

据此可绘出弯矩图，如图 7-14(c) 所示。

【例 7-7】作出如图 7-15(a) 所示悬臂梁在自由端受一集中力作用时的剪力图和弯矩图。

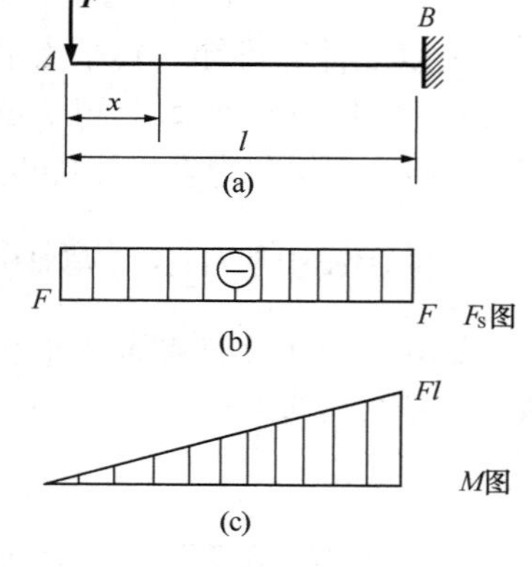

图 7-15 悬臂梁端受集中力作用

【解】（1）建立剪力方程和弯矩方程（坐标系如图示）

$$F_S(x) = -F$$

$$M(x) = Fx \text{（上侧受拉）}$$

（2）作剪力图和弯矩图

由剪力方程可知，剪力图为一条水平直线，需确定其一点。由 $x \geqslant 0$，$F_S = -F$ 可绘出剪力图，如图 7-15(b) 所示。

而由弯矩方程知，弯矩图为一斜直线，则需确定其两点。由 $x=0$，$M=0$ 及 $x=l$，$M=Fl$（上侧受拉），可绘出弯矩图，如图 7-15(c) 所示。

【例 7-8】作出图 7-16(a) 所示受集中力作用简支梁的剪力图和弯矩图。

【解】（1）计算支反力

$$\Sigma M_B = 0 \quad F_A = \frac{Fb}{l} \quad (\uparrow)$$

$$\Sigma M_A = 0 \quad F_B = \frac{Fa}{l} \quad (\uparrow)$$

（2）建立剪力方程和弯矩方程

由于梁的 C 点处作用有一集中力，所以在 C 截面两侧梁的剪力方程和弯矩方程均不相同，需将梁分成两段，由平衡条件分别写出剪力方程和弯矩方程。

对于 AC 段（$0 \leqslant x < a$），剪力方程和弯矩方程分别为：

$$F_S(x) = F_A = \frac{Fb}{l}$$

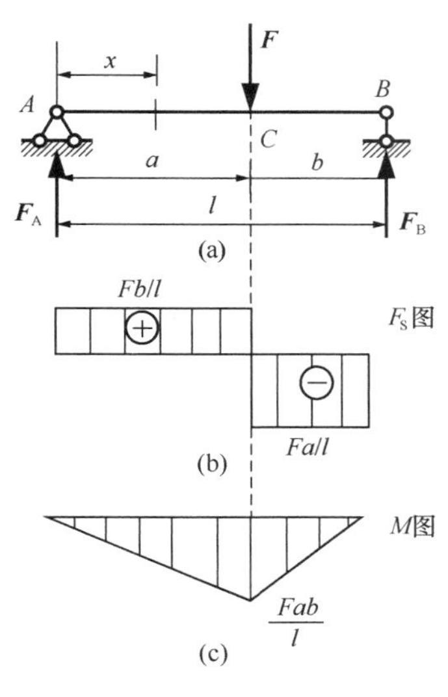

图 7-16 简支梁受集中力作用

$$M(x)=\frac{Fb}{l}x \quad （下侧受拉）$$

对于 CB 段（$a<x\leqslant l$），剪力方程和弯矩方程分别为：

$$F_S(x)=-F_B=-\frac{Fa}{l}$$

$$M(x)=\frac{Fa}{l}(l-x) \quad （下侧受拉）$$

（3）作剪力图和弯矩图

由剪力方程可知，剪力图在 C 截面左右两侧均为水平直线，根据方程可绘出剪力图，如图 7-16(b) 所示。

由弯矩方程可知，弯矩图在 C 截面左右两侧均为斜直线，根据方程可绘出弯矩图，如图 7-16(c) 所示。

由图可见，在集中力作用点处，梁的剪力图发生突变，其突变值等于该集中力的值；而弯矩图在该处出现尖点，凸出的方向与集中力的作用方向相同。

四、剪力、弯矩与分布荷载集度的微分关系

由上面的分析知，剪力和弯矩是截面位置坐标 x 的函数，同时剪力、弯矩与梁上所受的分布荷载集度之间存在着一定的微分关系。选取坐标系如图 7-17(a) 所示，设梁上分布荷载向上为正，对梁上长度为 dx 的微段（图 7-17b）进行平衡分析，忽略高阶小量可得：

$$\sum F_y=0 \quad \frac{dF_S(x)}{dx}=q(x) \tag{7-11}$$

$$\sum M=0 \quad \frac{dM(x)}{dx}=F_S(x) \tag{7-12}$$

将式（7-12）代入式（7-11），得到：

$$\frac{d^2M(x)}{dx^2}=q(x) \tag{7-13}$$

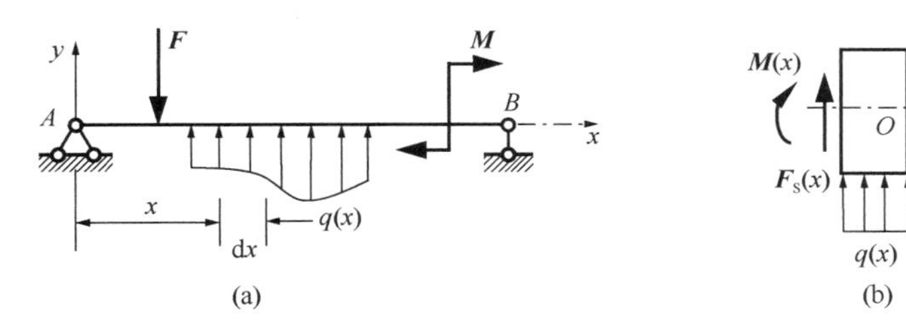

图 7-17 坐标轴选取及与内力-荷载关系

以上三式称为分布荷载集度 $q(x)$ 与剪力 $F_S(x)$ 和弯矩 $M(x)$ 的微分关系。利用这一关系可以了解剪力图和弯矩图的变化规律，在不写出剪力方程和弯矩方程的情况下，直接作出剪力图和弯矩图，也可用来检验已作出的剪力图和弯矩图的正确与否。

上述微分关系的几何意义是：剪力图上某点处的切线斜率等于该点处荷载集度的大小；弯矩图上某点处的切线斜率等于该点剪力的大小。各种荷载下剪力图与弯矩图的形态

见表 7-2。

各种荷载下梁的剪力图与弯矩图形态 **表 7-2**

外力情况	$q<0$（向下）	无荷载段	集中力 F 作用处	集中力偶 M 作用处
剪力图的特征	↘（向下斜直线）	水平线	有突变，突变值为 F	不变
弯矩图的特征	下凸抛物线	斜直线	有尖点	有突变，突变值为 M
最大弯矩的可能位置	剪力为零处	—	剪力突变处	弯矩突变处

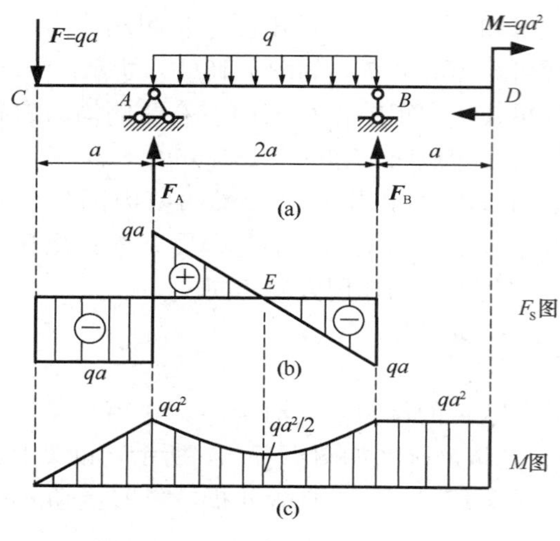

图 7-18 荷载作用下的外伸梁

【例 7-9】 作出如图 7-18(a) 所示外伸梁在荷载作用下的内力图。

【解】（1）求支反力

$\sum M_B=0 \quad F_A=2qa$（↑）

$\sum M_A=0 \quad F_B=qa$（↑）

（2）判断各段 F_S、M 图形状 CA 段作用集中荷载：$q=0$

F_S图为水平线，M 图为斜直线。

AD 段作用均布荷载：$q<0$

F_S 图为向下斜直线，M 图为下凸抛物线。

DB 段作用集中力偶：$q=0$

F_S图为零水平线，M 图为非零水平线。

（3）作剪力图

先确定各分段点的 F_S值。

CA 段需一个控制点：$F_{SA左}=-qa$

AB 段需两个控制点：$F_{SA右}=qa$，$F_{SB左}=-qa$

DB 段需一个控制点：$F_{SB右}=0$

根据各控制点的剪力值，用相应的线条连接，即可作出剪力图，如图 7-18(b) 所示。

（4）作弯矩图

先确定各分段点的 M 值。

CA 段为斜直线，需两个控制点：$M_{CA}=0$，$M_{AC}=qa^2$（上侧受拉）

AB 段为二次抛物线，需三个控制点：$M_{AB}=qa^2$（上侧受拉），$M_E=qa^2/2$（上侧受拉），$M_{BA}=qa^2$（上侧受拉）

DB 段为平直线，只需一个控制点：$M_{DB}=qa^2$（下侧受拉）

根据各控制点的弯矩值，用相应的线条连接，作出弯矩图，如图 7-18(c) 所示。

五、叠加法作弯矩图

在小变形条件下，梁在多个荷载共同作用下所产生的内力，可以由各个荷载所产生的内力叠加而得。因此，当梁上作用多个荷载时，可利用叠加原理作弯矩图。

图 7-19(a) 所示简支梁同时承受均布荷载 q 与杆端力矩 M_A、M_B的作用。其弯矩图可由简支梁受杆端力矩作用下的直线弯矩图（图 7-19b）与均布荷载单独作用下的二次抛物

线弯矩图（图 7-19c）的纵标相叠加得到。即：

$$M(x)=M^{g}(x)+M^{0}(x)$$

则梁的最终弯矩图如图 7-19(d) 所示。

上述简支梁弯矩图的叠加方法，可以适用于等直杆的任意杆段。图 7-20(a) 所示外伸梁杆段 AB，取隔离体图 7-20(b) 所示；将其与图 7-20(c) 的简支梁相比，两者作内力图的方法以及内力图都是一样的。因而绘制该杆段的弯矩图时，先计算出杆端弯矩 M_A 与 M_B，再将两个杆端弯矩之间连上虚直线，最后叠加相应的简支梁在相同荷载作用下的弯矩图（图 7-20d）即可，这种方法称为分段叠加法。

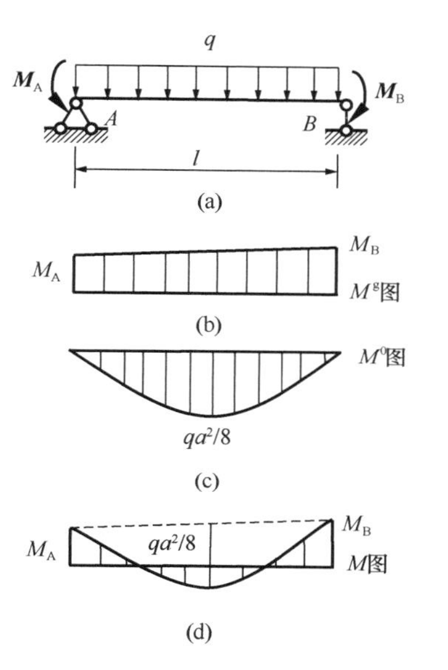

图 7-19 简支梁的弯矩叠加

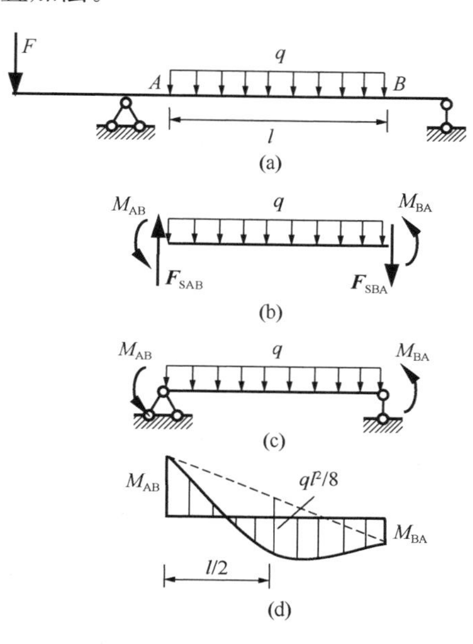

图 7-20 弯矩图的分段叠加

【例 7-10】 用叠加法作如图 7-21(a) 所示外伸梁的弯矩图。

【解】 (1) 计算 A、B 截面的弯矩

由截面法分别得到：

$M_A=qa^2/2$（上侧受拉）

$M_B=qa^2$（上侧受拉）

(2) 作弯矩图

在 A、B 截面弯矩之间连上虚线，再叠加简支梁跨中受集中作用时的弯矩图，跨中弯矩值为 $3qa^2/2$（下侧受拉）；CA 悬臂杆段的弯矩图为下凸二次抛物线，跨中弯矩值为 $qa^2/8$（上侧受拉）；BD 悬臂杆段的弯矩图为水平直线，弯矩值为 qa^2（上侧受拉）。外伸梁最后的弯矩图如图 7-21(b) 所示。

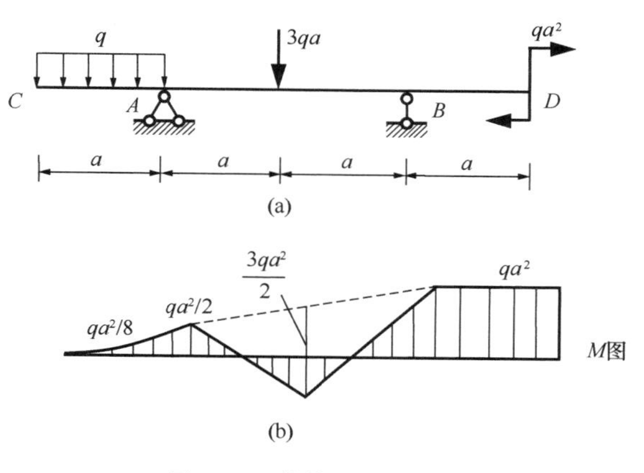

图 7-21 外伸梁的弯矩图

注意：这里所说的两个弯矩图叠加

不是简单地将两个几何图形拼在一起，而是将两个弯矩图形中相同截面处的纵标相叠加。另外，如何根据弯矩图和荷载作用情况来作结构的剪力图将在第八章加以介绍。

第三节　弯曲应力和强度

一、梁的正应力和强度

下面将进一步研究横截面上的应力。由正应力和切应力的方向可知，与弯矩相对应的横截面上的应力是正应力，与剪力相对应的横截面上的应力是切应力。通常，梁在发生弯曲变形时，横截面上既有剪力又有弯矩，这种弯曲称为横力弯曲。如果梁横截面上剪力处处为零，则称为纯弯曲。下面先建立纯弯曲时梁横截面上正应力与弯矩之间的关系。

1. 纯弯曲时梁横截面上的正应力

为了确定正应力在截面上的分布情况，与前面几种变形一样，首先观察梁表面的变形情况，然后从几何方面、物理方面和静力学方面分析，得出正应力在截面上的变化规律。

图 7-22(a) 所示矩形截面梁，试验前，在梁的表面画上等距离的纵向线和横向线。使其发生纯弯曲变形，由图 7-22(b) 可见，此时梁的各条横向线仍为直线，但转动了一个角度；各纵向线变成曲线，但仍与横向线保持垂直，且在梁的下半部纵向纤维伸长，梁的上半部纵向纤维缩短。根据这一现象，假设：梁的横截面变形后仍为平面，只是绕着某个轴转动了一个角度。这一假设称为弯曲问题中的平面假设。梁变形时下半部的纵向纤维伸长，上半部的纵向纤维缩短，由变形的连续性可知：在梁内一定存在一层既不伸长也不缩短的纵向纤维层，这层纤维称为中性层，中性层与横截面的交线称为中性轴，即如图 7-22(c)所示 z 轴。梁发生弯曲变形时，横截面绕着中性轴转动。

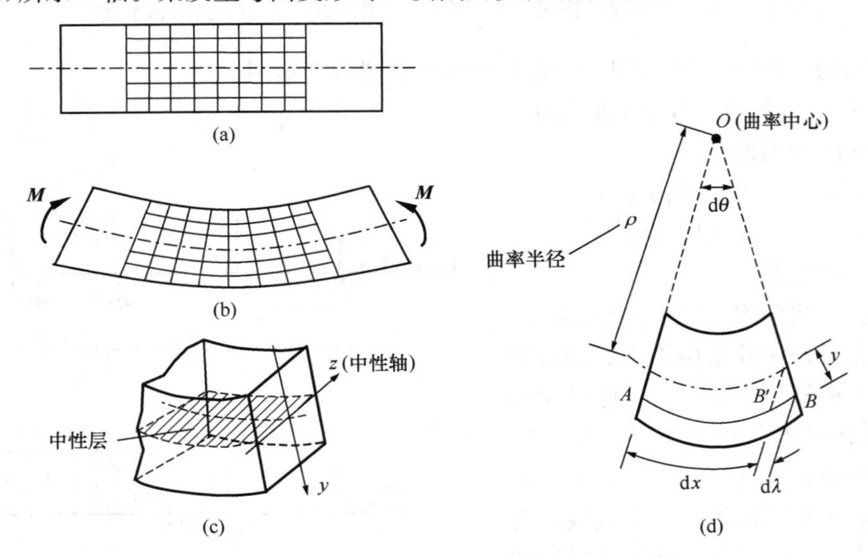

图 7-22　纯弯曲时梁的变形

由梁中取出一长度为 dx 的微段图（图 7-22d)，可以推导出纵向线应变：

$$\varepsilon = \frac{d\lambda}{dx} = \frac{y}{\rho} \tag{7-14}$$

式中，y 为距中性轴的距离，ρ 为中性层的曲率半径。

由于梁的纵向纤维处于单向拉伸或压缩状态，在弹性范围内，由胡克定律可得：

$$\sigma = E\varepsilon = E\frac{y}{\rho} \tag{7-15}$$

式中，E 为材料的弹性模量。由式（7-15）可知，横截面上各点处的正应力与该点离中性轴的距离成正比，如图 7-23(a) 所示。

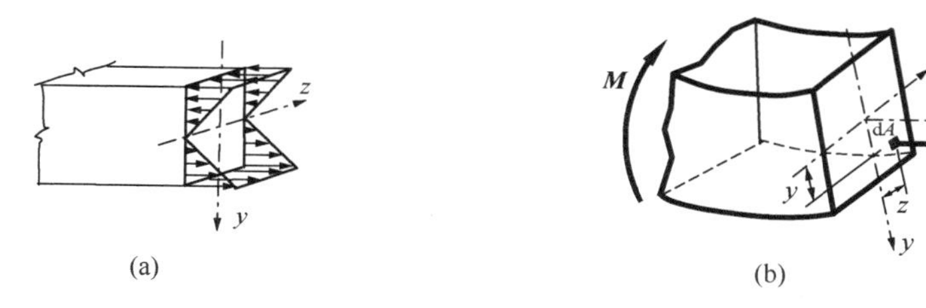

图 7-23 截面上的正应力及其合力

图 7-23(b) 所示，在横截面上取一微面积 dA，其上的微内力 σdA 组成一平行力系，可形成三个内力分量：

$$F_N = \int_A \sigma dA = 0 \tag{7-16}$$

$$M_y = \int_A z\sigma dA = 0 \tag{7-17}$$

$$M_Z = \int_A y\sigma dA = M \tag{7-18}$$

将式（7-15）代入式（7-16），可得：

$$\int_A \sigma dA = \int_A E\frac{y}{\rho}dA = \frac{E}{\rho}\int_A y dA = 0$$

式中，E/ρ 不等于零，故必须 $\int_A y dA = 0$。由前面的介绍可知：$S_z = \int_A y dA$，即横截面对中性轴的静矩为零，说明中性轴通过形心。因此，中性轴是一根形心轴。

将式（7-15）代入式（7-17），可得：

$$\int_A z\sigma dA = \int_A zE\frac{y}{\rho}dA = \frac{E}{\rho}\int_A zy dA = 0$$

式中，E/ρ 不等于零，故必须 $\int_A zy dA = 0$。由前面的介绍可知：横截面对 y、z 轴的惯性积 $I_{yz} = \int_A zy dA = 0$，因此 y 轴为对称轴。

将式（7-15）代入式（7-18），可得：

$$M = \int_A y\sigma dA = \int_A yE\frac{y}{\rho}dA = \frac{E}{\rho}\int_A y^2 dA$$

式中，$\int_A y^2 dA = I_z$ 为截面对中性轴的惯性矩，则上式改写为：

$$\frac{1}{\rho}=\frac{M}{EI_z} \tag{7-19}$$

代入式（7-15）得：

$$\sigma=\frac{My}{I_z} \tag{7-20}$$

上式为梁在纯弯曲时横截面上任一点处正应力的表达式。

在横截面上离中性轴最远的各点处正应力达到最大值：

$$\sigma_{max}=\frac{My_{max}}{I_z}=\frac{M}{W_z} \tag{7-21}$$

式中，$W_z=I_z/y_{max}$ 称为抗弯截面系数，它也是截面的几何性质之一，其值与截面的几何尺寸和形状有关，单位为 m^3 或 mm^3。矩形截面 $W_z=bh^2/6$，圆形截面 $W_z=\pi d^3/32$。

上述各式是在纯弯曲情况下推导出来的，对于梁的横力弯曲问题，只要梁的跨度与高度之比大于 5 时，这些公式还可以使用，不过此时弯矩 M 应是 x 的函数。

2. 梁的弯曲正应力强度条件

为了保证梁的正常工作，要求梁的最大弯曲正应力 σ_{max} 不得超过材料的许用应力 $[\sigma]$，即梁的弯曲正应力强度条件为：

$$\sigma_{max}=\frac{M_{max}}{W_z}\leqslant[\sigma] \tag{7-22}$$

对于许用拉应力和许用压应力不相等的材料，则应分别按拉伸和压缩进行强度计算。

梁的弯曲正应力强度条件可以进行梁的强度校核、截面设计和许可荷载的确定。

【例 7-11】 T 形截面铸铁梁受力如图 7-24 所示，已知 $y_1=77.5mm$，$y_2=32.5mm$，截面对中性矩的惯性矩 $I_z=2.355\times10^6\ mm^4$，材料的拉伸许用应力为 $[\sigma_l]=30MPa$，而压缩许用应力为 $[\sigma_c]=70MPa$，试校核梁的弯曲正应力强度。

【解】（1）作梁的弯矩图（图 7-24c），可知最大弯矩发生在跨中截面，其值为：

$$M_{max}=M_C=6kN\times1.4m/4=2.1kN\cdot m\text{（下侧受拉）}$$

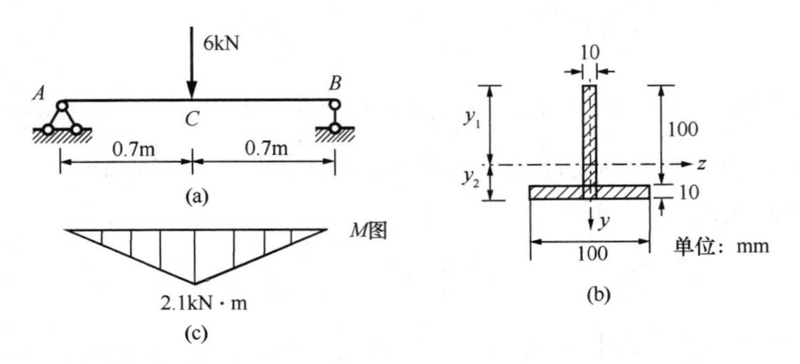

图 7-24 T 形截面简支梁的弯矩分布

（2）进行弯曲抗拉、抗压强度校核

已知材料的许用拉应力为 $[\sigma_l]=30MPa$，而梁的最大拉应力为：

$$\sigma_{l,max}=\frac{M_{max}y_2}{I_z}=\frac{2.1\times10^3N\cdot m\times32.5\times10^{-3}m}{2.355\times10^6\times10^{-12}m^4}=29.0\times10^6Pa=29.0MPa<[\sigma_l]$$

已知材料的许用压应力为 $[\sigma_c]=70MPa$，而梁的最大压应力为：

$$\sigma_{c,max}=\frac{M_{max}y_1}{I_z}=\frac{2.1\times10^3\text{N}\cdot\text{m}\times77.5\times10^{-3}\text{m}}{2.355\times10^6\times10^{-12}\text{m}^4}=69.1\times10^6\text{Pa}=69.1\text{MPa}<[\sigma_c]$$

可见，此梁满足弯曲正应力强度条件，是安全的。

【例 7-12】 截面为 10 号工字钢的外伸梁承受均布荷载（图 7-25a），已知截面的 $I_z=245\times10^4\ \text{mm}^4$，$W_z=49\times10^3\ \text{mm}^3$，材料的许用应力 $[\sigma]=170\text{MPa}$，试求许可均布荷载 $[q]$。

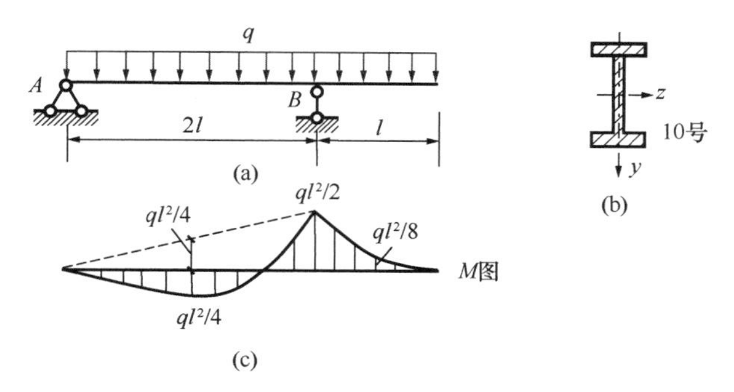

图 7-25　工字形截面外伸梁的弯矩分布

【解】（1）作出梁的弯矩图（图 7-25c），可知最大弯矩值发生在 B 支座处：

$$M_{max}=M_B=ql^2/2\ （上侧受拉）$$

（2）根据正应力强度确定荷载

$$M_{max}=\frac{ql^2}{2}\leqslant[\sigma]W_z=170\times10^6\text{Pa}\times49\times10^{-6}\text{m}^3=8330\text{N}\cdot\text{m}=8.33\text{kN}\cdot\text{m}$$

将 $l=3\text{m}$ 代入上式，得到梁的许可均布荷载：$[q]=2\times8.33\text{kN}\cdot\text{m}/(3\text{m}\times3\text{m})=1.85\text{kN/m}$。

二、梁的切应力和强度

对于横力弯曲，梁上除了弯矩还有剪力，与剪力相对应的应力是切应力。一般而言，弯曲正应力是强度计算的控制因素，切应力只需进行校核即可；但一些特殊情况下切应力也可起控制作用。弯曲切应力在截面上的分布情况比较复杂，且与横截面的形状有关。下面讨论几种工程中常见截面的弯曲切应力。

1. 矩形截面梁

设矩形截面的高为 h、宽为 b。横截面上的剪力沿纵向对称轴 y 作用。为了建立横截面上的切应力计算公式，假设：（1）横截面上各点处的切应力均平行于 y 轴。（2）距中性轴等远处的切应力大小相等。当截面的高度 h 大于宽度 b 时，按上述假设建立起的切应力计算公式是足够精确的。具体的分析和证明可参见相关的参考书目，这里从略。

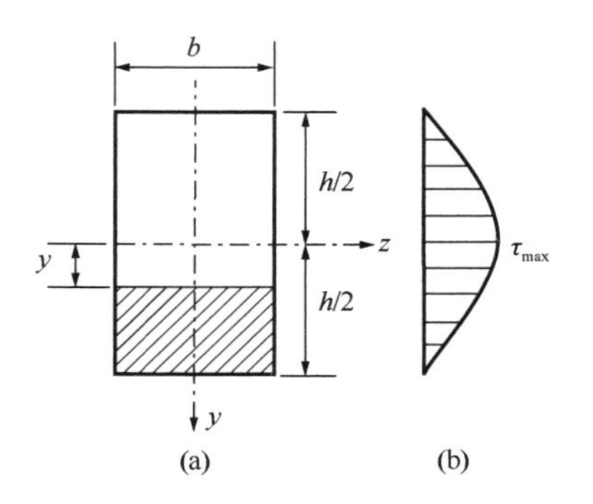

图 7-26　矩形截面梁切应力

按照上述假设，再利用平衡条件可得出切应力计算公式为：

$$\tau = \frac{F_S S_z^*}{I_z b} \tag{7-23}$$

式中，F_S 为横截面上的剪力，I_z 为横截面对中性轴的惯性矩，S_z^* 为横截面 y 处横线外侧的面积对中性轴的静矩，b 为横截面的宽度。图 7-26(a) 所示，距中性轴 y 处：

$$S_z^* = b\left(\frac{h}{2}-y\right)\left[y+\frac{1}{2}\left(\frac{h}{2}-y\right)\right]=\frac{b}{2}\left(\frac{h^2}{4}-y^2\right)$$

代入式（7-23）得：

$$\tau(y) = \frac{F_S}{2I_z}\left(\frac{h^2}{4}-y^2\right)$$

由上式可知，横截面上的切应力沿高度为二次抛物线分布（图 7-26b）。在截面的上下边缘处，切应力为零；在中性轴上，切应力最大，其值为

$$\tau_{max} = \frac{F_S}{2I_z}\frac{h^2}{4} = \frac{F_S}{2}\frac{12}{bh^3}\frac{h^2}{4} = \frac{3}{2}\frac{F_S}{bh} = \frac{3}{2}\frac{F_S}{A} \tag{7-24}$$

即最大切应力为平均切应力的 1.5 倍。

2. 工字形截面梁

工字形梁的横截面由上、下翼缘和腹板组成（图 7-27a）。剪力主要由腹板承受，而腹板为一狭长矩形，所以在分析腹板的弯曲切应力时，仍可使用与矩形截面梁相同的假设和推导方法，得出腹板上切应力计算公式：

$$\tau = \frac{F_S S_z^*}{I_z d} \tag{7-25}$$

式中，d 为腹板的厚度，其他量同式（7-23）。

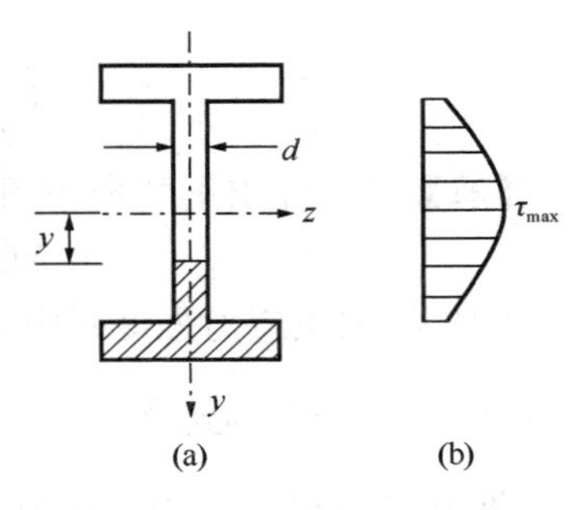

图 7-27 工字形截面梁切应力

显然，切应力沿腹板高度方向也是按二次抛物线规律变化（图 7-27b），最大切应力发生在中性轴处。

3. 圆形截面梁和圆环形薄壁截面梁

分析可得圆形截面梁和圆环形薄壁截面梁的最大弯曲切应力发生在中性轴处，并认为切应力沿中性轴均匀分布。

对直径为 d 的圆形截面：

$$\tau_{max} = \frac{4}{3}\frac{F_S}{\pi d^2/4} = \frac{4}{3}\frac{F_S}{A} \tag{7-26}$$

对平均半径为 r_0，壁厚为 t 的圆环形薄壁截面：

$$\tau_{max} = \frac{F_S}{\pi r_0 t} = 2\frac{F_S}{A} \tag{7-27}$$

【例 7-13】矩形截面悬臂梁承受均布荷载如图 7-28(a) 所示，已知截面的高宽比 $h/b=3/2$，材料的许用应力 $[\sigma]=160\text{MPa}$，$[\tau]=100\text{MPa}$，试确定此梁的截面尺寸。

【解】(1) 作梁的剪力图和弯矩图，由图 7-28(c) 和图 7-28(d) 可知，最大剪力和最大弯矩均发生在固定端处

$$F_{S,max}=20\text{kN},\ M_{max}=20\text{kN}\cdot\text{m}\ （上侧受拉）$$

(2) 根据正应力强度确定截面

$$W_z = \frac{bh^2}{6} \geqslant \frac{M_{max}}{[\sigma]} = \frac{20\times10^3\text{N}\cdot\text{m}}{160\times10^6\text{Pa}} = 1.25\times10^{-4}\text{m}^3 = 1.25\times10^5\text{mm}^3$$

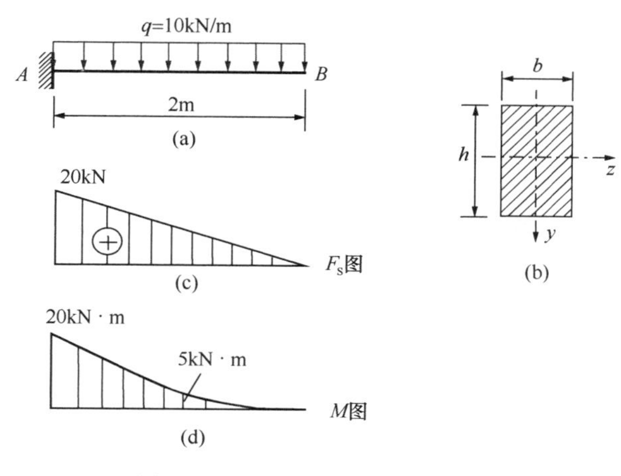

图 7-28　矩形截面悬臂梁的内力

将 $h/b=3/2$ 代入上式得：$h\geqslant 104.0\text{mm}$，$b\geqslant 69.3\text{mm}$

（3）利用切应力强度校核截面

$$\tau_{\max}=\frac{3}{2}\frac{F_S}{A}=\frac{3}{2}\frac{20\times10^3\text{N}}{(104\times69.3)\times10^{-6}\text{m}^2}=4.16\times10^6\text{Pa}=4.16\text{MPa}<[\tau]$$

可见按弯曲正应力强度所选的截面能满足切应力强度条件。

所以梁的截面尺寸应取 $h\geqslant 104.0\text{mm}$，$b\geqslant 69.3\text{mm}$

三、提高梁强度的措施

如上所述，设计梁的主要依据是弯曲正应力强度条件：

$$\sigma_{\max}=\frac{M_{\max}}{W_z}\leqslant[\sigma]$$

由此可见，梁的弯曲强度与其截面形状和尺寸、所承受的弯矩有关，因此，要提高梁的强度，可从减小弯矩、增大弯曲截面系数等方面着手。

1. 合理设置梁的荷载和支座

梁的弯矩与荷载及其作用位置有关。在可能的情况下，合理设置荷载，可减少梁的最大弯矩。例如简支梁跨中受集中荷载作用（图 7-29a），跨中最大弯矩为 $M_{\max}=Fl/4$；若加一辅助梁可将该荷载分散为两个集中荷载（图 7-29b），则跨中最大弯矩为 $M_{\max}=Fl/8$。

梁的弯矩还与梁的支承方式有关。也可以通过合理设置支座位置，达到减少梁的最大弯矩的目的。例如简支梁受均布荷载作用（图 7-29c），跨中最大弯矩为 $M_{\max}=ql^2/8$；若将简支梁两端的支座各向内移动 $0.2l$（图 7-29d），则该外伸梁的跨中最大弯矩变为 $M_{\max}=ql^2/40$，仅为简支梁的五分之一。

2. 合理选取截面形状

从弯曲强度考虑，比较合理的截面形状，是使用较小的截面面积，却能获得较大抗弯截面系数的截面。在一般截面中，抗弯截面系数与截面高度的平方成正比。因此，当截面面积一定时，宜将较多材料放置在远离中性轴的部位。面积相同时，工字形优于矩形，矩

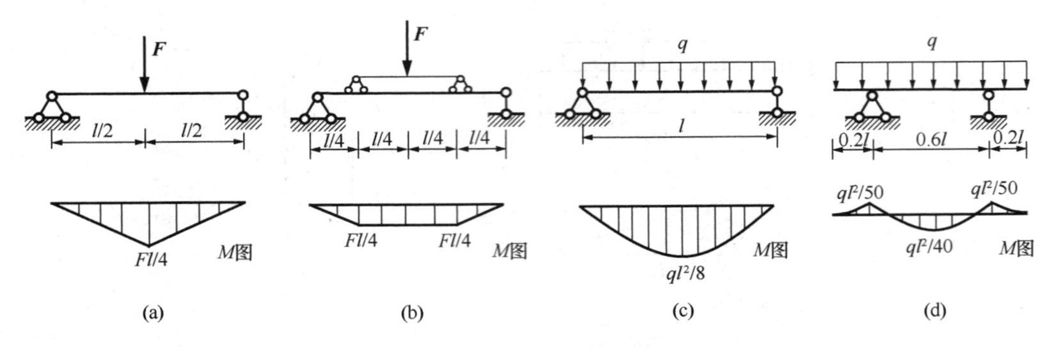

图 7-29 梁的最大弯矩与荷载、支座位置的关系

形优于正方形，环形优于圆形。对于拉压强度不同的材料，此时最好使用中性轴偏于一侧的不对称截面，尽量使拉、压应力同时分别达到许用应力值。例如对于在压缩强度远高于拉伸强度的铸铁制成的梁，宜采用 T 形等对中性轴不对称的截面，并将其翼缘置于受拉一侧。

另外，还可合理设计梁的外形，如将梁的截面高度设计成随截面弯矩值变化的变截面梁；若变截面梁每个截面上的最大正应力都相等，并均达到材料的许用应力，则称其为等强度梁。

第四节　拉压与弯曲组合变形杆件的应力和强度

一、拉压与弯曲组合变形的概念

前面研究了轴向拉（压）、扭转和弯曲等几种基本变形问题。在实际工程中，杆件在外力作用下可能同时产生两个或两个以上的基本变形，这种变形形式称为**组合变形**。这里我们将研究杆件同时发生轴向拉（压）与弯曲的组合变形。图 7-30(a) 所示，梁在横向力与轴向力共同作用下，将产生轴向压缩与弯曲的组合变形；再如图 7-30(b) 所示，工业厂房中立柱上所受外力作用线与轴线平行但不重合时，将产生偏心拉伸（或压缩）变形，把外力向截面形心简化后可得一个轴力和一个弯矩（图 7-30c），可见，偏心拉伸（或压缩）实际上是轴向拉伸（压缩）与弯曲的组合变形。

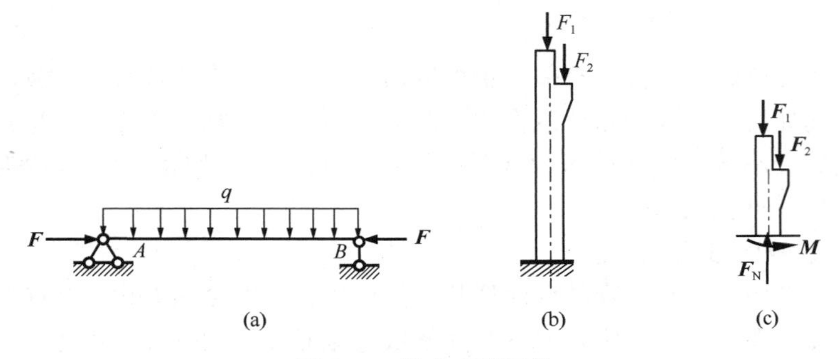

图 7-30 组合变形杆件

二、杆的正应力和强度

对于在横向力与轴向力共同作用下的轴向拉（压）与弯曲的组合变形，计算出杆的轴力与弯矩后，可以分别计算轴向力引起的正应力和横向力引起的正应力，然后按叠加原理求出其代数和，即可得轴向拉（压）与弯曲组合变形时杆横截面上的正应力。

含弯曲组合变形，一般以弯曲为主，其危险截面主要依据 M_{max}，一般不考虑弯曲切应力。注意：如果横向力产生的挠度与横截面尺寸相比不能忽略，这时叠加法不能使用，应考虑横向力与轴向力之间的相互影响。

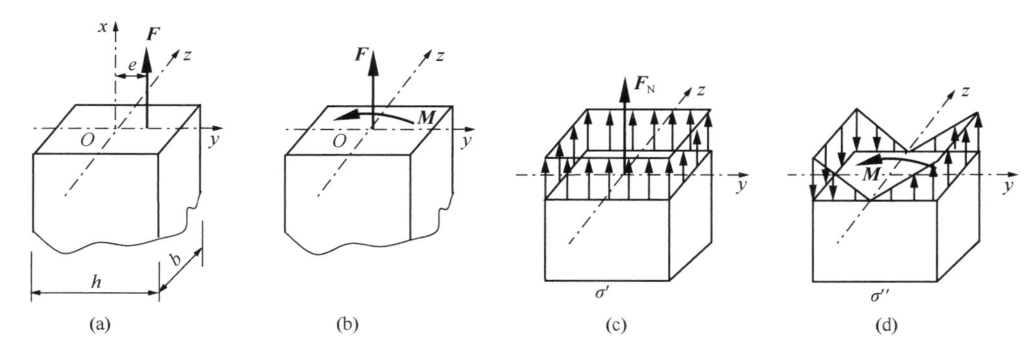

图 7-31　偏心拉伸杆件及其截面应力分布

在偏心拉伸（或压缩）时，如图 7-31(a) 所示，力 F 作用点与截面形心的距离 e 称为偏心距。将力 F 向截面形心简化（图 7-31b），可得杆的任意横截面上的内力为：

$$F_N = F, \qquad M = Fe$$

两个内力所产生的正应力分别为 σ'、σ''，其分布情况如图 7-31(c)、(d) 所示。叠加后截面上总的正应力为：

$$\sigma = \sigma' + \sigma''$$

在截面的左右两边缘处的正应力分别为：

$$y = \frac{h}{2}, \sigma_{max} = \frac{F}{A} + \frac{M}{W_z}; \ y = -\frac{h}{2}, \sigma_{min} = \frac{F}{A} - \frac{M}{W_z}$$

由于截面上的危险点处只有正应力，所以在计算出最大正应力后，可根据材料的许用应力 $[\sigma]$ 建立强度条件：

$$\sigma_{max} \leqslant [\sigma]$$

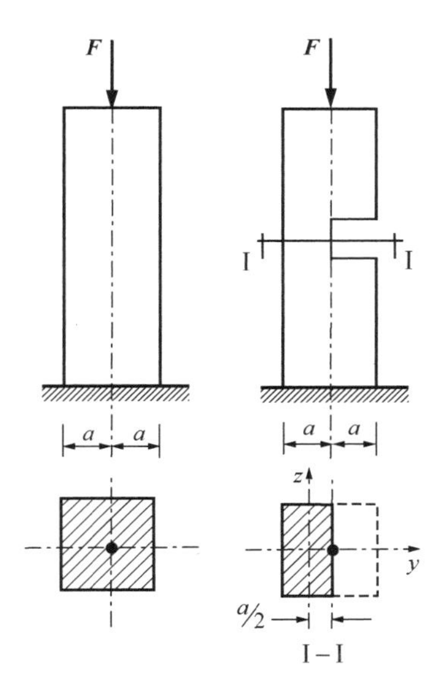

图 7-32　开槽方柱

【例 7-14】 如果在图 7-32 所示正方形截面短柱的中间处开一切槽，其面积为原面积的一半，试求此杆内的最大压应力是原来未开槽时压应力的几倍。

【解】 切槽处为偏心受压，偏心距为 $a/2$，所以切槽处横截面上的内力为：

$$F_N = -F, \ M = Fe = \frac{Fa}{2}$$

最大压应力出现在切槽处横截面的右侧边缘处：

$$\sigma_{c,\max} = \left|\frac{F_N}{A}\right| + \left|\frac{M}{W_z}\right| = \frac{F}{2a \times a} + \frac{\frac{Fa}{2}}{\frac{2a \times a^2}{6}} = 2\frac{F}{a^2}$$

未开槽时杆处于轴向压缩状态，压应力为：

$$\sigma_c = \left|\frac{F_N}{A}\right| = \frac{F}{(2a)^2} = \frac{F}{4a^2}$$

由此可知，开切槽后杆内的最大压应力是原来未开槽时压应力的 8 倍。

习题

7-1 试计算图示各截面的阴影线面积对 z 轴的静矩（图中单位：mm）。

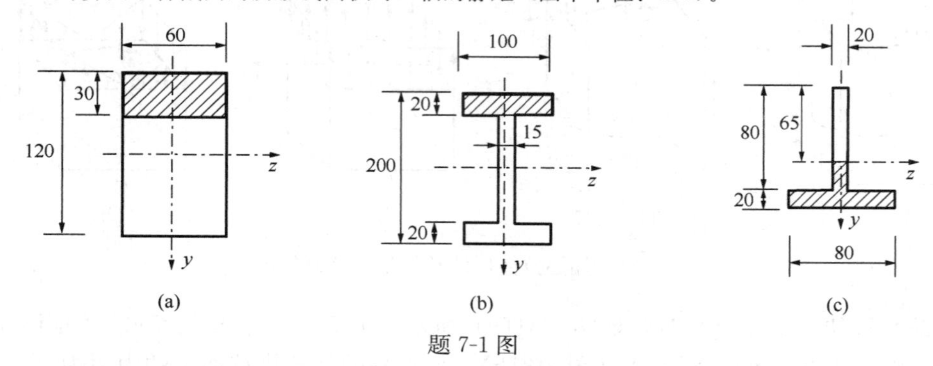

题 7-1 图

7-2 确定图示各截面的形心位置（图中单位：mm）。

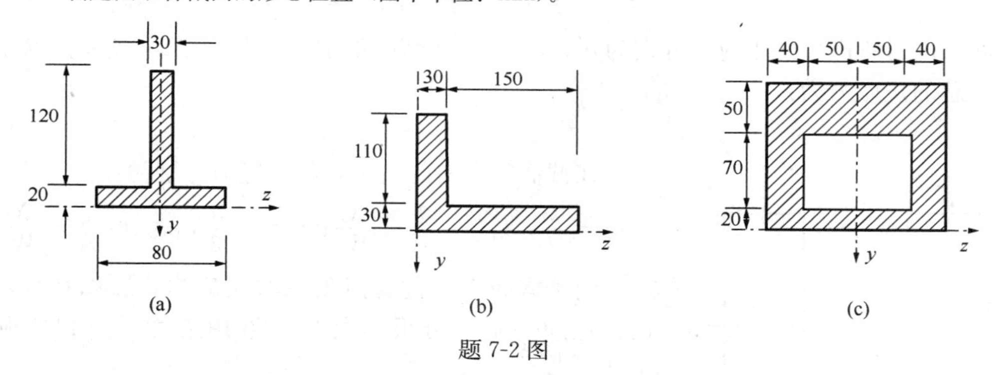

题 7-2 图

7-3 计算图示各截面对其形心轴 z 的惯性矩（图中单位：mm）。

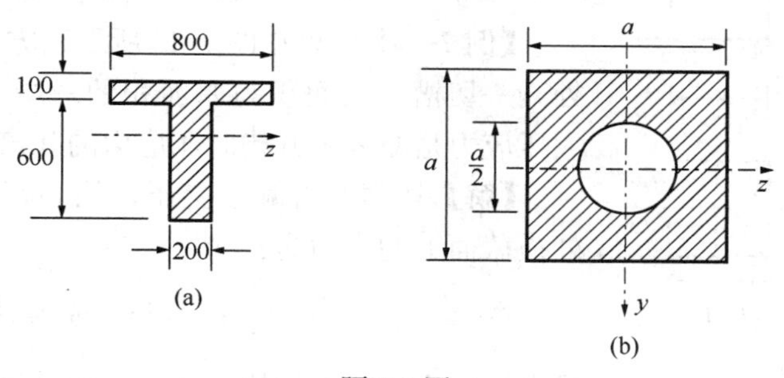

题 7-3 图

7-4 计算图示各梁中指定截面上的剪力和弯矩。

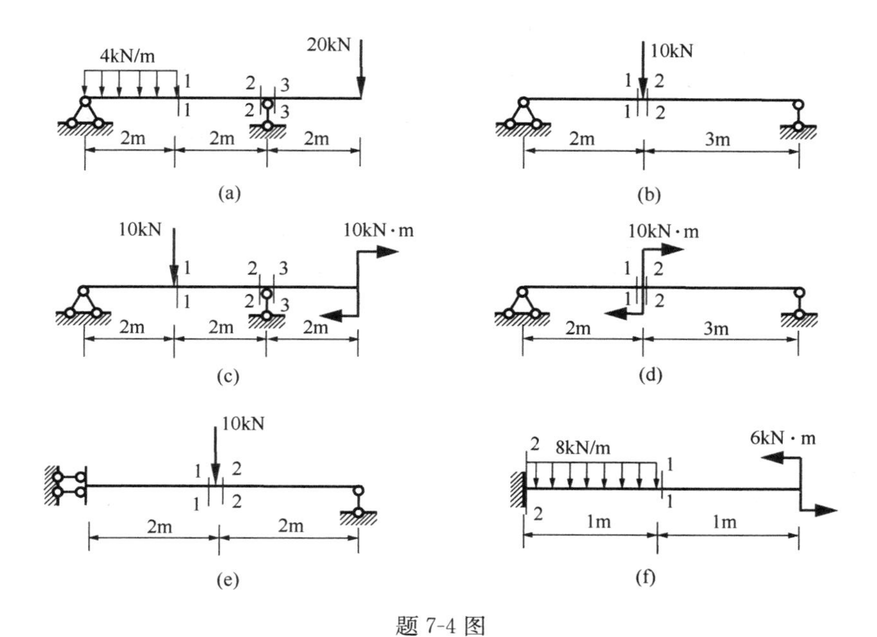

题 7-4 图

7-5 作出下列各梁的剪力图和弯矩图。

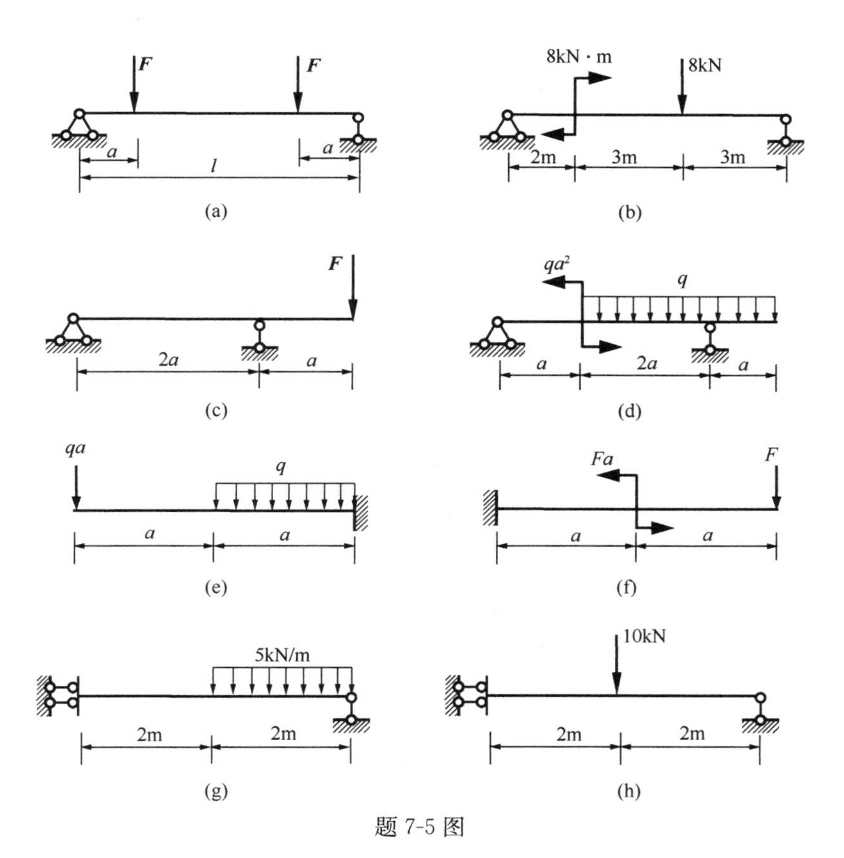

题 7-5 图

7-6 用叠加法作出下列各外伸梁的弯矩图。

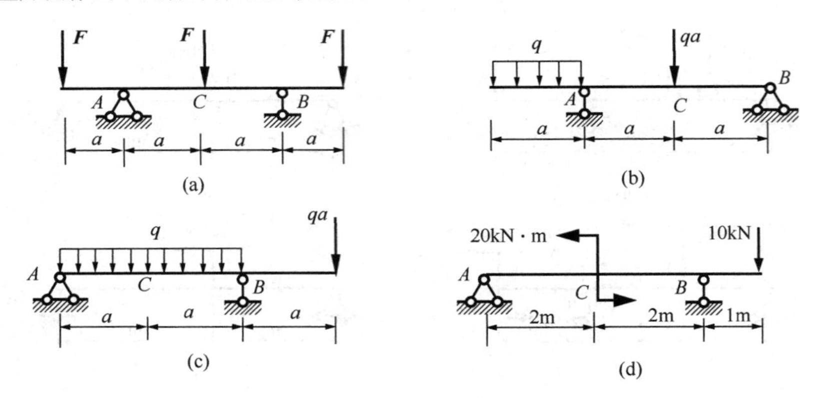

题 7-6 图

7-7 矩形截面简支梁如图所示，试求 I-I 截面上 A、B、C、D、E 点的正应力，并计算全梁上的最大正应力。图中横截面尺寸的单位为 mm。

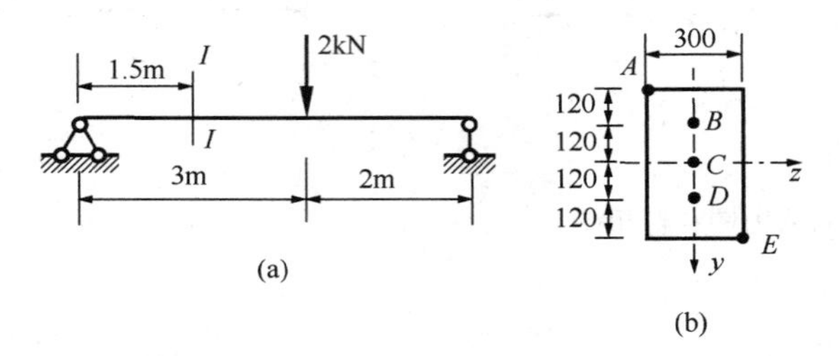

题 7-7 图

7-8 T 形截面铸铁梁，所受荷载如图所示。已知截面对中性轴的惯性矩 $I_z = 763 \times 10^4\ \text{mm}^4$，材料的许用拉应力为 $[\sigma_t] = 30\text{MPa}$，许用压应力为 $[\sigma_c] = 80\text{MPa}$，试校核此梁的强度。图中横截面尺寸的单位为 mm。

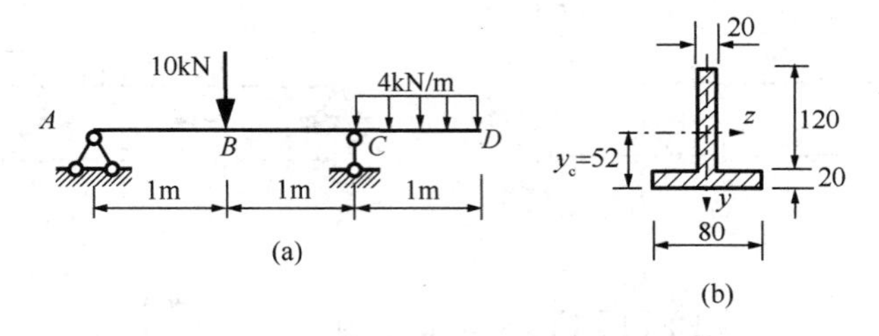

题 7-8 图

7-9 圆形截面悬臂梁，受均布荷载 q 作用如图所示。已知梁截面的直径 $d=250\text{mm}$，梁材料的许用应力为 $[\sigma] = 12\text{MPa}$，试确定此梁的许可荷载 $[q]$。

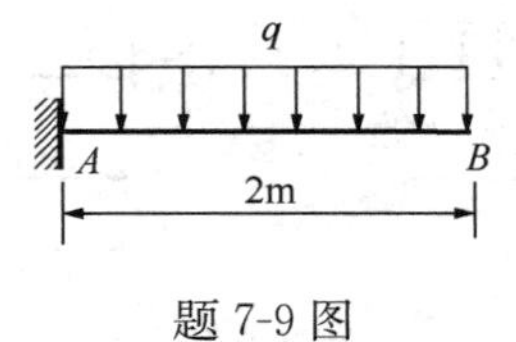

题 7-9 图

7-10 矩形截面简支梁如图所示。已知梁截面的 $b : h = 2 : 3$，梁材料的许用正应力为 $[\sigma] = 20\text{MPa}$，许用切应力为 $[\tau] = 12\text{MPa}$，试确定此梁的截面尺寸 $b \times h$。

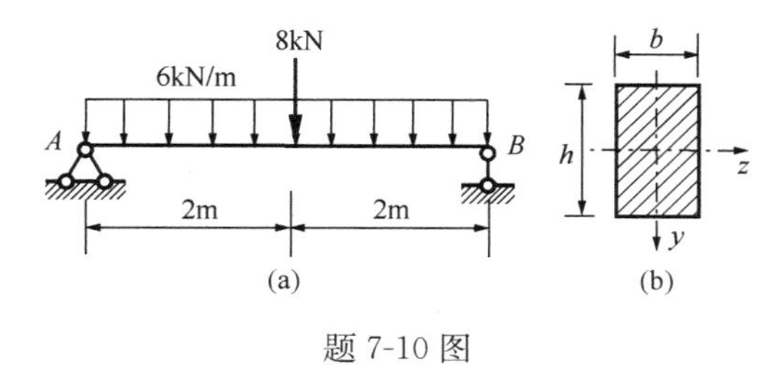

题 7-10 图

7-11 一正方形截面杆受到偏心拉力作用，如图所示。已知柱横截面尺寸为 45mm×45mm，偏心距 e=15mm，材料的许用应力 $[\sigma] = 100\text{MPa}$。试计算该杆能承受多大的荷载 F。

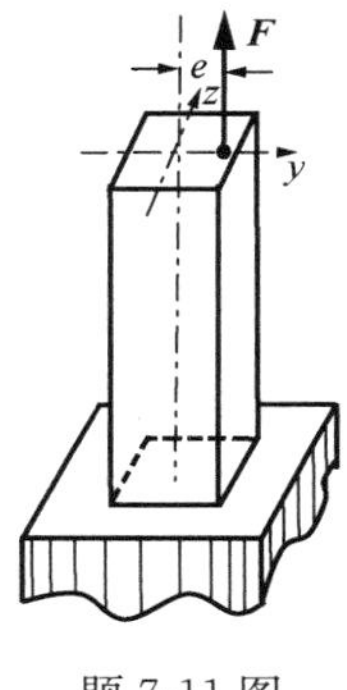

题 7-11 图

下　篇

第八章 静定结构的内力计算

静定结构的内力计算是结构力学重要的基本内容，它不仅是静定结构强度计算的依据，而且是静定结构位移计算和超静定结构内力分析的基础。

本章主要研究多跨静定梁、静定刚架、静定桁架、三铰拱和静定组合结构在荷载作用下的支座反力和截面内力的计算，内力图的绘制以及受力特点等问题。

第一节 多跨静定梁

静定梁分为单跨静定梁和多跨静定梁两类，单跨静定梁的内力计算已在第七章中介绍，这里不再赘述。下面仅讨论多跨静定梁的内力计算。

多跨静定梁是由若干根梁用铰相连，并通过若干支座与基础相连而成的静定结构。多跨静定梁常应用于桥梁(图 8-1a)以及屋盖中的檩条（图 8-2a）中。图 8-1(b) 和图 8-2(b) 分别是它们的计算简图。

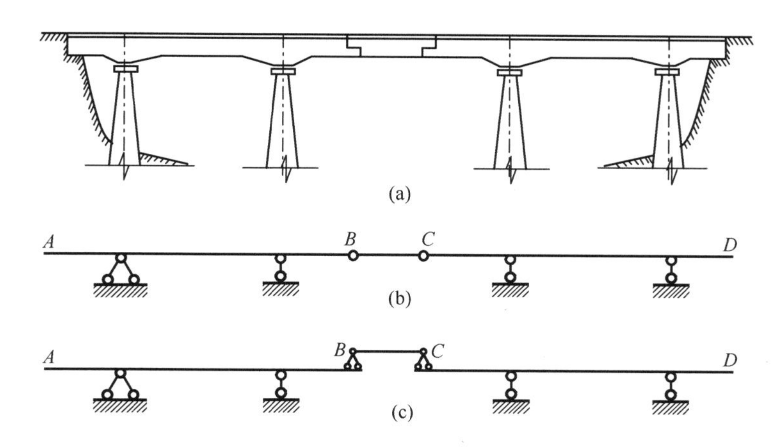

图 8-1 多跨桥梁

(a) 示意图；(b) 计算简图；(c) 层叠图

1. 组成特点——基本部分和附属部分

多跨静定梁中，不依靠其他部分而能独立承受荷载的几何不变体系，称为**基本部分**；必须依靠其他部分才能承受荷载并保持几何不变的体系，称为**附属部分**。

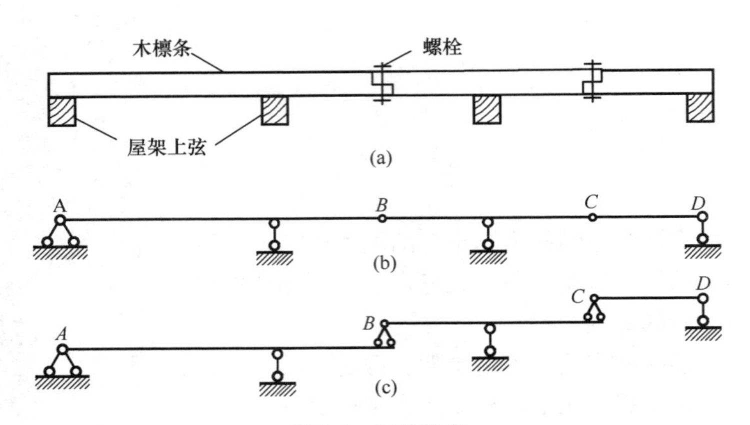

图 8-2 屋盖檩条
(a) 示意图；(b) 计算简图；(c) 层叠图

例如，在图 8-1(b) 和图 8-2(b) 所示的结构中，AB 部分有三根支座链杆与基础相连，它不依赖其他部分就能保持几何不变并承受荷载，故为基本部分；而 BC 部分则必须依赖于其左边部分才能维持几何不变性和承受荷载，故为附属部分。结构基本部分和附属部分的基本特征是：若附属部分被破坏或撤除，各基本部分仍为几何不变体；反之，若基本部分被破坏，则与其相连的附属部分必然随之倒塌。因此，从组成特点来看，多跨静定梁是由若干基本部分和附属部分组成的结构。

2. 基本构造类型

(1) 只有一个基本部分，在此基本部分上依次叠加附属部分，如图 8-2 所示。

(2) 有若干个基本部分，这些基本部分之间用附属部分相连，如图 8-1 所示。

(3) 上述两种类型的组合，如图 8-3 所示。

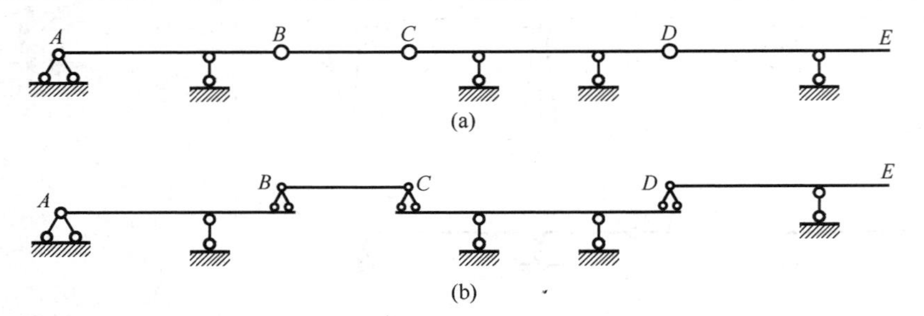

图 8-3 多跨静定梁及其层叠图

3. 受力分析

多跨静定梁的受力分析，关键在于弄清其几何组成关系。因为多跨静定梁的支座反力多于三个，显然，仅用整体平衡条件无法确定。虽然根据铰结处弯矩为零的条件，可以建立与未知约束力数目相等的平衡方程，但需要解联立方程，比较繁琐。为了使计算更为简便，需要了解结构各部分之间的传力关系。譬如，将基本部分与附属部分之间的铰用相应的链杆代替，并把基本部分画在下层，把附属部分画在上层，便可得到结构的层叠图。图 8-1(c)、图 8-2(c) 和图 8-3(b) 分别是相应多跨静定梁的层叠图。

从这些层叠图可以看出，当荷载作用于结构的基本部分时，仅在基本部分产生内力，附属部分不会产生内力；当荷载作用于结构的附属部分时，不仅在附属部分产生内力，而且还将通过铰传给与其相连的基本部分，使该基本部分也产生内力。因此，分析多跨静定梁时，应将结构在铰结处拆开，按照先附属部分，后基本部分的顺序，从最上层附属部分开始，依次计算。先计算附属部分的约束力，然后根据作用力与反作用力相等的原理，反向传给其相连部分。这样，就将多跨静定梁的计算分解成若干单跨静定梁反力和内力的计算。最后，只需将各单跨梁的内力图连在一起，即可得到多跨静定梁的内力图。

在以后章节中还将看出，“先附属、后基本”的计算顺序同样适用于由基本部分和附属部分组成的其他类型结构的内力分析。

【例 8-1】试计算如图 8-4(a) 所示多跨静定梁的内力。

【解】(1) 作层叠图

悬臂梁 AB 为基本部分。附属部分 BCD、DEF 部分均要通过铰与左边结构相连才能保持几何不变，其层叠图如图 8-4(b) 所示。进行内力分析时，先从最上层 DEF 部分开始，然后是 BCD 部分，最后分析 AB 部分。

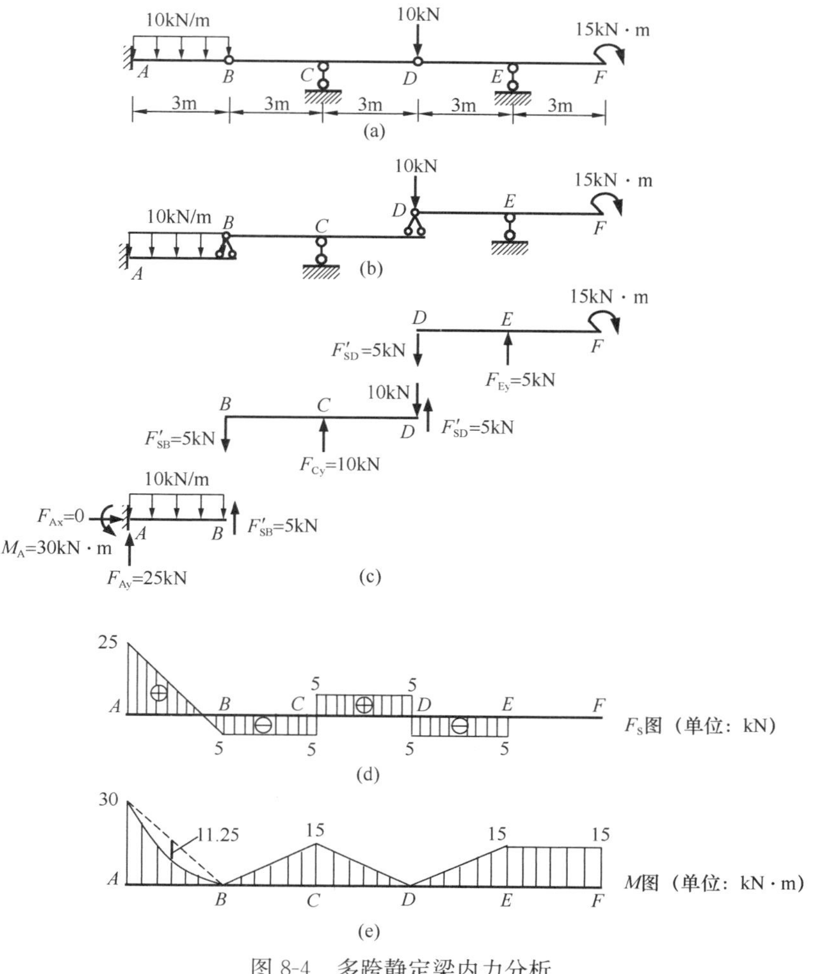

图 8-4　多跨静定梁内力分析

(2) 求反力

梁上只有竖向荷载，各部分的隔离体图如图 8-4(c) 所示。考虑整体及各部分的平衡，由 $\sum F_x = 0$ 可知，F_{Ax}及各铰结处的水平约束力都为零。

考虑 DEF 部分，由平衡方程 $\sum M_D = 0$ 和 $\sum F_y = 0$，得到：

$$F_{Ey} = 5\text{kN}\ (\uparrow) \quad F'_{SD} = 5\text{kN}\ (\downarrow)$$

考虑 BCD 部分，注意 D 点处有一集中荷载，由 $\sum M_B = 0$ 和 $\sum M_D = 0$，得到：

$$F_{Cy} = 10\text{kN}\ (\uparrow) \quad F'_{SB} = 5\text{kN}\ (\downarrow)$$

考虑 AB 部分，梁上作用均布荷载，由 $\sum F_y = 0$ 和 $\sum M_B = 0$，得到：

$$F_{Ay} = 25\text{kN}(\uparrow), \quad M_A = 30\text{kN}\cdot\text{m} \quad (\text{上侧受拉})$$

(3) 作 F_S图和 M 图

根据求出的反力和荷载，可作出每一部分的内力图，然后得到全梁的 F_S图和 M 图，如图 8-4(d)、(e) 所示。

【例 8-2】试计算如图 8-5(a) 所示多跨静定梁的内力。

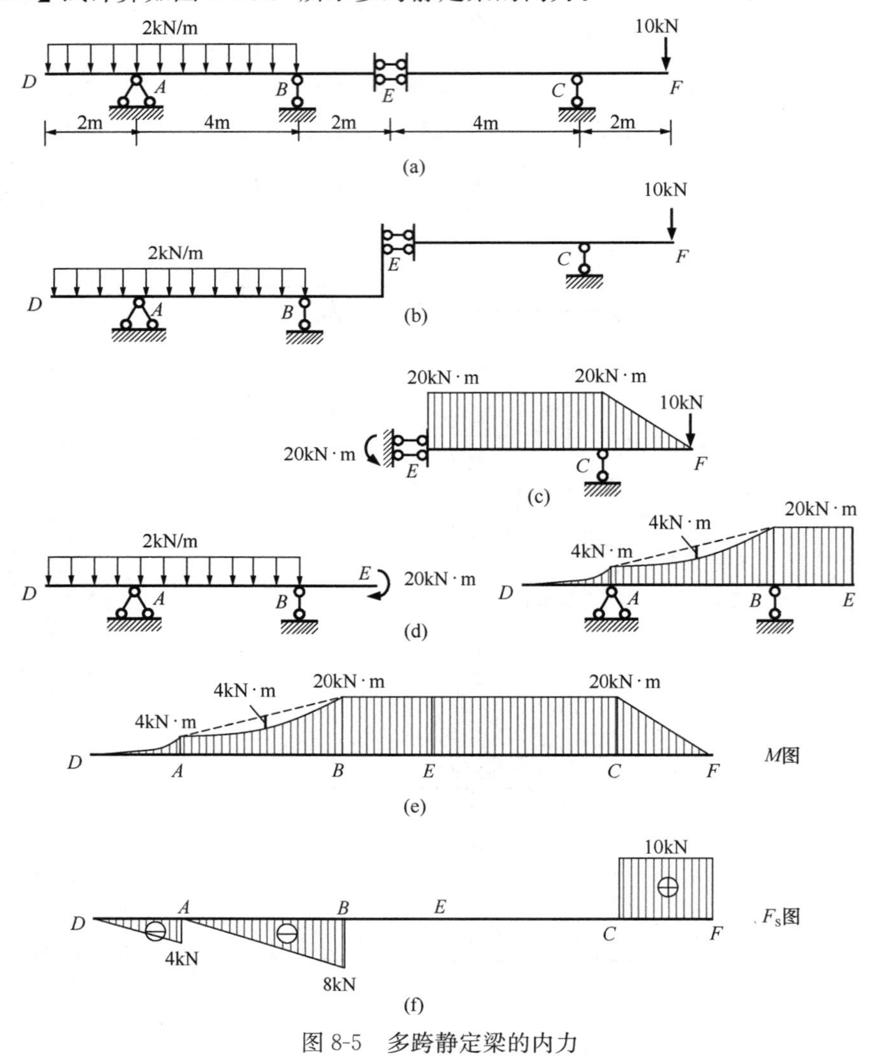

图 8-5 多跨静定梁的内力

【解】(1) 作层叠图

层叠图如图 8-5(b) 所示。内力分析时，先计算附属部分 ECF，再计算基本部分 $DABE$。

(2) 作弯矩图

附属部分 ECF 左端为滑动支座（定向支座），右边悬臂端作用一集中力，其弯矩图如图 8-5(c) 所示。

基本部分 $DABE$ 为受均布荷载作用的简支外伸梁，其弯矩图如图 8-5(d) 所示。

因此，全梁的弯矩图如图 8-5(e) 所示。

(3) 作剪力图

由弯矩图以及弯矩与剪力的关系可知，BE、EC 杆段的剪力 $F_S=0$，CF 杆段的剪力为常数 $F_S=+5\text{kN}$。DA 杆段的剪力图为斜直线，其 D 端剪力 $F_{SDA}=0$，其 A 端剪力 $F_{SAD}=-4\text{kN}$。AB 杆段的剪力图也为斜直线，两个杆端剪力分别为：

$$F_{SAB}=-\left|\frac{(20-4)\text{kN}\cdot\text{m}}{4\text{m}}\right|+\left(\frac{2\text{kN/m}\times 4\text{m}}{2}\right)=0$$

$$F_{SBA}=-\left|\frac{(20-4)\text{kN}\cdot\text{m}}{4\text{m}}\right|-\left(\frac{2\text{kN/m}\times 4\text{m}}{2}\right)=-8\text{kN}$$

因此，全梁的剪力图如图 8-5(f) 所示。

以上计算过程，读者可自行验证。

第二节　静定平面刚架

刚架是由梁和柱组成并且具有刚结点的杆系结构。在构造方面，刚结点把梁和柱刚结在一起，增大了结构的刚度，从而使刚架具有杆件较少，内部空间较大，便于使用的优点；在受力方面，刚架杆件主要受弯，内力分布比较均匀。所以，刚架在工程中得到广泛应用。

当刚架各杆的轴线都在同一平面内且荷载也作用于该平面内时，称为平面刚架，否则为空间刚架。常见的静定平面刚架有以下四种类型：悬臂刚架（图 8-6a）、简支刚架（图 8-6b）、三铰刚架（图 8-6c）、组合刚架（图 8-6d）。

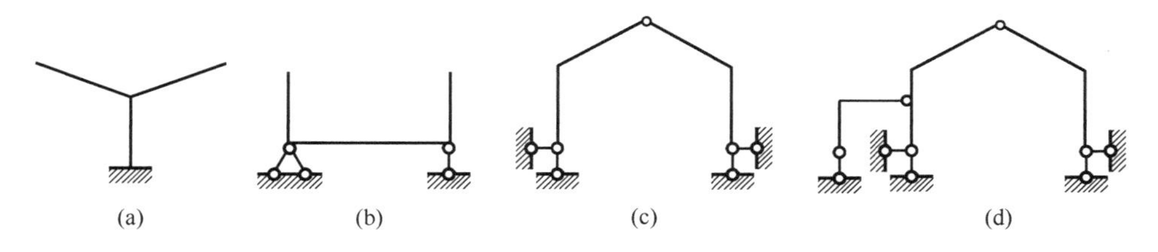

图 8-6　静定平面刚架

(a) 悬臂刚架；(b) 简支刚架；(c) 三铰刚架；(d) 组合刚架

一般，静定刚架的内力计算步骤是：先求支反力，然后逐个求解各杆段的内力图。求支反力时，可利用整体和部分隔离体的平衡条件，应遵循“先附属、后基本”的计算顺序。内力计算完成后，需根据刚结点或部分隔离体的平衡条件是否满足，校核内力图。

为了清楚地表明各杆端截面的内力，以下规定在内力符号后面引用两个脚标：第一个脚标表示内力所在杆件近端截面，第二个脚标表示远端截面。例如，杆端弯矩 M_{AB} 表示 AB 杆件 A 截面的弯矩；杆端剪力 F_{SBC} 表示 BC 杆件 B 截面的剪力；杆端轴力 F_{NDB} 表示 BD 杆件 D 截面的轴力。

下面结合例题说明静定刚架的内力计算。

【例 8-3】 试计算如图 8-7(a) 所示悬臂刚架的内力。

【解】 (1) 取杆 ABC 为研究对象，图 8-7(b) 为其受力图。

显然，仅受集中力偶作用的悬臂杆 AB 的内力为：

$$F_{SAB}=F_{SBA}=0,\ F_{NAB}=F_{NBA}=0$$

$$M_{AB}=M_{BA}=20\text{kN}\cdot\text{m}\ (\text{左侧受拉})$$

而由刚结点 B 的平衡条件可知，$F_{SBC}=F_{NBC}=0$，$M_{BC}=20\text{kN}\cdot\text{m}$ (下侧受拉)

根据图 8-7(b)，由 $\sum M_C=0$，$\sum F_x=0$ 和 $\sum F_y=0$，分别求得：

$$M_{CB}=20\text{kN}\cdot\text{m}-10\text{kN}\times 2\text{m}=0$$

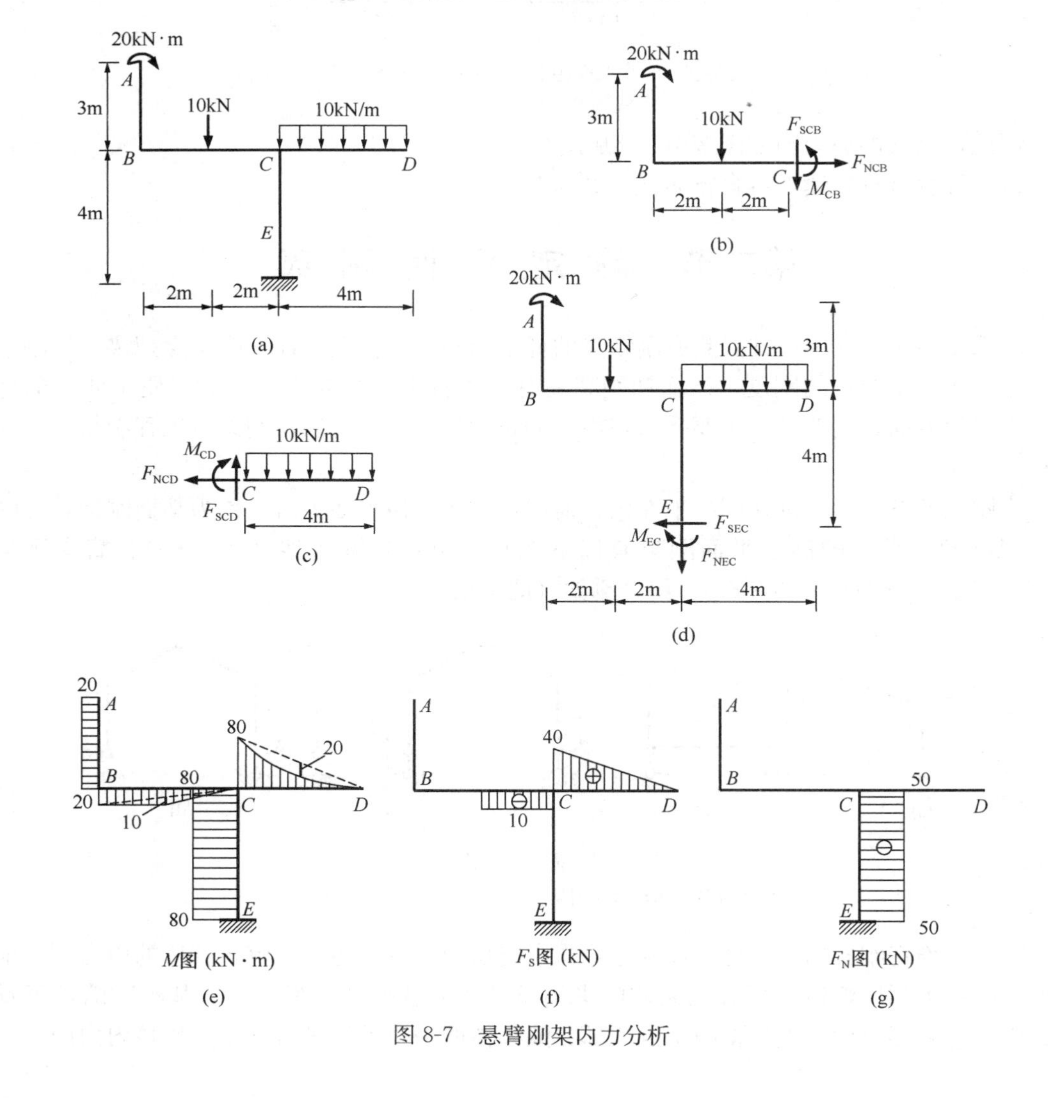

图 8-7 悬臂刚架内力分析

$$F_{NCB}=0 \qquad F_{SCB}=-10kN$$

(2) 取杆 CD 为研究对象，其受力图如图 8-7(c) 所示。

$$M_{DC}=0, F_{SDC}=0, F_{NDC}=0$$

由 $\sum M_C = M_{CD}+\frac{1}{2}\times 10kN/m\times(4m)^2=0$，求得：

$$M_{CD}=-80kN\cdot m（上侧受拉）$$

由 $\sum F_x=0$ 和 $\sum F_y=F_{SCD}-10kN/m\times 4m=0$，可得：

$$F_{NCD}=0, \quad F_{SCD}=40kN$$

(3) 取整体为研究对象，其受力图如图 8-7(c) 所示。

由 $\sum M_E=0$，得到：

$$M_{EC}=\left(-20+10\times 2-\frac{1}{2}\times 10\times 4^2\right)kN\cdot m=-80kN\cdot m（左侧受拉）$$

由 $\sum F_x=0$ 和 $\sum F_y=0$，可得：

$$F_{SEC}=0, \quad F_{NEC}=-50kN$$

由于杆 CE 上无荷载，故：

$$M_{CE}=80kN\cdot m（左侧受拉）$$

(4) 作内力图

根据以上杆端内力的计算结果及荷载作用情况，分别作结构的弯矩图（图 8-7e)、剪力图（图 8-7f）和轴力图（图 8-7g)。

【例 8-4】试计算如图 8-8(a) 所示简支刚架，绘制其内力图。

【解】(1) 求支座反力

取整个刚架为研究对象，由三个静力平衡条件可求得所有支反力：

$$\sum F_x=0, F_{Ax}=10kN \ (\leftarrow)$$

$$\sum M_A=0, F_{By}=\frac{\left(10\times 2+\frac{1}{2}\times 8\times 5^2\right)}{5}kN=24kN \ (\uparrow)$$

$$\sum M_B=0, F_{Ay}=\frac{1}{5}\left(\frac{1}{2}\times 8\times 5^2-10\times 2\right)kN=16kN \ (\uparrow)$$

(2) 作弯矩图

根据截面法计算各杆端的弯矩值，然后用叠加法作弯矩图。

AC 杆：$M_{AC}=0$，$M_{CA}=(10\times 4-10\times 2)kN\cdot m=20kN\cdot m$(右侧受拉)，这两个杆端弯矩之间连以虚线，再叠加相应简支梁跨中作用集中力的弯矩图，其跨中弯矩值为：

$$M_E=\left(10+\frac{10\times 4}{4}\right)kN\cdot m=20kN\cdot m \ （内侧受拉）$$

BD 杆：$M_{DB}=M_{BD}=0$

CD 杆：由刚结点 C 和 D 的力矩平衡条件可知，$M_{CE}=20kN\cdot m$（右侧受拉），$M_{CD}=20kN\cdot m$（下侧受拉），$M_{DC}=M_{DB}=0$；将这两个杆端弯矩之间连以虚线，再叠加相应简支梁在均布荷载作用下的弯矩图。CD 杆跨中弯矩值为：

$$M = \left(\frac{20}{2} + \frac{8 \times 5^2}{8}\right)\text{kN} \cdot \text{m} = (10 + 25)\text{kN} \cdot \text{m} = 35\text{kN} \cdot \text{m} \text{ (下侧受拉)}$$

刚架的弯矩图如图 8-8(b) 所示。

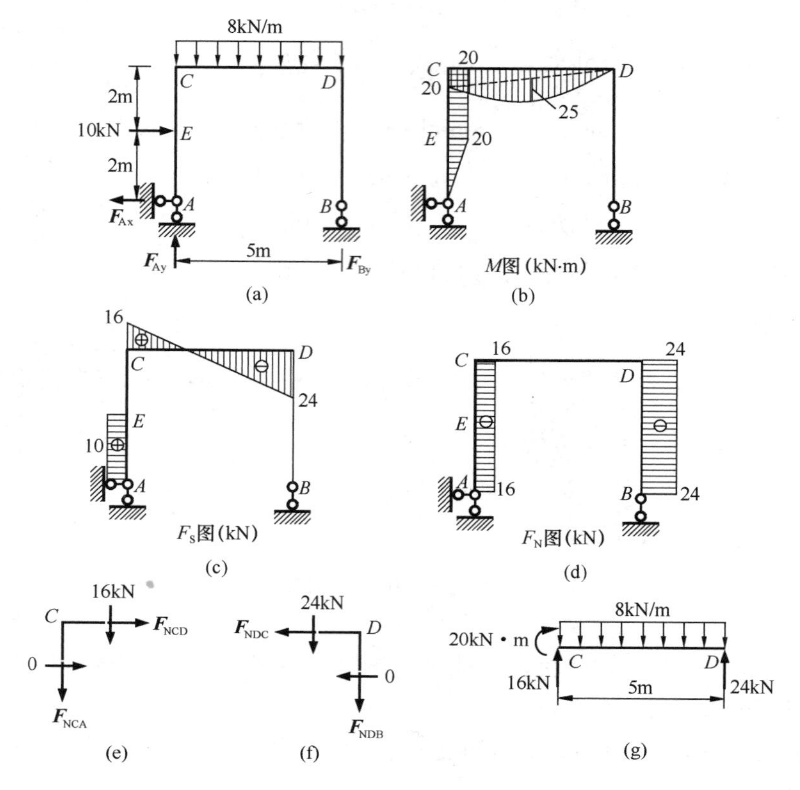

图 8-8 简支刚架内力分析

(3) 作剪力图

由 AC 杆的弯矩图，以及剪力与弯矩的关系可知，其剪力图为分段平直线，杆端剪力分别为：

$$F_{SAE} = F_{SEA} = \left|\frac{20-0}{2}\right|\text{kN} = +10\text{kN}$$

$$F_{SEC} = F_{SCE} = 0$$

由 CD 杆的弯矩图，以及剪力与弯矩、荷载的关系可知，其剪力图为一斜直线，两个杆端剪力分别为：

$$F_{SCD} = \left(-\left|\frac{20-0}{5}\right| + \frac{8 \times 5}{2}\right)\text{kN} = (-4 + 20)\text{kN} = +16\text{kN}$$

$$F_{SDC} = \left(-\left|\frac{20-0}{5}\right| - \frac{8 \times 5}{2}\right)\text{kN} = (-4 - 20)\text{kN} = -24\text{kN}$$

BD 杆弯矩为零，剪力也为零。

刚架的剪力图如图 8-8 (c) 所示。

(4) 作轴力图

由已知杆端剪力，利用刚结点的力平衡条件可以求得杆端轴力。

取刚结点 C 为隔离体，如图 8-8（e）所示（图中略去杆端弯矩）。由 $\Sigma F_x=0$ 和 $\Sigma F_y=0$，可得 $F_{NCD}=0$，$F_{NCA}=-16kN$。

取刚结点 D 为隔离体，如图 8-8（f）所示。由 $\Sigma F_x=0$ 和 $\Sigma F_y=0$，可得 $F_{NDC}=0$，$F_{NDB}=-24kN$。

由于各杆的轴力均为常数，因此根据以上杆端轴力的计算结果，可得刚架的轴力图，如图 8-8（d）所示。

（5）校核

可取任意杆段或结点为隔离体，然后验算是否满足平衡条件。

例如取 CD 杆为隔离体，标出求得的杆端内力（图 8-8g），经验算满足三个平衡方程：$\Sigma F_x=0$、$\Sigma F_y=0$ 和 $\Sigma M=0$，说明以上内力计算无误。

【例 8-5】试计算如图 8-9（a）所示三铰刚架，绘制内力图。

【解】（1）求支反力

三铰刚架有四个支座反力，仅用整体平衡条件不能求出所有支座反力。

先取整体为研究对象，由 $\Sigma M_B=0$，得到：

$$F_{Ay}=\left(\frac{-10\times5+2\times4\times2}{8}\right)kN=-4.25kN(\downarrow)$$

再取左半结构为隔离体（图 8-9b），由 $\Sigma M_C=0$ 可得：

$$F_{Ax}=\left(\frac{4.25\times4}{5}\right)kN=3.4kN(\leftarrow)$$

最后再考虑结构的整体平衡，由 $\Sigma F_x=0$ 得到：

$$F_{Bx}=(10-3.4)kN=6.6kN(\leftarrow)$$

（2）作弯矩图

AD 杆：$M_{AD}=0$，$M_{DA}=3.4kN\times5m=17kN\cdot m$（右侧受拉），其弯矩图为斜直线。

BE 杆：$M_{BE}=0$，$M_{EB}=6.6kN\times5m=33kN\cdot m$（右侧受拉），其弯矩图为斜直线。

DC 杆：C 铰无集中力偶作用，$M_{CD}=0$；由刚结点 D 的力矩平衡条件可得，$M_{DC}=M_{DA}=17kN\cdot m$（下侧受拉），该杆的弯矩图为斜直线。

CE 杆：$M_{CE}=0$；由刚结点 E 的力矩平衡条件可得，$M_{EC}=33kN\cdot m$（上侧受拉），这两个杆端弯矩连以虚线，再叠加相应简支梁在均布荷载作用下的弯矩，跨中下凹弯矩值为：$ql^2/8=4kN\cdot m$。该杆的弯矩图为二次抛物线。

整个三铰刚架的弯矩图如图 8-9（e）所示。

（3）作剪力图

由于 AD、DC、BE 杆的弯矩图均为斜直线，所以它们的剪力图均为平直线。各杆端剪力分别为：

$$F_{SAD}=F_{SDA}=+\left|\frac{17-0}{5}\right|kN=+3.4kN$$

$$F_{SDC}=F_{SCD}=-\left|\frac{17-0}{4}\right|kN=-4.25kN$$

$$F_{SBE}=F_{SEB}=+\left|\frac{33-0}{5}\right|kN=+6.6kN$$

EC 杆的剪力图为斜直线，两个杆端剪力分别为：

$$F_{SCE}=\left(-\left|\frac{33-0}{4}\right|+\frac{2\times4}{2}\right)kN=(-8.25+4)kN=-4.25kN$$

$$F_{SEC}=\left(-\left|\frac{33-0}{4}\right|-\frac{2\times4}{2}\right)kN=(-8.25-4)kN=-12.25kN$$

该三铰刚架的剪力图如图 8-9（f）所示。

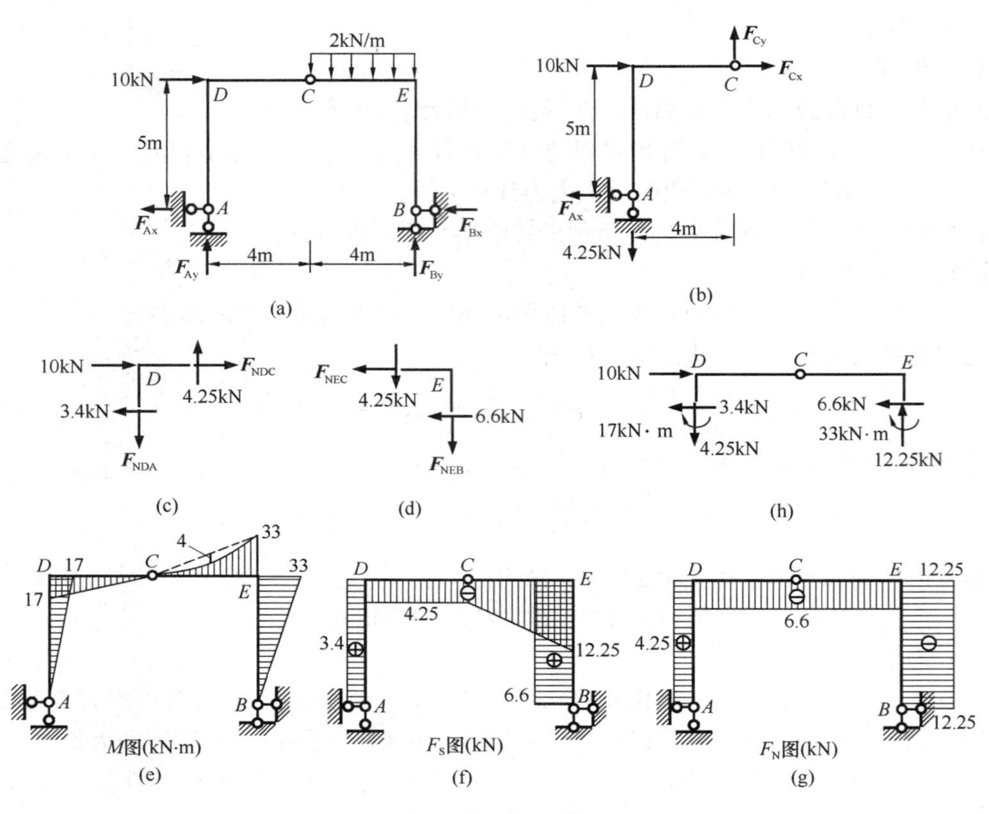

图 8-9 三铰刚架内力分析

（4）作轴力图

各杆轴力均为常数。

取刚结点 D 为隔离体（略去杆端弯矩），如图 8-9（c）所示，由$\Sigma F_x=0$ 和$\Sigma F_y=0$，得到：$F_{NDC}=F_{NCD}=-6.6kN$，$F_{NDA}=F_{NAD}=4.25kN$。

取刚结点 E 为隔离体（略去杆端弯矩），如图 8-9（d）所示，同理得到：$F_{NEC}=F_{NCE}=-6.6kN$，$F_{NBD}=F_{NDB}=-12.25kN$。

该三铰刚架的轴力图如图 8-9（g）所示。

（5）校核

取 DE 杆为隔离体，如图 8-9（h）所示。通过验算可知，平衡条件$\Sigma M=0$、$\Sigma F_x=0$ 和$\Sigma F_y=0$ 均满足，以上内力计算正确。

静定刚架的内力分析中弯矩图的绘制尤为重要。综合以上算例，绘制弯矩图时应注意以下事项：

（1）刚结点处的弯矩必须平衡；

(2) 铰结点和自由端若无集中力矩作用，则弯矩为零；

(3) 无荷载作用杆段的弯矩图为连接两个杆端弯矩的直线；

(4) 有均布荷载作用杆段的弯矩图为二次曲线，曲线的凸向与均布荷载指向相同；

(5) 在多个荷载作用的杆段，可采用叠加法绘制弯矩图。

利用铰结点、刚结点和内力图的上述特性，有些静定刚架可以在少求甚至不求支反力的情况下也能作出弯矩图。

【例 8-6】 试求如图 8-10 (a) 所示组合刚架的 M 图，其中均布荷载 $q=6\text{kN/m}$。

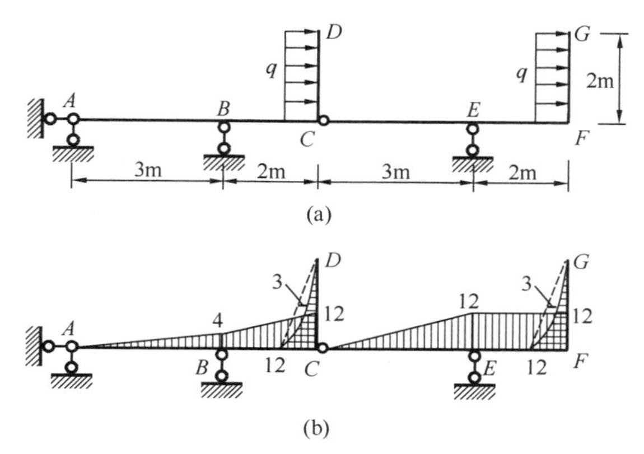

图 8-10 组合刚架的弯矩

【解】 分析该刚架的几何组成可知，左边的 $ABCD$ 为基本部分，右边的 $CEFG$ 是附属部分，计算应从右到左。

右边悬臂杆 FG 受均布荷载作用，杆端弯矩为：

$$M_{GF}=0 \qquad M_{FG}=\left(\frac{1}{2}\times 6\times 2^2\right)\text{kN}\cdot\text{m}=12\text{kN}\cdot\text{m}\ (\text{左侧受拉})$$

由刚结点 F 的力矩平衡条件有，

$$M_{FE}=M_{FG}=12\text{kN}\cdot\text{m}\ (\text{上侧受拉})$$

FE 杆上无竖向荷载，杆端弯矩为：$M_{EF}=M_{FE}=12\text{kN}\cdot\text{m}$（上侧受拉）

铰 C 处无突加力矩，$M_{CE}=0$，$M_{EC}=M_{EF}=12\text{kN}\cdot\text{m}$（上侧受拉）

左边基本部分，悬臂杆 DC 受均布荷载作用，杆端段弯矩为：

$$M_{DC}=0 \qquad M_{CD}=\left(\frac{1}{2}\times 6\times 2^2\right)\text{kN}\cdot\text{m}=12\text{kN}\cdot\text{m}\ (\text{左侧受拉})$$

由半刚结点 C 的力矩平衡条件有：

$$M_{CB}=M_{CD}=12\text{kN}\cdot\text{m}\ (\text{上侧受拉})$$

考虑 BCD 部分的平衡，将 CE 杆的剪力 $F_{SCE}=-4\text{kN}$ 代入，可得：

$$M_{BC}=(6\times 2\times 1-4\times 2)\text{kN}\cdot\text{m}=4\text{kN}\cdot\text{m}\ (\text{上侧受拉})$$

而由刚结点 B 的力矩平衡，以及铰支座 A 处无突加力矩，可知：

$$M_{BA}=M_{BC}=4\text{kN}\cdot\text{m}\ (\text{上侧受拉}),\ M_{AB}=0$$

根据荷载与弯矩的关系，将各杆端弯矩逐次连线，即得整个结构的弯矩，如图 8-10 (b) 所示。

由以上算例可以看出，利用刚结点的力矩平衡条件：

(1) 只有一个杆端弯矩未知时，可求出该弯矩；

(2) 两杆汇交的刚结点且无外力偶矩作用时，两杆端弯矩必然大小相等且同侧受拉。

总之，善于利用刚结点、铰结点的受力特性，正确选取隔离体及其平衡方程，熟练掌握荷载与内力图的微分关系以及叠加方法作弯矩图，对于减少计算量和快速绘制内力图十分重要。

第三节　三　铰　拱

拱是指杆件轴线为曲线，并且在竖向荷载作用下会产生水平反力的结构。这一对水平反力方向向内，故又称为水平推力。通常将竖向荷载作用下能在支座处产生水平推力的结构统称为拱式结构或推力结构，例如三铰刚架、拱式桁架等。

拱与梁的区别不仅在于杆件轴线的曲直，更重要的是在竖向荷载作用下有无水平反力存在。例如，图 8-11（a）所示结构，虽然杆轴为曲线，但在竖向荷载作用下并无水平反力，故称为曲梁。而图 8-11（b）所示结构，在竖向荷载作用下会产生水平反力，因而称为两铰拱。可见，支座处水平推力的存在与否是区别拱与梁的重要标志。由于存在水平推力，拱的弯矩要比相应简支梁（又称相当梁，即跨度、荷载相同的梁）的弯矩小很多，并且主要是承受压力，各截面的应力分布较为均匀。因此，拱比梁节省用料、自重较轻，能够跨越较大的空间。同时，可以采用抗压性能较好的砖、石、混凝土等材料来建造，这是拱的主要优点。由于拱的支座要承受水平推力，因此需要有较坚固的基础或支承物。此外，拱的构造较复杂、施工难度较大，这些是拱的缺点。

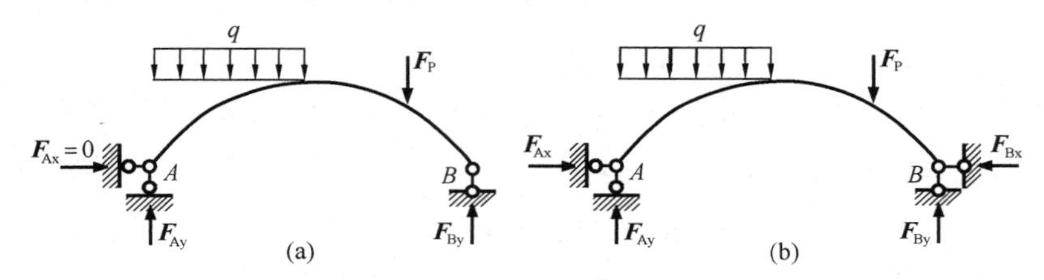

图 8-11　曲杆结构

（a）简支曲梁；（b）两铰拱

工程中常用的单跨拱有无铰拱、两铰拱和三铰拱，如图 8-12（a）、（b）、（c）所示。其中，三铰拱是三刚片用三个不共线的铰两两相连组成的静定结构。而无铰拱和两铰拱是超静定结构。本节只讨论静定拱的内力计算。

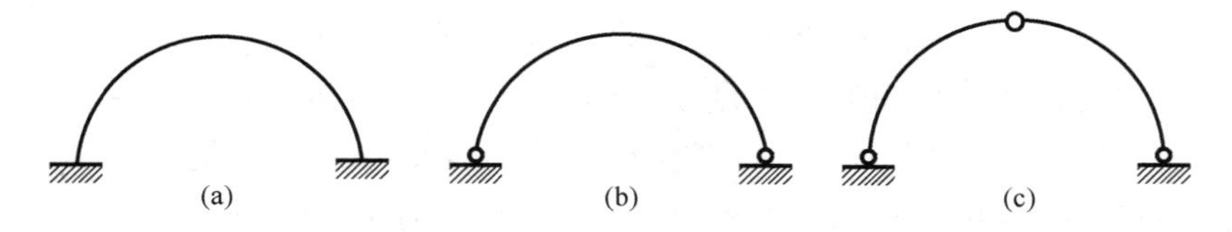

图 8-12　单跨拱

（a）无铰拱；（b）两铰拱；（c）三铰拱

在拱结构中，有时在两支座间设置拉杆，用拉杆来承受水平推力，如图 8-13（a）所示。这种结构在竖向荷载作用下，支座不产生水平反力，但是结构的受力性能与拱并无区别，故称为带拉杆的静定拱。拉杆有时做成如图 8-13（b）所示的折线形式，可以获得较大的净空。

拱的各部分名称如图 8-14 所示。拱的两端支座处称为**拱脚**。两拱脚的连线称为**起拱线**。两拱脚间的水平距离称为**跨度**。拱身各截面形心的连线称为**拱轴线**。常用的拱轴线形式有抛物线和圆弧线，有时也采用悬链线。拱轴线的最高点称为**拱顶**。三铰拱通常在拱顶

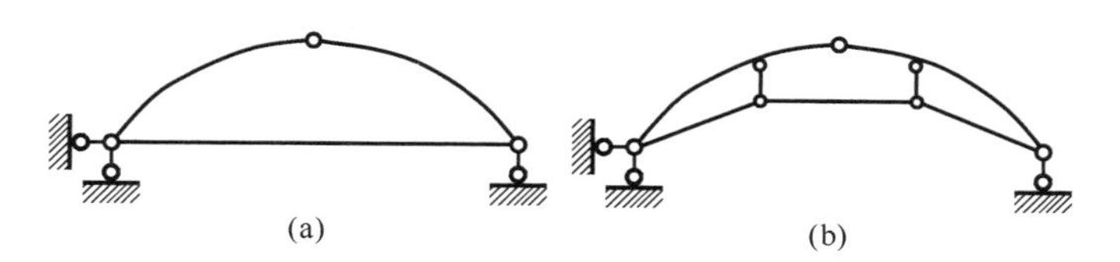

图 8-13　带拉杆的静定拱

处设置铰，故称为**顶铰**，又称**中间铰**。由拱顶到起拱线的竖直距离称为**矢高**。矢高与跨度之比 f/l 称为**高跨比**，通常这个比值变化范围是 0.1～1.0。

两拱脚的连线为水平线的拱称为平拱，如图 8-15（a）所示，两拱脚的连线为斜线的拱称为斜拱，如图 8-15（b）所示。

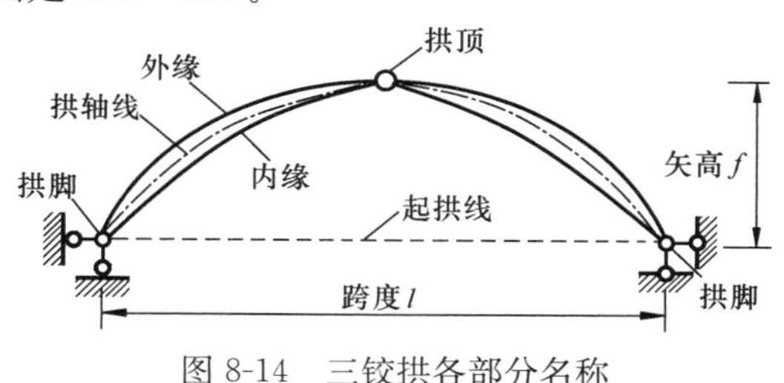

图 8-14　三铰拱各部分名称

下面以图 8-16（a）所示竖向荷载作用下的三铰平拱为例，说明三铰拱的反力和内力计算方法，并将拱与相应简支梁的内力加以比较。

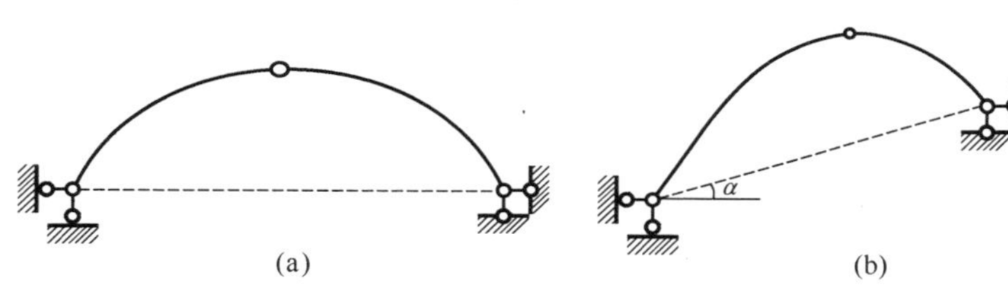

图 8-15　三铰拱
（a）平拱；（b）斜拱

一、支座反力的计算

三铰拱的支座反力共有四个。求反力时，除了利用整体平衡方程外，还需取半边拱为隔离体，利用中间铰 C 处 $\Sigma M_C=0$ 的平衡方程。

首先考虑拱的整体平衡，由 $\Sigma M_B=0$ 及 $\Sigma M_A=0$，可求得竖向支反力：

$$F_{Ay}=F_{Ay}^0(\uparrow)\qquad F_{By}=F_{By}^0(\uparrow)\tag{8-1}$$

其中，$F_{Ay}^0=\dfrac{1}{l}\times\Sigma F_{Pi}b_i$、$F_{By}^0=\dfrac{1}{l}\times\Sigma F_{Pi}a_i$ 是图 8-16（b）所示相应简支梁的竖向支反力。

由 $\Sigma F_x=0$，可得水平推力：

$$F_{Ax}=F_{Bx}=F_H$$

再取左半拱为隔离体，由 $\Sigma M_C=0$ 得到：

$$F_H=\frac{M_C^0}{f}\tag{8-2}$$

式中，$M_C^0=F_{Ay}l_1-F_{P1}(l_1-a_1)-F_{P2}(l_1-a_2)$ 是图 8-16（b）所示相应简支梁 C 截面的弯矩。

由此看出，水平推力 F_H 等于相应简支梁 C 截面的弯矩 M_C^0 与拱的矢高 f 之比。当拱的荷载和跨度给定时，M_C^0 即为定值，而当中间铰位置确定之后，矢高 f 亦随之给定，则

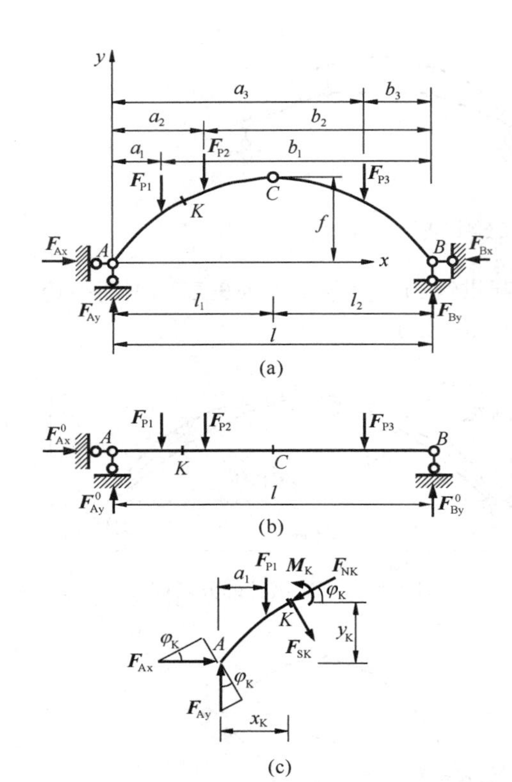

图 8-16 三铰拱的反力与内力计算

(a) 计算简图；(b) 相应简支梁；(c) 隔离体

可确定 F_H 的值。因此，水平推力 F_H 只与荷载及三个铰的位置有关，而与拱轴线的形状无关。换言之，在荷载一定的情况下，水平推力 F_H 只与拱的高跨比 f/l 有关。拱越陡，f/l 越大时，F_H 越小；反之，拱越平坦，f/l 越小时，F_H 越大。当 $f=0$ 时，F_H 趋于 ∞，此时，A、B、C 三个铰共线，原结构变成为几何瞬变体系。

二、内力的计算

图 8-16（c）所示，拱上任一截面 K 的位置可由该截面形心的坐标 x_K、y_K 以及该处拱轴切线的倾角 φ_K 确定。截面 K 的弯矩、剪力、轴力分别用 M_K、F_{SK}、F_{NK} 表示，通常规定：使拱内侧纤维受拉的弯矩为正；绕隔离体顺时针转动的剪力为正；轴力以受压为正。

计算任一截面 K 的弯矩，可取 K 截面以左部分为隔离体，由 $\Sigma M_K=0$ 得：

$$M_K = [F_{Ay}\cdot x_K - F_{P1}(x_K - a_1)] - F_H\cdot y_K$$

由于 $F_{Ay}=F_{Ay}^0$，可知上式方括号内为相应简支梁截面 K 的弯矩 M_K^0，故上式可写为：

$$M_K = M_K^0 - F_H y_K \tag{8-3}$$

式（8-3）表明，水平推力 F_H 的存在使拱上任一截面 K 的弯矩 M_K 比相应简支梁的弯矩 M_K^0 要小。

由图 8-16（c）可知，K 截面的剪力 F_{SK} 和轴力 F_{NK} 分别为：

$$F_{SK} = (F_{Ay} - F_{P1})\cos\varphi_K - F_H\sin\varphi_K$$

$$F_{NK} = (F_{Ay} - F_{P1})\sin\varphi_K + F_H\cos\varphi_K$$

式中，倾角 φ_K 在左半拱时为正，右半拱时为负。

注意到相应简支梁 K 截面的剪力为 $F_{SK}^0=F_{Ay}-F_{P1}$，以上两式可改写为：

$$F_{SK} = F_{SK}^0\cos\varphi_K - F_H\sin\varphi_K \tag{8-4}$$

$$F_{NK} = F_{SK}^0\sin\varphi_K + F_H\cos\varphi_K \tag{8-5}$$

由式（8-3）～式（8-5）看出，拱的内力与截面位置（x_K、y_K、φ_K）有关，因而与拱轴线形状有关。

三、内力图的绘制

作三铰拱的内力图，可将拱轴沿水平方向的投影划分为若干等分（例如 8、12、16、24 等分），然后由内力计算公式得到拱上各相应截面处的内力值，并在其水平基线相应处按比例画出，最后，将各截面处内力值光滑相连即可。一般，在集中力矩作用处，弯矩图有突变；在集中力作用处，剪力图和轴力图有突变。此时，需要分别计算集中力（或集中力偶）作用处左右两侧截面的内力值。

【例 8-7】 试绘制如图 8-17（a）所示抛物线三铰拱的内力图。拱的轴线方程为：$y=\frac{4f}{l^2}x(l-x)$，其中，$l=16\text{m}$，$f=4\text{m}$。

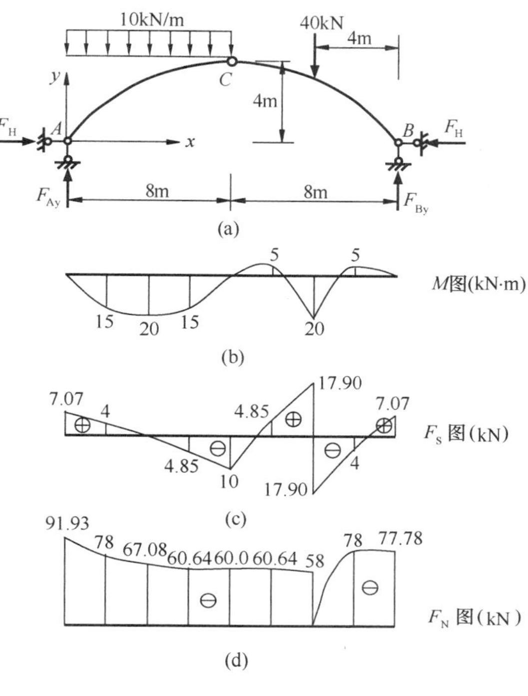

图 8-17 三铰拱的内力分布

（a）示意图；（b）计算简图；（c）、（d）层叠图

【解】（1）求支座反力

由式（8-1）和式（8-2），可得：

$$F_{Ay}=F_{Ay}^0=\frac{1}{16}(10\times 8\times 12+40\times 4)\text{kN}=70\text{kN}(\uparrow)$$

$$F_{By}=F_{By}^0=\frac{1}{16}(10\times 8\times 4+40\times 12)\text{kN}=50\text{kN}(\uparrow)$$

$$F_H=\frac{M_C^0}{f}=\left(\frac{70\times 8-10\times 8\times 4}{4}\right)\text{kN}=60\text{kN}$$

（2）内力计算

将拱跨分为 8 等分，由式（8-3）～式（8-5）分别算出各等分点处拱截面的弯矩 M、剪力 F_S及轴力 F_N。以 $x=4\text{m}$ 对应的拱截面 2 为例，给出如下具体计算：

由拱轴线方程，可得：

$$y_2=\frac{4f}{l^2}x(l-x)\Big|_{x=4\text{m}}=\frac{4\times 4}{16\times 16}\times 4\times(16-4)\text{m}=3\text{m}$$

$$\tan\varphi_2=\frac{\mathrm{d}y}{\mathrm{d}x}\Big|_{x=4\text{m}}=\frac{4f}{l^2}(l-2x)\Big|_{x=4\text{m}}=0.5$$

$$M_2^0=(70\times 4-10\times 4\times 2)\text{kN}\cdot\text{m}=200\text{kN}\cdot\text{m}$$

$$F_{S2}^0=(70-10\times 4)\text{kN}=30\text{kN}$$

查表得：$\varphi_2=26°34''$，$\sin\varphi_2=0.447$，$\cos\varphi_2=0.894$

将有关值代入式（8-3）～式（8-5），得到：

$$M_2=M_2^0-F_H\cdot y_2=(200-60\times 3)\text{kN}\cdot\text{m}=20\text{kN}\cdot\text{m}$$

$$F_{S2}=F_{S2}^0\cos\varphi_2-F_H\sin\varphi_2=(30\times 0.894-60\times 0.447)\text{kN}=0$$

$$F_{N2}=F_{S2}^0\sin\varphi_2+F_H\cos\varphi_2=(30\times 0.447+60\times 0.894)\text{kN}=67.05\text{kN}$$

其余各截面的内力计算结果见表 8-1。注意，截面 6 处作用有集中力，其剪力和轴力有突变。

(3) 作内力图

将各截面求出的 M 值作为纵标画在水平基线对应点上，连以光滑的曲线即得弯矩图(图 8-17c)。同理可得 F_S图（图 8-17d）和 F_N 图（图 8-17e）。绘图时，需要注意内力有突变的截面。

内力计算结果 **表 8-1**

截面	y	$\tan\varphi$	φ	$\sin\varphi$	$\cos\varphi$	F_S^0	M^0	M	F_S	F_N
0	0.00	1.00	45.02	0.707	0.707	70.0	0.0	0.0	7.07	91.93
1	1.75	0.75	36.89	0.600	0.800	50.0	120.0	15.0	4.00	78.00
2	3.00	0.50	26.58	0.447	0.894	30.0	200.0	20.0	0.00	67.08
3	3.75	0.25	14.04	0.243	0.970	10.0	240.0	15.0	−4.85	60.64
4	4.00	0.00	0.00	0.000	1.000	−10.0	240.0	0.0	−10.00	60.00
5	3.75	−0.25	−14.04	−0.243	0.970	−10.0	220.0	−5.0	4.85	60.64
6L	3.00	−0.50	−26.579	−0.447	0.894	−10.0	200.0	20.0	17.90	58.00
6R						−50.0			−17.90	0.00
7	1.75	−0.75	−36.889	−0.600	0.800	−50.0	100.0	−5.0	−4.00	78.00
8	0.00	−1.00	−45.023	−0.707	0.707	−50.0	0.0	0.0	7.07	77.78

上述反力和内力的计算公式仅适用于在竖向荷载作用下的三铰平拱。对于带拉杆的三铰拱（图 8-13a），先由整体平衡条件求出三个支座反力，然后截断拉杆、拆开顶铰，取半边拱为隔离体，由$\sum M_C = 0$ 求出拉杆内力。对于三铰斜拱（图 8-15b）或者其他荷载作用下的三铰平拱，仍可先利用整体平衡方程及半边拱对顶铰的力矩平衡方程求出四个支座反力，再由截面法求出拱各截面的内力，在此不作赘述。

四、三铰拱的合理拱轴线

三铰拱在竖向荷载作用下，各截面将有弯矩、剪力和轴力。一般拱截面处于偏心受压状态。尽管三铰拱的反力与拱轴线的形状无关，但其内力与拱轴线形状有关，若能通过拱轴线设计使拱的所有截面弯矩为零，只有轴力，这样拱的各截面处于均匀受压状态，材料可以得到充分地利用，相应的拱截面尺寸将是最经济的。因此，这样的拱轴线称之为**合理拱轴线**。

设计合理拱轴线，可利用拱的所有截面弯矩为零的条件。对于竖向荷载作用下的三铰平拱，任一截面的弯矩由式（8-3）确定。因此，当拱轴为合理拱轴线时：

$$M = M^0 - F_H \cdot y = 0$$

由此得到：

$$y = \frac{M^0}{F_H} \tag{8-6}$$

上式表明，竖向荷载作用下的三铰平拱，其合理拱轴线的纵坐标 y 与相应简支梁弯矩图的竖标 M^0 成正比。因此，当拱的各铰位置和所受荷载已知时，只需求出相应简支梁的弯矩方程，然后除以常数 F_H，便可得到合理拱轴线方程。

【例 8-8】试求如图 8-18（a）所示三铰拱在均布荷载 q 作用下的合理拱轴线。

【解】拱的相应简支梁如图 8-18（b）所示，其弯矩方程为：

$$M^0=\frac{ql}{2}x-\frac{q}{2}x^2=\frac{1}{2}qx(l-x)$$

由式（8-2）得到：

$$F_H=\frac{M_C^0}{f}=\frac{ql^2}{8f}$$

所以，其合理拱轴线方程为：

$$y=\frac{M^0}{F_H}=\frac{\frac{1}{2}qx(l-x)}{\frac{ql^2}{8f}}=\frac{4f}{l^2}x(l-x)$$

由此可见，在满跨竖向均布荷载作用下，三铰平拱的合理拱轴线为二次抛物线。

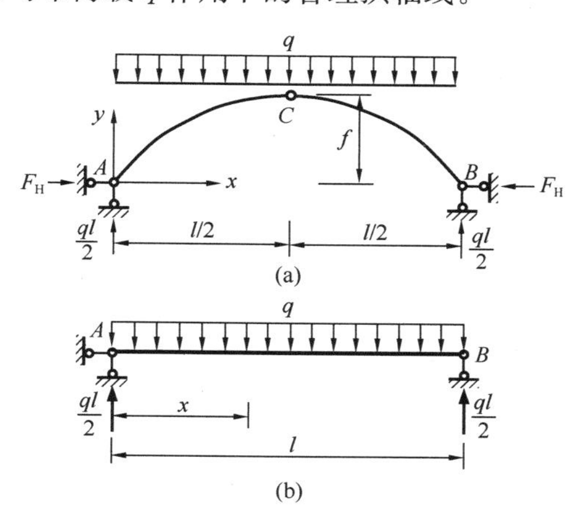

图 8-18 均布荷载作用下的三铰平拱及相应简支梁

第四节 静 定 桁 架

桁架结构在土木工程中的应用相当广泛，例如屋架、钢桁架桥、施工支架等。图 8-19（a）所示为一钢筋混凝土屋架的示意图。

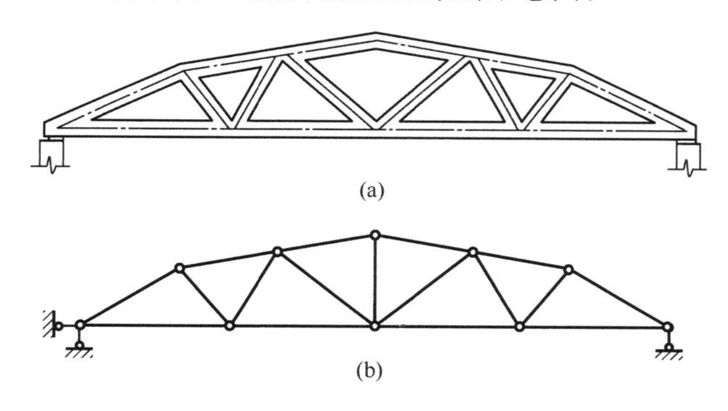

图 8-19 屋架结构及其计算简图

为了简化计算，又能反映桁架结构的主要受力特征，通常对实际的平面桁架采用如下计算假定：

（1）各杆连接的结点都是绝对光滑而无摩擦的理想铰；

（2）各杆轴线为直线，并在同一平面内且通过铰结点的中心；

（3）荷载和支座反力作用在结点上并位于桁架平面内。

符合上述假定的桁架称为理想平面桁架，其杆件称为链杆或二力杆。图 8-19（b）所示是根据上述假定作出的图 8-19（a）的计算简图。

在结点荷载作用下，理想桁架各杆的内力只有轴力，截面上的应力是均匀分布的。与截面应力不均匀的梁相比，桁架可节省用料、减轻自重，并能跨越更大的跨度，在大跨度屋盖结构和桥梁主体结构中广为应用。例如跨度为 56m 的北京体育馆主体桁架（图 8-20a）和跨度达 162m 的九江长江大桥主桁梁的左半部分（图 8-20b）。

需要说明的是，实际的桁架并不完全符合理想桁架的假定。原因之一，实际桁架的结点是由各杆通过铆接、焊接等连结方式连结形成的，具有一定的刚性，各杆之间一般不会无摩擦地自由转动。原因之二，各杆轴线也不可能绝对平直，在结点处也可能不完全交于一点。原因之三，在杆件自重、风荷载等非结点荷载作用下，杆件会产生一定的弯曲应

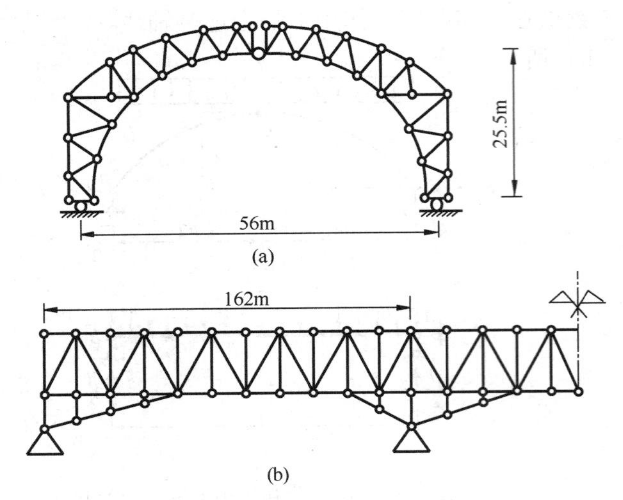

图 8-20 大跨度屋盖结构与桥梁结构

力。因此，实际桁架的内力与按理想情况求得的内力有一定误差。通常，把按理想桁架求出的内力（杆件轴力）称为主内力，与之相应的应力称为主应力；而把上述因素引起的内力（主要是弯矩）称为次内力，与之相应的应力称为次应力。已有的理论分析和试验表明，当杆件的长细比 $l/r>100$ 时，次应力的量值很小，可以忽略不计。对于必须考虑次应力的桁架，可将其各结点视作刚结点，按刚架计算。本节只讨论理想桁架的内力计算。

组成桁架的杆件，按照所在的位置，可分为弦杆和腹杆两类。其中，**弦杆**是指桁架上下边缘的杆件，分为上弦杆和下弦杆；上、下弦杆之间的杆件称为**腹杆**，腹杆又分为斜杆和竖杆。弦杆上相邻两结点间的区间称为**节间**，其间距 d 称为节间长度。两支座间的水平距离 l 称为**跨度**。两支座连线至桁架最高点的距离 H 称为**桁高**。如图 8-21 所示。

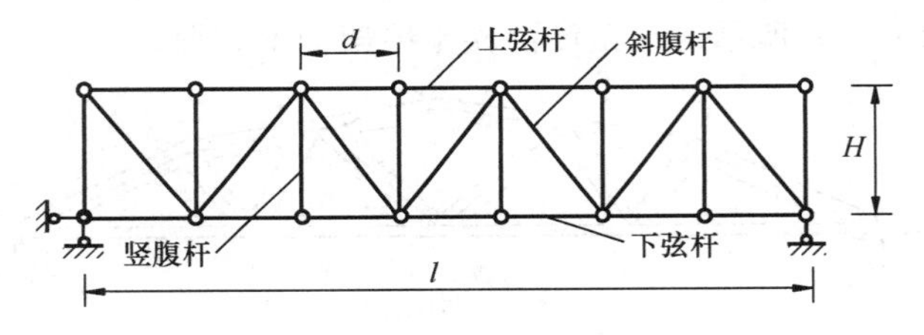

图 8-21 平面桁架

按照不同的特征，平面桁架可分为如下类型：

（1）按照桁架的外形可分为平行弦桁架、折弦桁架和三角形桁架（图 8-22a～c）。

（2）按照在竖向荷载作用下有无水平推力，可分为梁式桁架（图 8-22a～c）和拱式桁架（图 8-22d）。

（3）按照几何组成方式可分为：简单桁架，它是由基础或一个基本铰结三角形开始，依次增加二元体所组成的桁架（图 8-22a、b、c、e）；联合桁架，它是由几个简单桁架按

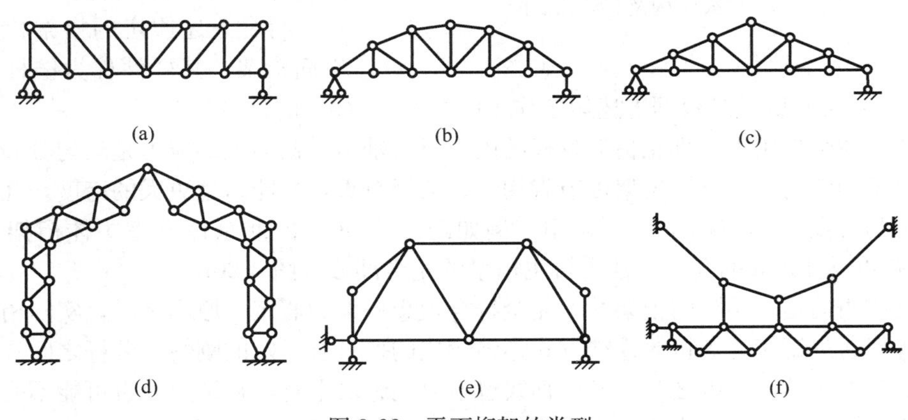

图 8-22 平面桁架的类型

几何不变体系的基本组成规则所连成的桁架（图 8-22d）；复杂桁架，它是不属于上述两类桁架的其他静定桁架（图 8-22f）。

静定平面桁架内力的计算方法主要有结点法、截面法以及这两种方法的联合应用。

一、结点法

所谓结点法就是取桁架的结点为隔离体，用平面汇交力系的两个静力平衡方程来计算杆件内力的方法。该方法一般适用于简单桁架的计算。

为了避免求解联立方程组，对于简单桁架，在求出支座反力后，从未知力不超过两个的结点开始，逐个结点计算可求出各杆的内力。即按照与几何组成相反的顺序，从最后一个结点开始计算。

桁架杆件的内力 F_N 以拉力为正。计算时，通常先假定杆件受拉，若计算结果为正，则实际内力为拉力，反之为压力。

下面通过算例说明结点法的运算过程。

【例 8-9】 试用结点法计算如图 8-23（a）所示简单桁架各杆的内力。

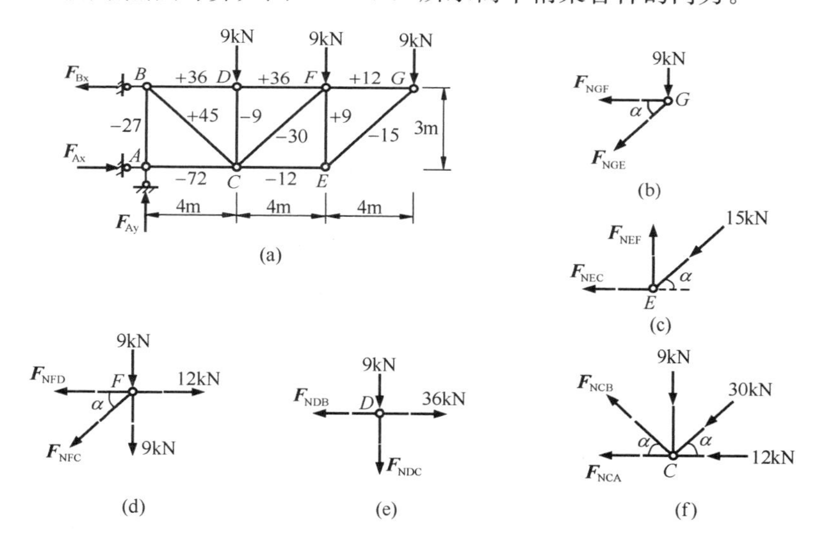

图 8-23 简单桁架内力计算

【解】（1）求支反力

由整体平衡条件 $\Sigma F_y = 0$，$\Sigma M_A = 0$ 及 $\Sigma F_x = 0$，可得：

$$F_{Ay} = 27\text{kN}\ (\uparrow)$$

$$F_{Bx} = \left(\frac{9 \times 4 + 9 \times 8 + 9 \times 12}{3}\right)\text{kN} = 72\text{kN}\ (\leftarrow)$$

$$F_{Ax} = 72\text{kN}\ (\rightarrow)$$

（2）求各杆内力

从只有两个未知力的结点 A 或 G 开始计算。若从结点 G 开始，取结点 G 为隔离体（图 8-23b）。由 $\Sigma F_y = 0$ 和 $\Sigma F_x = 0$，可得：

$$F_{NGE}\sin\alpha + 9\text{kN} = 0 \qquad F_{NGE} = -\left(9 \times \frac{5}{3}\right)\text{kN} = -15\text{kN}$$

$$F_{NGF}+F_{NGE}\cos\alpha=0 \qquad F_{NGF}=\left(15\times\frac{4}{5}\right)kN=12kN$$

取结点 E 为隔离体（图 8-23c）。图中 GE 杆的内力 F_{NGE} 按实际方向画出。以下其他结点的分析按此作法处理。由 $\Sigma F_x=0$ 和 $\Sigma F_y=0$，可得：

$$F_{NEC}=-\left(15\times\frac{4}{5}\right)kN=-12kN$$

$$F_{NEF}=\left(15\times\frac{3}{5}\right)kN=9kN$$

取结点 F 为隔离体（图 8-23d）。由两个方向的力平衡条件，有：

$$F_{NFC}=-\left(18\times\frac{5}{3}\right)kN=-30kN$$

$$F_{NFD}=(12+24)kN=36kN$$

分别取结点 D、C 为隔离体（图 8-23e、f），同理可得：

$$F_{NDB}=36kN,\ F_{NDC}=-9kN,\ F_{NCB}=45kN,\ F_{NCA}=-72kN$$

再取结点 A 为隔离体，此时只有一个未知力 F_{NBA}，由平衡条件 $\Sigma F_y=0$，得到：

$$F_{NAB}=-27kN$$

最后，将求出的各杆轴力值标在杆件旁，得到桁架的轴力图，如图 8-23（a）所示。

（3）校核

桁架内力校核同样可用观察与计算结合的作法。对受力简单的结点，可直接观察结点是否平衡，例如图 8-23（a）中，结点 D 两侧杆均为拉力、大小相等，杆 DC 轴力与结点荷载等值且都指向结点，因而是平衡的。对受力复杂的结点，再通过计算检查，如平衡条件满足，则计算结果正确。本例取结点 B 进行验算，满足平衡方程，故以上内力计算无误。

需要强调的是，在桁架中常常有些特殊结点，根据汇交力系的平衡条件，可以直接判断出杆件的内力。现列举如下：

（1）L 形结点（两杆结点）。不共线的两杆相交的结点上无荷载时（图 8-24a），两杆的轴力均为零（通常称为**零杆**）。

（2）T 形结点（三杆结点）。三杆汇交的结点上无荷载，且其中有两杆共线（图 8-24b），则独杆为零杆，而共线杆的轴力相等。

（3）X 形结点（四杆结点）。两两共线的四杆汇交的结点上无荷载时（图 8-24c），共线杆的轴力相等。

（4）K 形结点（四杆结点）。四杆汇交的结点，其中两杆共线，另两杆在共线杆的同一侧且与其夹角相等，当结点上无荷载时（图 8-24d），不共线两杆的轴力大小相等、符

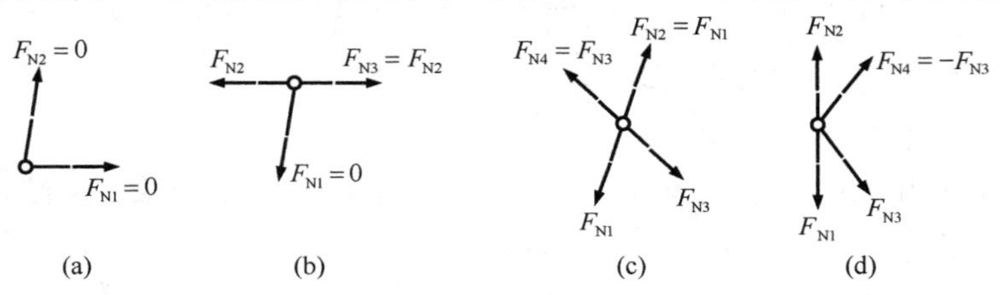

图 8-24 结点平衡的特殊情况

号相反。

以上结论，均可由静力平衡方程予以证明，读者可自行验证。在桁架内力计算时，可利用以上结点平衡的特殊情况，直接判断出部分杆件的内力，使计算简便。

需要说明的是，尽管静定桁架在荷载作用下，有些杆件轴力为零，但这些零杆对保证体系的几何不变性是必不可少的。

【例 8-10】 试判断如图 8-25（a）所示桁架中的零杆。

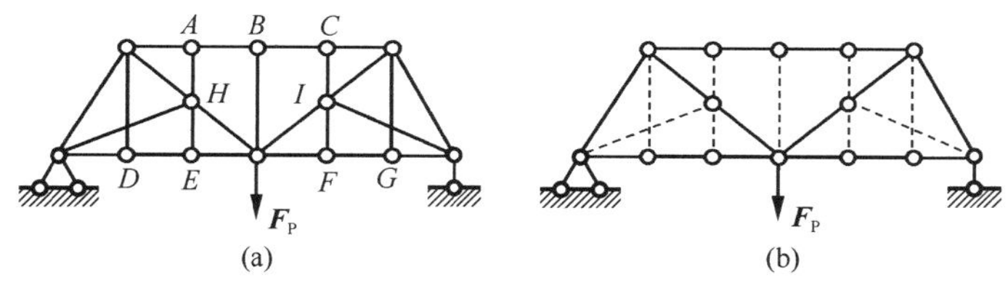

图 8-25 静定桁架及其零杆

【解】 由于结点 A、B、C、D、E、F、G 均为 T 形结点，且这些结点上无荷载作用，因此可知 AH、EH 等七根竖向腹杆为零杆。进而根据结点 H、I 为无荷载作用的 T 形结点，可以确定支座处的两根斜腹杆为零杆，如图 8-25（b）所示虚线。可见该桁架的内力计算得到一定的简化。

二、截面法

截面法是用一个适当的截面，截取部分桁架为隔离体，然后利用平面任意力系的三个平衡方程计算杆件未知内力的方法。截面法适用于联合桁架的计算以及简单桁架中只求少数杆件内力的情况。

一般情况下，所取隔离体至少包含桁架的两个结点，未知内力的杆件不多于三个，且它们既不全汇交于一点也不全平行，合理选用平面力系的平衡方程，可以直接求出全部未知内力。

特殊情况下，选取的隔离体上未知内力的杆件多于 3 个，但除欲求未知力的杆件之外，其余各杆均汇交于一点或全平行，则该杆内力仍可先求出。例如图 8-26（a）所示桁架，截面 $m-m$ 虽然截断五根杆件，但除 a 杆外，其余四根杆件均汇交于 C 点，则可由右边桁架隔离体的 $\Sigma M_C=0$ 先求出 a 杆的轴力。又如图 8-26（b）所示桁架，截面 $n-n$ 虽然截断 4 根杆件，但除 b 杆外其余三根杆件均相互平行，则由上半部分桁架的 $\Sigma F_x=0$，可求得 b 杆的轴力。

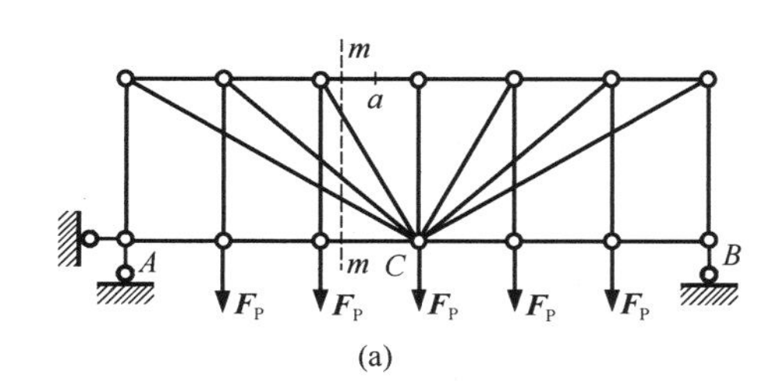

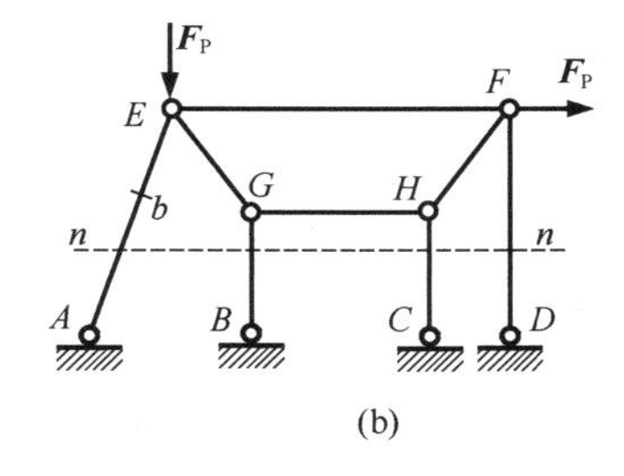

图 8-26 可用截面法的特殊情况

【例 8-11】 试求如图 8-27（a）所示桁架指定杆 1、2、3 的轴力。

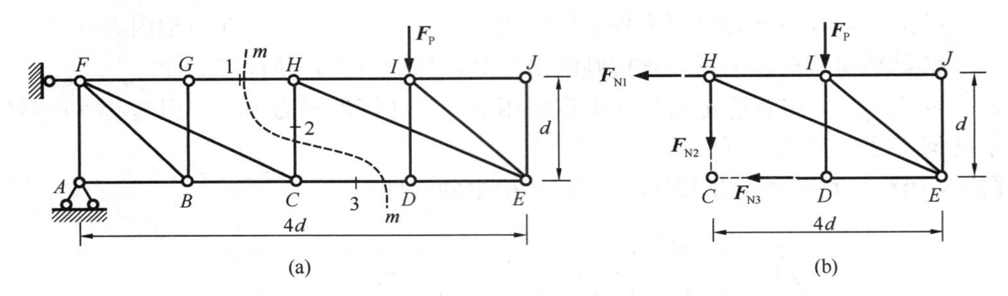

图 8-27 桁架计算的截面法

【解】 分析结构的几何组成可知，该桁架是由两个简单桁架 $ABCFG$ 和 $DEHIJ$ 用既不全相交于一点也不全平行的三根链杆 1、2、3 组合而成的联合桁架。

作截面 m-m（图 8-27a），并取右边部分桁架为隔离体，如图 8-27（b）所示。由 $\Sigma M_C=0$、$\Sigma F_y=0$ 和 $\Sigma M_H=0$，分别求得：

$$F_{N1}=F_P，F_{N2}=-F_P，F_{N3}=-F_P$$

三、结点法和截面法的联合应用

结点法和截面法是桁架内力计算的两种基本方法。结点法可以方便地算出桁架中某一结点处各杆的内力，截面法能通过截面的灵活选取，计算某些指定杆件的轴力。在许多情况下，联合运用这两种方法，发挥各自的优点，往往可以使桁架内力计算更简捷。

联合应用结点法和截面法的基本手段仍然是截取隔离体，利用静力平衡方程求未知量。计算时应注意以下几点：

（1）结点法和截面法的应用可不分先后，以快捷求出内力为前提。

（2）巧取隔离体，即巧作截面，尽量避免求解联立方程。

（3）为了避免求未知力臂，可把所求轴力适当分解，先求分力，再求合力。

（4）可先利用结点平衡的特殊情况，确定零杆。

【例 8-12】 试求如图 8-28（a）所示桁架各杆的轴力。

【解】（1）求支座反力

由 $\Sigma F_x=0$、$\Sigma M_A=0$ 和 $\Sigma F_y=0$，可求得以下支反力：

$$F_{Ax}=F_P(\leftarrow)，F_{Cy}=F_P(\uparrow)，F_{Ay}=F_P(\downarrow)$$

（2）求各杆轴力

该复杂桁架所有结点连结的杆件均超过两个，单独用结点法计算繁琐，因此联合应用截面法和结点法求解。

先用截面法。作截面 m-m（图 8-28a），并取右边部分桁架为隔离体，如图 8-28（b）所示。由 $\Sigma F_y=0$，有：

$$(F_{NCB}+F_{Cy}-F_P)\cos45°=0$$

将 $F_{Cy}=F_P$ 代入上式，可得：$F_{NCB}=0$

此时，结点 C 变为 T 形结点（图 8-28b），因而可得：$F_{NCE}=0$。进而有：$F_{NEA}=0$，$F_{NEG}=0$（图 8-28a）。

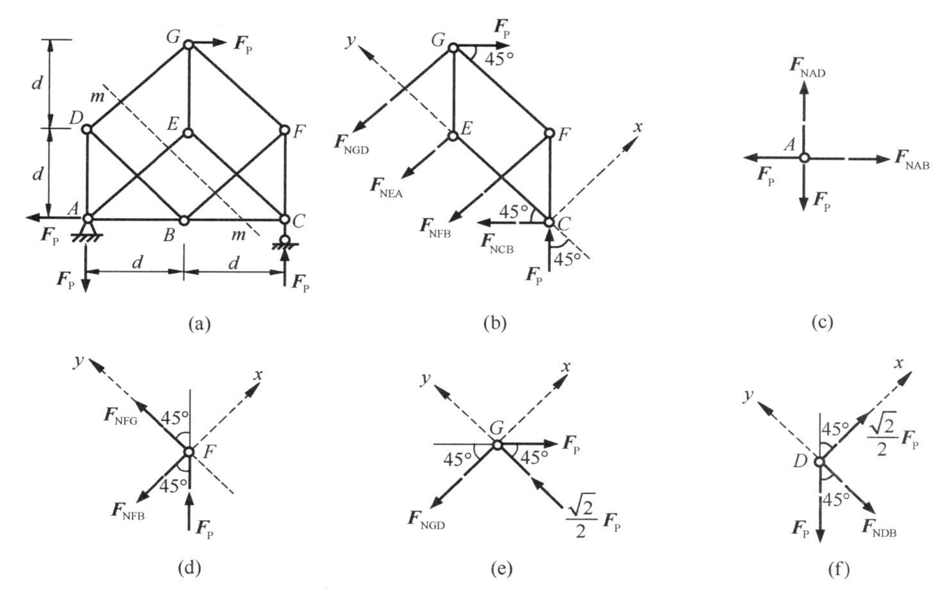

图 8-28 截面法与结点法的联合应用

下面用结点法求解其他杆件轴力，分析中略去零杆。

取结点 A 为隔离体（图 8-28c），由 $\Sigma F_x=0$ 和 $\Sigma F_y=0$，求得：

$$F_{NAB}=F_P，F_{NAD}=F_P$$

取结点 F 为隔离体（图 8-28d），由 $\Sigma F_x=0$ 和 $\Sigma F_y=0$，求得：

$$F_{NFB}=\frac{\sqrt{2}}{2}F_P，F_{NFG}=-\frac{\sqrt{2}}{2}F_P$$

取结点 G 为隔离体（图 8-28e），由 $\Sigma F_x=0$，可得：

$$F_{NGD}=\frac{\sqrt{2}}{2}F_P$$

取结点 D 为隔离体（图 8-28f），由 $\Sigma F_y=0$，得到：

$$F_{NDB}=-\frac{\sqrt{2}}{2}F_P$$

第五节　静 定 组 合 结 构

组合结构是由只承受轴力的链杆和主要受弯的梁式杆件混合组成的结构。工程中组合结构常用于房屋建筑中的屋架、吊车梁以及桥梁等承重结构，如图 8-29（a）、（b）所示拱式屋架和斜拉桥。

在组合结构中，由于链杆的作用，将使受弯杆件的弯矩减小，从而可以节省材料、增加结构的刚度和跨度。组合结构中的链杆和受弯杆件分别用不同的材料制作时，可各自发挥其优点，将使结构的构造和材料性能的利用更合理。

分析组合结构的基本方法是截面法。计算步骤一般是：先求支座反力，再计算轴力杆件，最后分析受弯杆件的内力。

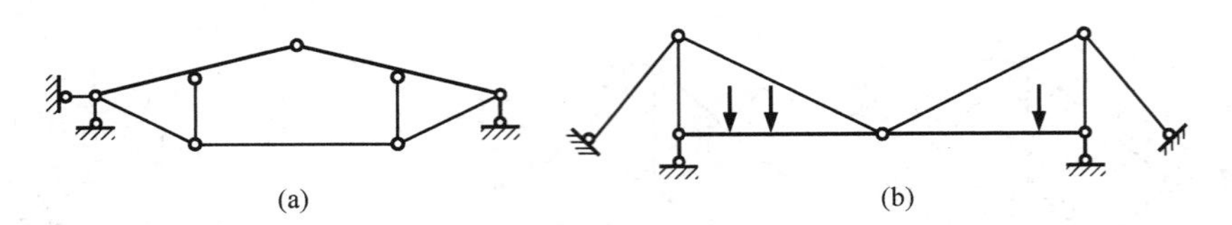

图 8-29 静定组合结构
(a) 拱式屋架结构；(b) 斜拉桥

【例 8-13】 试计算如图 8-30（a）所示组合结构的内力，作内力图。

【解】（1）求支反力

取整体结构为研究对象，由平衡方程 $\Sigma F_x=0$、$\Sigma M_B=0$ 和 $\Sigma M_A=0$，分别求得：

$$F_{Ax}=0，F_{Ay}=40\text{kN}(\uparrow)，F_{By}=40\text{kN}(\uparrow)$$

（2）求链杆的轴力

过铰 C 作截面 m-m（图 8-30a），取左半结构为隔离体（图 8-30b），由 $\Sigma M_C=0$，得到：

$$F_{NDE}=\left(\frac{40\times8-5\times8\times4}{3}\right)\text{kN}=\frac{160}{3}\text{kN}=53.33\text{kN}$$

再取结点 D 为隔离体（图 8-30c），由 $\Sigma F_x=0$ 和 $\Sigma F_y=0$，可得：

$$F_{NDA}=\left(\frac{160}{3}\times\frac{5}{4}\right)\text{kN}=\frac{200}{3}\text{kN}=66.67\text{kN}$$

$$F_{NDF}=-\left(\frac{200}{3}\times\frac{3}{5}\right)\text{kN}=-40\text{kN}$$

利用对称性可知：$F_{NEB}=F_{NDA}$ 及 $F_{NEG}=F_{NDF}$，链杆的轴力如图 8-30（d）所示。

（3）求受弯杆件的弯矩

考虑如图 8-30（b）所示隔离体两个方向的力平衡条件，由 $\Sigma F_y=0$ 及 $\Sigma F_x=0$ 有：

$$F_{Cy}=0，F_{Cx}=53.33\text{kN}(\leftarrow)$$

中间铰 C 处 F_{Cy}、M_C 均为零，可按均布荷载作用下的悬臂梁直接绘出 CF 段的 M 图，杆端弯矩 M_{FC} 为：

$$M_{FC}=\left(\frac{1}{2}\times5\times4^2\right)\text{kN}\cdot\text{m}=40\text{kN}\cdot\text{m}=M_{FA}\text{(上侧受拉)}$$

支座处 $M_A=0$，将 M_A 和 M_{FA} 之间连以虚线，再叠加该段简支梁在 q 作用下的弯矩，得到 AF 段的 M 图。

根据左半边结构的弯矩图以及弯矩的对称性，可得整个结构的弯矩图，如图 8-30（d）所示。

（4）作剪力图

由弯矩图和荷载情况可知，各杆段的剪力图为斜直线，杆端剪力分别为：

$$F_{SCF}=\left(\left|\frac{40-0}{4}\right|-\frac{5\times4}{2}\right)\text{kN}=0$$

$$F_{SFC}=\left(\left|\frac{40-0}{4}\right|+\frac{5\times4}{2}\right)\text{kN}=+20\text{kN}$$

$$F_{SAF}=\left(-\left|\frac{40-0}{4}\right|+\frac{5\times4}{2}\right)\text{kN}=0$$

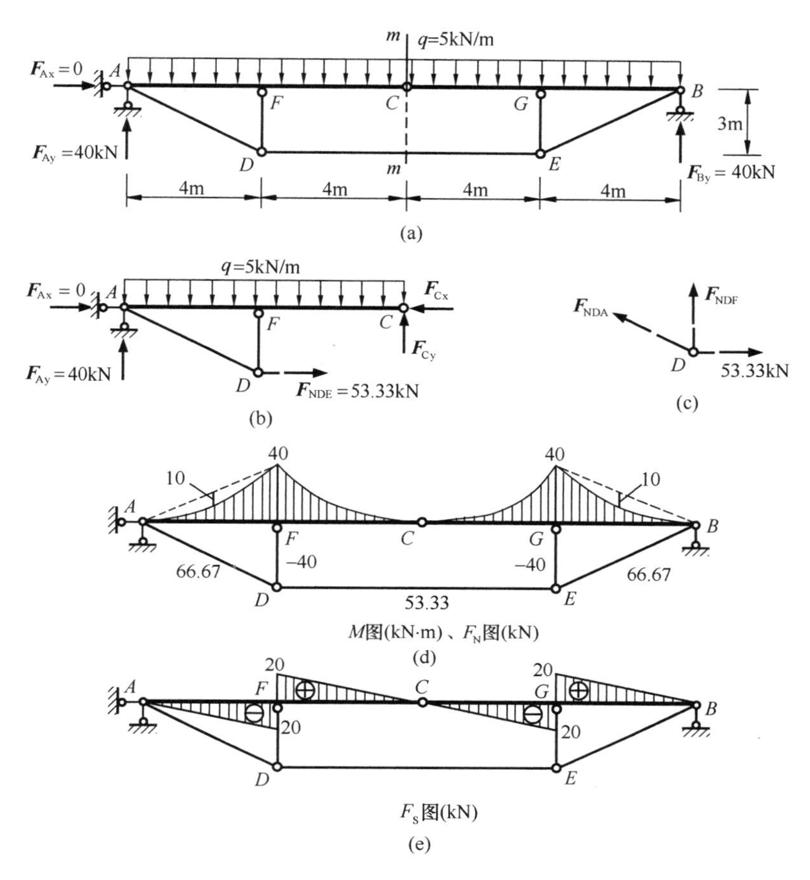

图 8-30 静定组合结构的内力

$$F_{SFA}=\left(-\left|\frac{40-0}{4}\right|-\frac{5\times4}{2}\right)\text{kN}=-20\text{kN}$$

根据各杆端剪力作左半边结构的剪力图，然后由剪力的反对称性可得整个结构的剪力图，如图 8-30（e）所示。显然，由于轴力杆件 DF 和 EG 的存在，F 和 G 点两侧截面的剪力有 40kN 的突变值。

第六节 静定结构的特性

根据以上各节的讨论可知，虽然静定结构的形式各异，但是有一些共同的特性。掌握这些特性，有助于了解静定结构的构造性能和内力计算。

1. 静定结构解答的唯一性

在几何组成方面，静定结构是无多余约束的几何不变体系；在静力分析方面，静定结构的全部反力和内力都可以由静力平衡条件求出，而且得到的解答是唯一的。这是静定结构的基本静力特性。这一特性称为静定结构解答的唯一性定理。

2. 静定结构的局部平衡性

当平衡力系作用于静定结构的某一内部几何不变部分时，除该部分受力外，其余部分不产生内力和反力。

由这一特性可知，如图 8-31（a）所示刚架，附属部分 BC 上的反力、内力均为零。由于 A 支座的反力为零，AD、FC 部分无外力，内力亦全为零。而几何不变部分 DEF 在平衡力系作用下的弯矩图如图中所示。又如图 8-31（b）所示桁架，只有几何不变部分 CDE（图中阴影所示）上受力，而其余部分各杆内力和支反力均为零。

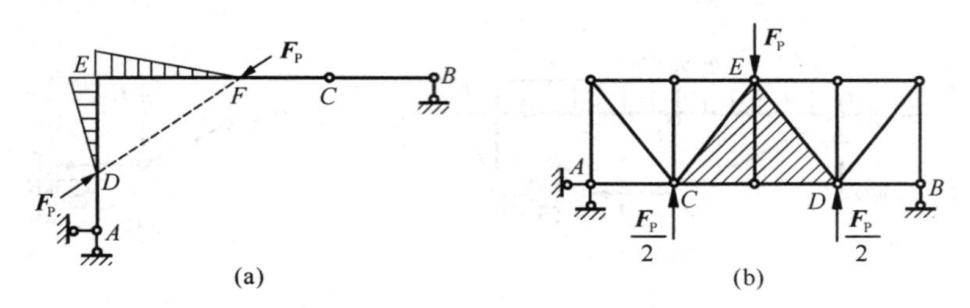

图 8-31　静定结构的局部平衡特性

3. 静定结构的荷载等效变换性

当静定结构某一内部几何不变部分上的荷载作等效变换时，只有该部分的内力发生变化，其余部分的内力和反力保持不变。

设在静定结构的某一几何不变部分 AB 上作用有两种不同但静力等效的荷载 F_{P1}、F_{P2}，其产生的内力分别为 F_1 和 F_2，如图 8-32（a）、(b）所示。现在要论证，在这两种情况下，除 AB 杆外，其余杆件的内力和反力均相同，即 $F_1=F_2$。为此，以荷载 F_{P1} 和 $-F_{P2}$ 共同作用于结构上（图 8-32c），由叠加原理可知，其产生的内力为（F_1-F_2），由于 F_{P1} 和 $-F_{P2}$ 为一组平衡力系，根据静定结构的局部平衡特性知，除杆件 AB 以外，其余部分的内力应为（F_1-F_2）$=0$，故有 $F_1=F_2$。这就说明，若以 F_{P1} 的等效荷载 F_{P2} 来代替，只影响杆件 AB 的内力，而其余部分的内力和反力均不变。

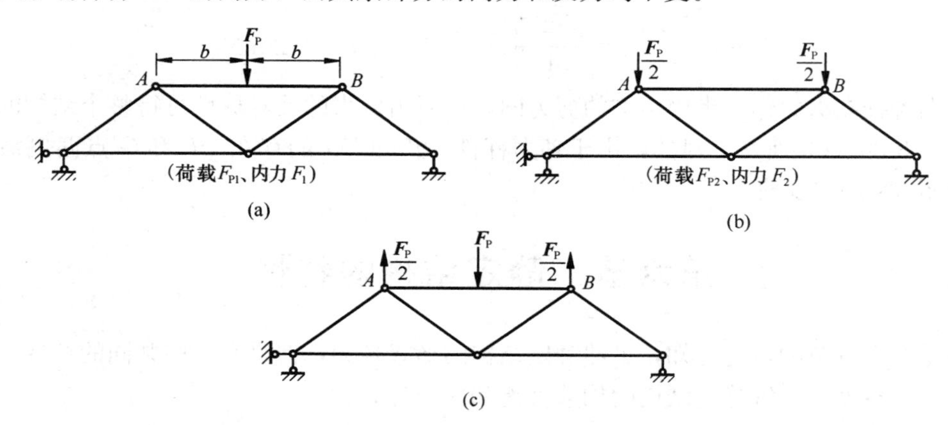

图 8-32　静定结构的荷载等效变换特性

4. 静定结构的构造变换性

当静定结构中任意一个几何不变部分作构造变换时，只有该部分的内力发生变化，其余部分的内力和反力保持不变。

例如，图 8-33（a）所示的静定结构，上弦杆 AB 受节间荷载作用。为改善上弦杆的

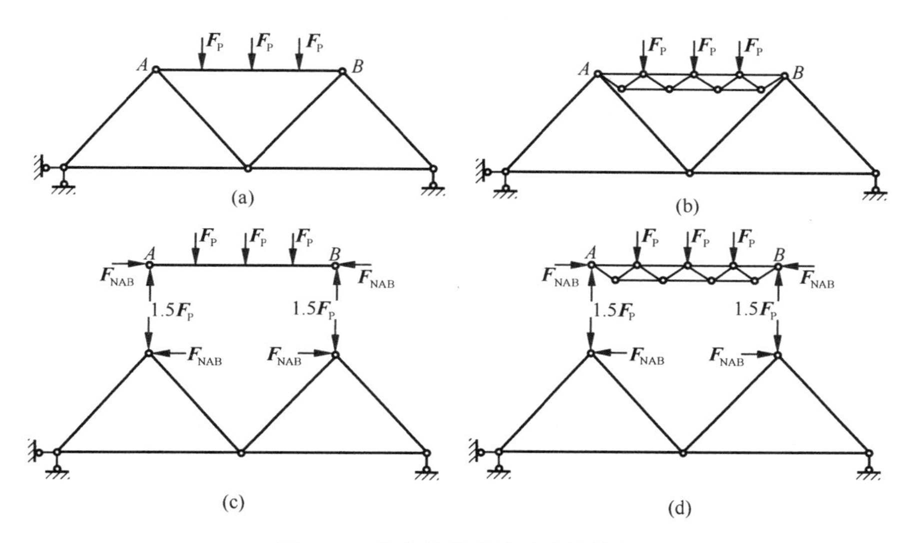

图 8-33 静定结构的构造变换特性

受力状态，可用一个小桁架代替原结构的上弦杆，如图 8-33（b）所示。这种构造变换只使 AB 部分的内力改变，其余部分的内力及反力均没有改变。为了说明这一点，可将杆 AB、小桁架 AB 与其余部分分开，则隔离体受力图分别如图 8-33（c）、（d）所示。不难看出，两种情况下对结构其余部分的作用力是相同的，因此，结构其余部分的受力状态不变，但杆 AB 和小桁架 AB 的受力状态不同。

5. 温度改变、支座移动、材料收缩和制造误差等非荷载因素均不会引起静定结构的反力和内力

例如，图 8-34（a）所示悬臂梁，在温度改变时，将会自由的伸长和弯曲，支座不会产生任何反力，截面也不会产生任何内力。又如图 8-34（b）所示简支梁，当支座 B 发生沉降时，梁将绕支座 A 自由转动而随之产生位移，同样不会有任何反力和内力产生。事实上，在上述情况中，由于没有荷载作用（即作用于结构上的是零荷载），此时能够满足结构所有各部分平衡条件的只能是零内力和零反力，由此可以推断，除荷载以外其他任何外因均不会使静定结构产生反力和内力。

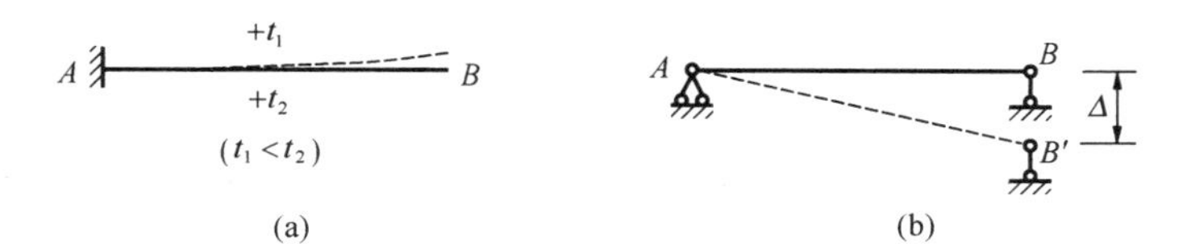

图 8-34 非荷载因素作用下静定结构无反力和内力

思考题

8-1 如何用分段叠加法作弯矩图？何谓纵标的叠加？

8-2 多跨静定梁的几何组成与计算反力的顺序有何关系？

8-3 如何根据弯矩图作剪力图？

8-4　三铰拱的支座反力与什么无关？与什么有关？

8-5　什么是拱的合理拱轴线？拱的合理拱轴线与哪些因素有关？

8-6　桁架的计算简图作了哪些假设？

8-7　如何判断桁架中的“零杆”？

8-8　静定结构有哪几种类型？具有哪些共同的特性？

习题

8-1　试作图示多跨静定梁的内力图。

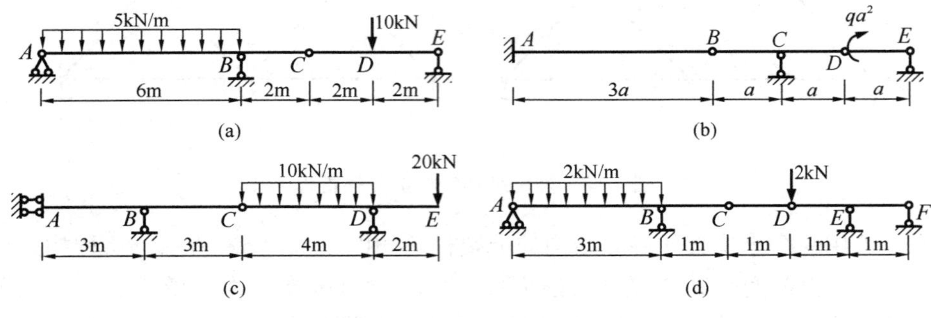

题 8-1 图

8-2　试作图示多跨静定梁的弯矩图。

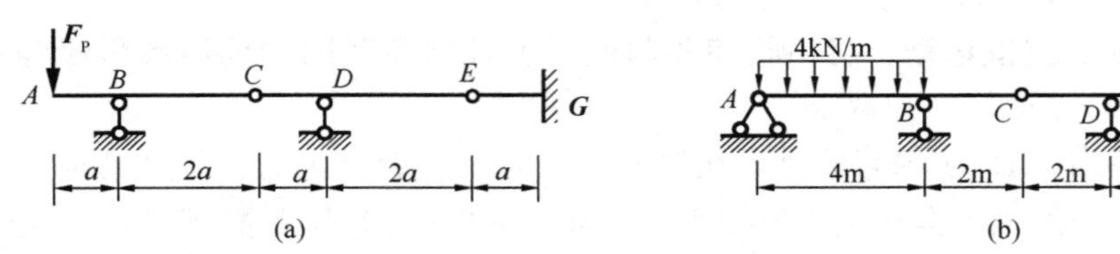

题 8-2 图

8-3　试求图示刚架的支座反力和弯矩。

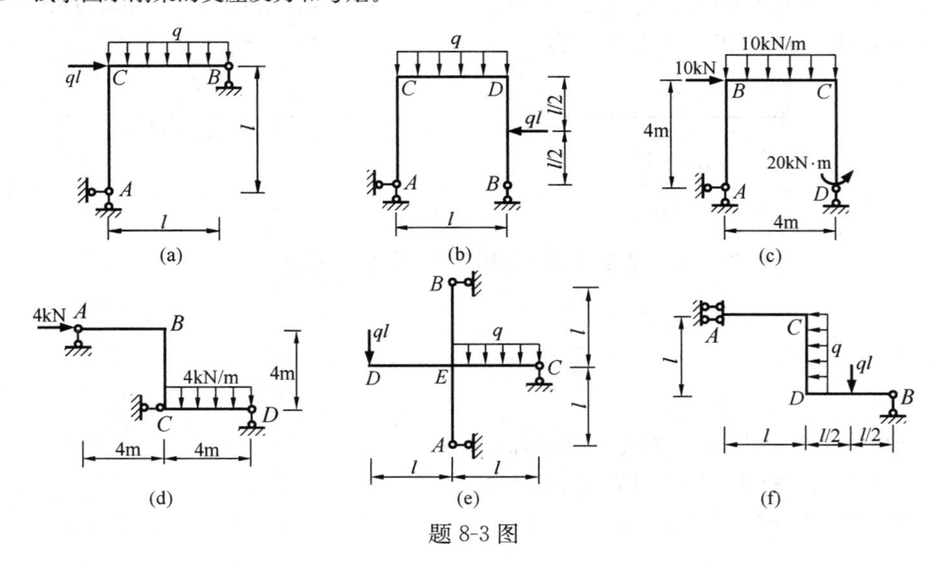

题 8-3 图

8-4　试作图示刚架的内力图。

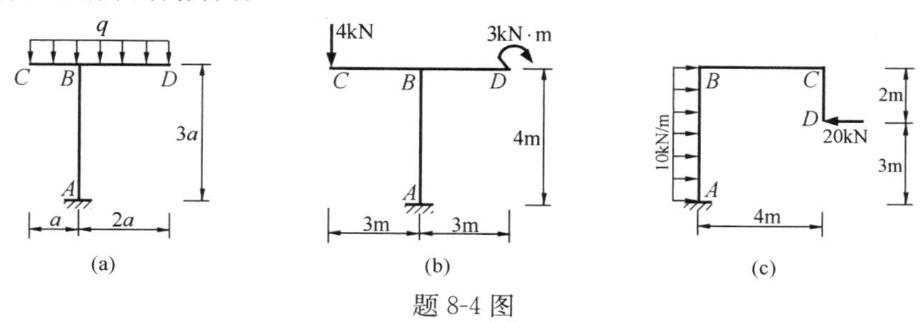

题 8-4 图

8-5　试作图示刚架的内力图。

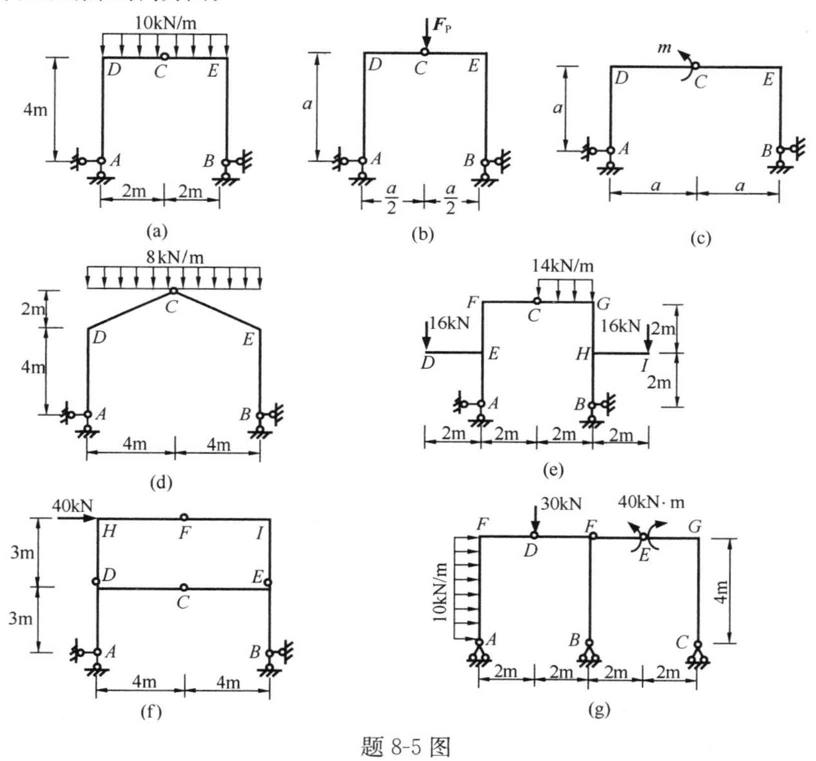

题 8-5 图

8-6　试指出图示弯矩图的错误，并加以改正。

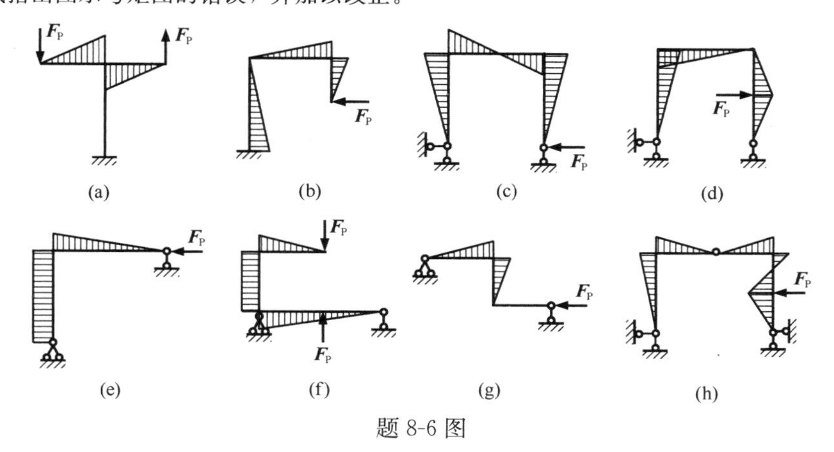

题 8-6 图

8-7　图示三铰拱的拱轴线方程为 $y=\frac{4f}{l^2}x(l-x)$，试求 D、K 截面的内力。

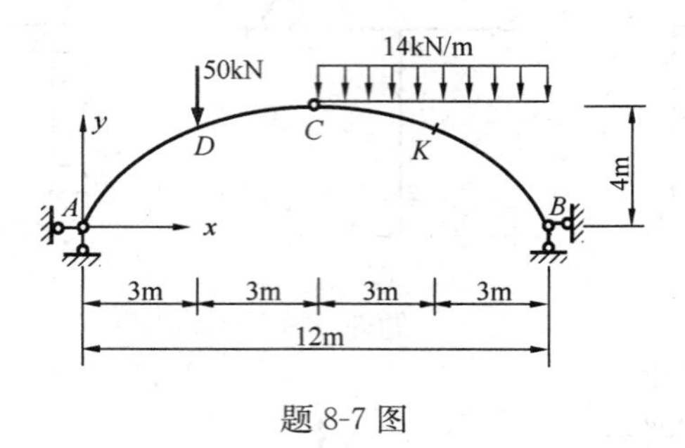

题 8-7 图

8-8　试指出图示各桁架中的零杆。

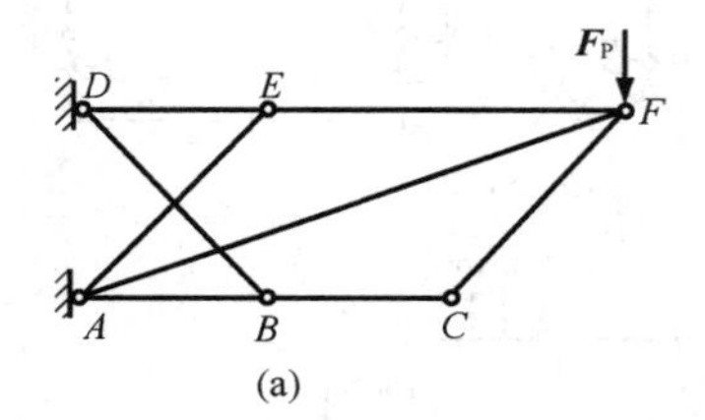

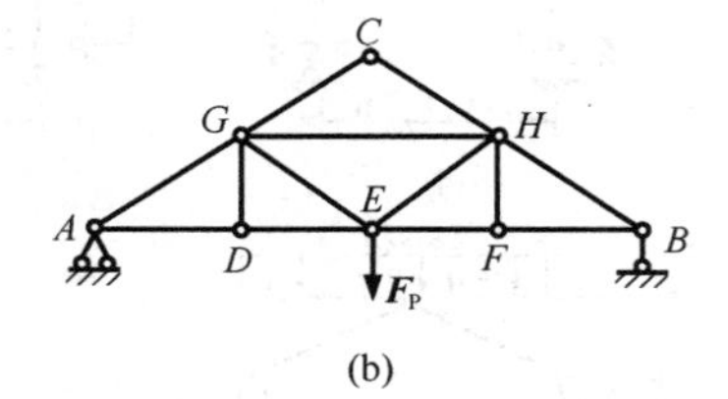

题 8-8 图

8-9　试用结点法求图示桁架各杆的内力。

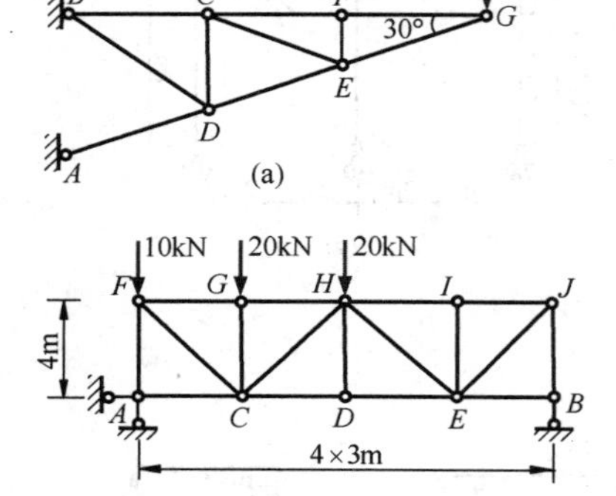

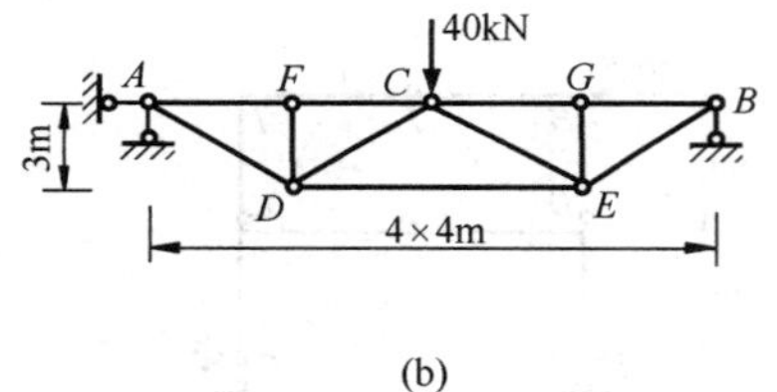

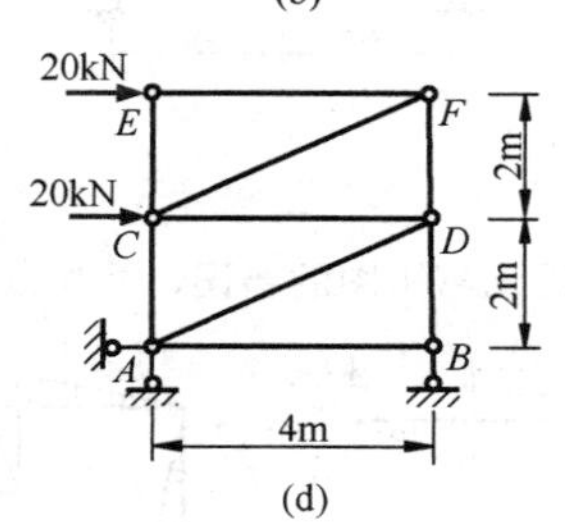

题 8-9 图

8-10　试用截面法求图示桁架指定杆的内力。

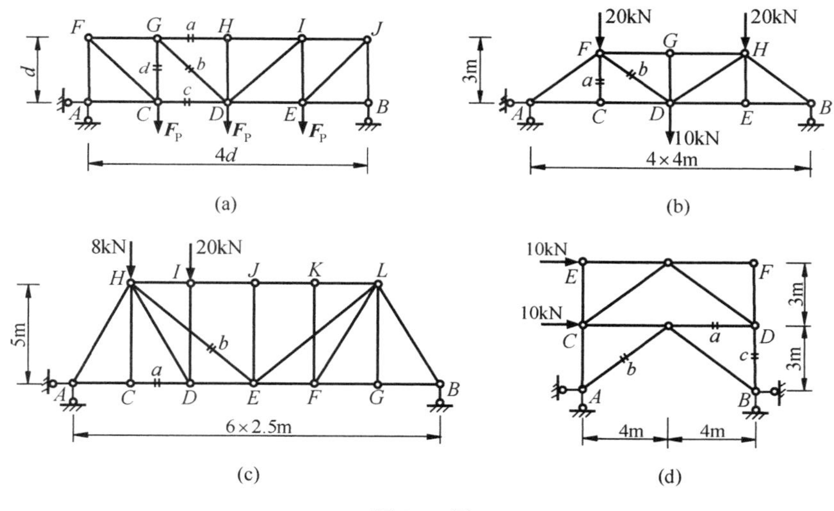

题 8-10 图

8-11　试求图示组合结构的内力，并绘制内力图。

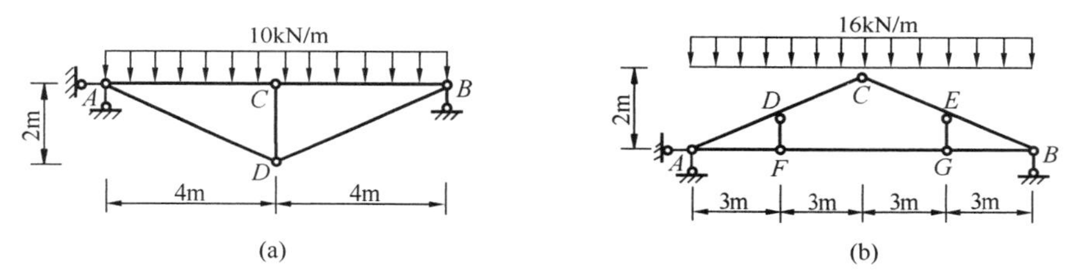

题 8-11 图

第九章 静定结构的位移计算

本章从变形体的虚功原理出发，推导出结构位移计算的一般公式，给出了静定结构在荷载及支座位移等因素作用下的位移计算公式，重点讨论了图乘法的应用。

第一节 概 述

结构在荷载作用下将会发生变形，相应地结构上各点位置也将发生改变，这种位置的改变称为**位移**。

位移可分为线位移与角位移两种。线位移是指结构上点的移动，角位移是指杆件横截面的转动。例如图 9-1（a）所示结构，在荷载作用下的变形如图中虚线所示。其上的 C 点移到 C' 点，线段 CC' 称为 C 点的线位移，记为 Δ_C，此位移也可以分解为水平分量 Δ_{CH} 和竖向分量 Δ_{CV}，分别称为 C 点的水平线位移和竖向线位移。同时，C 截面还有一个角位移（即转角）φ_C。

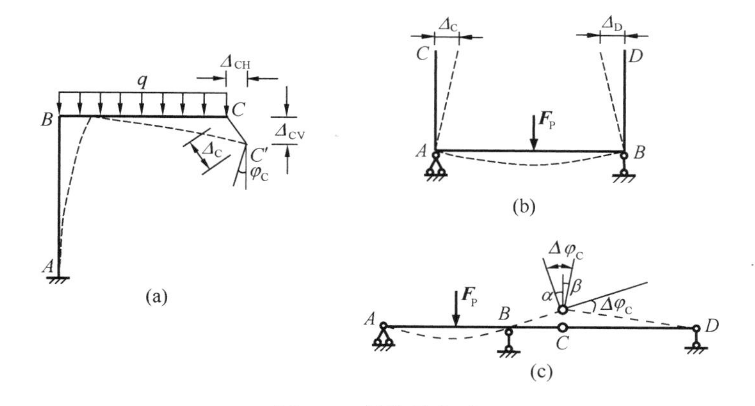

图 9-1 结构的位移

上述线位移和角位移均是相对某一截面而言，称为**绝对位移**。此外，还有两个截面之间相对位置的改变，称为**相对位移**。例如在图 9-1（b）中，C、D 两点的水平线位移分别为 Δ_C 和 Δ_D，则 C、D 两点的水平相对线位移为：

$$(\Delta_{CD})_H = \Delta_C + \Delta_D$$

又如图 9-1（c）所示梁，由于梁的弯曲变形，使铰 C 两侧截面产生了相对转动，若铰 C 左侧截面产生转角 α、右侧

截面产生转角 β，则铰 C 两侧截面产生的相对角位移（即相对转角）为：

$$\Delta\varphi_C = \alpha + \beta$$

除荷载作用会引起位移外，支座移动、温度变化、材料收缩、制造误差等其他因素也会使结构产生位移。本章只讨论前两种主要因素。

对结构进行位移计算的主要目的如下：

1. 结构刚度的确定

因为结构除强度要得到保证外，还必须有足够的刚度，以保证结构在外来因素作用下不致产生过大的变形，影响其正常使用。例如，厂房吊车梁的挠度过大，将影响吊车的正常行走，规定最大挠度不得超过跨度的 1/500～1/600。框架结构如果侧移过大（图 9-2a），将无法正常使用。

2. 结构施工安装的需要

结构在制作安装过程中，常常需要预先知道结构变形后的位置以便采取相应的施工措施。例如房屋建筑中的大跨度屋架（图 9-2b），在荷载作用下将发生向下的挠度，从而影响建筑物的使用和观感。为此，施工时需要预先将其向上抬起（称为建筑起拱），以便施工完毕后，结构在自重作用下能接近设计要求的水平位置，这就需要计算屋架的起拱量。

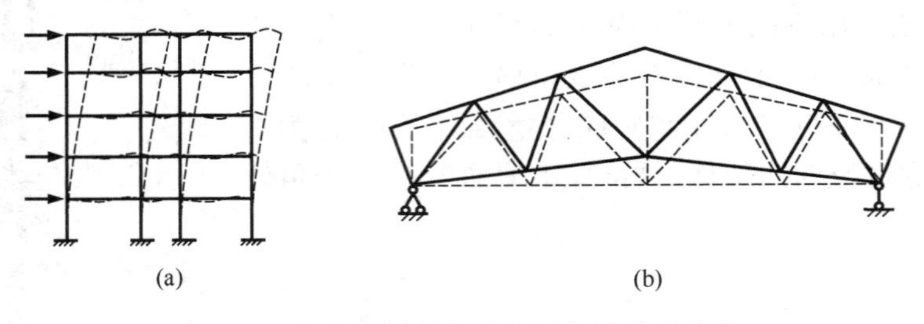

图 9-2 框架结构的侧移与屋架结构的起拱

3. 超静定结构分析的基础

因为在计算超静定结构的内力时，未知量的数目超过静力平衡方程式数目，因而必须同时考虑变形条件。例如图 9-3（a）所示超静定梁有四个支座反力，用静力平衡条件无法全部求出。采用如图 9-3（b）所示的静定梁为计算模型，根据均布荷载 q 和 B 支座反力 F_{By} 共同作用下 B 端竖向位移等于零的变形条件，可以确定 F_{By} 的数值，这就需要计算静定结构的位移。

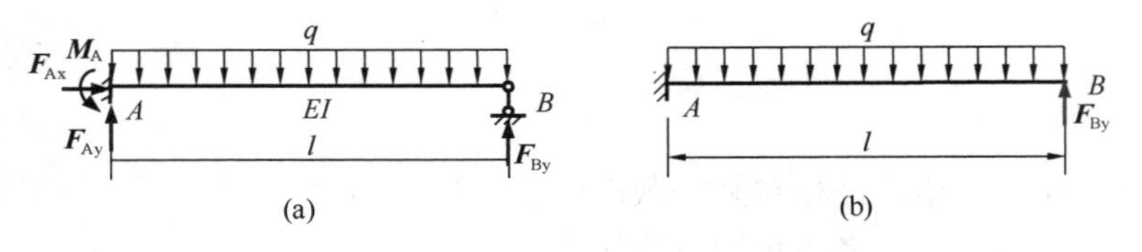

图 9-3 超静定梁的计算

第二节 变形体的虚功原理

制造建筑结构的材料都是可变形的固体材料，因此结构在使用或制造过程中，都会产生变形。按照变形体系的特性，可分为线性变形体系和非线性变形体系。本书只讨论线性变形体系。

所谓**线性变形体系**是指位移与荷载呈线性关系的体系，而且在荷载全部撤除后，体系的位移将完全消失。因此，这种体系也称为线弹性体系。线性变形体系符合下列条件：

（1）应力与应变关系满足胡克定律。

（2）体系是几何不变的，且所有约束都是理想约束（即在体系发生位移过程中约束反力不作功）。

（3）位移是微小的。即建立平衡方程时，仍应用结构变形前的几何尺寸。当结构同时受多种因素作用时，其位移计算可应用叠加原理。

虚功原理是结构位移计算的基础，由虚功方程可以导出位移计算的一般公式。因此，下面将先介绍变形体系的虚功原理。

一、虚功的概念

图 9-4 所示，在恒力 F_P 作用下，物体沿力作用方向产生了位移 Δ，则力所作的功为 $W=F_P\cdot\Delta$。这里，位移 Δ 是由 F_P 本身引起的，这种力在自身引起的位移上所作的功称为**实功**。

如果位移不是由作功的力本身引起的，即作功的力与其相应的位移彼此无关，这时力所作的功称为**虚功**。例如图 9-5 所示简支梁，在截面 1 处施加保持不变的恒荷载 F_{P1} 后，梁达到实曲线所示弹性平衡位置，截面 1 的竖向位移为 Δ_{11}，则 F_{P1} 沿 Δ_{11} 作了实功 $W_1=F_{P1}\cdot\Delta_{11}$。然后，再在截面 2 处施加荷载 F_{P2}，梁继续变形至虚曲线所示位置，截面 1 产生新的位移 Δ_{12}。于是，F_{P1} 沿 Δ_{12} 作了虚功 $W_2=F_{P1}\cdot\Delta_{12}$。又如图 9-6 所示悬臂梁，实曲线位置表示在 F_P 作用下的平衡位置（B 点的竖向位移为 Δ_{BP}），则 F_P 所作实功为 $W_1=F_P\cdot\Delta_{BP}$。当梁上侧温度升高 t℃，下侧降低 t℃后，梁变形弯曲到虚曲线的位置，此时，B 点产生了新的竖向位移 Δ_{Bt}，F_P 所作虚功为 $W_2=F_P\cdot\Delta_{Bt}$。

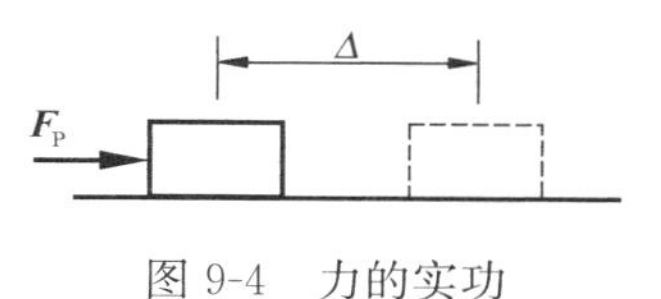

图 9-4　力的实功

图 9-5　力的实功与虚功

需要指出的是，虚功是相对于实功而言的，强调位移与作功的力无关。在虚功中，力与位移是属于同一体系的两种独立无关的状态，分别称为**力状态**（图 9-7a）和**位移状态**（图 9-7b）。

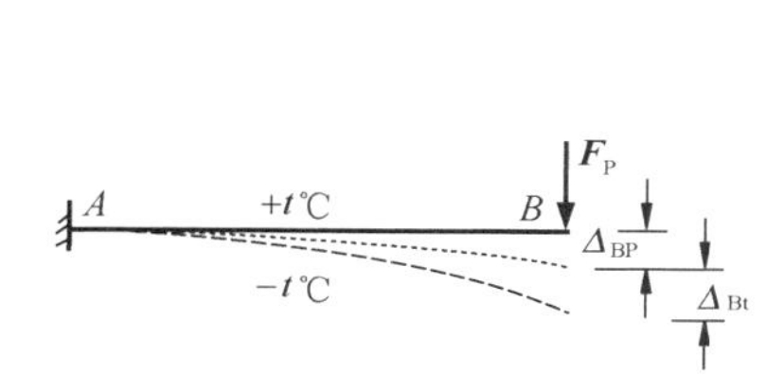

图 9-6　梁的温度位移与弯曲变形

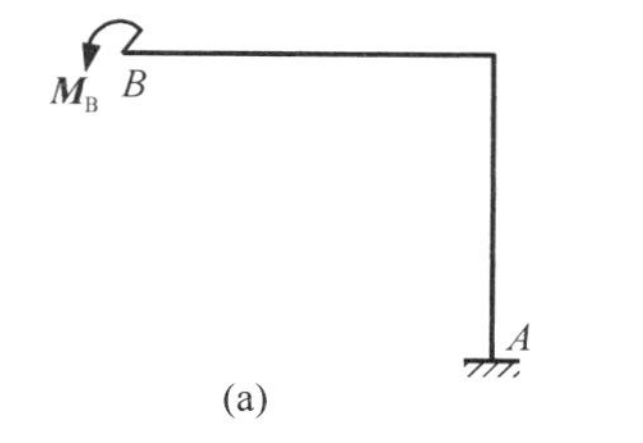

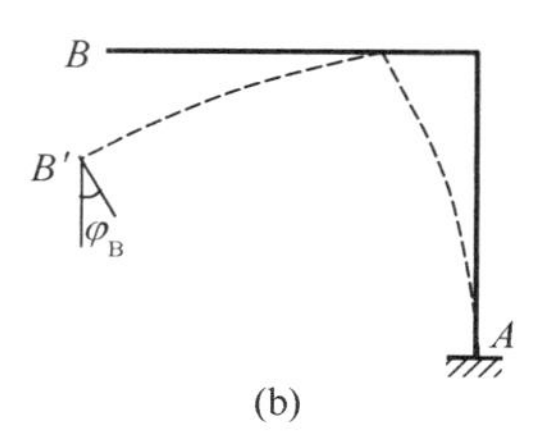

图 9-7　刚架的两种独立状态

（a）力状态；（b）位移状态

在虚功表达式中，力与位移是对应的。例如，图 9-6（a）所示力偶 M_B，沿如图 9-7（b）所示位移状态中 B 截面转角所作虚功为 $W=M_B \cdot \varphi_B$。又如图 9-8（a）所示微段上均布荷载的集中力 qdx，在位移状态（图 9-8b）中相应的位移 y 上所作虚功为 $\mathrm{d}W=yq\mathrm{d}x$，因此，均布荷载 q 所作虚功为：

$$W=\int_0^l yq\mathrm{d}x=q\int_0^l y\mathrm{d}x$$

方便起见，我们引出广义力与广义位移的概念。集中力、集中力偶、一对集中力、一对力偶、某一力系等统称为**广义力**，而相应的位移（线位移、角位移、相对线位移、相对角位移、某一组位移等）统称为**广义位移**。广义力与广义位移的乘积具有功的量纲。当广义力与广义位移的方向一致时，乘积为正，则作正功，反之亦然。

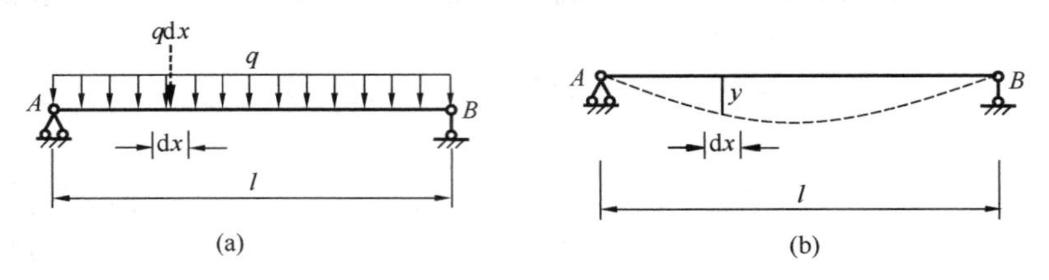

图 9-8　梁的两种独立状态

（a）力状态；（b）位移状态

二、变形体系的虚功原理

变形体系的虚功原理可以表述如下：设有一变形体系，承受力状态和位移状态两个彼此独立因素的作用，那么力状态满足静力平衡、位移状态满足变形协调的必要充分条件是：力状态中的外力在位移状态中相应的位移上所作的外力虚功与力状态中的内力在位移状态中相应的变形上所作的内力虚功相等。或者说：对于满足约束条件的任意微小的连续虚位移，变形体系上所有外力所作的虚功总和 W_e，等于变形体系各微段上的内力在虚变形上所作虚功的总和 W_i。简言之：外力虚功等于虚变形功。

所谓**静力平衡**是指结构整体和任何局部满足静力平衡条件以及力的边界条件。所谓**变形协调**是指位移是微小的，且满足支承约束条件和变形连续条件。

下面论证虚功原理的必要条件，更详细的数学推导及充分性的证明，可参阅有关书籍。

图 9-9（a）所示给出一满足静力平衡条件的力状态，图 9-10（a）所示该结构由其他原因产生的位移状态，满足变形协调条件。为了证明必要条件的正确性，取任一微段，按两种不同的途径计算虚功，并求所有微段的虚功总和。

1. 按实际的力状态计算虚功

图 9-9（a）所示力状态下，微段上作用有荷载 q 以及轴力、剪力和弯矩（图 9-9b）。这些力在如图 9-10（b）所示位移状态下所作虚功为 $\mathrm{d}W$：

$$\mathrm{d}W=\mathrm{d}W_e+\mathrm{d}W_i$$

其中，$\mathrm{d}W_e$为 q 所作的外力虚功，$\mathrm{d}W_i$ 为截面上的轴力、剪力、弯矩所作的内力虚功。

沿杆段积分，可得整个结构的总虚功：

$$\Sigma\int \mathrm{d}W = \Sigma\int \mathrm{d}W_{\mathrm{e}} + \Sigma\int \mathrm{d}W_{i} = W_{\mathrm{e}} + W_{i}$$

式中，外力虚功 W_{e} 表示结构的所有外力（包括荷载和支座反力）在相应虚位移上所作虚功的总和；内力虚功 W_i 表示所有微段截面上的内力在虚变形上所作虚功的总和。

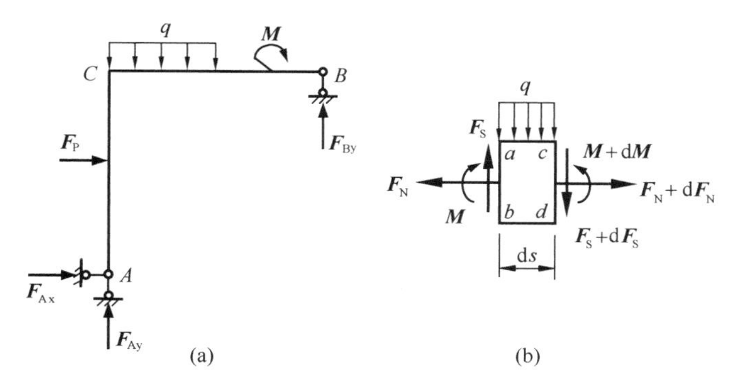

图 9-9 结构的力状态及内力

由于，结构杆件任何两相邻微段的相邻截面上的内力大小相等方向相反；而两微段相邻的截面具有相同的位移，因此每一对相邻截面上的内力虚功总可以互相抵消。由此可知，$W_i=0$。因此，有：

$$W = W_{\mathrm{e}} \tag{9-1}$$

2. 按实际的位移状态计算虚功

从图 9-10（a）的位移状态中取一微段来分析，微段的位移可分解为两部分：一是只发生刚体位移（由 $abcd$ 移到 $a'b'c'd'$），然后再发生变形位移（截面 $a'b'$ 不动，$c'd'$ 移动到 $c''d''$），如图 9-10（b）所示。设作用于微段上的所有力在刚体位移所作虚功为 $\mathrm{d}W_{\mathrm{s}}$，在变形位移所作虚功为 $\mathrm{d}W_{\mathrm{v}}$，则微段总的虚功可写为：

$$\mathrm{d}W = \mathrm{d}W_{\mathrm{s}} + \mathrm{d}W_{\mathrm{v}}$$

由于作用于微段上的所有力组成平衡力系，其合力为零，故在刚体位移上所作虚功 $\mathrm{d}W_{\mathrm{s}}=0$，于是 $\mathrm{d}W=\mathrm{d}W_{\mathrm{v}}$，对于整个结构则有：

$$\Sigma\int \mathrm{d}W = \Sigma\int \mathrm{d}W_{\mathrm{v}}$$

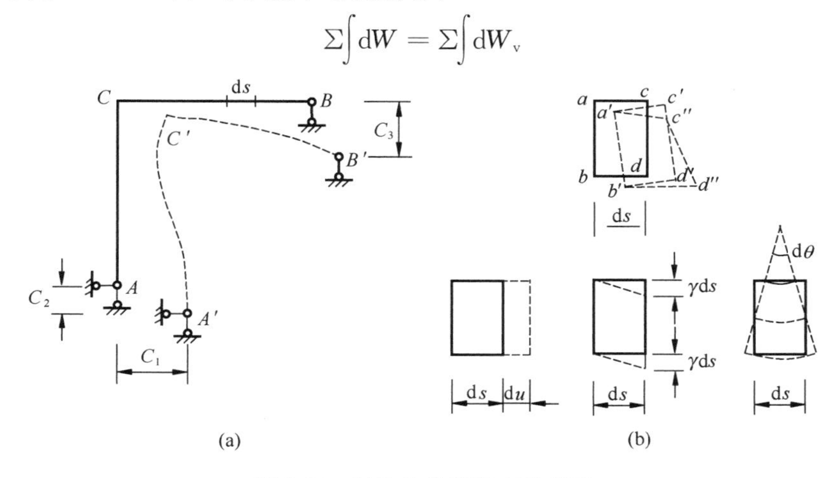

图 9-10 结构的位移状态及变形

即
$$W = W_v \tag{9-2}$$

现在再来讨论 W_v 的计算。对于平面杆件结构，微段的变形可以分解为轴向变形 du、剪切变形 γds 和弯曲变形 $d\varphi$。由于微段非常微小，微段合力 qds，以及微段上的轴力、剪力和弯矩的增量（dF_N、dF_S 和 dM），在微段变形上所作的虚功为高阶微量，可略去不计。因此，微段上的力在变形位移中所作的虚功为：

$$dW_v = F_N du + F_S \gamma ds + M d\varphi$$

将上式沿杆段积分，可得整个结构的虚功为：

$$W_v = \Sigma \int dW_v = \Sigma \int F_N du + \Sigma \int F_S \gamma ds + \Sigma \int M d\varphi$$

上式表明，W_v是如图 9-9 所示力状态下所有微段两侧截面上的内力，在图 9-10 微段变形位移中所作的总虚功，称为虚变形功或虚应变能。

比较 1、2 两种分析过程可知，它们计算的都是同一变形体系的力状态（图 9-9 给出的外力和内力）在相应的位移和变形（图 9-10 所示位移状态）上所作的总虚功，因而有

$$W_e = W_v \tag{9-3}$$

这就是我们要证明的结论。

为了书写简明，将式（9-1）中的外力虚功 W_e 改用 W 表示，则式（9-3）可写为：

$$W = W_v \tag{9-4}$$

式（9-4）称为变形体系的虚功方程。

上述论证虚功原理的过程中，并未涉及材料的物理性质，因此，无论对线性还是非线性变形体系都是适用的。对于刚体体系，由于位移状态中各微段不产生任何变形，故变形虚功 $W_v=0$，此时，虚功方程成为：

$$W = 0 \tag{9-5}$$

式（9-5）为刚体体系的虚功方程。它表明：在具有理想约束的刚体体系上，如果力状态的力系满足平衡条件，位移状态的位移是满足约束条件的微小位移，则外力所作虚功为零。显然，刚体体系的虚功原理是变形体系虚功原理的一个特例。

三、虚功原理的两种应用

虚功原理在应用时可有以下两种方式：当力状态是真实的，位移状态是虚设的，则虚功原理表述为虚位移原理；当位移状态是真实的，力状态是虚设的，则虚功原理表述为虚力原理。

1. 用虚位移原理求未知力

如果需要求实际状态下的未知力，则取该实际状态为力状态，根据拟求的未知力，虚设一个满足变形协调条件的位移状态，然后应用虚功方程求出未知力。在下一章将用这一方法作静定结构的影响线。

2. 用虚力原理求未知位移

如果需要求实际状态下的未知位移，则可取该实际状态为位移状态，根据拟求的未知位移，虚设一个满足静力平衡条件的力状态，然后应用虚功方程求出未知位移。

下面主要介绍虚力原理在求解静定结构未知位移中的具体应用。

第三节　支座移动引起的位移

静定结构在支座移动时，将产生整体的刚体位移，但不会产生内力与变形。

对于简单结构，支座移动引起的位移可通过几何方法确定，例如图 9-11 所示的悬臂梁，固定端 A 的转动引起自由端 B 点的竖向位移为 $l\theta$。但当结构复杂时，也可以利用基于虚功原理的单位荷载法进行计算。

设如图 9-12（a）所示结构的支座 B 下沉了距离 c，求 C 点的竖向位移 Δ_C。由于位移状态是实际状态，因此应当虚设与位移状态无关的力状态。为了计算 C 点的竖向位移，在 C 点加向下作用的竖向单位力 $F_P=1$，结构的支反力和内力构成满足平衡条件的力状态，如图 9-12（b）所示。因为在实际位移状态中，除支座 B 外，其他支座没有移动，所以这些支座的反力在真实位移状态下所做的虚功为零。此外，支座移动时，静定结构的杆件没有变形，因此单位力状态下的内力在实际变形上所做的虚功也为零。

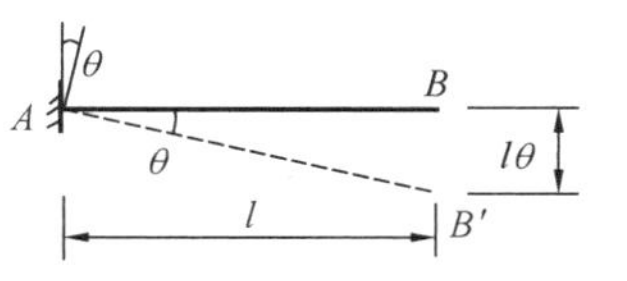

图 9-11　悬臂梁的位移

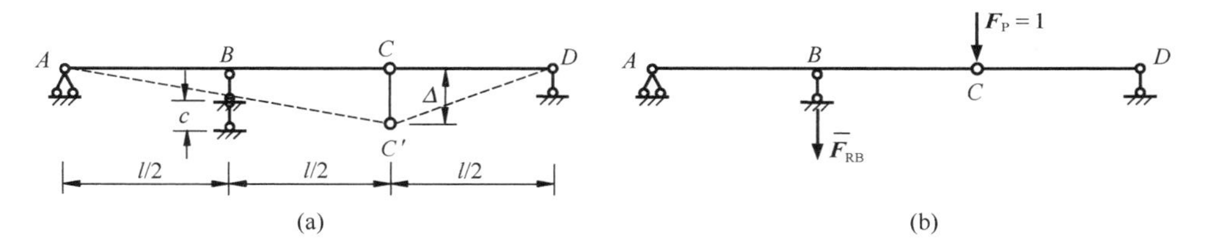

图 9-12　梁的实际位移状态与虚设单位力状态

由虚功方程式（9-5），有

$$W = F_P \cdot \Delta + \overline{F}_{RB} \cdot c = 1 \cdot \Delta_C + \overline{F}_{RB} \cdot c = 0$$

即

$$\Delta_C = -\overline{F}_{RB} \cdot c$$

当结构上发生位移的支座不止一个时，上式变为

$$\Delta_C = -\Sigma\,\overline{F}_{Rk} \cdot c_k \tag{9-6}$$

这就是静定结构在支座移动时的位移计算公式。式中求和号表示对所有发生位移的支座求和；c_k 为第 k 个支座的位移，$\overline{F}_{Rk}$ 为单位力状态下第 k 个支座的反力，与支座实际位移方向一致时为正。

【例 9-1】 图 9-13（a）所示刚架，支座 B 向右水平位移 4cm，向下沉陷 5cm，试求截面 A 的转角 φ_A。

【解】 建立单位力状态，即在截面 A 施加单位力偶，如图 9-13（b）所示，则各支座反力为：

$$\overline{F}_{Ay} = \frac{1}{6\text{m}}\ (\downarrow),\ \overline{F}_{By} = \frac{1}{6\text{m}}\ (\uparrow),\ \overline{F}_{Bx} = 0$$

实际的支座位移为：

$$\Delta_{Ay} = 0,\ \Delta_{By} = 0.05\text{m}\ (\downarrow),\ \Delta_{Bx} = 0.04\text{m}\ (\rightarrow)$$

将以上各值代入式（9-6），可得：

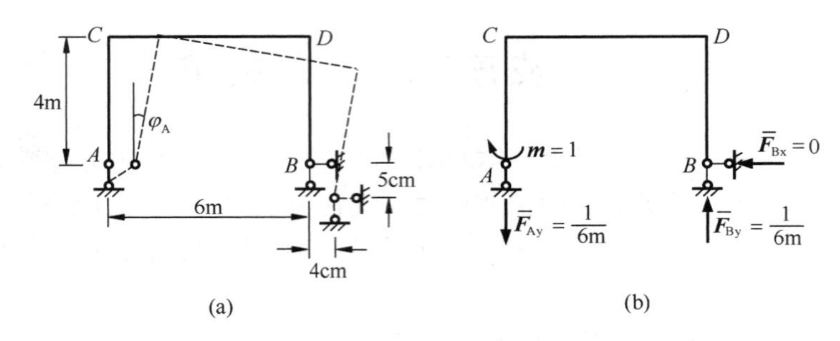

图 9-13　刚架的实际位移状态与虚设单位力状态

$$\varphi_A=-\Sigma\overline{F}_{Rk}\cdot c_k=-(\overline{F}_{Ay}\cdot\Delta_{Ay}+\overline{F}_{By}\cdot\Delta_{By}+\overline{F}_{Bx}\cdot\Delta_{Bx})$$

$$=-\left(\frac{1}{6m}\times 0-\frac{1}{6m}\times 0.05m+0\times 0.04m\right)=0.0083rad\ (\curvearrowright)$$

所得结果为正，说明实际位移方向与虚设单位力方向相同，即为顺时针转动。

第四节　荷载作用引起的位移

本章第一节中已指出，线弹性结构的位移与荷载之间是线性关系，而且位移是微小的。因此，计算结构在荷载作用下的位移时，可以采用叠加原理和胡克定律。

图 9-14（a）所示静定刚架，在荷载作用下产生图中虚线所示变形，现拟利用单位荷载法求 C 点的水平位移 Δ。

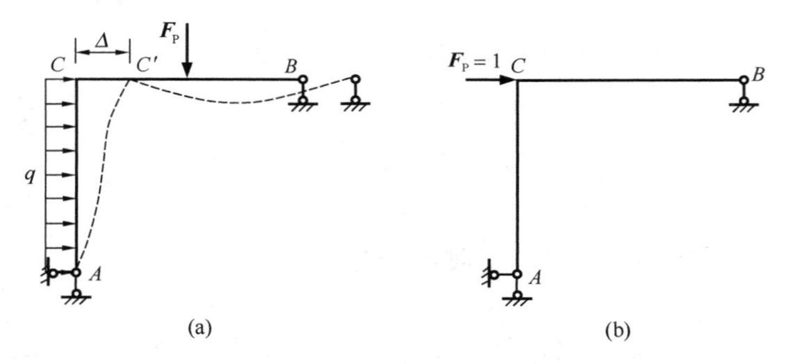

图 9-14　刚架在荷载作用下的变形分析

（a）实际位移状态；（b）虚设单位力状态

为此，建立单位力状态，在 C 点施加水平方向的单位力 $F_P=1$，如图 9-14（b）所示。则外力虚功为：

$$W=1\times\Delta \tag{9-7}$$

假设单位力状态下截面的轴力、剪力、弯矩分别为 $\overline{F}_N$、$\overline{F}_S$、$\overline{M}$；实际位移状态下相应的微段变形分别为 du_P、$\gamma_P ds$、$d\varphi_P$，则虚变形功为：

$$W_v=\Sigma\int\overline{F}_N du_P+\Sigma\int\overline{F}_S\gamma_P ds+\Sigma\int\overline{M}d\varphi_P \tag{9-8}$$

由虚功方程式（9-4），可得：

$$1 \times \Delta = \Sigma\int \overline{F}_{\mathrm{N}} \mathrm{d}u_{\mathrm{P}} + \Sigma\int \overline{F}_{\mathrm{S}} \gamma_{\mathrm{P}} \mathrm{d}s + \Sigma\int \overline{M} \mathrm{d}\varphi_{\mathrm{P}}$$

于是有：

$$\Delta = \Sigma\int \overline{F}_{\mathrm{N}} \mathrm{d}u_{\mathrm{P}} + \Sigma\int \overline{F}_{\mathrm{S}} \gamma_{\mathrm{P}} \mathrm{d}s + \Sigma\int \overline{M} \mathrm{d}\varphi_{\mathrm{P}} \tag{9-9}$$

这就是平面杆件结构在荷载作用下的位移计算公式。当结构还有支座移动时，则上式变为：

$$\Delta = \Sigma\int \overline{F}_{\mathrm{N}} \mathrm{d}u_{\mathrm{P}} + \Sigma\int \overline{F}_{\mathrm{S}} \gamma_{\mathrm{P}} \mathrm{d}s + \Sigma\int \overline{M} \mathrm{d}\varphi_{\mathrm{P}} - \Sigma\, \overline{F}_{\mathrm{R}k} \cdot c_k \tag{9-10}$$

利用公式（9-9）或（9-10）计算位移时，应注意虚拟力状态中所施加的单位力要与所求的位移相对应。例如求线位移时要加单位力，求角位移要加单位力偶，求两个截面的相对线位移就在这两个截面上加一对指向相反的单位力等，总之，应该使所加的广义单位力与所求广义位移的乘积为功的量纲。图 9-15 列出了几种典型的虚拟单位力与拟求位移之间的对应关系。

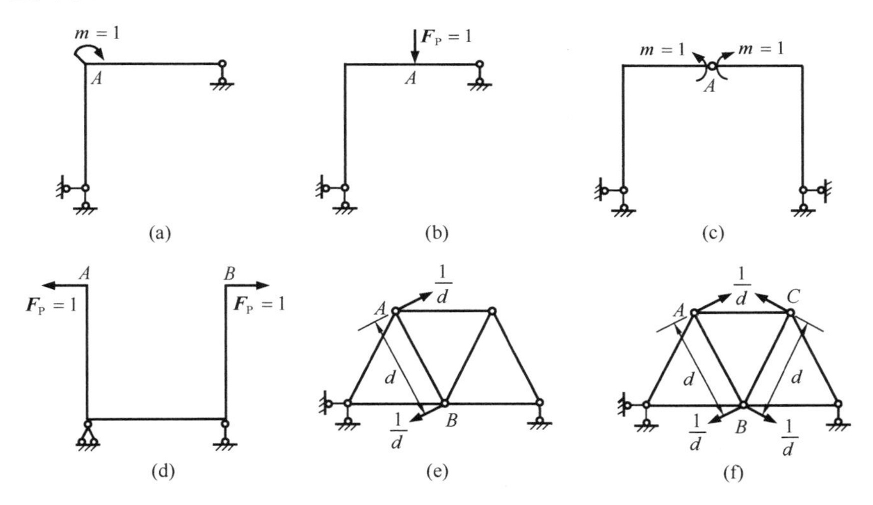

图 9-15　拟求位移对应的单位力状态

（a）求截面 A 的转角；（b）求 A 点的竖向位移；（c）求铰 A 两侧截面的相对转角；（d）求 AB 两点的水平相对线位移；（e）求 AB 杆的转角；（f）求 AB 杆和 BC 杆的相对转角

由于桁架只能承受结点荷载，拟求杆件的角位移时，应将对应的单位力偶变换成一对等效结点力。例如，图 9-15（e）所示桁架，拟求杆件 AB 的角位移，即在 AB 杆的两端加一对集中力。这对集中力与杆轴线垂直，指向相反，数值为杆件长度 d 的倒数。

在式（9-9）中，$\overline{F}_{\mathrm{N}}$、$\overline{F}_{\mathrm{S}}$ 和 $\overline{M}$ 为虚拟单位力状态下微段的内力，如图 9-16（b）所示；设结构在荷载作用下的内力为 F_{NP}、F_{SP}、M_{P}，实际的微段变形为 $\mathrm{d}u_{\mathrm{P}}$、$\gamma_{\mathrm{P}}\mathrm{d}s$、$\mathrm{d}\varphi_{\mathrm{P}}$，如图 9-16（a）所示。由第七章的知识可知，实际的内力与微段变形之间的关系为：

$$\mathrm{d}u_{\mathrm{P}} = \frac{F_{\mathrm{NP}}\mathrm{d}s}{EA},\ \gamma_{\mathrm{P}}\mathrm{d}s = \frac{kF_{\mathrm{SP}}\mathrm{d}s}{GA},\ d\varphi_{\mathrm{P}} = \frac{M_{\mathrm{P}}\mathrm{d}s}{EI} \tag{9-11}$$

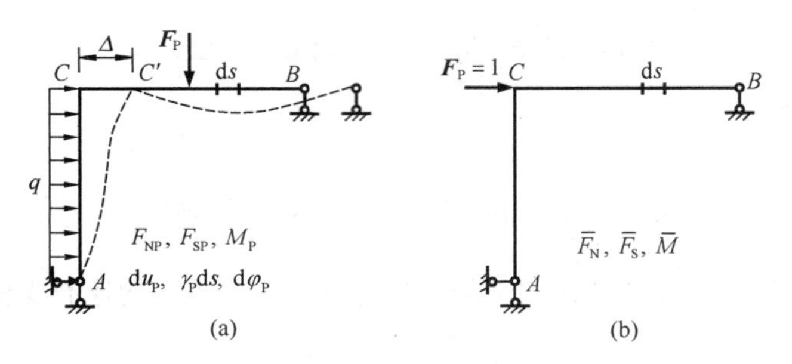

图 9-16 拟求结构 C 点的水平位移

(a) 实际的位移状态；(b) 虚设单位力状态

其中，EA、GA、EI 分别为杆件截面的抗拉、抗剪、抗弯刚度；k 为与截面形状有关的修正系数。工程中常用的矩形截面 $k=1.2$，圆形截面 $k=10/9$，薄壁圆环截面 $k=2$，工字形截面 $k=A/A_1$（A_1 为腹板截面面积）。

将式（9-11）代入式（9-9），得到：

$$\Delta=\Sigma\int\frac{\overline{F}_N F_{NP}}{EA}ds+\Sigma\int\frac{k\overline{F}_S F_{SP}}{GA}ds+\Sigma\int\frac{\overline{M}M_P}{EI}ds \tag{9-12}$$

这就是平面杆系结构在荷载作用下的位移计算一般公式。需要指出的是，该式只适用于直杆杆系结构，小曲率曲杆可按该式做近似计算。

由于不同的结构各内力对位移的贡献不同，工程中常常只计算主要内力对位移的贡献，现具体说明如下：

（1）梁和刚架。主要受弯，剪切变形和轴向变形对位移的贡献一般可忽略不计。即：

$$\Delta=\Sigma\int\frac{\overline{M}M_P}{EI}ds \tag{9-13}$$

（2）桁架。只受轴力作用，且轴力和截面沿杆长 l 不变，故：

$$\Delta=\Sigma\int\frac{\overline{F}_N F_{NP}}{EA}ds=\Sigma\frac{\overline{F}_N F_{NP}}{EA}l \tag{9-14}$$

（3）组合结构。受弯为主的杆件可只考虑弯曲变形，轴力杆件只考虑轴向变形，则：

$$\Delta=\Sigma\int\frac{\overline{M}M_P}{EI}ds+\Sigma\frac{\overline{F}_N F_{NP}}{EA}l \tag{9-15}$$

（4）拱结构。通常可忽略剪切变形和轴向变形对位移的贡献，只考虑弯曲变形。仅在扁平拱计算水平位移或当拱轴接近合理拱轴线时，需考虑轴向变形的影响，即：

$$\Delta=\Sigma\int\frac{\overline{M}M_P}{EI}ds+\Sigma\int\frac{\overline{F}_N F_{NP}}{EA}ds \tag{9-16}$$

【例 9-2】 试求如图 9-17（a）所示刚架 C 点的水平位移 Δ_{CH} 和 A 截面的转角 φ_A。已知各杆 EI 相等且为常数。

【解】（1）求 C 点的水平位移 Δ_{CH}

建立单位力状态，即在 C 点加一水平单位力，如图 9-17（b）所示。选取坐标，AB

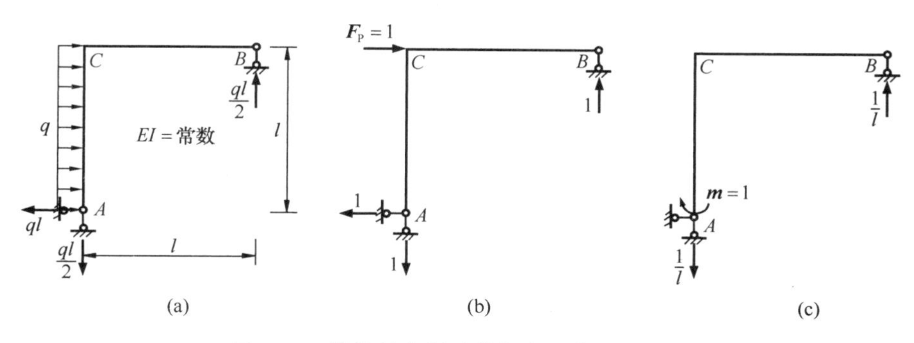

图 9-17 结构的实际受荷与虚设单位力状态
(a) 实际受荷状态；(b) 求 Δ_{CH} 的单位力状态；(c) 求 φ_A 的单位力状态

杆的 A 点为坐标原点，BC 杆的 B 点为坐标原点，设刚架内侧受拉为正，各杆的弯矩方程为：

$$AB\text{ 杆}: M_P(x)=qlx-\frac{1}{2}qx^2 \qquad \overline{M}(x)=x$$

$$BC\text{ 杆}: M_P(x)=\frac{ql}{2}x \qquad \overline{M}(x)=x$$

将以上相关值代入式 (9-13)，可得：

$$\begin{aligned}\Delta_{CH}&=\Sigma\int\frac{\overline{M}M_P}{EI}ds=\int_{AB}\frac{\overline{M}M_P}{EI}ds+\int_{BC}\frac{\overline{M}M_P}{EI}ds\\&=\int_0^l\frac{x\left(qlx-\frac{1}{2}qx^2\right)}{EI}dx+\int_0^l\frac{x\cdot\frac{ql}{2}x}{EI}dx\\&=\frac{ql^4}{EI}\left(\frac{1}{3}-\frac{1}{8}\right)+\frac{ql^4}{6EI}=\frac{3ql^4}{8EI}\ (\rightarrow)\end{aligned}$$

该计算结果为正值，因此 C 点水平位移实际方向与虚设单位力偶的方向相同，如式末括号中所示。

(2) 求 A 截面的转角 φ_A

建立单位力状态，即在 A 截面加一单位力偶，如图 9-17 (c) 所示。各杆的 $M_P(x)$ 同上，而 AB 杆的 $\overline{M}(x)=1$，BC 杆的 $\overline{M}(x)=\frac{x}{l}$。由式 (9-13) 可得：

$$\begin{aligned}\varphi_A&=\Sigma\int\frac{\overline{M}M_P}{EI}ds=\int_{AB}\frac{\overline{M}M_P}{EI}ds+\int_{BC}\frac{\overline{M}M_P}{EI}ds\\&=\int_0^l\frac{1\cdot\left(qlx-\frac{1}{2}qx^2\right)}{EI}dx+\int_0^l\frac{\frac{x}{l}\cdot\frac{ql}{2}x}{EI}dx=\frac{ql^3}{2EI}\\&=\frac{ql^3}{EI}\left(\frac{1}{2}-\frac{1}{6}\right)+\frac{ql^3}{2EI}\times\frac{1}{3}=\frac{ql^3}{2EI}\ (\curvearrowright)\end{aligned}$$

该计算结果为正值，A 截面转角的实际方向与虚设单位力偶的方向一致（顺时针）。

【例 9-3】 试求如图 9-18 (a) 所示桁架结点 C 的竖向位移 Δ_{CV}。已知 $E=210\text{GPa}$，①～⑤杆的横截面面积为 $A_1=2\times10^{-4}\text{m}^2$，⑥和⑦杆的横截面面积为 $A_2=2.5\times10^{-4}\text{m}^2$。

【解】 建立单位力状态，如图 9-18 (b) 所示。

通过静定桁架的内力计算，得到荷载作用下和单位力状态下的轴力，如图 9-18（a）、（b）所示。

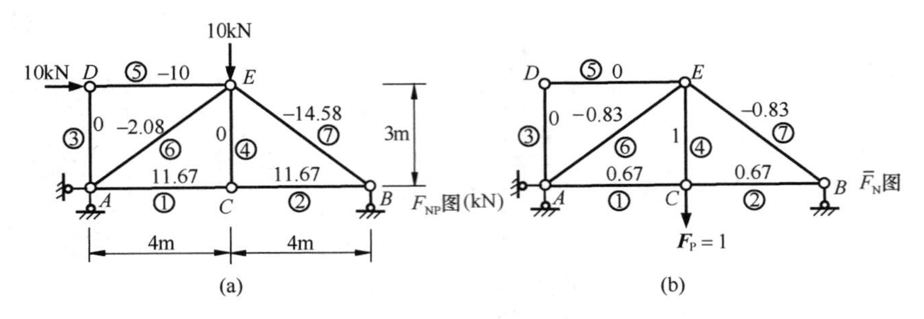

图 9-18 桁架实际受荷与单位力状态

位移计算过程 **表 9-1**

杆件	l (m)	A (m^2)	F_{NP} (kN)	$\overline{F}_N$	$F_{NP}\overline{F}_N l/A$ (kN/m)
①	4	2×10^{-4}	11.67	0.67	15.56×10^4
②	4	2×10^{-4}	11.67	0.67	15.56×10^4
③	3	2×10^{-4}	0	0	0
④	3	2×10^{-4}	0	1	0
⑤	4	2×10^{-4}	−10	0	0
⑥	5	2.5×10^{-4}	−2.08	−0.83	3.45×10^4
⑦	5	2.5×10^{-4}	−14.58	−0.83	24.20×10^4
—					$\Sigma=58.93\times10^4$

表 9-1 列出位移计算的详细过程。由式（9-14）和表 9-1，可得：

$$\Delta_{CV}=\Sigma\frac{\overline{F}_N F_{NP} l}{EA}=\frac{58.93\times10^7\,\mathrm{N/m}}{210\times10^9\,\mathrm{Pa}}=2.806\times10^{-3}\,\mathrm{m}=2.806\,\mathrm{mm}\ (\downarrow)$$

显然，C 点竖向位移的实际方向与虚设单位力的方向相同（向下）。

第五节 图 乘 法

由上节可知，忽略剪力和轴力的影响后，梁和刚架的位移计算公式为：

$$\Delta_{KP}=\Sigma\int\frac{\overline{M}M_P}{EI}\mathrm{d}s \tag{9-17}$$

当结构的杆件数目较多，荷载较为复杂时，对所有杆件进行积分运算相当麻烦。但如果结构的各杆段满足以下三个条件，积分问题可以转化为两个弯矩图之间的“相乘”。这三个条件是：

（1）杆轴为直线；

（2）EI 为常数；

（3）M_P 与 $\overline{M}$ 图中至少有一个是直线图形。

对于等截面直杆组成的梁和刚架来说，前两个条件自然满足。至于第三个条件，虽然 M_P 图可以是任意形状，但 $\overline{M}$ 图却总是直线图形。因此，三个条件均可以满足。

图 9-19 所示为同一杆段 AB 的两个弯矩图，假设 $\overline{M}$ 图为直线图形，其两条直线的夹角为 α，而 M_P 图为任意曲线。现以 $\overline{M}$ 图中两条直线的交点为坐标原点 O，横坐标 x 轴向右为正，纵坐标 y 轴向上为正。则该杆段计算位移的积分式为：

$$\int\frac{\overline{M}M_P}{EI}ds \tag{9-18}$$

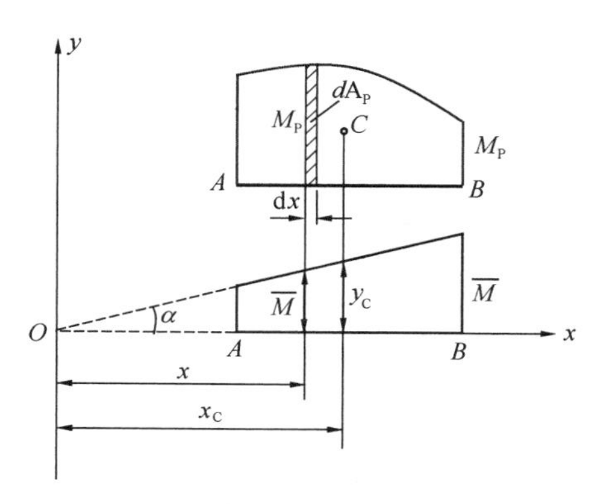

图 9-19 图乘法示意图

由于杆件为等截面直杆，式中微段长度 $ds=dx$；EI 为常数，可提到积分号外面；又由图 9-19 可知，$\overline{M}=x\tan\alpha$，而 $\tan\alpha=$ 常数。于是，上式可写为：

$$\int\frac{\overline{M}M_P}{EI}ds=\frac{\tan\alpha}{EI}\int x\cdot M_P dx=\frac{\tan\alpha}{EI}\int x\,dA_P \tag{9-19}$$

式中，$dA_P=M_P dx$ 是 M_P 图中阴影部分的面积，而 $\int x dA_P$ 为整个 M_P 图相对 y 轴的面积矩，它等于 M_P 图的面积 A_P 与其形心 C 到 y 轴的距离 x_C 的乘积。即：

$$\int x dA_P=A_P x_C \tag{9-20}$$

而 M_P 图的形心 C 所对应的 $\overline{M}$ 图的竖标 $y_C=x_C\tan\alpha$，则有：

$$\int\frac{\overline{M}M_P}{EI}ds=\frac{1}{EI}A_P y_C \tag{9-21}$$

上式表明，积分式 $\int\frac{\overline{M}M_P}{EI}ds$ 之值等于 M_P 图的面积 A_P 乘以其形心 C 对应于 $\overline{M}$ 图中相应位置的纵标 y_C，再除以 EI。该方法称为图乘法。

当结构上所有杆段均可图乘时，对各杆段求和，则：

$$\Delta_{KP}=\Sigma\int\frac{\overline{M}M_P}{EI}ds=\Sigma\frac{1}{EI}A_P y_C \tag{9-22}$$

应用图乘法公式（9-21）计算位移时，所有参与图乘的杆段应满足以下条件：

（1）杆段须为等截面直杆。

（2）纵标 y_C 须取自直线图形。

若 M_P 与 $\overline{M}$ 均为直线图形，则 y_C 可取自其中任一个；若 y_C 所在图形为折线，或杆件为阶梯状变截面，则需分段，如图 9-20（a）、（b）所示。

（3）A_P 与 y_C 在杆轴同一侧，则图乘结果为正，反之为负。

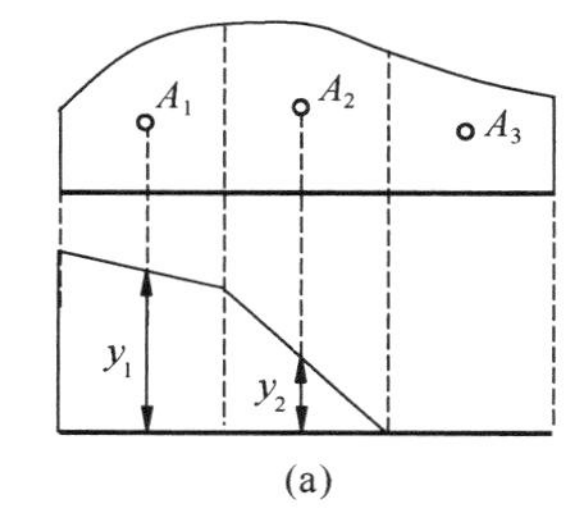

(a)

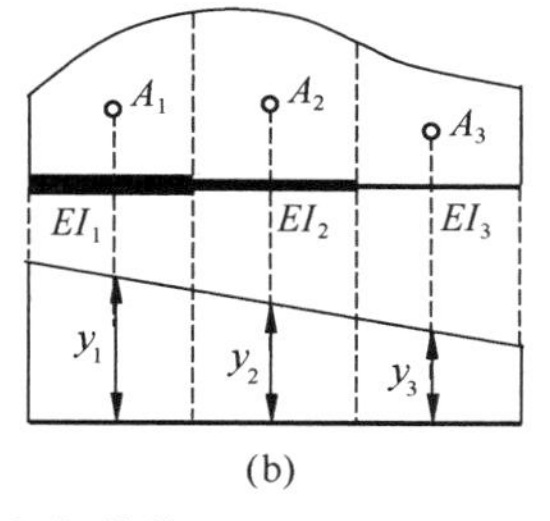

(b)

图 9-20 图乘的分段与分块

下面给出一些常用简单图形的面积及其形心位置，如图 9-21 所示。图中，标准抛物线顶点处的切线与底边平行。

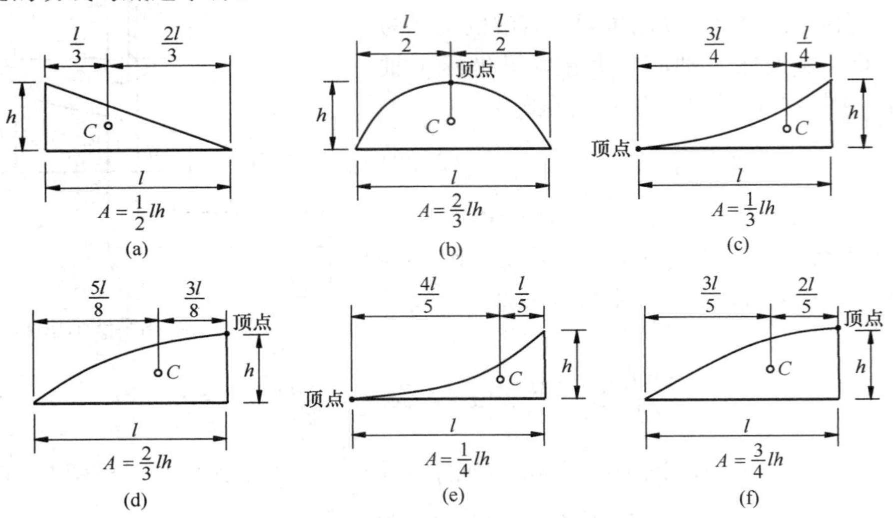

图 9-21　简单图形的面积及其形心位置

(a) 直角三角形；(b) 标准二次抛物线；(c) 标准二次抛物线；(d) 标准二次抛物线；(e) 标准三次抛物线；(f) 标准三次抛物线

当遇到弯矩图的面积或形心位置难于确定时，可将其分解为几个简单图形，然后把各简单图形的图乘结果叠加起来。

例如，图 9-22 (a) 所示两个梯形弯矩图的图乘时，可将其分解为两个三角形分别图乘。显然，分解后 $M_P = M_{P1} + M_{P2}$，则：

$$\frac{1}{EI}\int \overline{M} M_P \mathrm{d}x = \frac{1}{EI}\int \overline{M}(M_{P1} + M_{P2})\mathrm{d}x = \frac{1}{EI}(A_{P1}y_1 + A_{P2}y_2)$$

其中，$A_{P1} = \frac{1}{2}al$，$A_{P2} = \frac{1}{2}bl$，$y_1 = \frac{2}{3}c + \frac{1}{3}d$，$y_2 = \frac{2}{3}d + \frac{1}{3}c$

又如图 9-22 (b) 所示，M_P 图的纵标不在基线的同一侧，可将其分解为基线两侧的两个三角形，分别图乘后再将结果叠加，即：

$$\frac{1}{EI}\int \overline{M} M_P \mathrm{d}x = \frac{1}{EI}(-A_{P1}y_1 - A_{P2}y_2)$$

其中，$A_{P1} = \frac{1}{2}al$，$A_{P2} = \frac{1}{2}bl$，$y_1 = \frac{2}{3}c - \frac{1}{3}d$，$y_2 = \frac{2}{3}d - \frac{1}{3}c$

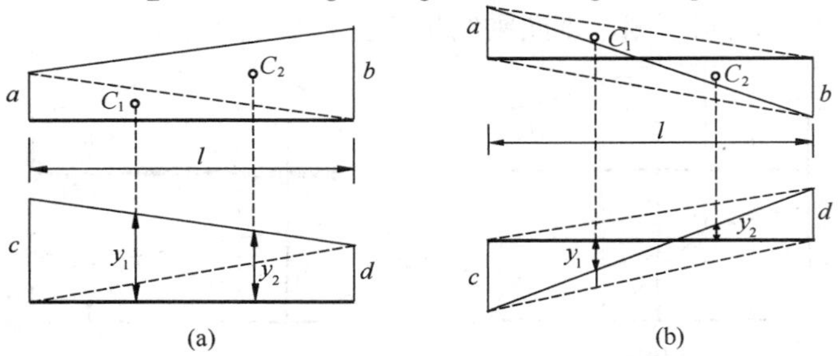

图 9-22　梯形弯矩图的图乘

(a) 基线同侧图形；(b) 基线不同侧图形

图 9-23 所示均布荷载作用下任一杆段的弯矩图，可看作一个标准二次抛物线图形与两个三角形，即：基线下方标准二次抛物线面积 $A_{P1}=\frac{2}{3}\times\frac{ql^3}{8}$、基线上（下）方两个三角形面积 $A_{P2}=\frac{1}{2}al$ 和 $A_{P3}=\frac{1}{2}bl$，分别与 $\overline{M}$ 图图乘，然后再将结果叠加。

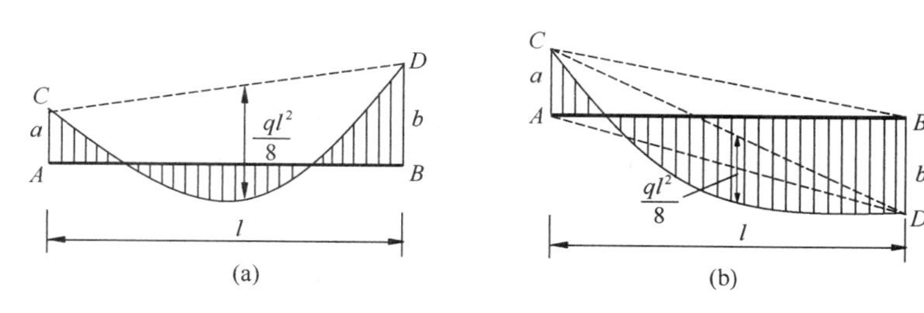

图 9-23　弯矩图的分块处理

其他复杂的弯矩图，均可按上述方法处理，下面举例说明。

【例 9-4】 试求如图 9-24（a）所示简支梁截面 B 的转角 φ_B 和中点 C 的挠度 Δ_{CV}。设 EI=常数。

【解】（1）求截面 B 的转角 φ_B

图 9-24（b）所示给出荷载作用下梁的 M_P 图，单位力状态下的 $\overline{M}$ 图如图 9-24（c）所示。显然，M_P 图为一标准二次抛物线，$\overline{M}$ 图为直线图形。因此，图乘法的面积 A_P 应取自 M_P 图，纵标 y_C 取自 $\overline{M}$ 图：

$$A_P=\frac{2}{3}\times l\times\frac{1}{8}ql^2=\frac{1}{12}ql^3,\ y_C=\frac{1}{2}$$

由于面积和纵标不在基线的同一侧，图乘得到：

$$\varphi_B=\Sigma\frac{1}{EI}A_Py_C=-\frac{1}{EI}\left(\frac{1}{12}ql^3\times\frac{1}{2}\right)=-\frac{ql^3}{24EI}\ (\circlearrowleft)$$

式末括号中给出 B 截面的实际转向，它与虚设单位力偶的转向相反。

（2）求跨中挠度 Δ_{CV}

建立单位力状态，$\overline{M}$ 图如图 9-24（d）所示。由于 $\overline{M}$ 图为分段直线，故需分段图乘。同样是在 M_P 图上取面积，在 $\overline{M}$ 图上取纵标：

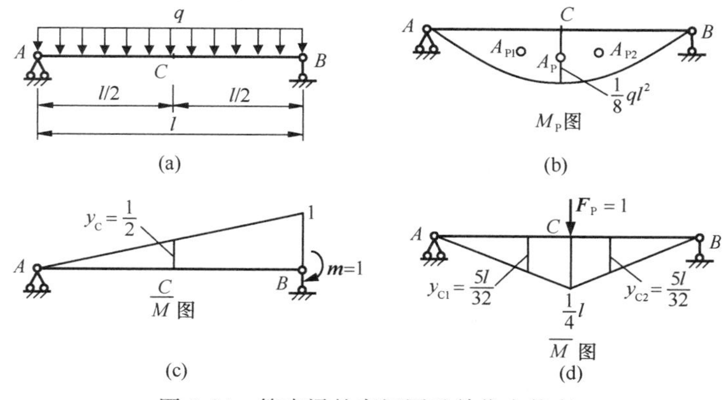

图 9-24　简支梁的弯矩图及单位力状态

$$A_{P1}=A_{P2}=\frac{2}{3}\times\frac{l}{2}\times\frac{1}{8}ql^2=\frac{1}{24}ql^3$$

$$y_{C1}=y_{C2}=\frac{5}{8}\times\frac{l}{4}=\frac{5l}{32}$$

图乘可得：

$$\Delta_{CV}=\frac{1}{EI}\Sigma A_{Pi}y_{Ci}=\frac{1}{EI}\left[\left(\frac{1}{24}ql^3\right)\cdot\left(\frac{5l}{32}\right)\right]\times 2=\frac{5ql^4}{384EI}\ (\downarrow)$$

该计算结果为正值，说明跨中挠度的实际方向与虚设单位力的方向相同（向下）。

【例 9-5】 试求如图 9-25（a）所示三铰刚架铰 C 两侧截面的相对转角 $\Delta\varphi_C$。EI=常数。

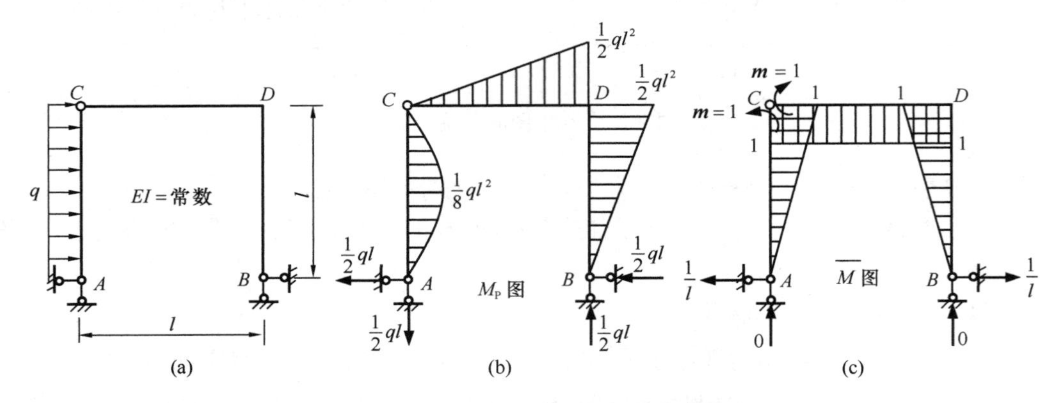

图 9-25 三铰刚架的弯矩图及单位力状态

【解】 建立单位力状态，在铰 C 两侧加一对转向相反的单位力偶，$\overline{M}$ 图如图 9-25（c）所示。荷载作用下的 M_P 图如图 9-25（b）所示。三个杆段的图乘，y_C 在 $\overline{M}$ 图上取，面积 A_P 在 M_P 图上取。即：

$$\Delta_{CV}=\Sigma\frac{1}{EI}A_{Pi}y_{Ci}=\frac{1}{EI}(A_{P1}y_{C1}+A_{P2}y_{C2}+A_{P3}y_{C3})$$

$$=\frac{1}{EI}\left[\left(\frac{2l}{3}\times\frac{1}{8}ql^2\times\frac{1}{2}\right)-\left(\frac{l}{2}\times\frac{1}{2}ql^2\times 1\right)-\left(\frac{l}{2}\times\frac{1}{2}ql^2\times\frac{2}{3}\right)\right]$$

$$=-\frac{3ql^3}{8EI}\ (\curvearrowright\curvearrowleft)$$

该计算结果为负值，因此铰 C 两侧相对转角的实际方向与虚设单位力偶的方向相反，如式末括号中所示。

【例 9-6】 试求如图 9-26（a）所示变截面悬臂梁自由端的竖向位移 Δ_{CV}。

【解】 建立单位力状态，作 M_P 图和 $\overline{M}$ 图如图 9-26（b）、（c）所示。由于两个杆段抗弯刚度不同，因此须分段图乘。显然，应在 M_P 图上取面积 A_P，在 $\overline{M}$ 图上取纵标 y_C。BC 段的 M_P 图可以不分块，AB 段的 M_P 图需分成两个三角形面积 A_{P2}、A_{P3}，一个标准二次抛物线图形的面积 A_{P4}。图乘可得：

$$\Delta_{CV}=\Sigma\frac{1}{EI}A_{Pi}y_{Ci}=\frac{1}{EI}A_{P1}y_1+\frac{1}{2EI}(A_{P2}y_2+A_{P3}y_3+A_{P4}y_4)$$

$$=\frac{1}{EI}\left(\frac{1}{3}\times 2\text{m}\times 20\text{kN}\cdot\text{m}\times\frac{3}{4}\times 2\text{m}\right)+\frac{1}{2EI}\left[\frac{1}{2}\times 4\text{m}\times 20\text{kN}\cdot\text{m}\times\left(\frac{2}{3}\times 2+\frac{1}{3}\times 6\right)\text{m}\right.$$

$$+\frac{1}{2}\times4\text{m}\times180\text{kN}\cdot\text{m}\times\left(\frac{1}{3}\times2+\frac{2}{3}\times6\right)\text{m}-\left(\frac{2}{3}\times4\text{m}\times20\text{kN}\cdot\text{m}\times\frac{2+6}{2}\text{m}\right)\Bigg]$$
$$=\frac{820}{EI}\text{kN}\cdot\text{m}^3(\downarrow)$$

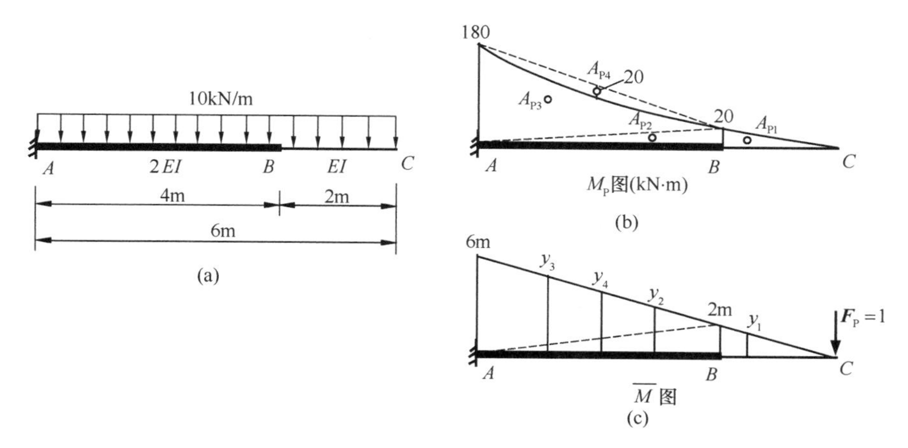

图 9-26　变截面悬臂梁的弯矩图及单位力状态

【例 9-7】 试求如图 9-27（a）所示组合结构 D 点的竖向位移 Δ_{DV}。已知 $E=210\text{GPa}$，横梁 BD 惯性矩 $I=4\times10^{-5}\text{m}^4$，杆件 AB 和 AC 的截面面积 $A=2\times10^{-4}\text{m}^2$。

【解】 链杆 AB 和 AC 只考虑轴向变形的贡献，横梁 BD 只考虑弯曲变形的贡献。作结构在荷载作用下的 M_P、F_{NP} 图（图 9-27b）和单位力状态下的 $\overline{M}$、$\overline{F}_N$ 图（图 9-27c）。

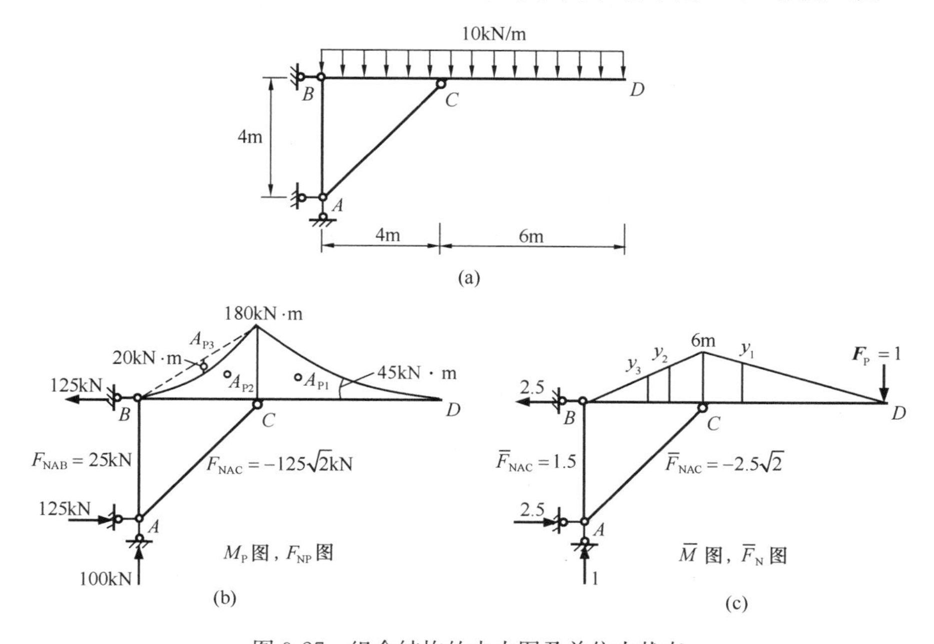

图 9-27　组合结构的内力图及单位力状态

横梁 BD 需分两段图乘，其中 BC 段 M_P 图又需分成两块计算面积：一个三角形和一个标准二次抛物线。求出相应的值，并代入图乘法的计算公式，可得：

$$\Delta_{DV}=\Sigma\frac{1}{EI}A_{Pi}y_{Ci}+\Sigma\frac{\overline{F}_N F_{NP}l}{EA}$$

$$=\frac{A_{P1}y_1+A_{P2}y_2+A_{P3}y_3}{EI}+\frac{(\overline{F}_N F_{NP}l)_{AB}+(\overline{F}_N F_{NP}l)_{AC}}{EA}$$

$$=\frac{1}{EI}\left[\left(\frac{1}{3}\times6\times180\times\frac{3}{4}\times6\right)+\left(\frac{1}{2}\times4\times180\times\frac{2}{3}\times6\right)-\left(\frac{2}{3}\times4\times20\times\frac{1}{2}\times6\right)\right]\text{kN}\cdot\text{m}^3$$

$$+\frac{1}{EA}[(1.5\times25\times4)+(-2.5\sqrt{2})(-125\sqrt{2})\times4\sqrt{2}]\text{kN}\cdot\text{m}$$

$$=\frac{2900}{EI}\text{kN}\cdot\text{m}^3+\frac{150+2500\sqrt{2}}{EA}\text{kN}\cdot\text{m}$$

$$=\frac{2900\times10^3\text{N}\cdot\text{m}^3}{210\times10^9\text{Pa}\times4\times10^{-5}\text{m}^4}+\frac{(150+2500\sqrt{2})\times10^3\text{N}\cdot\text{m}}{210\times10^9\text{Pa}\times2\times10^{-4}\text{m}^2}$$

$$=0.44\text{m}\ (\downarrow)$$

注意，[例 9-5] 和 [例 9-6] 中的面积 A_{P1} 也可分两块计算，一块为三角形，另一块为标准二次抛物线图形，图乘的计算结果相同，读者可自行验证。

思考题

9-1 为什么要计算结构的位移？

9-2 什么是广义力？什么是广义位移？

9-3 何谓虚功？虚功与实功有何区别？

9-4 单位荷载法是由什么推导出来的？

9-5 用单位荷载法求位移，所施加的虚拟单位力与所求的实际位移有什么对应关系？

9-6 图乘法的适用条件是什么？

9-7 用图乘法计算结构位移的主要步骤是什么？

9-8 静定结构由支座移动产生的位移计算公式是什么？试说明公式中各符号的意义。

习题

9-1 根据所求位移的类别，在图示结构中加上相应的广义单位力。

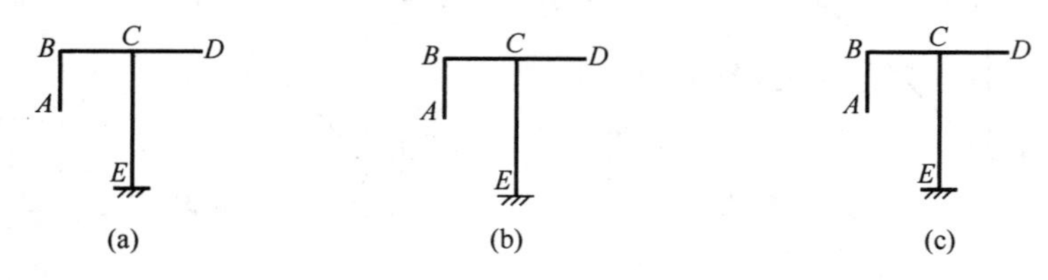

题 9-1 图

(a) 求截面 B 的转角 θ_B；(b) 求 A、B 两截面的相对转角 θ_{AB}；

(c) 求 A、D 两截面的相对线位移 θ_{AB}

9-2 图示简支刚架 B 支座产生竖向沉陷 $c=6\text{cm}$，试求截面 A 的转角 θ_A。

9-3 图示悬臂刚架 A 支座产生水平位移 $a=6\text{cm}$（←）、竖向位移 $b=10\text{cm}$（↓）和顺时针转动 $\varphi=0.001$ 弧度，试求自由端 C 点的水平位移 Δ_{Cx}。

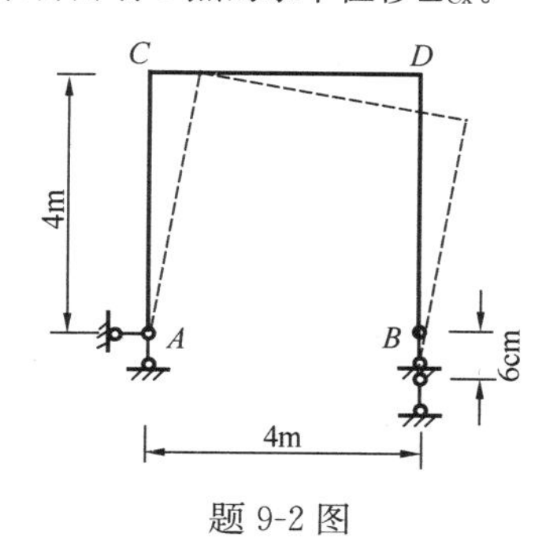

题 9-2 图

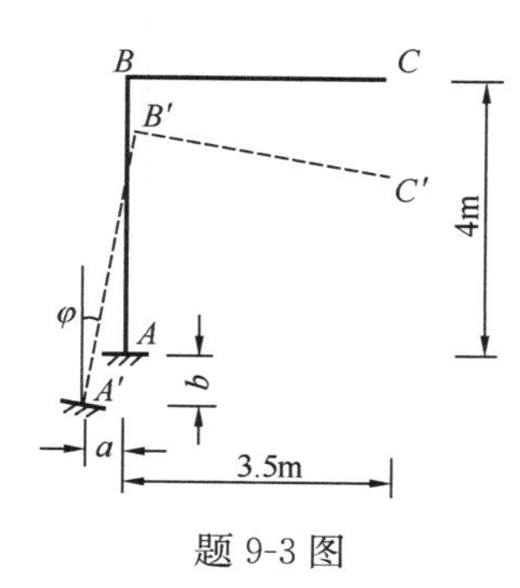

题 9-3 图

9-4 试用积分法求图示悬臂梁自由端 B 点的竖向位移 Δ_{By} 和转角 θ_B。已知 EI=常数。

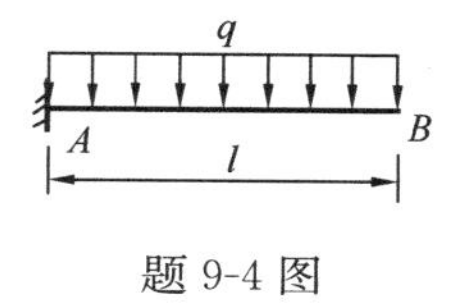

题 9-4 图

9-5 试用积分法求图示悬臂刚架自由端 C 点的竖向位移 Δ_{Cy}。已知各杆 EI=常数。

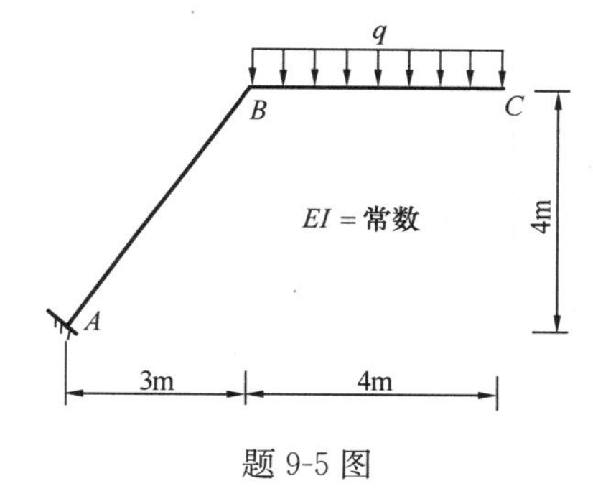

题 9-5 图

9-6 试求图示桁架结点 C 的水平位移 Δ_{Cx}。已知各杆 EA =常数。

9-7 试求图示桁架静定 C 的竖向位移 Δ_{Cy}。已知各杆 EA=常数。

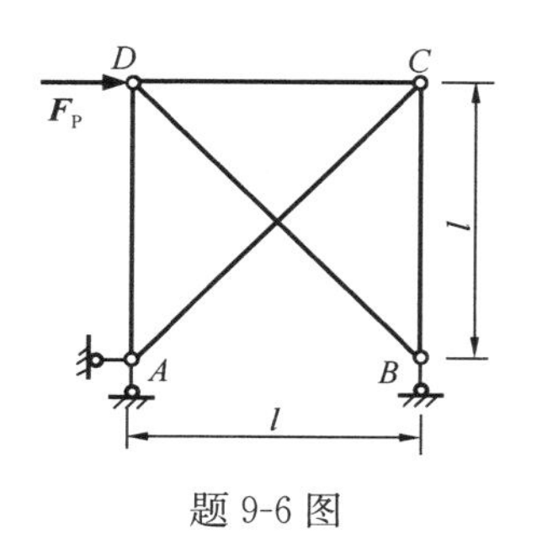

题 9-6 图

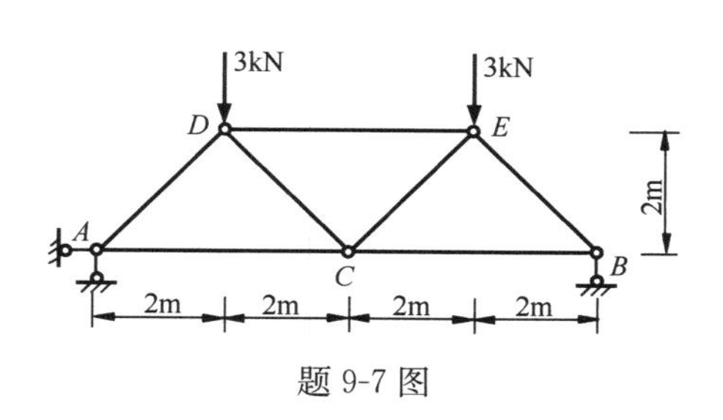

题 9-7 图

9-8 试用图乘法求图示结构的指定位移。

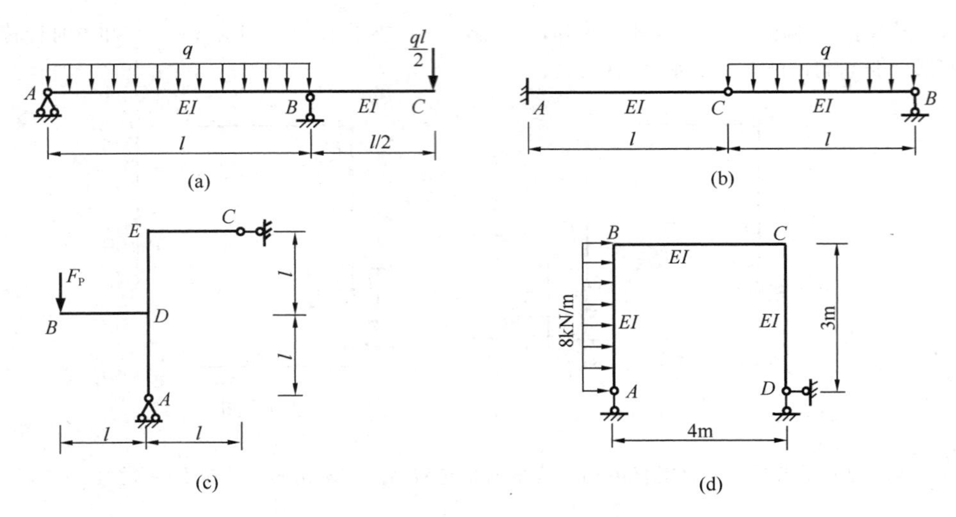

题 9-8 图

(a) 求截面 C 的转角 θ_C 和竖向位移 Δ_{Cy}；(b) 求铰 C 两侧截面的相对转角 φ_{C-C}；

(c) 求 C 点的竖向位移 Δ_{Cy}；(d) 求 C 点的水平位移 Δ_{Cx}

9-9 试求图示组合结构 B 点的竖向位移 Δ_{By}。设 EI、EA 均为常数。

9-10 试求图示组合结构截面 D 的竖向位移 Δ_{Dy}。已知横梁 AD 为 20b 工字钢，$I=2500\text{cm}^4$，拉杆 BC 为直径 20mm 的圆钢，材料的弹性模量 $E=210\text{GPa}$。

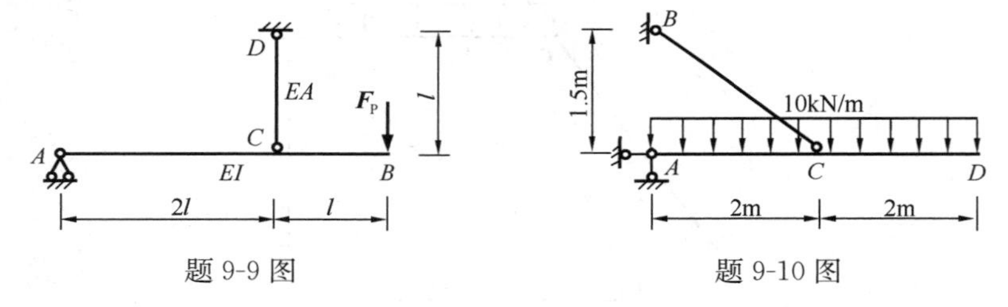

题 9-9 图　　题 9-10 图

第十章 静定结构的影响线

实际结构经常承受移动荷载的作用，例如桥梁上行驶的车辆、厂房吊车梁上的吊车荷载等。在移动荷载作用下，结构的反力和内力将随着荷载位置的移动而变化。影响线可以给出反力或内力的量值随荷载位置移动的变化规律。本章主要讨论静定结构影响线的绘制方法及其应用。

第一节 影响线的概念

前面所讨论的静定结构计算中，荷载的位置是固定不变的。但在实际工程中，有些结构除了承受固定荷载外，还会受到移动荷载的作用。

所谓**移动荷载**是指荷载的大小、方向不变，仅作用位置变化的荷载。严格地说，移动荷载是一种动力荷载，但在工程设计中为了简化计算，常把它作为一种位置在变化的静力荷载来处理，而对其动力效应则用一个相应的动力系数来表示。

在移动荷载作用下，结构的支反力和截面内力等量值将随着荷载作用位置的不同而变化。例如图 10-1 所示简支桥梁，当有一汽车自左向右移动时，支座 A 的反力 F_{Ay} 将由大逐渐变小，而支座 B 的反力 F_{By} 则由小逐渐变大。此时，梁内不同截面处的内力变化规律也是各不相同的。因此，结构设计时，需要研究结构在移动荷载作用下某一量值（反力、内力或位移）的变化规律，以便确定产生其最大值的荷载位置（即最不利荷载位置），并求出其最大值（即最不利值）。

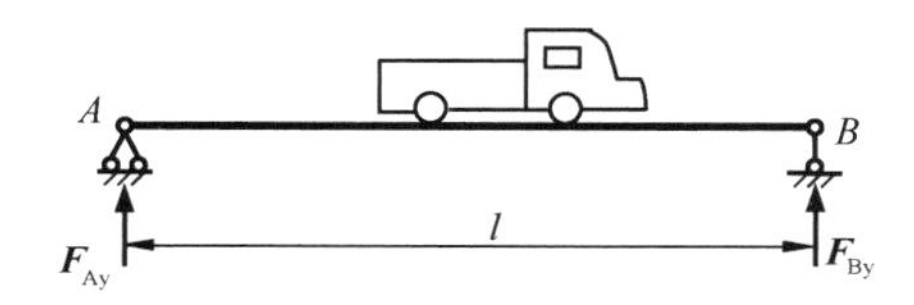

图 10-1 简支桥梁的车辆荷载

移动荷载的种类很多，工程实际中常见的是一组间距保持不变的平行荷载。为了简便起见，可先研究一个方向不变而沿结构移动的单位集中荷载 $F_P=1$，对结构上某一量值的影响；然后根据叠加原理，就可进一步研究同一方向的一系列荷载对该量值的共同影响。同时，为了直观起见，可把量值随单位荷载 $F_P=1$ 移动而变化的规律用函数图形表示出来，这种图形称为影响线。下面用简例说明影响线的概念。

图 10-2（a）所示简支梁，当竖向单位荷载 $F_P=1$ 在梁上移动时，研究支反力 F_{By} 的变化规律。若取 A 点为坐标原点，以 x 表示荷载 $F_P=1$ 的作用位置。显然，当 $x=0$ 时，$F_{By}=0$；当 $x=1$ 时，$F_{By}=1$；当 x 在 A、B 之间移动时，由平衡条件可得：

$$F_{By}=\frac{x}{l}\ (0\leqslant x\leqslant l)$$

上式是 B 支座反力 F_{By} 的影响线方程。根据该方程，可以作出 F_{By} 的影响线（图 10-2b），其中 y 表示影响线的纵坐标，它给出支反力 F_{By} 随单位荷载 $F_P=1$ 的移动而线性变化的规律。由 F_{By} 的影响线可以看出，当 $F_P=1$ 作用于 B 点时，F_{By} 有最大值，因此 B 点是反力 F_{By} 的最不利荷载位置。

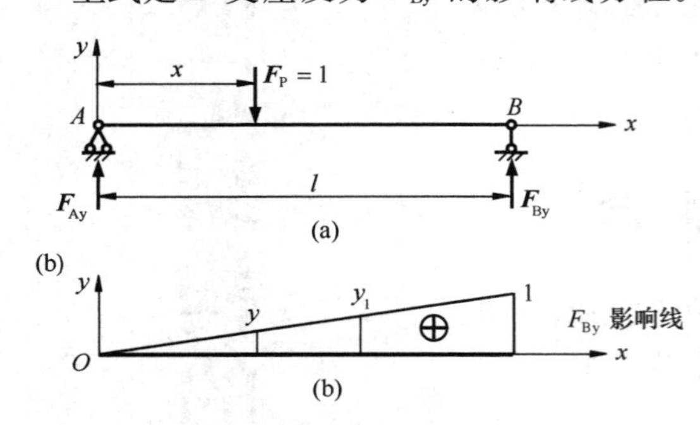

图 10-2　简支梁 B 支座反力影响线

由此，可以引出影响线的定义：当一个方向不变的单位荷载 $F_p=1$ 沿结构移动时，表示结构上指定截面处某一量值变化规律的函数图形，称为该量值的影响线。

绘制某一量值的影响线图形时，规定将竖标的正值画在基线上方，负值画在基线下方，并需标明正负号。

影响线是研究移动荷载作用下结构计算的基本工具。下面讨论影响线的两种绘制方法，以及影响线的应用。

第二节　静　力　法

绘制影响线的基本方法有两种，即静力法和机动法。

静力法，就是利用静力平衡条件，列出所求量值随单位荷载 $F_P=1$ 作用位置变化的函数方程，然后作出影响线图形的方法。

用静力法绘制影响线的具体步骤为：

（1）适当选取坐标系，用 x 表示单位移动荷载 $F_P=1$ 作用位置与坐标原点的距离；

（2）由静力平衡条件给出所求量值与荷载位置 x 之间的函数关系式，即影响线方程；

（3）根据影响线方程，绘制影响线。

本章重点讨论单跨静定梁的反力和内力影响线。

一、简支梁的影响线

1. 反力影响线

以图 10-3（a）所示的简支梁为例。绘制支反力 F_{Ay} 和 F_{By} 的影响线时，可取 A 为坐标原点，x 轴向右为正，竖向单位荷载 $F_P=1$ 至 A 点距离为 x。假设支反力向上为正，则由力矩平衡条件 $\Sigma M_B=0$，有：

$$F_{Ay} \cdot l - F_P \cdot (l - x) = 0$$

从而，得到 A 支座反力 F_{Ay} 的影响线方程：

$$F_{Ay} = \frac{l-x}{l} F_P = \frac{l-x}{l} \quad (0 \leqslant x \leqslant l) \tag{10-1}$$

由于该方程是 x 的一次函数，其图形是一条直线，故只需确定两点：

$$x = 0,\ F_{Ay} = 1;\ x = l,\ F_{Ay} = 0$$

连接这两点的竖标，可绘出 F_{Ay} 的影响线（图 10-3b）。

同理，由力矩平衡条件 $\sum M_A = 0$，可得 B 支座反力 F_{By} 的影响线方程：

$$F_{By} = \frac{x}{l} \ (0 \leqslant x \leqslant l) \tag{10-2}$$

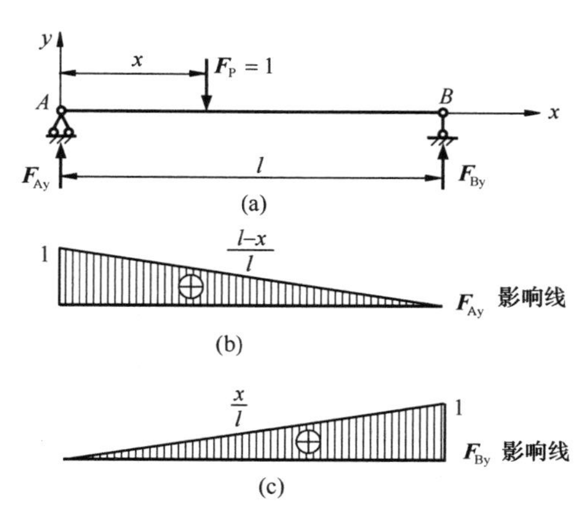

图 10-3　简支梁反力影响线

显然，F_{By} 影响线也是一条直线，如图 10-3（c）所示。

由于假定荷载 $F_P = 1$ 为无量纲的量，因此反力影响线的竖标也是无量纲的量。当利用影响线研究实际荷载对某一量值的影响时，需乘以实际荷载相应的量纲。

2. 弯矩影响线

绘制截面 C 弯矩 M_C 的影响线，仍取 A 为坐标原点，如图 10-4（a）所示。当 $F_P = 1$ 在截面 C 以左和以右移动时，截面 C 的弯矩表达式不同，故应分别考虑。

当 $F_P = 1$ 在截面 C 以左移动时，可取 CB 梁段为隔离体，如图 10-4（b）所示，并设弯矩使梁下边纤维受拉为正，则由 $\sum M_C = 0$，可得：

$$M_C = F_{By} \cdot b = \frac{x}{l} b \quad (0 \leqslant x \leqslant a) \tag{10-3}$$

上式表明，截面 C 以左部分 M_C 的影响线为一斜直线，其竖标是 F_{By} 影响线的 b 倍。只需定出两点：

$$x = 0,\ M_C = 0;\ x = a,\ M_C = \frac{ab}{l}$$

即可绘出 AC 段 M_C 的影响线，如图 10-4（d）所示左段直线。

当 $F_P = 1$ 在截面 C 以右移动时，可取 AC 梁段为隔离体，如图 10-4（c）所示，由 $\sum M_C = 0$，可得：

$$M_C = F_{Ay} \cdot a = \frac{l-x}{l} a \quad (a \leqslant x \leqslant l) \tag{10-4}$$

显然，截面 C 以右部分 M_C 的影响线也是一斜直线，其竖标是 F_{Ay} 影响线的 a 倍。确定两点：

$$x = a,\ M_C = \frac{ab}{l};\ x = l,\ M_C = 0$$

可绘出 CB 段 M_C 的影响线，如图 10-4（d）所示右段直线。

由此可见，当 $F_P = 1$ 在梁上移动时，M_C 的影响线由两段斜直线组成，其左段斜直线可由反力 F_{By} 影响线放大 b 倍而得到，而右段斜直线则可由反力 F_{Ay} 影响线放大 a 倍得到。

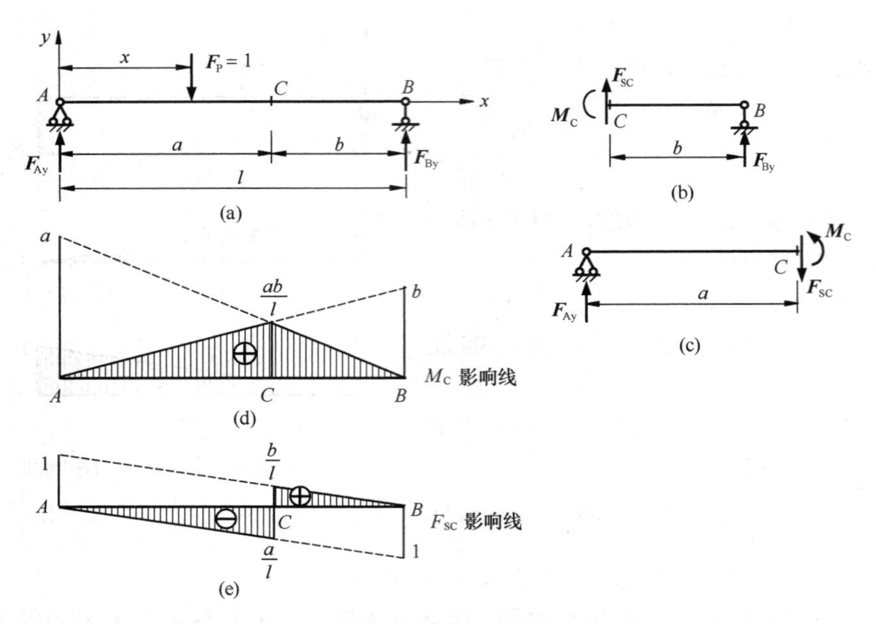

图 10-4 简支梁弯矩影响线与剪力影响线

两端斜直线的交点恰好位于截面 C 处，竖标为 $\frac{ab}{l}$，在两支座处竖标为零。因此，可直接利用 F_{Ay} 和 F_{By} 的影响线绘出 M_C 的影响线。

3. 剪力影响线

与弯矩影响线类似，要绘制 C 截面的剪力影响线，需分段建立剪力 F_{SC} 的影响线方程。当 $F_P=1$ 在截面 C 以左梁段移动时，取 CB 梁段为隔离体（图 10-4b）。由 $\Sigma F_y=0$，可得：

$$F_{SC}=-F_{By}\quad(0\leqslant x\leqslant a)\tag{10-5}$$

可见，将 F_{By} 的影响线反号可得 F_{SC} 影响线的左段直线（图 10-4e）。

当 $F_P=1$ 在截面 C 以右梁段移动时，取 AC 梁段为隔离体（图 10-4c）。由 $\Sigma F_y=0$，可得：

$$F_{SC}=F_{Ay}\quad(a\leqslant x\leqslant l)\tag{10-6}$$

于是，直接利用 F_{Ay} 影响线可得 F_{SC} 影响线的右段直线（图 10-4e）。

由图 10-4（e）可知，剪力 F_{SC} 的影响线由两段互相平行的直线组成，其竖标在支座处为零，在 C 截面处有突变，突变值$=1$。

综上所述，用静力法绘制某一反力或某一截面内力的影响线，与固定荷载作用下的内力图的绘制方法相同，均需由隔离体的静力平衡条件求出该反力或内力的数学表达式，再根据表达式绘图。

二者所不同的是：影响线表示某一反力或某一截面内力随单位荷载位置改变而变化的规律，而内力图则反映实际荷载作用下该内力随截面位置改变而变化的规律；影响线的横坐标表示单位荷载的作用位置，相应的竖标表示某一反力的值或某一截面内力的值，而内力图的横坐标表示截面所在的位置，相应的竖标表示该截面的内力值。

表 10-1 给出如图 10-5（a）所示简支梁 M_C 的影响线与如图 10-5（b）所示集中荷载作用下简支梁的弯矩图的比较结果。

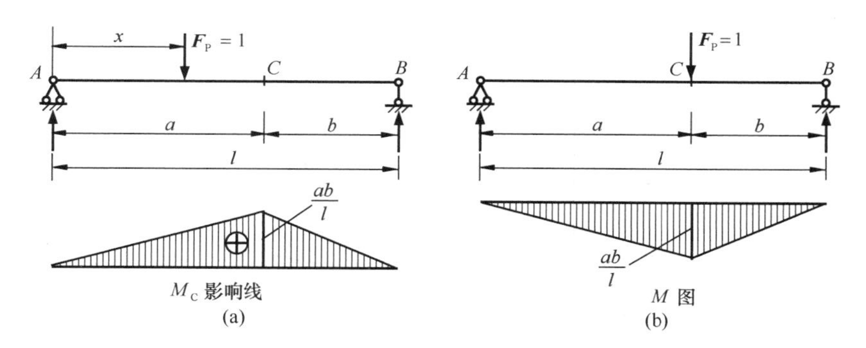

图 10-5　简支梁的弯矩影响线与弯矩图

弯矩影响线与弯矩图的比较　　表 10-1

序号	弯矩影响线	弯矩图
1	作用的荷载为单位力，无量纲	作用荷载为实际荷载，有量纲
2	荷载位置是移动的	荷载位置是固定的
3	所求弯矩的截面位置是指定的	所求弯矩的截面是变化的
4	图形上某点的竖标表示单位荷载移动到该点时，在指定截面处产生的弯矩	图形上某点的竖标表示实际荷载作用下，该截面的弯矩值
5	图形的正值竖标画在横轴上侧，负值竖标画在横轴下侧，需注明正负号	图形的竖标画在杆件的受拉侧，不需注明正负号
6	竖标的量纲是［长度］	竖标的量纲是［力］·［长度］

二、外伸梁的影响线

1. 反力影响线

图 10-6（a）所示外伸梁，绘制反力影响线时，仍取支座 A 为坐标原点，x 轴向右为正。由整体平衡条件，可求得 A、B 支座的反力影响线方程为

$$F_{Ay}=\frac{l-x}{l},\ F_{By}=\frac{x}{l}\quad(-l_a\leqslant x\leqslant l+l_b)$$

可以看出，外伸梁与简支梁的反力影响线方程完全相同，仅当 $F_P=1$ 位于支座 A 以左时，x 取负值。因此，只需将简支梁的反力影响线向两个伸臂部分延长，即可得到外伸梁的反力影响线，如图 10-6（b）、（c）所示。

2. 跨内截面内力影响线

同理，可以得到跨内任意截面 C 的弯矩影响线和剪力影响线，如图 10-6（d）、（e）所示。

3. 伸臂部分截面内力影响线

为了求得伸臂部分任一指定截面 F 的弯矩、剪力影响线，可取 F 点为坐标原点，x 轴以向左为正，如图 10-7（a）所示。

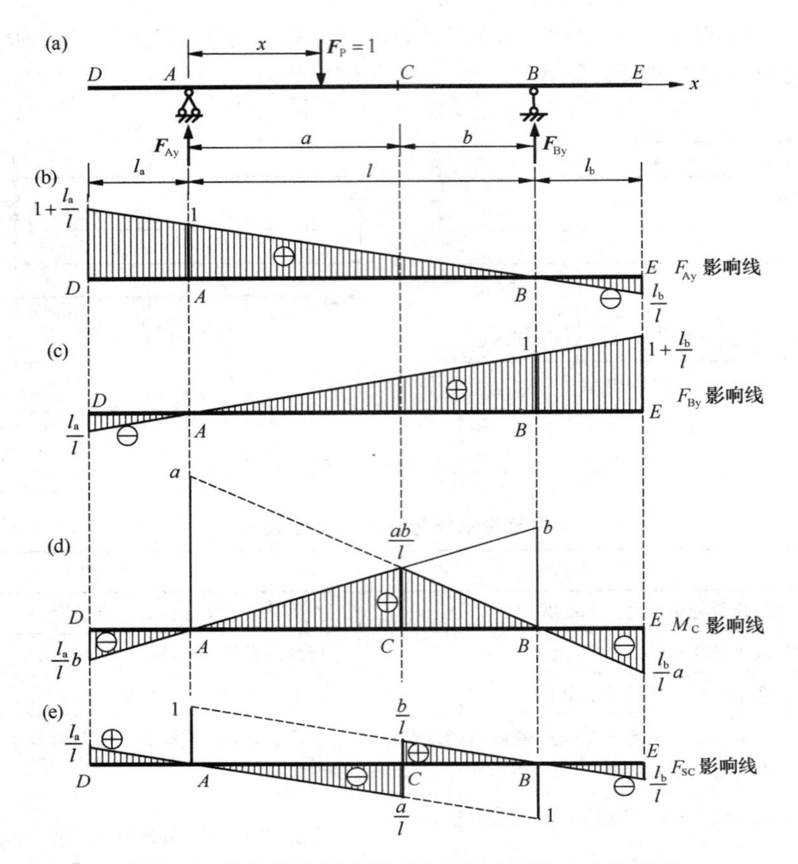

图 10-6 外伸梁的反力影响线与跨内截面内力影响线

当 $F_P=1$ 在 DF 段移动时，取截面 F 以左部分为隔离体，有

$$M_F=-x,\ F_{SF}=-1$$

当 $F_P=1$ 在 FE 段移动时，仍取截面 F 以左部分为隔离体，有

$$M_F=0,\quad F_{SF}=0$$

则可作出截面 F 的弯矩影响线和剪力影响线，如图 10-7（b）、(c) 所示。

需要指出的是，由于支座两侧截面分别属于伸臂部分和跨内部分，因此剪力影响线需按支座左、右两侧截面分别绘制。以 A 支座为例，其左侧截面的剪力影响线可利用 F_{SF} 影响线得到（使截面 F 趋于 A 支座左侧），如图 10-7（d）所示；而 A 支座右侧截面的剪力影响线，则可利用 F_{SC} 影响线得到（使截面 C 趋于 A 支座右侧），如图 10-7（e）所示。

三、多跨静定梁的影响线

作多跨静定梁某一量值影响线时，先要分清基本部分和附属部分，明确它们之间的传力关系，再用静力法作出各跨梁的影响线。

下面结合如图 10-8（a）所示多跨静定梁 E、F 截面弯矩影响线的绘制，说明具体作法。

首先给出多跨静定梁的层叠图，如图 10-8（b）所示。由此看出，AD 段为基本部分，DC 段为附属部分。E 截面位于基本部分，F 截面位于附属部分。

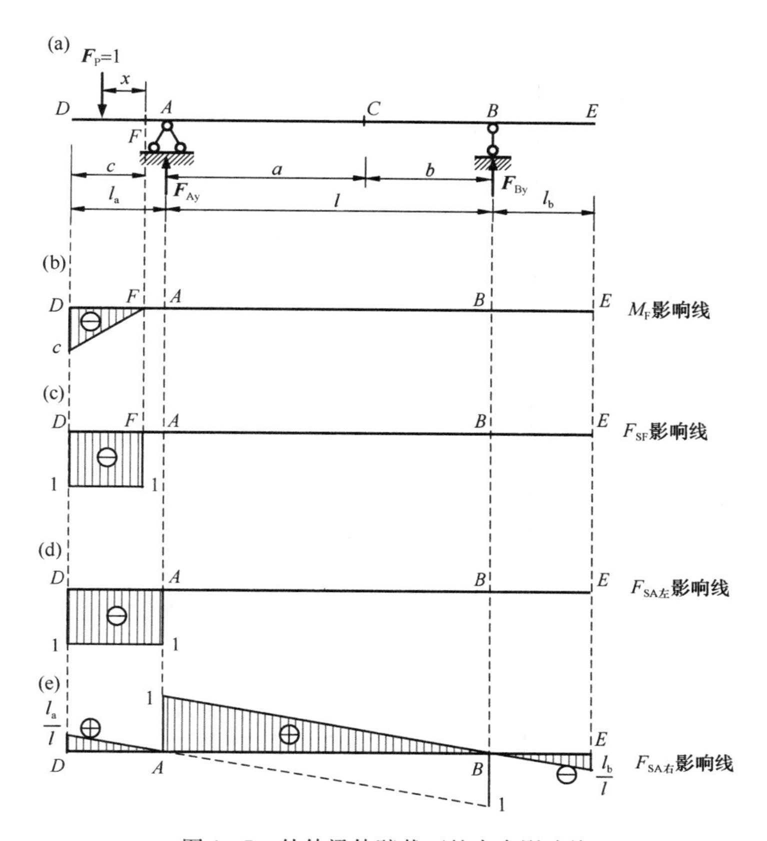

图 10-7 外伸梁伸臂截面的内力影响线

1. 作 M_E 的影响线

当 $F_P=1$ 在基本部分 AD 移动时，附属部分 DC 不受力，基本部分 AD 受力同外伸梁，故 AD 段的 M_E 影响线可按外伸梁绘出。当 $F_P=1$ 在附属部分 DC 移动时，取坐标系如图 10-8（b）所示，通过铰 D 传给基本部分 AD 的压力为 $F_{Dy}=\dfrac{l-x}{l}$(↓)，由此引起的 B 支座反力 $F_{By}=\dfrac{l-x}{l}\cdot\dfrac{3}{2}$(↑)，则 M_E 的竖标为 $\dfrac{l-x}{l}\cdot\dfrac{a}{2}$，故 DC 段的 M_E 影响线也是一条直线。当 $x=0$ 时，$M_E=a/2$；当 $x=l$ 时，$M_E=0$。M_E 影响线如图 10-8（c）所示。

2. 作 M_F 的影响线

当 $F_P=1$ 在基本部分 AD 移动时，附属部分 DC 不受力，故 AD 段的 M_F 影响线竖标处处为零；当 $F_P=1$ 在附属部分 DC 移动时，M_F 影响线与简支梁的相同，故 DC 段的 M_F 影响线可按简支梁绘出。M_F 影响线如图 10-8（d）所示。

以上作法同样适用于多跨静定梁其他量值的影响线，图 10-8（e）给出的 F_{Ay} 影响线，读者可自行校核。

综上所述，静力法绘制多跨静定梁某量值影响线的步骤如下：

（1）作多跨静定梁的层叠图，明确相互之间的传力关系；

（2）$F_P=1$ 与拟求影响线的截面在同一梁段时，该梁段的影响线同相应单跨静定梁；

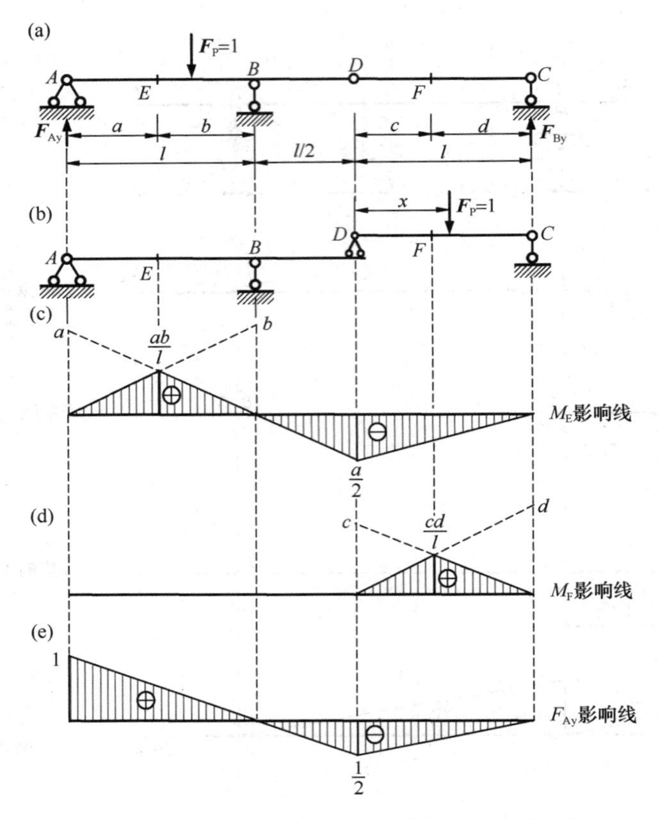

图 10-8　多跨静定梁的弯矩影响线及反力影响线

(3) $F_P = 1$ 作用于拟求影响线截面所在梁段的基本部分时，该梁段影响线的竖标为零；

(4) $F_P = 1$ 作用于拟求影响线截面所在梁段的附属部分时，该梁段的影响线为直线，可根据铰结处影响线的已知竖标和另一支座处竖标为零的条件绘出。

第三节　机　动　法

根据虚位移原理，刚体体系在力系作用下处于平衡的必要和充分条件是：对任何微小的虚位移，力系所作的总虚功为零。机动法作影响线的依据是虚位移原理。下面以简支梁和多跨静定梁为例，说明机动法作影响线的原理和步骤。

一、单跨静定梁的影响线

图 10-9（a）所示简支梁，若求 B 支座反力 F_{By} 的影响线，可去掉 B 支座的竖向支杆，代以反力 F_{By}，则原结构变成有一个自由度但处于平衡状态的几何可变体系（图 10-9b）。然后使该体系沿 F_{By} 的正方向发生微小虚位移，并用 δ_B 和 δ_P 分别表示反力 F_{By} 和移动荷载 $F_P = 1$ 作用点处的虚位移，δ_B 取与 F_{By} 方向一致为正，δ_P 取与单位荷载 $F_P = 1$ 方向一致为正，如图 10-9（c）所示。根据虚位移原理，可得：

$$F_{By} \times \delta_B + 1 \times \delta_P = 0$$

则有：

$$F_{By} = -\frac{\delta_P}{\delta_B} \tag{10-7}$$

当单位荷载 $F_P = 1$ 移动时，δ_P 的值是变化的，变化规律如图 10-9（c）机构虚位移图所示。若令 $\delta_B = 1$，则有：

$$F_{By} = -\delta_P(x) \tag{10-8}$$

上式表明，只需将 $\delta_B = 1$ 时虚位移图中的 δ_P 改变符号，即取向上为正，就可得到 F_{By} 的影响线（图 10-9d）。

下面讨论用机动法作梁的内力影响线。例如，要作简支梁 C 截面弯矩 M_C 的影响线（图 10-10a），则先去掉与 M_C 相应的约束，即在截面 C 处插入一个铰，并在铰的两侧加一对等值反向的力偶 M_C（这里的 M_C 以梁的下侧受拉为正）。然后，使机构沿 M_C 的正方向发生虚位移，该虚位移使 AC 绕 A 点转动一个角度 α，使 BC 绕 B 点转动一个角度 β，即铰 C 左右截面的相对转角为 $\theta = \alpha + \beta$，如图 10-10（b）所示。此时可列出虚功方程：

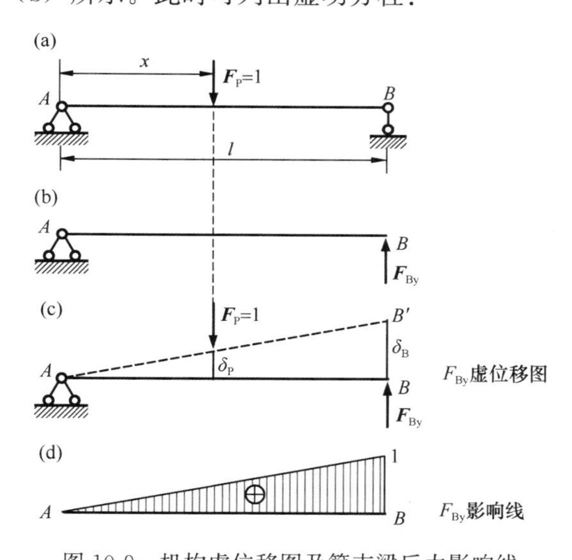

图 10-9　机构虚位移图及简支梁反力影响线

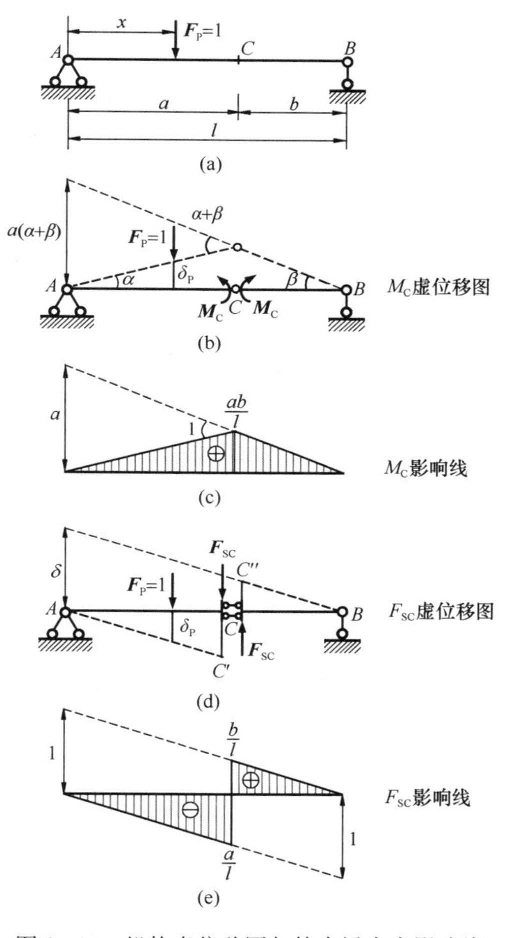

图 10-10　机构虚位移图与简支梁内力影响线

$$M_C \times (\alpha + \beta) + 1 \times \delta_P = 0$$

则：

$$M_C = -\frac{\delta_P(x)}{\alpha + \beta} \tag{10-9}$$

这表明，只要将代表 M_C 的虚位移图形（图 10-10b）改变符号，并令 $\alpha + \beta = 1$ 就可得到弯矩 M_C 的影响线，如图 10-10（c）所示。影响线中的竖标值可以按照几何关系确定。

类似地，若要作 C 截面剪力 F_{SC} 的影响线，则先去掉 C 截面处的抗剪约束，将刚性约束改为两根水平链杆形成的定向约束，代以一对正向剪力 F_{SC} ，如图 10-10（d）所示。然后，使体系沿 F_{SC} 正向发生虚位移，即截面 C 左右两侧分别产生如图 10-10（d）所示竖向虚位移 CC' 、CC'' 。由于 C 处两根链杆平行，只能作相对的平行移动，所以发生虚位移后，$AC' /\!/ C''B$。与该虚位移相应的虚功方程为：

$$F_{SC} \times (CC' + CC'') + 1 \times \delta_P = 0$$

得到

$$F_{SC} = -\frac{\delta_P}{CC' + CC''} \tag{10-10}$$

式中，$CC' + CC''$ 为 C 点两侧截面的竖向相对线位移。显然，只要令代表 F_{SC} 的虚位移图形（图 10-10d）中的 $CC' + CC'' = 1$ ，就可得到剪力 F_{SC} 的影响线，如图 10-10（e）所示。图中影响线的竖标值可由几何关系得到。

对比可知，机动法与静力法得到的影响线图形完全相同，但是机动法把求结构影响线的静力学问题转化为求作相应机构位移图的几何学问题。

【例 10-1】 试用机动法作如图 10-11（a）所示单跨静定梁的反力 F_{By} 、弯矩 M_A 、弯矩 M_C 和剪力 F_{SC} 影响线。

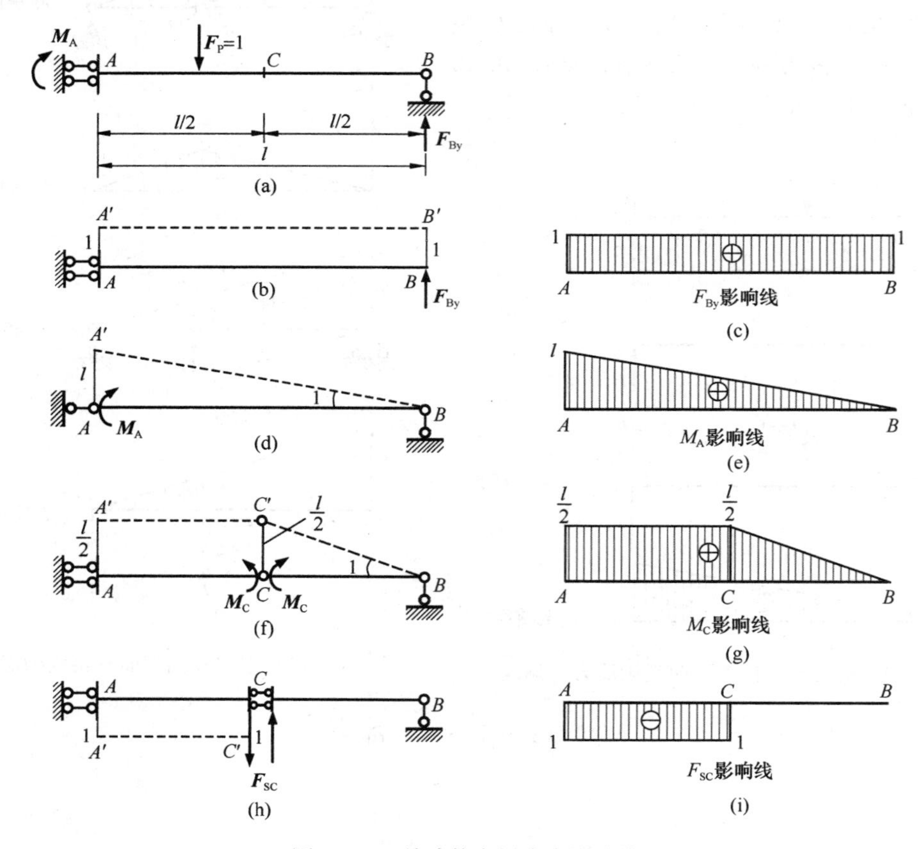

图 10-11 单跨静定梁内力影响线

【解】（1）作反力 F_{By} 的影响线

将 B 支座的支杆去掉，代以一向上的力 F_{By} ，让 B 点沿 F_{By} 发生向上的单位竖向位移，如图 10-11（b）所示。由于 A 处为定向支座，则刚片 AB 只能上下平动，由此得到图 10-11（c）所示反力 F_{By} 的影响线。

（2）作弯矩 M_A 的影响线

去掉 A 处的转动约束，保留其水平位移约束，代以一力矩 M_A，并让 A 截面顺着 M_A 的方向发生顺时针单位转角，如图 10-11（d）所示。此时，刚片 AB 绕 B 点转动，由此得到图 10-11（e）所示弯矩 M_A 的影响线。

（3）作弯矩 M_C 的影响线

将截面 C 处的刚结点改成铰结点，代以一对力偶 M_C，并使铰 C 左右两个截面顺着 M_C 的方向发生正向单位相对转角，如图 10-11（f）所示。此时 AC 杆只能上下平动，而 CB 杆绕 B 点转动。由此得到如图 10-11（g）所示弯矩 M_C 的影响线。

（4）作剪力 F_{SC} 的影响线

将截面 C 处的刚结点改成定向约束，代以一对竖向力 F_{SC}，使 C 点左右两个侧截面沿 F_{SC} 发生单位相对竖向位移。此时 AC 杆只能上下平动，CB 杆既不能绕 B 点转动，也不能上下平动，只能不动，如图 10-11（h）所示。由此得到图 10-11（i）所示剪力 F_{SC} 的影响线。

综上所述，机动法作影响线的步骤为：

（1）要作某量值 S（支反力或内力）的影响线时，则去掉与量值 S 相应的约束，代以正向的未知量 S，得到一个处于平衡状态的几何可变体系；

（2）使体系沿量值 S 的正方向发生单位虚位移，所得竖向虚位移图即为移动荷载 $F_P=1$ 作用下量值 S 的影响线；

（3）影响线在杆轴线上方取正号，在杆轴线下方取负号。

机动法的优点在于不必经过具体计算就能直接绘出影响线的轮廓，这对多跨静定梁来说是更为方便的。

用机动法作静定结构内力和反力影响线的步骤可以简单归纳为十四字口诀："求何撤何代以何；沿何吹气位移 1"。这里的"吹气"是对处于平衡状态的机构施加微小干扰，使其产生刚体位移的意思。请自行验证。

二、多跨静定梁的影响线

用机动法绘制多跨静定梁的影响线，基本步骤与单跨静定梁相同，下面以如图 10-12（a）所示多跨静定梁的反力 F_{By}、弯矩 M_F、剪力 F_{SF} 影响线为例，说明绘制过程。

绘制反力 F_{By} 的影响线，去掉 B 支座的支杆，代以反力 F_{By}，使体系在 B 点发生 F_{By} 作用正方向（向上）的单位竖向位移，由此可得到相应的虚位移图（图 10-12b）。用实线画出其轮廓图，并标明正负号，按几何关系求出各控制点的竖标值，即得 F_{By} 影响线，如图 10-12（c）所示。

绘制弯矩 M_F 的影响线，先将截面 F 处改为铰结点，代以一对力偶 M_F，使体系沿 M_F 作用正方向（杆件下侧受拉）发生单位相对转动，即铰 F 两侧截面的相对转角为 $\alpha+\beta=1$（图 10-12d），则得到 M_F 影响线（图 10-12e）。

绘制剪力 F_{SF} 的影响线，将截面 F 处改为定向约束，代以一对力 F_{SF}，使 F 两侧截面沿 F_{SF} 作用正方向（杆件顺时针转动）发生单位相对竖向位移（图 10-12f），即得 F_{SF} 影响

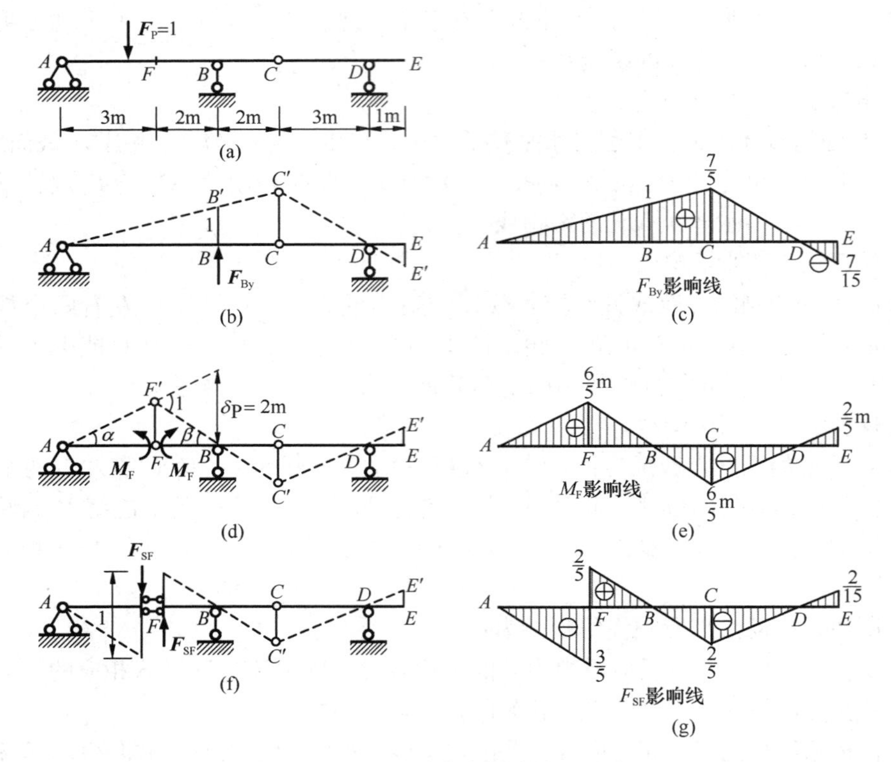

图 10-12 多跨静定梁内力影响线

线（图 10-12g）。

一般，多跨静定梁基本部分上的弯矩、剪力和支座反力影响线会分布在全梁；附属部分上的弯矩、剪力和支座反力影响线只分布在附属部分，在基本部分为零。非零影响线在铰结点处出现尖点，弯矩、剪力影响线在支座处为零值。

由于静定结构撤除一个约束后是具有一个自由度的几何可变体系，其位移是刚体位移，所以，静定结构的影响线是由直线段组成。

第四节 影响线的应用

在活荷载作用下，结构的内力和反力一般随荷载位置的变化而变化。在结构设计中，需要求出一些量值的最大值作为设计依据，所谓最大值包括最大正值和最大负值（或称为最小值）。利用影响线主要解决两个问题：一是当实际移动荷载的作用位置已知时，确定某量值的数值（即影响量）；二是确定某量值发生最大值时的荷载位置，即最不利荷载位置。

一、利用影响线求反力和内力影响量

下面分别讨论在集中荷载和分布荷载作用下，反力和内力影响量的计算方法。当结构上同时作用这两种荷载时，可以利用叠加原理。

1. 集中荷载作用

图 10-13（a）所示简支梁，承受一组位置已知的竖向集中荷载 F_{P1}、F_{P2}、F_{P3} 作用，

现在利用影响线求截面 C 弯矩的影响量。

首先，作 M_C 影响线，如图 10-13（b）所示。其中 y_1、y_2、y_3 分别代表荷载 F_{P1}、F_{P2}、F_{P3} 作用点处对应的 M_C 影响线竖标。由影响线的定义知，y_1 表示 $F_P=1$ 作用于该处时 C 截面的弯矩，若荷载为 F_{P1} 时，C 截面的弯矩应为 $F_{P1}y_1$。同理，由 F_{P2}、F_{P3} 产生的 C 截面弯矩分别为 $F_{P2}y_2$、$F_{P3}y_3$。根据叠加原理，可求得该组荷载作用下 C 截面的弯矩为：

$$M_C = F_{P1}y_1 + F_{P2}y_2 + F_{P3}y_3$$

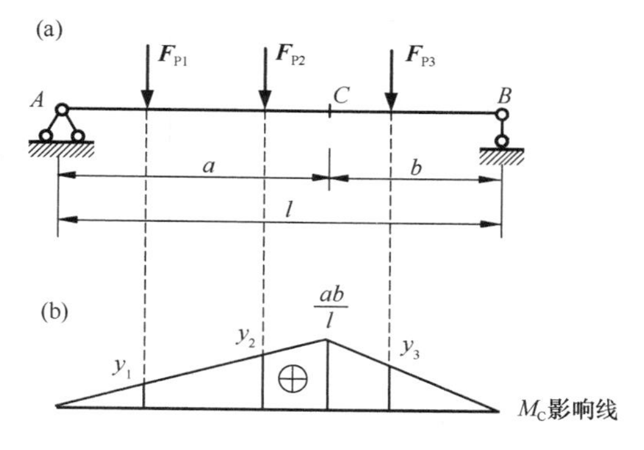

图 10-13　集中荷载下的弯矩影响量

上述方法也适用于支反力、剪力、轴力等其他量值影响量的计算。一般地，结构承受一组位置已知的竖向集中荷载 F_{P1}、F_{P2}……F_{Pn} 的作用，而与各荷载作用点对应的影响线竖标分别为 y_1、y_2……y_n，则在该组荷载作用下，量值 S 的数值为：

$$S = F_{P1}y_1 + F_{P2}y_2 + \cdots\cdots + F_{Pn}y_n = \sum_{i=1}^{n} F_{Pi}y_i \tag{10-11}$$

应用上式时，需注意竖标 y_i 有正负号。

当一组竖向集中荷载作用于影响线的某一直线段时，用它们的合力代替各力，不会改变所求量值的最后结果。

图 10-14 所示，设有 n 个竖向集中荷载 F_{P1}、F_{P2}……F_{Pn} 作用在影响线的 AB 段上。由合力矩定理可证明：

$$S = F_{P1}y_1 + F_{P2}y_2 + \cdots\cdots + F_{Pn}y_n = F_R\,\overline{y} \tag{10-12}$$

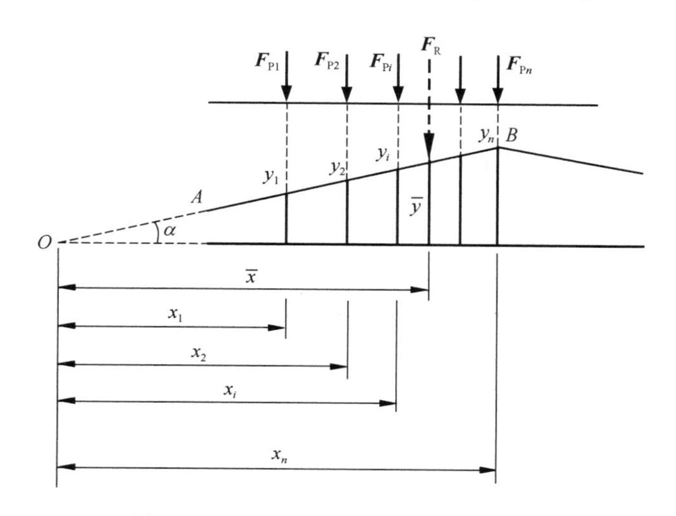

图 10-14　一组竖向荷载下的影响量计算

式中，$\overline{y}$ 为合力 F_R 所对应的影响线竖标。

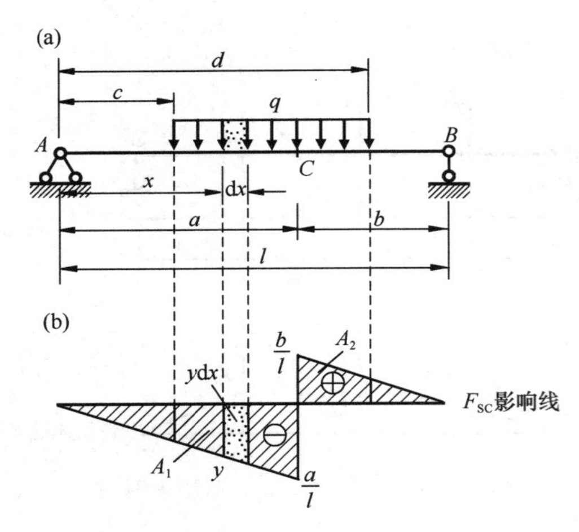

图 10-15 均布荷载下的剪力影响量

2. 分布荷载作用

图 10-15(a) 所示简支梁受均布荷载作用。若要利用 F_{SC} 影响线（图 10-15b），求截面 C 的剪力值，可将均布荷载视作无限多个微小的集中荷载 $q\mathrm{d}x$，每一微小集中荷载 $q\mathrm{d}x$ 引起的剪力值为 $yq\mathrm{d}x$，于是，在全部均布荷载作用下截面 C 的剪力为：

$$F_{SC}=\int_c^d yq\,\mathrm{d}x=q\int_c^d y\,\mathrm{d}x=q\cdot A \tag{10-13}$$

式中，$A=\int_c^d y\,\mathrm{d}x$ 表示在荷载分布范围内的影响线面积，如图 10-15（b）所示阴影部分，这里面积有正负值，$A_1<0$，$A_2>0$。

如上所述，均布荷载产生的影响量等于荷载集度与其分布范围内的影响线面积之乘积。若有若干段均布荷载作用，应逐段计算然后求和。一般公式为：

$$S=\sum_{i=1}^{n}q_iA_i \tag{10-14}$$

【例 10-2】 试利用影响线，求如图 10-16（a）所示外伸梁在给定荷载作用下的跨中弯矩 M_C 和剪力 F_{SC}。

【解】 作 M_C 和 F_{SC} 影响线，并求出有关的影响线竖标值，如图 10-16（b）、(c）所示。

（1）计算截面 C 的弯矩 M_C

$$M_C=\sum_{i=1}^{2}F_{Pi}y_i+q\cdot A=10\text{kN}\times1\text{m}+20\text{kN}\times(-1\text{m})+10\text{kN/m}\times\left(\frac{1}{2}\times8\text{m}\times2\text{m}\right)$$
$$=70\text{kN}\cdot\text{m}$$

（2）计算截面 C 的剪力 F_{SC}

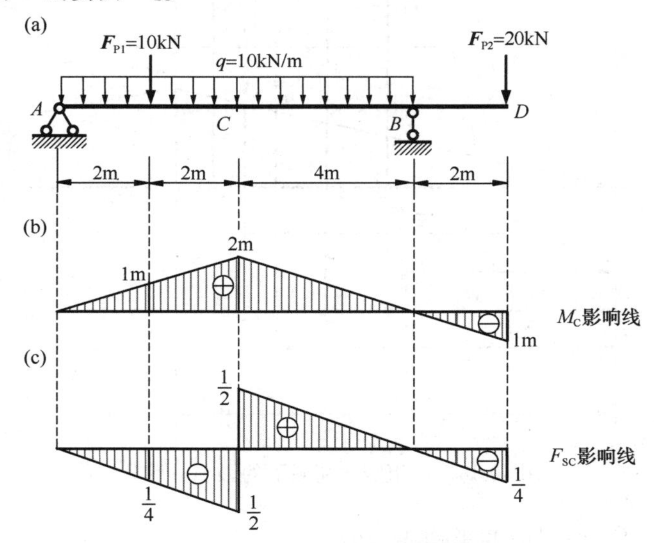

图 10-16 外伸梁的内力影响量

$$F_{SC}=\sum_{i=1}^{2}F_{Pi}y_i+q\cdot A$$
$$=10\text{kN}\times\left(-\frac{1}{4}\right)+20\text{kN}\times\left(-\frac{1}{4}\right)+10\text{kN/m}\times\left(\frac{1}{2}\times4\text{m}\times\frac{1}{2}-\frac{1}{2}\times4\text{m}\times\frac{1}{2}\right)$$
$$=-7.5\text{kN}$$

二、最不利荷载位置

在移动荷载作用下结构上的各种量值（支座反力、内力等）都将随着荷载位置的变化而变化，为了求出各种量值的最大值（或最小值），必须先确定使某一量值产生最大（或最小）值时的荷载位置，即该量值的**最不利荷载位置。**

1. 任意布置的均布荷载作用

在可任意布置的均布荷载（如人群、货物等）作用下，某一量值 S 的最不利荷载位置可由计算式 $S=qA$ 看出：当均布荷载布满影响线的正值面积时，S 有最大值 S_{max}；当均布荷载布满影响线的负值面积时，则 S 有最小值 S_{min}，如图 10-17 所示。

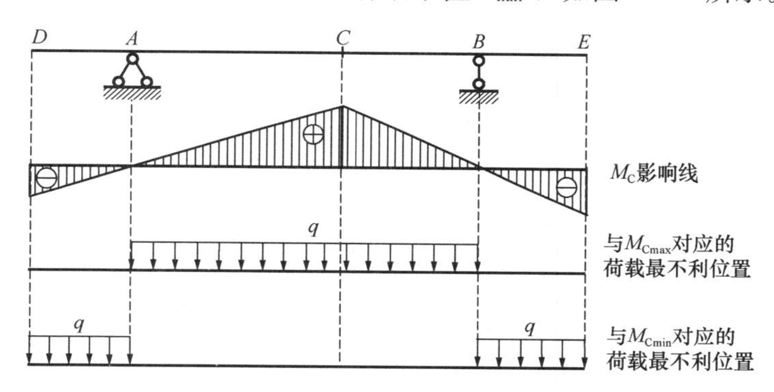

图 10-17　移动均布荷载的最不利位置

2. 移动的集中荷载作用

当移动的集中荷载情况比较简单时，在绘出拟求量值 S 的影响线后，一般可以看出如何布置荷载会有最大值 S_{max}。

例如，只有一个集中荷载 F_P时（图 10-18），当 F_P移至 S 影响线的竖标最大正值（A 处）时，有最大正值 S_{max}，而当 F_P 移至 S 影响线的竖标最大负值（B 处）时，有最小值 S_{min}。因此截面 A、B 处均为最不利荷载位置。

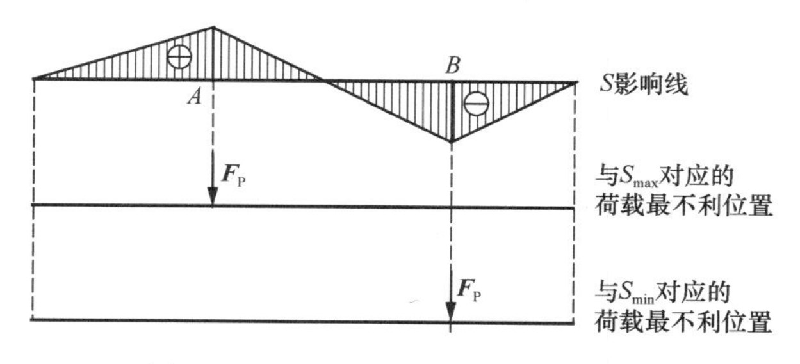

图 10-18　移动集中荷载的最不利位置

如果移动荷载为一组数值和间距都不变的集中荷载（如列车、汽车车队、吊车轮压等行列荷载）时，最不利荷载位置单凭观察不易确定。需要利用影响量的计算公式：

$$S=\sum F_{Pi}y_i$$

可知，当$\sum F_{Pi}y_i$为最大值时，则相应的荷载位置即为量值S的最不利荷载位置。由此推断，最不利荷载位置必然发生在荷载密集于影响线竖标最大处，并且可进一步论证必有一集中荷载位于影响线的顶点。通常将这一位于影响线顶点的集中荷载称为临界荷载。以下举例说明。

【例 10-3】试求如图 10-19（a）所示简支梁在吊车荷载由左向右移动时截面C的最大弯矩。已知$F_{P1}=F_{P2}=76\text{kN}$，$F_{P3}=F_{P4}=108.5\text{kN}$。

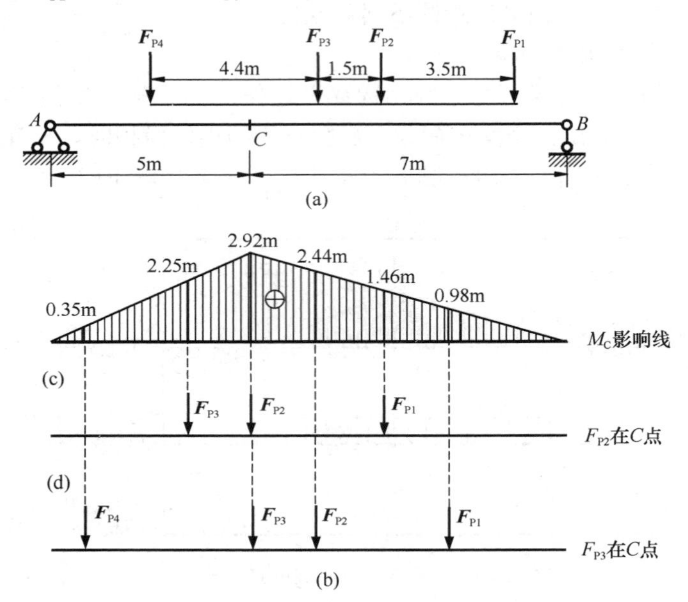

图 10-19 吊车梁的弯矩最不利荷载位置

【解】先作弯矩M_C的影响线，如图 10-19（b）所示。

据上述推断，F_{P1}不是临界荷载，因为将其置于影响线顶点C时，F_{P3}、F_{P4}已位于影响线范围以外。同理知F_{P4}也不是临界荷载。因此F_{P2}、F_{P3}可能是临界荷载。下面分别计算这两种情况对应的M_C值，并加以比较，确定M_C的最大值。

将F_{P2}置于影响线顶点，如图 10-19（c）所示，有三个集中荷载均位于影响线范围内，它们对应的竖标分别为：$y_1=1.46\text{m}$，$y_2=2.92\text{m}$，$y_3=2.25\text{m}$，则

$$\begin{aligned}M_{C2}&=F_{P1}y_1+F_{P2}y_2+F_{P3}y_3\\&=76\text{kN}\times1.46\text{m}+76\text{kN}\times2.92\text{m}+108.5\text{kN}\times2.25\text{m}=577.01\text{kN}\cdot\text{m}\end{aligned}$$

将F_{P3}置于影响线顶点，如图 10-19（d）所示，有四个集中荷载均位于影响线范围内，它们对应的竖标分别为：$y_1=0.98\text{m}$，$y_2=2.44\text{m}$，$y_3=2.92\text{m}$，$y_4=0.35\text{m}$，则

$$\begin{aligned}M_{C3}&=F_{P1}y_1+F_{P2}y_2+F_{P3}y_3+F_{P4}y_4\\&=76\text{kN}\times0.98\text{m}+76\text{kN}\times2.44\text{m}+108.5\text{kN}\times2.92\text{m}+108.5\text{kN}\times0.35\text{m}\\&=614.72\text{kN}\cdot\text{m}\end{aligned}$$

两者比较可知，F_{P3} 作用于 C 截面为弯矩 M_C 的最不利荷载位置。此时：

$$M_{Cmax} = 614.72\text{kN} \cdot \text{m}$$

【例 10-4】 图 10-20（a）所示为吊车荷载作用下的两跨简支梁。试求中间支座 B 的最大反力。已知 $F_{P1} = F_{P2} = 426.6\text{kN}$，$F_{P3} = F_{P4} = 289.3\text{kN}$。

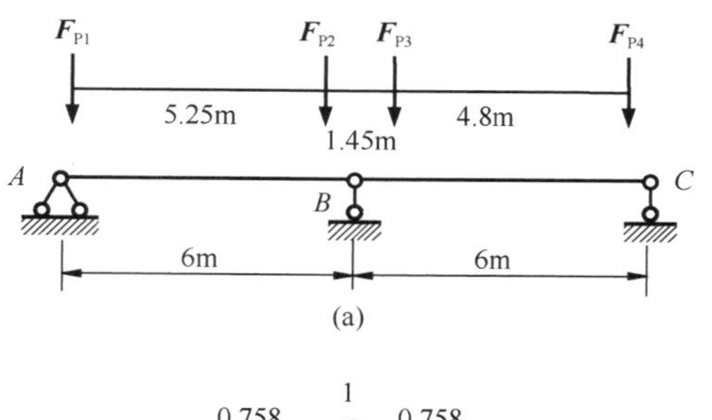

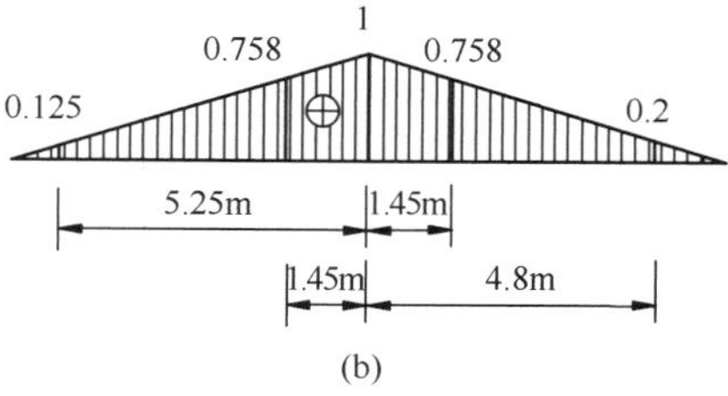

图 10-20　双跨简支梁中间支座反力的最不利荷载位置

【解】 该梁实为两根简支梁。先作出反力 F_{RB} 的影响线，如图 10-20（b）所示。其最不利荷载位置是 F_{P2} 位于影响线顶点或 F_{P3} 位于影响线顶点的情况，现分别计算如下：

当 F_{P2} 位于影响线顶点时，F_{P4} 不在影响线范围内，则有

$$\begin{aligned} F_{RB2} &= F_{P1}y_1 + F_{P2}y_2 + F_{P3}y_3 \\ &= 426.6\text{kN} \times (0.125 + 1.000) \\ &\quad + 289.3\text{kN} \times 0.758 \\ &= 699.22\text{kN} \end{aligned}$$

而当 F_{P3} 位于影响线顶点时，F_{P1} 不在影响线范围内，则有

$$\begin{aligned} F_{RB3} &= F_{P2}y_2 + F_{P3}y_3 + F_{P4}y_4 \\ &= 426.6\text{kN} \times 0.758 + 289.3\text{kN} \times (1.000 + 0.200) = 670.52\text{kN} \end{aligned}$$

两者比较可知，F_{P2} 位于影响线顶点时，F_{RB} 有最大值：$(F_{RB})_{max} = 699.22\text{kN}$。

第五节　简支梁的内力包络图

利用确定最不利荷载位置的方法，可以求出梁中任一指定截面的内力最大值（或最小值）。但是，在结构设计中，不仅需要算某一指定截面的内力最大值，还需要知道梁上各截面的内力最大值。连接各截面内力最大值的曲线称为内力包络图。下面以简支梁为例说明弯矩包络图的绘制。

实际工程中的简支梁，同时承受恒载和活载的作用，因此绘制弯矩包络图时，必须考虑两者的共同影响。简支梁在恒载作用下各截面的弯矩可由静力平衡条件求出，在活载作用下各截面的弯矩最大值（或最小值）可利用影响线求出。

简支梁的弯矩包络图作法如下：（1）将梁分成若干等分；（2）绘出恒载作用下的弯矩图，并求出各等分点的弯矩值；（3）对每个等分点截面，绘出弯矩影响线，并计算活载最不利布置时的最大弯矩值；（4）叠加同一截面恒载和活载引起的弯矩，逐点竖标连成曲线，即得弯矩包络图。

需要注意的是，在实际工程设计时，对于吊车、列车等移动荷载通常还需要乘上动力系数，以反映荷载的动力影响。

【例 10-5】 试绘制如图 10-21（a）所示简支梁在恒载和一组移动荷载作用下的弯矩包络图。已知：恒载 $q = 20\text{kN/m}$，移动荷载 $F_{P1} = F_{P2} = F_{P3} = F_{P4} = 120\text{kN}$，动力系数 $\mu = 1.1$。

【解】八等分梁，如图 10-21（b）所示。由于对称性，只需计算左半跨的截面内力。

（1）在恒载作用下，距左支座 x 处截面的弯矩为：

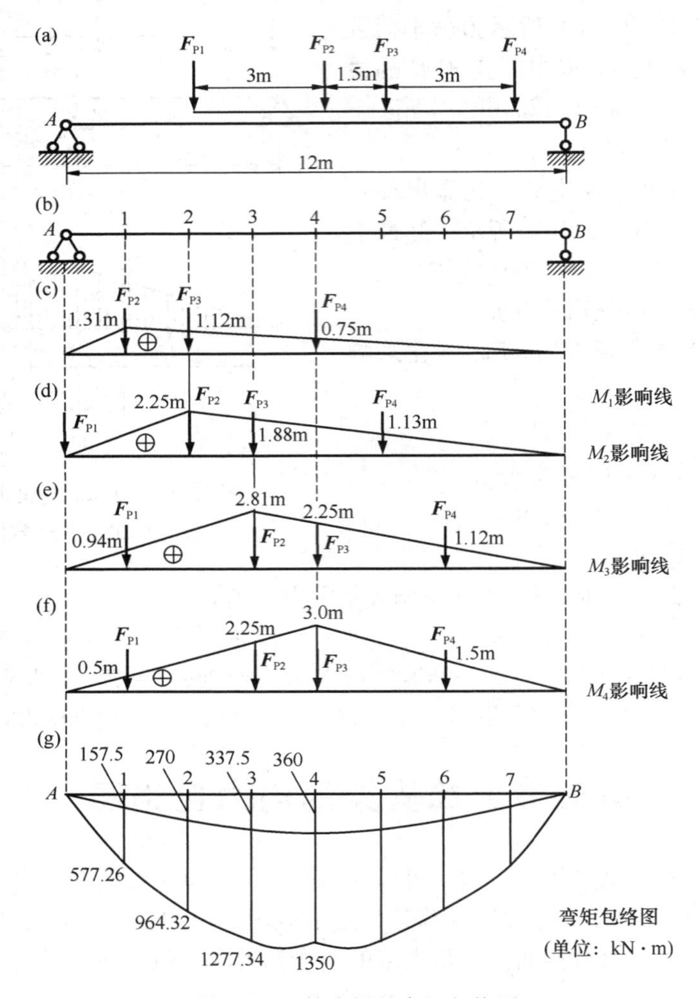

图 10-21 简支梁的弯矩包络图

$$M(x)=\frac{1}{2}qx(l-x)$$

因此，截面 1（x=1.5m）、截面 2（x=3.0m）、截面 3（x=4.5m）、截面 4（x=6.0m）处的弯矩分别为：

$$M'_1=157.5\text{kN}\cdot\text{m},\ M'_2=270.0\text{kN}\cdot\text{m},\ M'_3=337.5\text{kN}\cdot\text{m},\ M'_4=360.0\text{kN}\cdot\text{m}$$

（2）作各截面的弯矩影响线，如图 10-21（c）～（f）所示。

（3）确定各截面的临界荷载及其临界位置，从中选出各截面的最不利荷载位置。

由各截面的弯矩影响线可以看出，F_{P2} 位于 M_1、M_2、M_3 影响线的顶点时，M_1、M_2、M_3 有最大值，F_{P3} 位于 M_4 影响线的顶点时，M_4 有最大值。

（4）求移动荷载作用下各截面弯矩的最大值。根据各截面的弯矩影响线，并引入动力系数，计算可得：

$$M''_{1\max} = 1.1 \times (120 \times 1.31 + 120 \times 1.12 + 120 \times 0.75) = 419.76\text{kN} \cdot \text{m}$$
$$M''_{2\max} = 1.1 \times (120 \times 2.25 + 120 \times 1.88 + 120 \times 1.13) = 694.32\text{kN} \cdot \text{m}$$
$$M''_{3\max} = 1.1 \times (120 \times 0.94 + 120 \times 2.81 + 120 \times 2.25 + 120 \times 1.12) = 939.84\text{kN} \cdot \text{m}$$
$$M''_{4\max} = 1.1 \times (120 \times 0.5 + 120 \times 2.25 + 120 \times 3.0 + 120 \times 1.5) = 957.0\text{kN} \cdot \text{m}$$

（5）绘制弯矩包络图。将各截面恒载作用下的弯矩与移动荷载作用下的最大弯矩叠加起来，即得各截面的最大弯矩值：

$$M_{1\max} = M'_1 + M''_{1\max} = 577.26\text{kN} \cdot \text{m}$$
$$M_{2\max} = M'_2 + M''_{2\max} = 1010.0\text{kN} \cdot \text{m}$$
$$M_{3\max} = M'_3 + M''_{3\max} = 1277.34\text{kN} \cdot \text{m}$$
$$M_{4\max} = M'_4 + M''_{4\max} = 1317.0\text{kN} \cdot \text{m}$$

各截面的弯矩最小值是由恒载引起的。

由以上计算结果及对称性的利用，可以作出该简支梁的弯矩包络图（图 10-21g），其中外层曲线为截面弯矩的最大值，内层曲线为截面弯矩的最小值。

剪力包络图的绘制步骤与弯矩包络图相同，这里不再赘述。

思考题

10-1 什么是影响线？影响线上任一点的横坐标和竖标各代表什么意义？

10-2 弯矩影响线与弯矩图有什么区别？

10-3 什么是最不利荷载位置？

10-4 什么叫内力包络图？

10-5 梁的内力包络图、内力影响线和内力图有什么不同？各有什么用途？

习题

10-1 试用静力法作图示结构中指定量值的影响线。

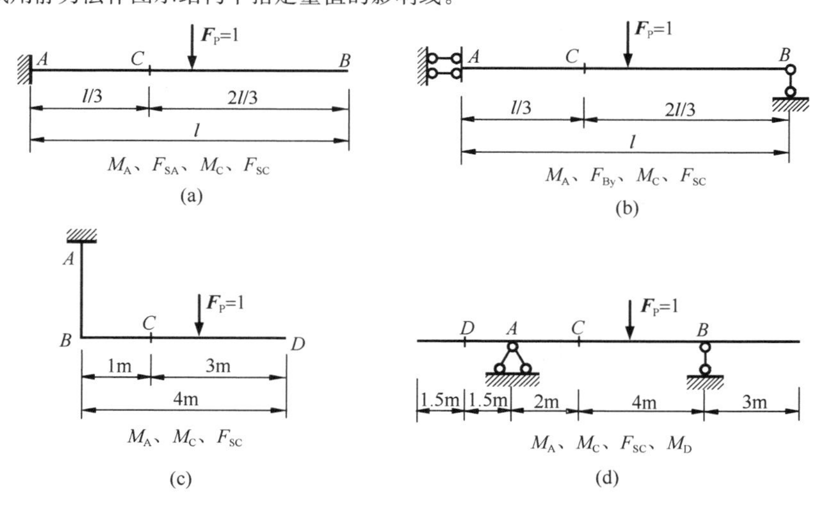

题 10-1 图

10-2 试用静力法作图示组合结构中指定量值的影响线。

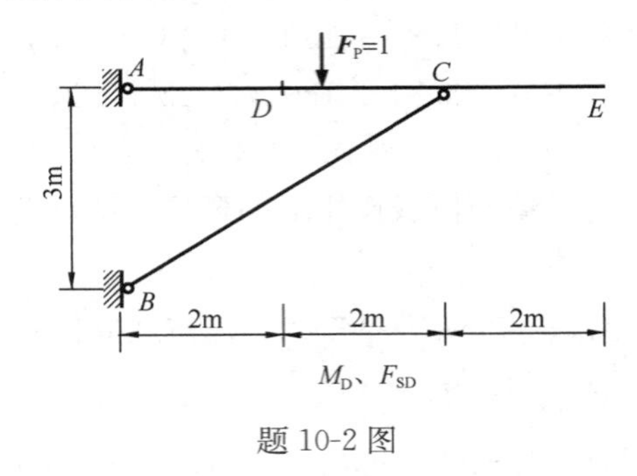

题 10-2 图

10-3 试用机动法作图示单跨静定梁的 F_{By} 、 M_A 、 M_C 和 F_{SC} 影响线。

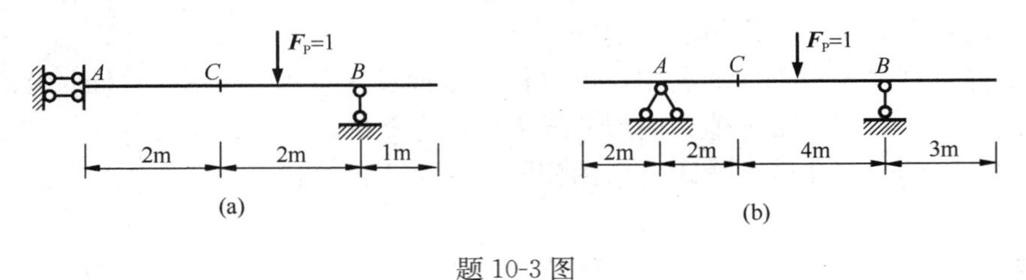

题 10-3 图

10-4 试用机动法作图示多跨静定梁指定量值的影响线。

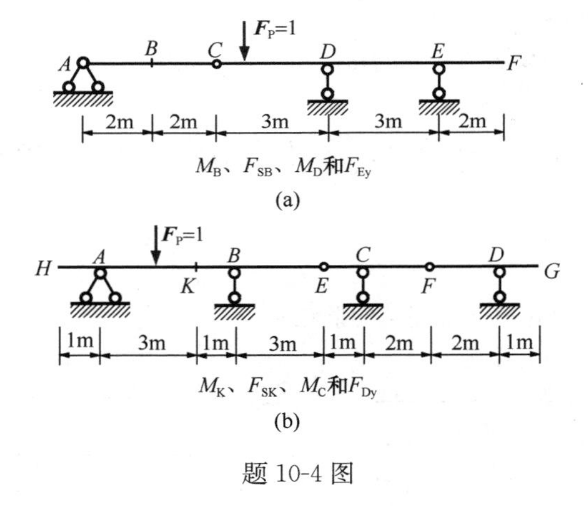

题 10-4 图

10-5 试利用影响线求图示伸臂梁在固定荷载作用下的 M_C 、F_{SC} 。

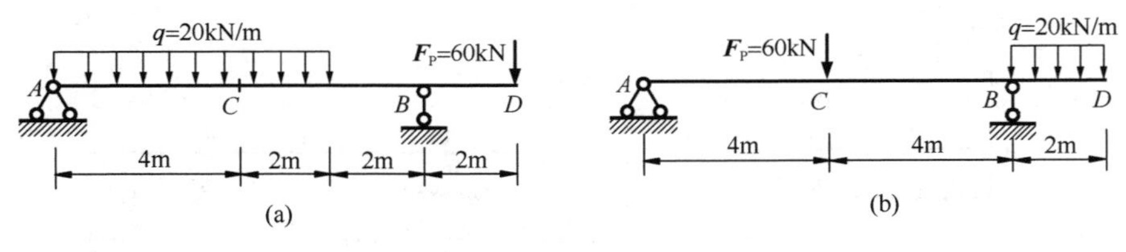

题 10-5 图

10-6 试求图示梁在一组间距不变的行列荷载作用下 C 支座反力 F_{Cy} 的最大值。

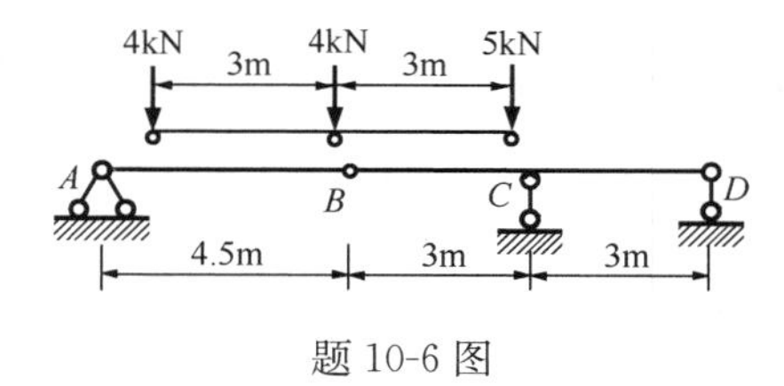

题 10-6 图

10-7 图示吊车梁上有两台吊车行驶，已知：$F_{P1}=F_{P2}=F_{P3}=F_{P4}=324.5\text{kN}$，试求 C 截面的弯矩 M_C 的最大值。

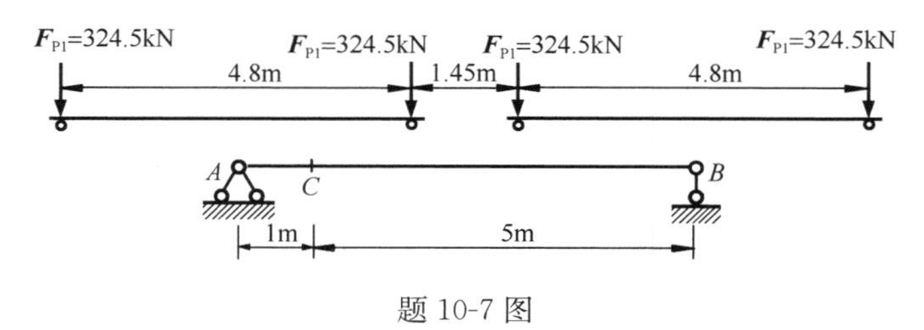

题 10-7 图

第十一章 力法

在前面三章中，讨论了静定结构的内力分析和位移计算等问题。下面三章将讨论超静定结构的计算方法，主要包括三种方法：力法、位移法和力矩分配法。本章重点介绍力法。

力法是结构力学的经典方法之一，也是求解超静定结构的基本方法之一。它仅适用于求解超静定结构，而不能用于求解静定结构。

第一节　超静定结构的概念

超静定结构不同于静定结构。

超静定结构是具有多余约束的几何不变体系，其反力和内力不能完全由静力平衡方程唯一确定，还须利用变形条件。在荷载作用下，超静定结构的内力与材料的物理性质和截面几何特性的相对值有关，而与它们的绝对值无关。在支座移动、温度改变及制造误差等因素作用下，超静定结构会产生内力。

超静定结构中多余约束的数目，称为超静定次数。因此，可以从计算自由度和多余约束两个方面来确定结构的超静定次数。

根据自由度的计算：超静定结构的计算自由度一定是负值，如果结构的计算自由度 $W=-n$，则结构的超静定次数为 n。

根据多余约束的分析：超静定次数就是多余约束的个数，如果超静定结构在去掉 n 个约束后变成为静定结构，则该结构的超静定次数为 n。

去掉多余约束的常用方法有以下四种：

（1）切断一根链杆或撤掉一根支杆，相当于去掉一个约束（见［例 11-1］）；

（2）去掉一个单铰或撤掉一个固定铰支座，相当于去掉两个约束（见［例 11-2］）；

（3）切断一根梁式杆或撤掉一个固定支座，相当于去掉三个约束（见［例 11-3］）；

（4）将一刚结点处改为单铰结点或将一固定支座改为固

定铰支座，相当于去掉一个约束。

【例 11-1】确定如图 11-1（a）所示组合结构的超静定次数。

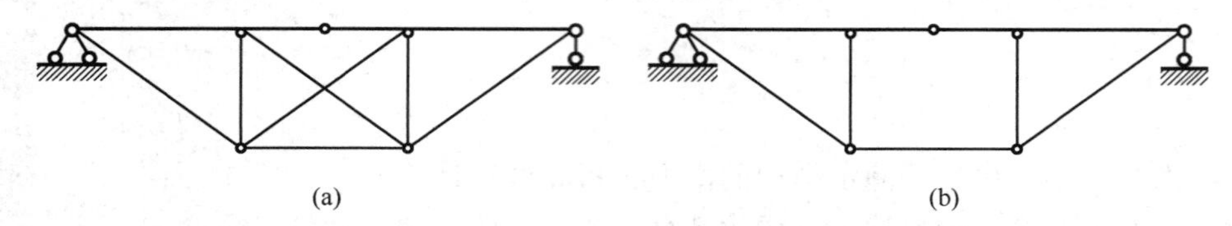

图 11-1 超静定组合结构及其静定结构

【解】（1）计算自由度

原结构有 9 个刚片，13 个单铰结点，其计算自由度为：

$$W = 9 \times 3 - 13 \times 2 - 3 = -2$$

（2）去掉多余约束

去掉原结构中间部分的两根链杆，原结构变成静定组合结构，如图 11-1（b）所示。因此，原结构为二次超静定结构。

【例 11-2】确定如图 11-2（a）所示结构的超静定次数。

【解】（1）计算自由度

原结构有 3 个刚片，2 个单铰结点，其计算自由度为：

$$W = 3 \times 3 - 2 \times 2 - 3 \times 3 = -4$$

（2）去掉多余约束

去掉两个单铰结点，原结构变成三个悬臂静定刚架，如图 11-2（b）所示。因此，原结构为四次超静定结构。

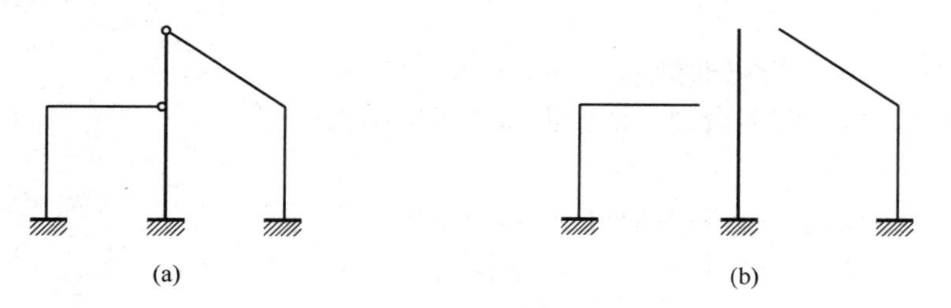

图 11-2 超静定刚架及其静定结构

【例 11-3】确定如图 11-3（a）所示刚架的超静定次数。

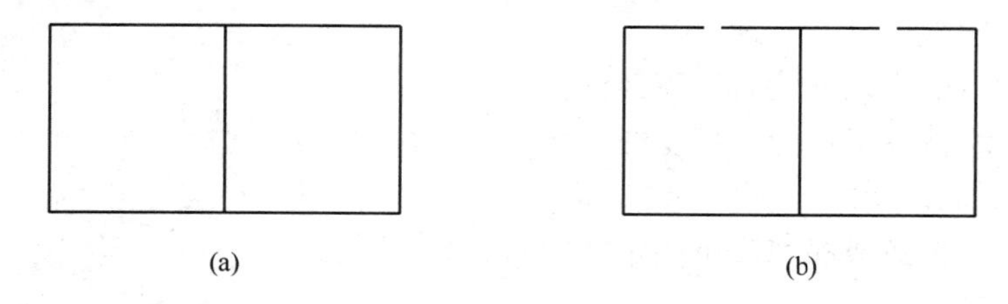

图 11-3 闭口刚架及其开口刚架

【解】（1）计算自由度

该自由结构有 7 个刚片，8 个单刚结点，则计算自由度为：

$$W=7\times3-8\times3-3=-6$$

（2）去掉多余约束

单个闭口刚架为三次超静定结构，因为需切断任意一根杆件，方可变成静定的开口刚架。两个闭口刚架需切断其两根梁式杆，如图 11-3（b）所示。因此，原结构为六次超静定结构。

第二节 力法的基本概念

一、基本结构与基本未知量

在力法中，将超静定结构的多余约束去掉，代以未知力后得到的静定结构，称为力法的基本结构。代替多余约束的未知力，称为多余未知力，即力法的基本未知量。而将基本结构在原有荷载和多余未知力共同作用下的体系称为力法的基本体系。

【例 11-4】 确定如图 11-4（a）所示组合结构的力法基本结构。

【解】 切断一根链杆，原结构变成静定结构。因此，该结构是一次超静定结构。其基本结构如图 11-4（b）所示。

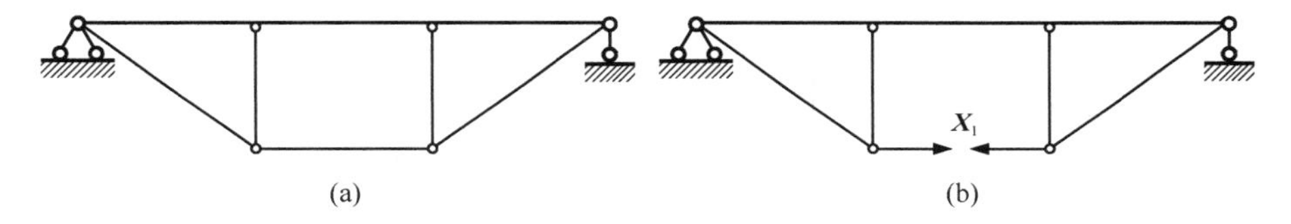

图 11-4 组合结构及其力法基本结构

【例 11-5】 确定如图 11-5（a）所示刚架的力法基本结构。

【解】 去掉一个单铰结点，原结构变成静定结构。因此，该结构是二次超静定结构。其基本结构如图 11-5（b）所示。

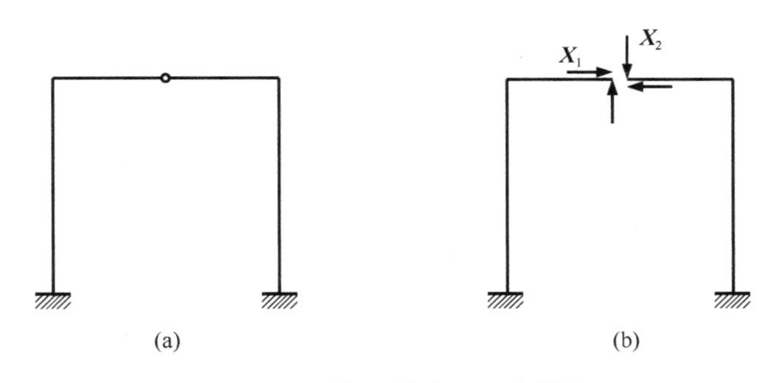

图 11-5 刚架及其力法基本结构

【例 11-6】 确定如图 11-6（a）所示门式刚架的力法基本结构。

【解】 切断一根梁式杆件，原结构变成静定结构。因此，该结构是三次超静定结构。其力法的基本结构如图 11-6（b）所示。

由于去掉多余联系的方案具有多样性，所以同一个超静定结构可以得到不同形式的基

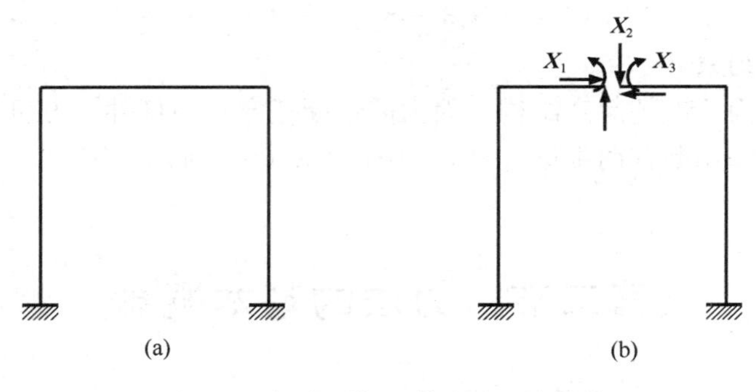

图 11-6　门式刚架及其力法基本结构

本结构。譬如，图 11-4（a）所示组合结构的任何一根轴力杆件都可以被切断。图 11-5（a）所示刚架的两个固定端可换成固定铰支座，三铰刚架也是原结构的一个力法基本结构。图 11-6（a）所示门式刚架中的任何一个固定支座可以被撤掉，悬臂刚架也是原结构的一个力法基本结构。但需注意，在去掉超静定结构的多余联系时，必须保证所得基本结构的几何不变性质。

二、力法的基本原理

力法计算超静定结构的基本原理可以概括为：

（1）选取基本结构，以多余未知力作为基本未知量；

（2）根据多余联系处的变形协调条件，建立力法方程，求出基本未知量；

（3）利用叠加原理和平衡条件计算原结构的内力。

下面通过一个简单的例子来阐述力法的基本概念。

图 11-7（a）所示连续梁是具有一个多余联系的超静定结构。若选中间的支杆为多余联系，相应的多余未知力用 X_1 表示，基本体系如图 11-7（b）所示。如果可以求出 X_1，则原结构的计算就转化为在多余未知力 X_1 和均布荷载 q 共同作用下静定结构的计算问题。

为了求解多余未知力 X_1，必须考虑原结构的实际变形条件。显然，在多余未知力 X_1 和均布荷载 q 共同作用下，基本结构的跨中挠度必须为零。根据叠加原理，可

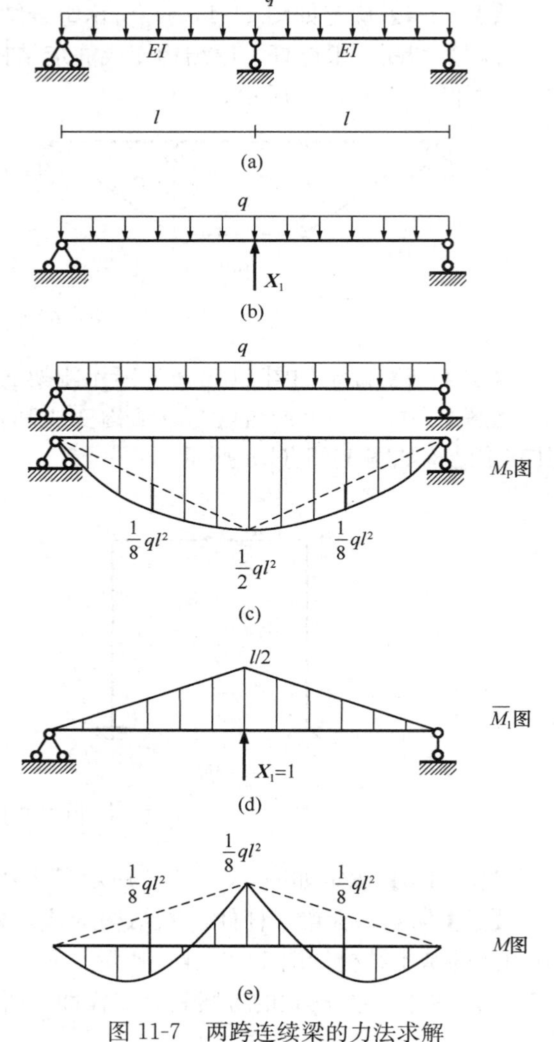

图 11-7　两跨连续梁的力法求解

以分别计算多余未知力 X_1 和均布荷载 q 单独作用于基本结构时引起的跨中挠度 Δ_{11} 和 Δ_{1P}，然后由 $\Delta_1=\Delta_{11}+\Delta_{1P}=0$，求出多余未知力 X_1。

在均布荷载 q 和多余未知力 $X_1=1$ 单独作用下，基本结构的弯矩图 M_P 和 $\overline{M}_1$ 如图 11-7（c）、（d）所示。

当多余未知力 X_1 单独作用于基本结构时，在 X_1 处产生的位移为：

$$\Delta_{11}=\delta_{11}X_1 \tag{11-1}$$

其中，δ_{11} 为单位力 $X_1=1$ 作用下沿 X_1 方向产生的位移，可由图 11-7（d）图乘得到：

$$\delta_{11}=\Sigma\int\frac{\overline{M}_1(x)\,\overline{M}_1(x)}{EI}\mathrm{d}x=\frac{2}{EI}\left[\frac{1}{2}\left(\frac{l}{2}\times l\right)\cdot\left(\frac{2}{3}\times\frac{l}{2}\right)\right]=\frac{l^3}{6EI} \tag{11-2}$$

而当荷载单独作用于基本结构时，在 X_1 处产生的位移，由图 11-7（c）与 11-7（d）图乘可得：

$$\begin{aligned}\Delta_{1P}&=\Sigma\int\frac{\overline{M}_1(x)\cdot M_P(x)}{EI}\mathrm{d}x\\&=\frac{2}{EI}\left[-\frac{1}{2}\left(\frac{1}{2}ql^2\times l\right)\left(\frac{2}{3}\times\frac{l}{2}\right)-\frac{2}{3}\left(\frac{1}{8}ql^2\times l\right)\left(\frac{1}{2}\times\frac{l}{2}\right)\right]=-\frac{5ql^4}{24EI}\end{aligned} \tag{11-3}$$

根据多余约束处的位移协调条件：$\Delta_1=\Delta_{11}+\Delta_{1P}=0$，有

$$\delta_{11}X_1+\Delta_{1P}=0 \tag{11-4}$$

即

$$\frac{l^3}{6EI}X_1-\frac{5ql^4}{24EI}=0 \tag{11-5}$$

解方程，可得多余未知力：

$$X_1=\frac{5}{4}ql \tag{11-6}$$

求出多余未知力后，根据 $M=\overline{M}_1X_1+M_P$，可以得到原结构的弯矩图（图 11-7e）。

三、多次超静定结构

以上通过一次超静定结构的计算，阐述了力法求解超静定结构的基本概念。可见，求解多余未知力是最关键的一步。下面以两次超静定结构的内力计算为例，讨论多次超静定结构的计算思路。

图 11-8（a）所示刚架为二次超静定结构，选取如图 11-8（b）所示基本结构，则 $X_1=1$ 和 $X_2=1$ 以及荷载单独作用于基本结构的弯矩图如图 11-8（c）～（e）所示。

当 X_1 单独作用于基本结构时（图 11-9a），在 X_1 方向和 X_2 方向产生的位移分别为：

$$\Delta_{11}=\delta_{11}X_1 \tag{11-7a}$$

$$\Delta_{21}=\delta_{21}X_1 \tag{11-7b}$$

其中，δ_{11} 和 δ_{21} 分别为 $X_1=1$ 作用下基本结构在 X_1 方向和 X_2 方向产生的位移，由基本结构单位力状态下的弯矩图图乘可得：

$$\delta_{11}=\Sigma\int\frac{\overline{M}_1(x)\cdot\overline{M}_1(x)}{EI}\mathrm{d}x=\frac{1}{EI}\left(\frac{l^2}{2}\times\frac{2l}{3}\right)=\frac{l^3}{3EI}$$

$$\delta_{21}=\Sigma\int\frac{\overline{M}_2(x)\cdot\overline{M}_1(x)}{EI}\mathrm{d}x=\frac{1}{EI}\left(l^2\times\frac{l}{2}\right)=\frac{l^3}{2EI}$$

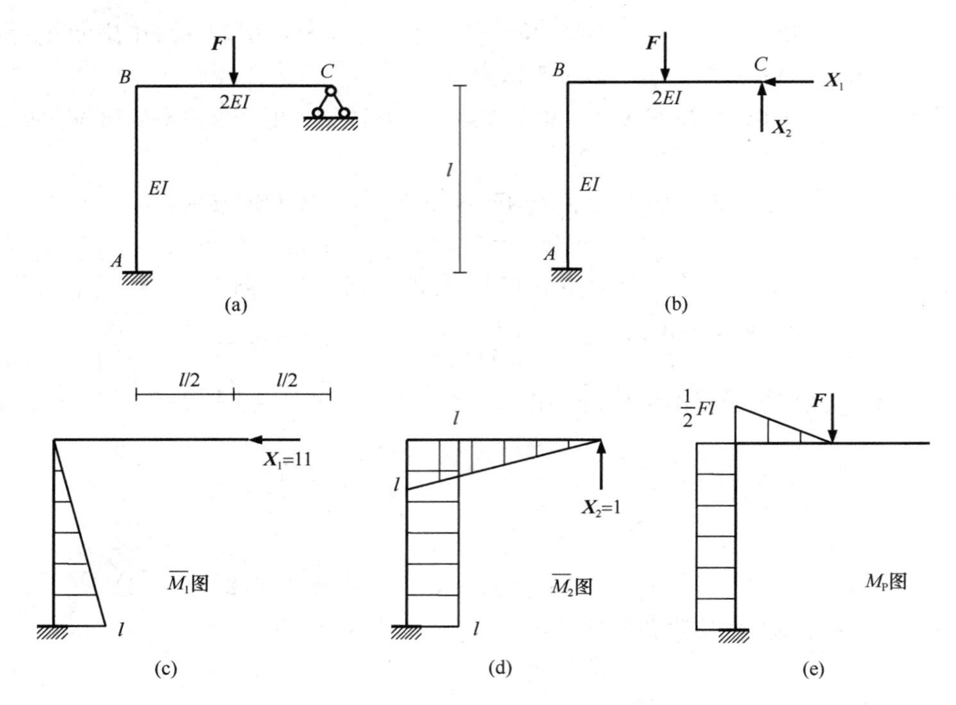

图 11-8　超静定刚架的基本结构及其弯矩图

当 X_2 单独作用于基本结构时（图 11-9b），在 X_1 方向和 X_2 方向产生的位移分别为：

$$\Delta_{12} = \delta_{12} X_2 \tag{11-8a}$$

$$\Delta_{22} = \delta_{22} X_2 \tag{11-8b}$$

其中，δ_{12} 和 δ_{22} 分别为 $X_2 = 1$ 作用下基本结构在 X_1 方向和 X_2 方向产生的位移，由基本结构单位力状态下的弯矩图图乘可得：

$$\delta_{12} = \Sigma\int \frac{\overline{M}_1(x) \cdot \overline{M}_2(x)}{EI} \mathrm{d}x = \frac{1}{EI}\left(\frac{l^2}{2} \times \frac{2l}{3}\right) = \frac{l^3}{2EI} = \delta_{21}$$

$$\delta_{22} = \Sigma\int \frac{\overline{M}_2(x) \cdot \overline{M}_2(x)}{EI} \mathrm{d}x = \frac{l^2 \times l}{EI} + \frac{1}{2EI}\left(\frac{l^2}{2} \times \frac{2l}{3}\right) = \frac{7l^3}{6EI}$$

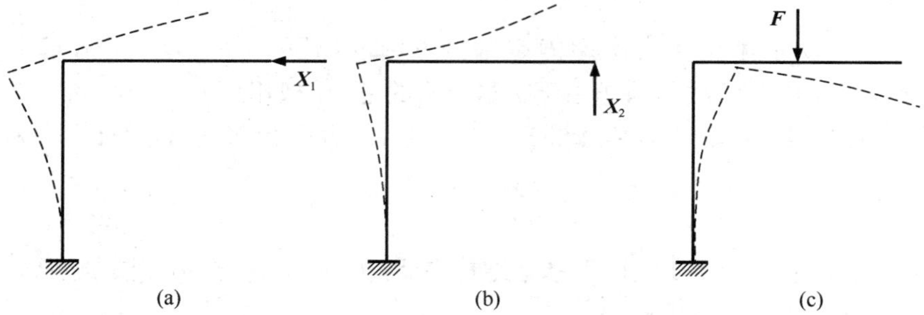

图 11-9　基本结构的变形

当荷载单独作用于基本结构时（图 11-9c），在 X_1 方向和 X_2 方向产生的位移分别为 Δ_{1P} 和 Δ_{2P}，可由 M_P 图分别与 $\overline{M}_1$ 图、$\overline{M}_2$ 图的图乘得到：

$$\Delta_{1P}=\Sigma\int\frac{\overline{M}_1(x)\cdot M_P(x)}{EI}dx=\frac{-1}{EI}\left(\frac{l^2}{2}\times\frac{Fl}{2}\right)=-\frac{Fl^3}{4EI}$$

$$\Delta_{2P}=\Sigma\int\frac{\overline{M}_2(x)\cdot M_P(x)}{EI}dx=-\frac{1}{EI}\left(\frac{Fl^2}{2}\times l\right)-\frac{1}{2EI}\left(\frac{1}{2}\times\frac{Fl}{2}\times\frac{l}{2}\times\frac{5l}{6}\right)=-\frac{53Fl^3}{96EI}$$

而多余约束处的位移协调条件为：

$$\begin{cases}\Delta_1=\Delta_{11}+\Delta_{12}+\Delta_{1P}=0\\ \Delta_2=\Delta_{21}+\Delta_{22}+\Delta_{2P}=0\end{cases}\tag{11-9}$$

因此，得到力法典型方程：

$$\begin{cases}\delta_{11}X_1+\delta_{12}X_2+\Delta_{1P}=0\\ \delta_{21}X_1+\delta_{22}X_2+\Delta_{2P}=0\end{cases}\tag{11-10}$$

将已知量代入力法典型方程，联立求解可得：

$$X_1=\frac{9}{80}F\qquad\qquad X_2=\frac{17}{40}F$$

然后，由叠加原理 $M=\overline{M}_1X_1+\overline{M}_2X_2+M_P$，得到原结构的弯矩图，如图 11-10 所示。

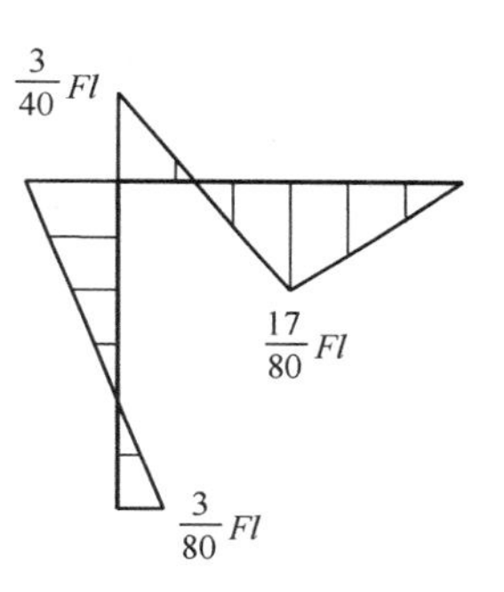

图 11-10 超静定刚架的弯矩图

最后，根据结构的弯矩图和刚结点的静力平衡条件可以得到结构的剪力及轴力，具体计算过程见［例 11-8］。

对于 n 次超静定结构，有 n 个多余未知力，即 n 个力法基本未知量，而每一个多余未知力都对应着一个多余约束，相应有 n 个位移协调条件，能建立 n 个力法基本方程。

$$\begin{cases}\delta_{11}X_1+\delta_{12}X_2+\cdots\cdots+\delta_{1n}X_n+\Delta_{1P}=0\\ \delta_{21}X_1+\delta_{22}X_2+\cdots\cdots+\delta_{2n}X_n+\Delta_{2P}=0\\ \cdots\cdots\\ \delta_{n1}X_1+\delta_{n2}X_2+\cdots\cdots+\delta_{nn}X_n+\Delta_{nP}=0\end{cases}\tag{11-11}$$

式中，δ_{ii} 称为主系数，表示在单位力 $X_i=1$ 单独作用下，基本结构沿 X_i 方向产生的位移；δ_{ij} 称为副系数，表示在单位力 $X_j=1$ 单独作用下，基本结构沿 X_i 方向产生的位移；Δ_{iP} 称为自由项，表示在荷载单独作用下，基本结构沿 X_i 方向产生的位移。

由此可见，上述系数的第一个下标表示产生位移的地点；第二个下标表示产生位移的原因。主系数 δ_{ii} 为正值，副系数 δ_{ij} 和自由项 Δ_{iP} 可以为正值、负值或零。显然，$\delta_{ij}=\delta_{ji}$（位移互等）。

根据叠加原理，可以得到原结构的最终内力图：

$$M=\overline{M}_1X_1+\overline{M}_2X_2+\cdots\cdots+\overline{M}_nX_n+M_P\tag{11-12}$$

$$F_S=\overline{F}_{S1}X_1+\overline{F}_{S2}X_2+\cdots\cdots+\overline{F}_{Sn}X_n+F_{SP}\tag{11-13}$$

$$F_N=\overline{F}_{N1}X_1+\overline{F}_{N2}X_2+\cdots\cdots+\overline{F}_{Nn}X_n+F_{NP}\tag{11-14}$$

式中，$\overline{M}_iX_i$、$\overline{F}_{Si}X_i$ 和 $\overline{F}_{Ni}X_i$ 是多余未知力 X_i 单独作用下基本结构的内力；M_P、F_{SP} 和 F_{NP} 是荷载单独作用下基本结构的内力。

一般，作原结构的内力图时，可以先作弯矩图，然后再利用平衡条件作剪力图和轴力图。

第三节 力法计算超静定结构

一、超静定梁和刚架

用力法计算超静定梁和刚架时，一般不考虑剪力和轴力的影响，主系数、副系数和自由项可按以下公式计算：

$$\delta_{ii}=\Sigma\int\frac{\overline{M}_i\overline{M}_i}{EI}\mathrm{d}s \tag{11-15a}$$

$$\delta_{ij}=\Sigma\int\frac{\overline{M}_i\overline{M}_j}{EI}\mathrm{d}s \tag{11-15b}$$

$$\Delta_{iP}=\Sigma\int\frac{\overline{M}_iM_P}{EI}\mathrm{d}s \tag{11-15c}$$

其中，$\overline{M}_i$ 表示单位力 $X_i=1$ 单独作用下基本结构的弯矩，$\overline{M}_j$ 表示单位力 $X_j=1$ 单独作用下基本结构的弯矩，M_P 表示荷载单独作用下基本结构的弯矩。

原结构的最终弯矩图，由叠加原理可得：

$$M=\overline{M}_1X_1+\overline{M}_2X_2+\cdots\cdots+\overline{M}_nX_n+M_P \tag{11-16}$$

【例 11-7】 图 11-11（a）所示一端固定，一端铰支的超静定梁，跨中受一集中荷载作用，求作其内力图。

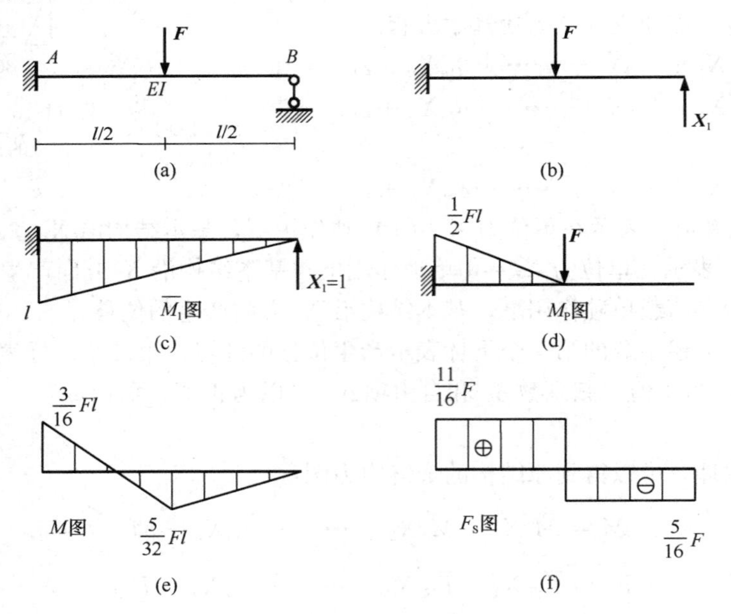

图 11-11 单跨超静定梁的力法求解

【解】（1）取基本结构

原结构为一次超静定结构，去掉 B 端的竖向支杆，得到如图 11-11（b）所示基本体系。

（2）作 $\overline{M}_1$ 图和 M_P 图

$X_1=1$ 和集中荷载 F 单独作用下，基本结构的弯矩如图 11-11（c）、（d）所示。

（3）计算主系数 δ_{11} 和自由项 Δ_{1P}

$\overline{M}_1$ 图和 $\overline{M}_1$ 图的图乘可得：

$$\delta_{11}=\frac{1}{EI}\left(\frac{1}{2}\times l^2\times\frac{2}{3}l\right)=\frac{l^3}{3EI}$$

$\overline{M}_1$ 图和 M_P 图的图乘可得：

$$\Delta_{1P}=\frac{1}{EI}\left[-\frac{1}{2}\left(\frac{1}{2}Fl\times\frac{l}{2}\right)\frac{5}{6}l\right]=-\frac{5Fl^3}{48EI}$$

（4）求解力法典型方程

将求出的有关量代入力法典型方程 $\delta_{11}X_1+\Delta_{1P}=0$，得到

$$\frac{l^3}{3EI}X_1-\frac{5Fl^3}{48EI}=0$$

由此得到多余未知力：

$$X_1=\frac{5}{16}F$$

（5）作弯矩图

由叠加原理 $M=\overline{M}_1X_1+M_P$，可得结构的弯矩图（图 11-11e）。

（6）作剪力图

根据弯矩图可以作如图 11-12 所示隔离体图。

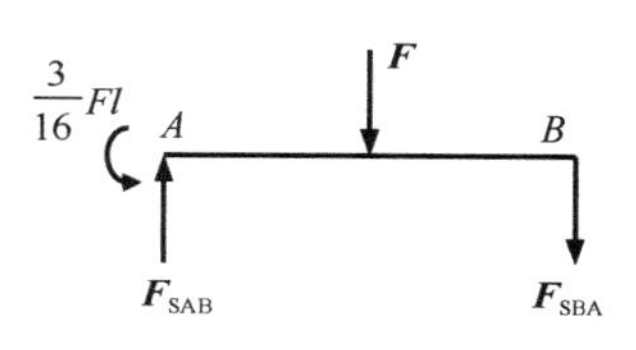

图 11-12　AB 杆段受力图

由平衡条件 $\sum M_A=0$ 和 $\sum M_B=0$，可得杆端剪力：

$$F_{SBA}=-\frac{5}{16}F\qquad F_{SAB}=\frac{11}{16}F$$

再根据弯矩和剪力之间的微分关系，可画出结构的剪力图，如图 11-11（f）所示。

或利用结构的弯矩图，直接计算杆端剪力：

$$F_{SAB}=\frac{\left|\left(\frac{3}{16}+\frac{5}{32}\right)Fl\right|}{l/2}=\frac{11}{16}F\text{，}F_{SBA}=-\frac{\left|\frac{5}{32}Fl-0\right|}{l/2}=-\frac{5}{16}F$$

也可作出如图 11-11（f）所示剪力图。

【例 11-8】 已知如图 11-13（a）所示刚架的弯矩图（图 11-13b），求其剪力图和轴力图。

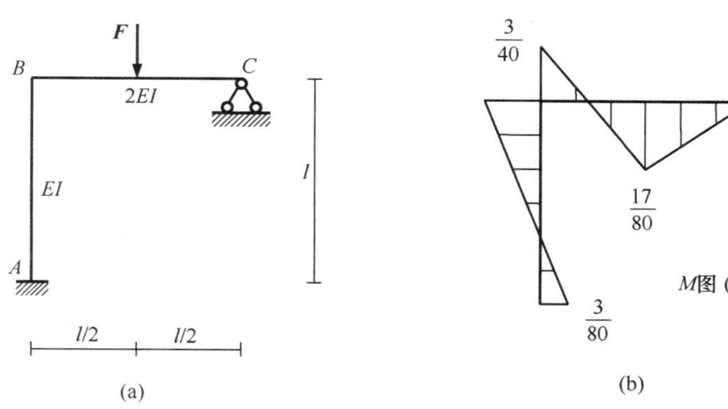

图 11-13　超静定刚架及其弯矩图

【解】(1) 取横梁 BC 为隔离体（图 11-14a）

标出已知杆端弯矩，略去杆端轴力，由力矩平衡条件有：

$$\Sigma M_C = 0 \qquad F_{SBC} = \frac{23}{40}F$$

$$\Sigma M_B = 0 \qquad F_{SCB} = -\frac{17}{40}F$$

或根据 BC 杆的弯矩图，直接计算其杆端剪力：

$$F_{SBC} = \frac{\left|\frac{3}{40}+\frac{17}{80}\right|Fl}{l/2} = \frac{23}{40}F$$

$$F_{SCB} = -\frac{\left|\frac{17}{80}-0\right|Fl}{l/2} = -\frac{17}{40}F$$

(2) 取柱子 AB 为隔离体（图 11-14b）

标出已知杆端弯矩，略去杆端轴力，由力矩平衡条件得：

$$\Sigma M_B = 0 \qquad F_{SAB} = -\frac{9}{80}F$$

$$\Sigma M_A = 0 \qquad F_{SBA} = -\frac{9}{80}F$$

或根据 AB 杆的弯矩图，直接计算其杆端剪力：

$$F_{SAB} = F_{SBA} = -\frac{\left|\frac{3}{40}+\frac{3}{80}\right|Fl}{l} = -\frac{9}{80}F$$

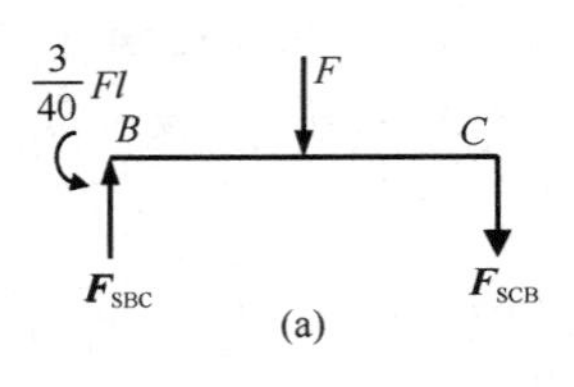

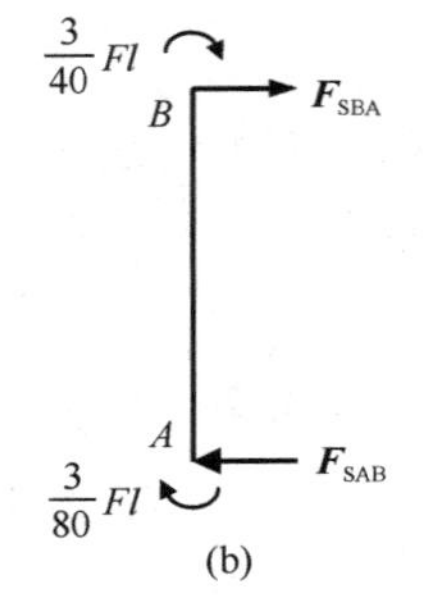

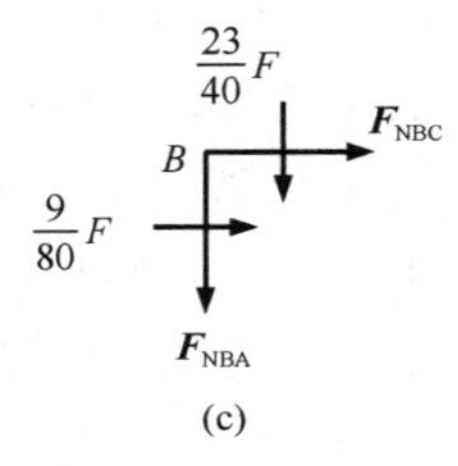

图 11-14 隔离体受力图

由此可以作出剪力图，如图 11-15（a）所示。

(3) 取刚结点 B 为隔离体（图 11-14c）

标出已知杆端剪力，略去杆端弯矩，由刚结点的力平衡条件，有：

$$\Sigma F_y = 0 \qquad F_{NBA} = -\frac{23}{40}F$$

$$\Sigma F_x = 0 \qquad F_{NBC} = -\frac{9}{80}F$$

由此可以作出轴力图，如图 11-15（b）所示。

通过以上算例分析，可以归纳出力法求解超静定梁和刚架的基本步骤：

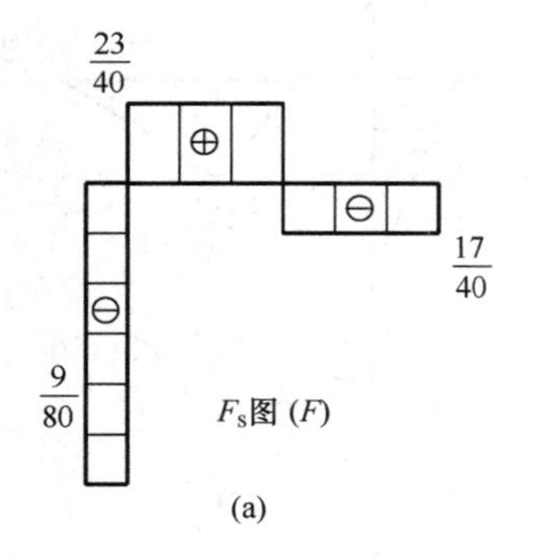

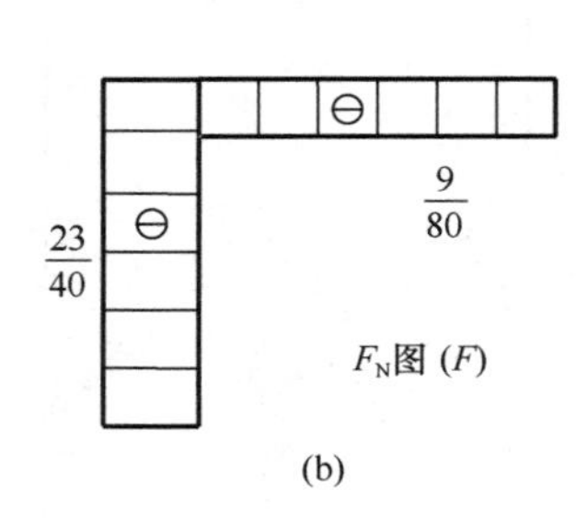

图 11-15 超静定刚架的剪力图及轴力图

（1）选取基本结构，去掉多余约束，代之以多余未知力；

（2）作 $\overline{M}_i$ 和 M_P 图，即单位力和荷载单独作用于基本结构的弯矩图；

（3）计算主系数 δ_{ii} 、副系数 δ_{ij} 和自由项 Δ_{iP}；

（4）解力法典型方程，求出基本未知量 X_i ；

（5）叠加作弯矩图：

$$M = \overline{M}_1 X_1 + \overline{M}_2 X_2 + \cdots\cdots + \overline{M}_n X_n + M_P$$

（6）由弯矩图作剪力图和轴力图。

已知弯矩，求剪力和轴力时，必须按照顺序：先求剪力，后求轴力。已知弯矩求剪力时，以杆件为研究对象，利用平面任意力系的静力平衡条件。已知剪力求轴力时，以刚结点为研究对象，利用平面汇交力系的静力平衡条件。

【例 11-9】求如图 11-16（a）所示超静定刚架的弯矩图。

【解】（1）选取基本结构

原结构为一次超静定结构，去掉一个多余联系，选取如图 11-16（b）所示基本体系。

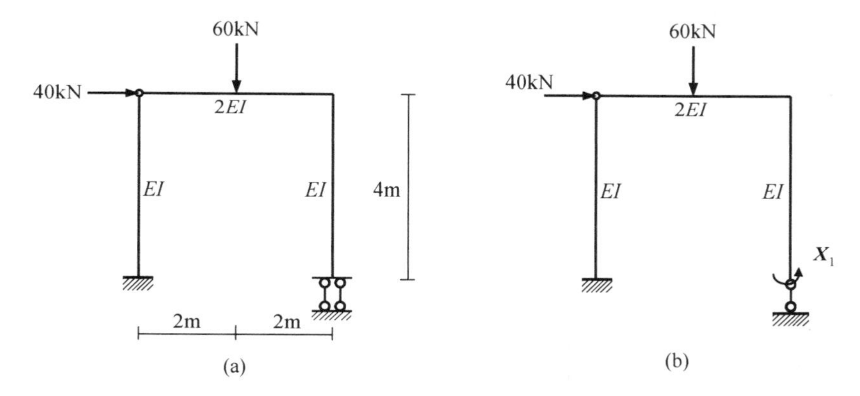

图 11-16 超静定刚架及其基本体系

（2）作 $\overline{M}_1$ 图和 M_P 图

基本结构的 $\overline{M}_1$ 图如图 11-17（a）所示，M_P 图如图 11-17（b）所示。

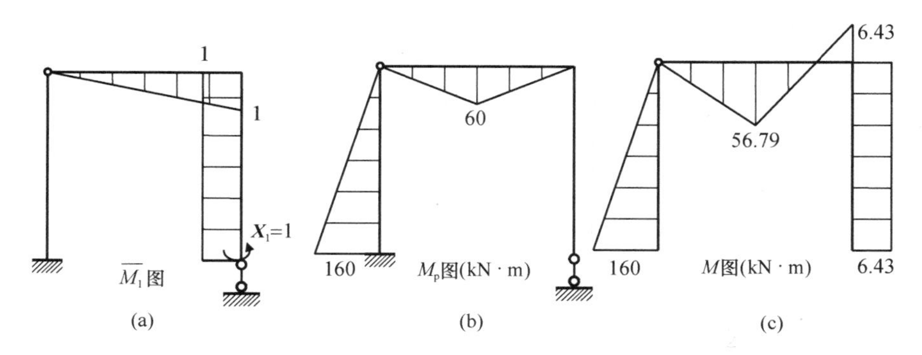

图 11-17 基本结构弯矩图及原结构弯矩图

（3）计算主系数 δ_{11} 和自由项 Δ_{1P}

$$\delta_{11}=\frac{1}{2EI}\left(\frac{1}{2}\times1\times4\text{m}\times\frac{2}{3}\right)+\frac{1}{EI}(1\times4\text{m}\times1)=\frac{14}{3EI}\text{m}$$

$$\Delta_{1P}=\frac{1}{2EI}\left(\frac{60\text{kN}\cdot\text{m}\times4\text{m}}{2}\times\frac{1}{2}\right)=\frac{30}{EI}\text{kN}\cdot\text{m}^2$$

（4）求解力法典型方程

将有关量代入 $\delta_{11}X_1+\Delta_{1P}=0$，得到：

$$\left(\frac{14}{3EI}\text{m}\right)X_1+\frac{30}{EI}\text{kN}\cdot\text{m}^2=0$$

则：

$$X_1=\frac{45}{7}\text{kN}\cdot\text{m}=-6.43\text{kN}\cdot\text{m}$$

（5）作弯矩图

利用 $M=\overline{M}_1X_1+M_P$，得到如图 11-17（c）所示原结构的弯矩图。

二、超静定桁架

用力法计算超静定桁架时，由于桁架各杆均为轴力杆件，主系数、副系数和自由项计算公式可以简化为：

$$\delta_{ii}=\Sigma\frac{\overline{F}_{Ni}\overline{F}_{Ni}l}{EA} \tag{11-17a}$$

$$\delta_{ij}=\Sigma\frac{\overline{F}_{Ni}\overline{F}_{Nj}l}{EA} \tag{11-17b}$$

$$\Delta_{iP}=\Sigma\frac{\overline{F}_{Ni}F_{NP}l}{EA} \tag{11-17c}$$

其中，$\overline{F}_{Ni}$、$\overline{F}_{Nj}$ 分别表示单位力 $X_i=1$ 和 $X_j=1$ 单独作用时基本结构的轴力，F_{NP} 表示荷载单独作用时基本结构的轴力。

原结构的最终轴力图，由 $F_N=\overline{F}_{N1}X_1+\overline{F}_{N2}X_2+\cdots\cdots+\overline{F}_{Nn}X_n+F_{NP}$ 叠加得到。

【例 11-10】 求如图 11-18（a）所示超静定桁架的内力。已知各杆 EA 相等且为常数。

【解】（1）选取基本结构

原结构为一次超静定结构，切断一根链杆，得到如图 11-18（b）所示基本体系。

（2）作 $\overline{F}_{N1}$ 图和 F_{NP} 图

求出支反力，用结点法和截面法进行内力计算，得到基本结构的 $\overline{F}_{N1}$ 图如图 11-18（c）所示，F_{NP} 图如图 11-18（d）所示。

（3）计算主系数 δ_{11} 和自由项 Δ_{1P}

$$\delta_{11}=\frac{1}{EA}\left(4\times\frac{\sqrt{2}}{2}\times\frac{\sqrt{2}}{2}\times a+2\times1\times1\times\sqrt{2}a\right)$$

$$=(2+2\sqrt{2})\frac{a}{EA}=4.828\frac{a}{EA}$$

$$\Delta_{1P}=\frac{1}{EA}\left(\frac{40}{3}\text{kN}\times\frac{\sqrt{2}}{2}\times a-\frac{10}{3}\text{kN}\times\frac{\sqrt{2}}{2}\times a-\frac{50}{3}\text{kN}\times\frac{\sqrt{2}}{2}\times a-\frac{10\sqrt{2}}{3}\text{kN}\times1\times\sqrt{2}a\right)$$

$$=-\left(\frac{20+10\sqrt{2}}{3}\right)\frac{a}{EA}\text{kN}=-11.381\frac{a}{EA}\text{kN}$$

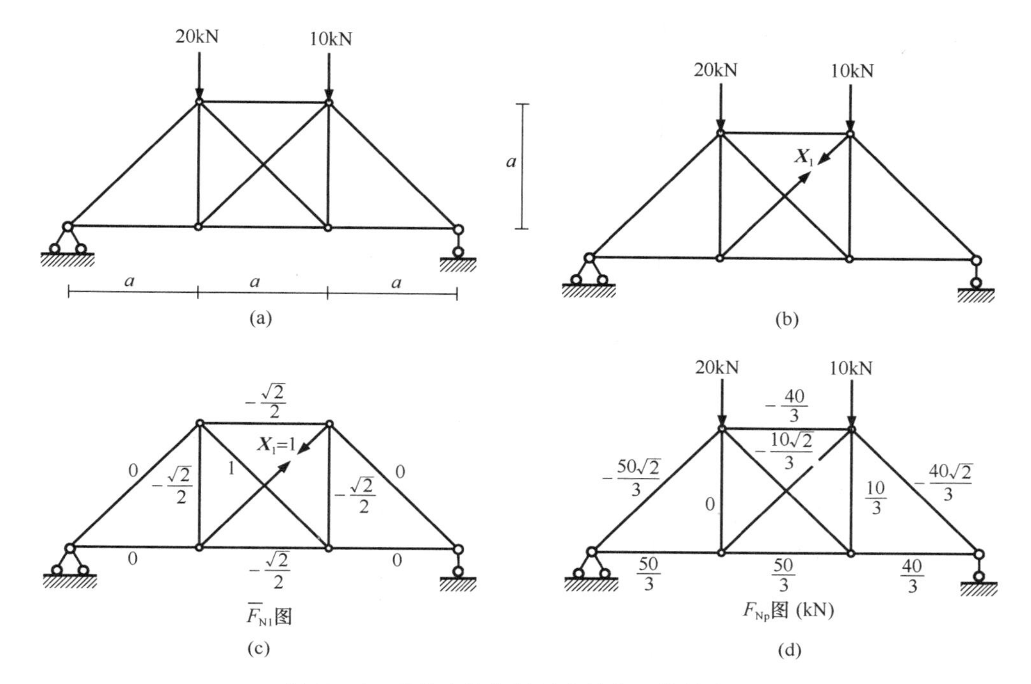

图 11-18 超静定桁架的基本结构及其轴力图

(4) 求解力法方程

将有关量代入 $\delta_{11}X_1+\Delta_{1P}=0$，可得：

$$4.828X_1-11.381\text{kN}=0$$

则：

$$X_1=2.357\text{kN}$$

(5) 作轴力图

由 $F_N=\overline{F}_{N1}X_1+F_{NP}$，得到原桁架的轴力图，如图 11-19 所示。

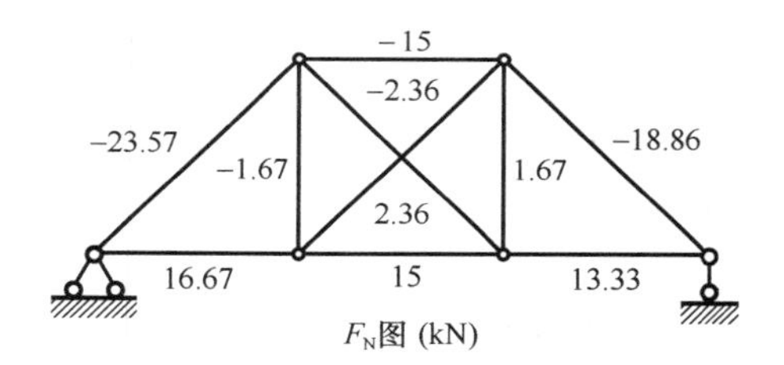

图 11-19 超静定桁架的轴力图

三、超静定组合结构

用力法计算超静定组合结构时，一般不考虑受弯杆件剪切变形和轴向变形的影响，对轴力杆件只考虑轴向变形的影响，主系数、副系数和自由项可以按以下公式计算：

$$\delta_{ii}=\Sigma\int\frac{\overline{M}_i\overline{M}_i}{EI}\text{d}s+\Sigma\frac{\overline{F}_{Ni}\overline{F}_{Ni}l}{EA}\tag{11-18a}$$

$$\delta_{ij}=\Sigma\int\frac{\overline{M}_i\overline{M}_j}{EI}\text{d}s+\Sigma\frac{\overline{F}_{Ni}\overline{F}_{Nj}l}{EA}\tag{11-18b}$$

$$\Delta_{iP}=\Sigma\int\frac{\overline{M}_iM_P}{EI}\text{d}s+\sum\frac{\overline{F}_{Ni}F_{NP}l}{EA}\tag{11-18c}$$

其中，前一个求和符号是针对受弯杆件的，后一个求和符号是针对轴力杆件的。

下面以超静定组合结构的特例：排架结构为例，用力法进行结构内力分析。

【例 11-11】 计算如图 11-20（a）所示排架结构。

【解】原结构为一次超静定结构，切断水平轴力杆件，得到如图 11-20（b）所示基本体系。

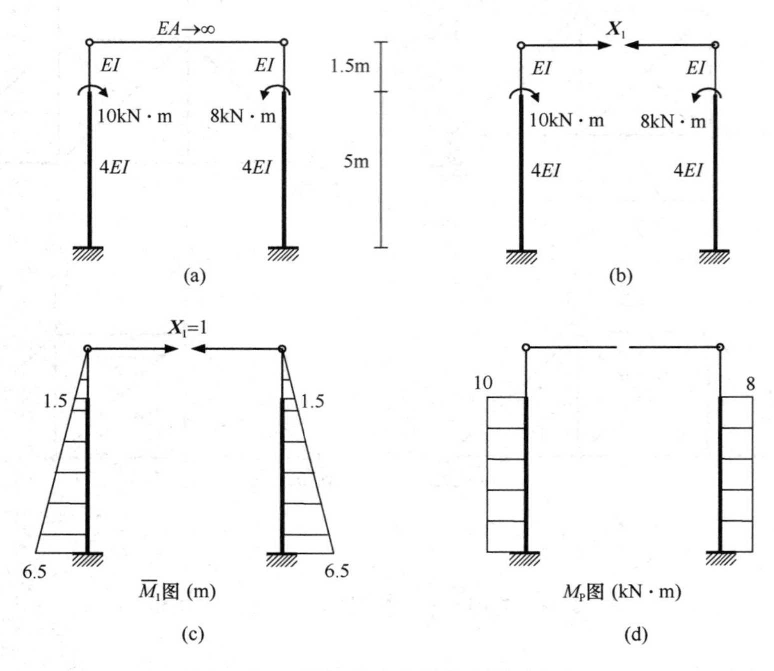

图 11-20　排架的基本结构及其弯矩图

进而作出 $\overline{M}_1$ 图（图 11-20c）和 M_P 图（图 11-20d）。计算出的主系数 δ_{11} 和自由项 Δ_{1P} 分别为：

$$\delta_{11}=\frac{2}{EI}\left(\frac{1}{2}\times1.5\text{m}\times1.5\text{m}\times\frac{2}{3}\times1.5\text{m}\right)$$

$$+\frac{2}{4EI}\left[\frac{1}{2}\times1.5\text{m}\times5\text{m}\times\left(\frac{2}{3}\times1.5+\frac{1}{3}\times6.5\right)\text{m}\right.$$

$$\left.+\frac{1}{2}\times6.5\text{m}\times5\text{m}\times\left(\frac{1}{3}\times1.5+\frac{2}{3}\times6.5\right)\text{m}\right]$$

$$=\left(\frac{2.25}{EI}+\frac{542.5}{12EI}\right)\text{m}^3=\frac{47.458}{12EI}\text{m}^3$$

$$\Delta_{1P}=\frac{1}{4EI}\left[\frac{1}{2}\times(6.5+1.5)\text{m}\times5\text{m}\times(10+8)\text{kN}\cdot\text{m}\right]=\frac{90}{EI}\text{kN}\cdot\text{m}^3$$

将它们代入力法方程：$\delta_{11}X_1+\Delta_{1P}=0$，可得：

$$\frac{47.458}{EI}\text{m}^3+\frac{90}{EI}\text{kN}\cdot\text{m}^3=0$$

则：

$$X_1=-1.896\text{kN}$$

由 $M=\overline{M}_1X_1+M_P$ 作出弯矩图，如图 11-21 所示。

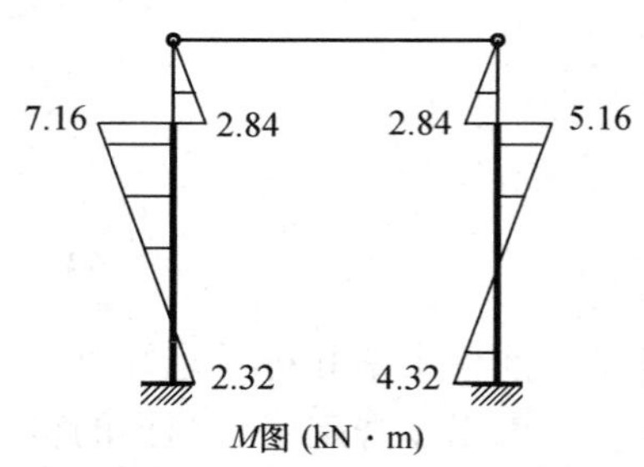

图 11-21　排架弯矩图

第四节 对 称 性 的 利 用

在静定结构的受力分析中已经指出，利用对称性可以减少计算工作量。对于超静定结构的计算，除了利用静力平衡条件，还需利用变形协调条件。因此，对结构的对称条件必须加以补充。

如果超静定结构的几何尺寸、刚度分布、材料和约束条件均对称于某一直线，则称该直线为对称轴，而称这个超静定结构是关于该轴对称的结构。

以下关于对称性，除了结构的对称性，还涉及荷载的对称性，即荷载有正对称荷载和反对称荷载。

对称结构在正对称荷载作用下，弯矩和轴力是正对称的，剪力是反对称的，变形也是正对称的。而对称结构在反对称荷载作用下，弯矩和轴力是反对称的，剪力是正对称的，变形也是反对称的。

对称结构受非对称荷载作用时，可以将荷载分解为正对称的荷载和反对称的荷载。然后分别进行计算，最后将两个计算结果进行叠加。图 11-22（a）所示刚架，所受荷载可以分解为如图 11-22（b）所示的正对称荷载及图 11-22（c）所示的反对称荷载情况，而这两种荷载作用下的内力可以分别取不同的半结构进行分析。

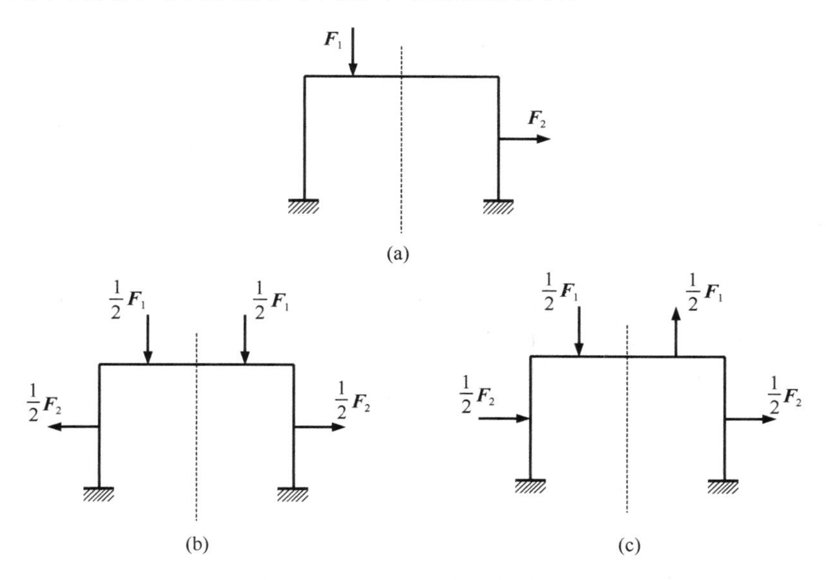

图 11-22 非对称荷载的处理

下面讨论半结构法。将超静定对称结构分为奇数跨和偶数跨两类。

一、奇数跨

奇数跨对称结构在正对称荷载作用下（图 11-23a），由于内力对称，变形正对称，在对称轴上，截面的转角和水平位移为零，但可以有竖向位移，滑动支座能够满足这些要求。因此，可取如图 11-23（b）所示半结构。

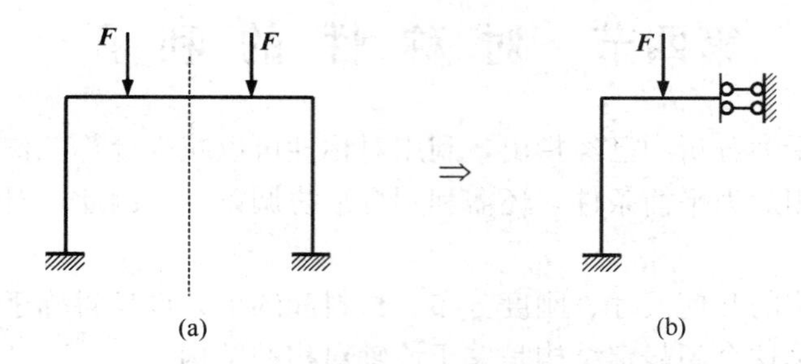

图 11-23 奇数跨对称结构受正对称荷载作用

奇数跨对称结构在反对称荷载作用下（图 11-24a），由于内力反对称，变形反对称，在对称轴上，截面的竖向位移为零，但可以有转角和水平位移，可动铰支座能够满足这些要求。因此，可取如图 11-24（b）所示半结构。

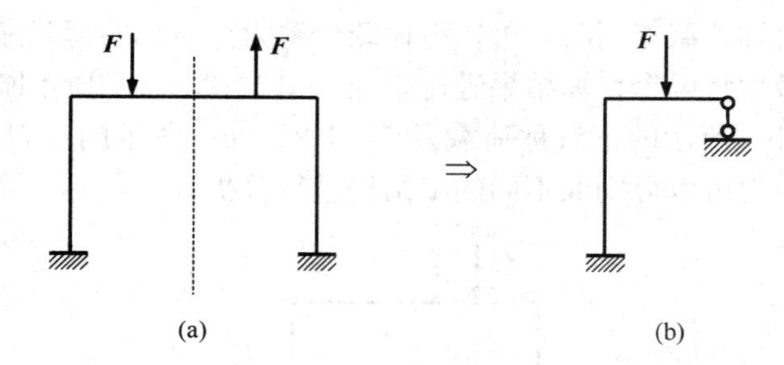

图 11-24 奇数跨对称结构受反对称荷载作用

二、偶数跨

偶数跨对称结构在正对称荷载作用下（图 11-25a），内力和变形是对称的。如果不考虑杆件的轴向变形，在对称轴上，截面的所有位移为零，固定支座可以满足这些要求。因此，可取如图 11-25（b）所示半结构。

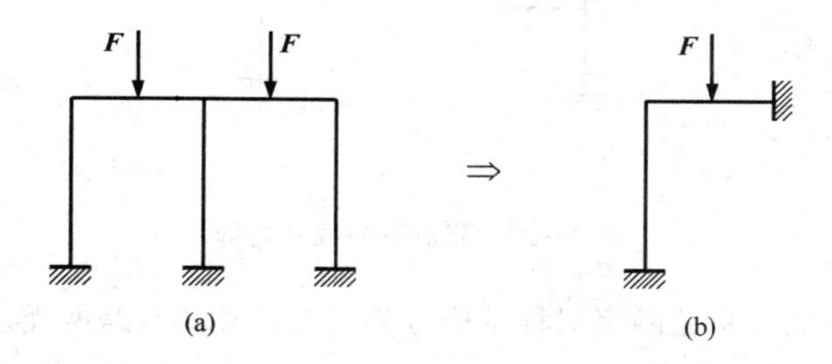

图 11-25 偶数跨对称结构受正对称荷载作用

偶数跨对称结构在反对称荷载作用下（图 11-26a），内力和变形是反对称的。因此，可取如图 11-26（b）所示半结构。

下面用典型例子说明对称性的利用所带来的计算简化。

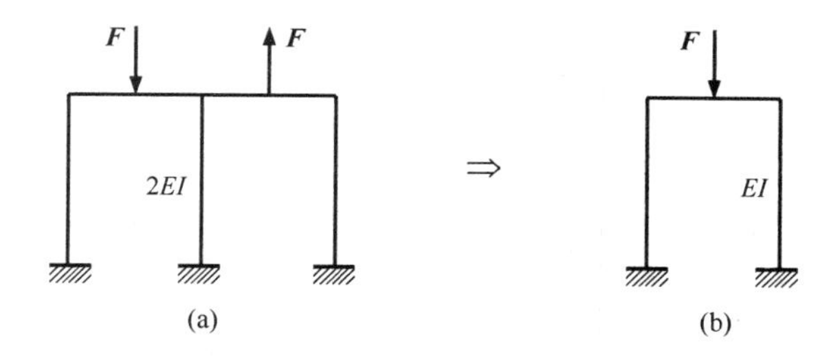

图 11-26 偶数跨对称结构受反对称荷载作用

【例 11-12】利用对称性求如图 11-27（a）所示结构的弯矩图。

【解】利用对称性取半结构（图 11-27b），用力法计算半结构的内力。

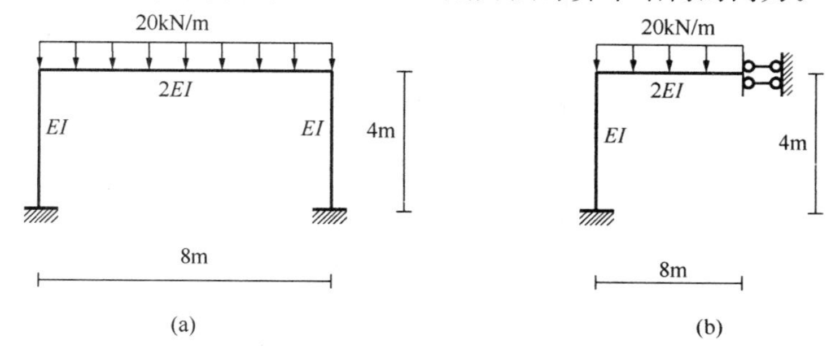

图 11-27 门式刚架受均布荷载作用

（1）取基本结构，作 $\overline{M}_1$ 、$\overline{M}_2$ 和 M_P 图

半结构是二次超静定结构，其基本体系如图 11-28（a）所示。基本结构的 $\overline{M}_1$ 、$\overline{M}_2$ 和 M_P 图，如图 11-28（b）～（d）所示。

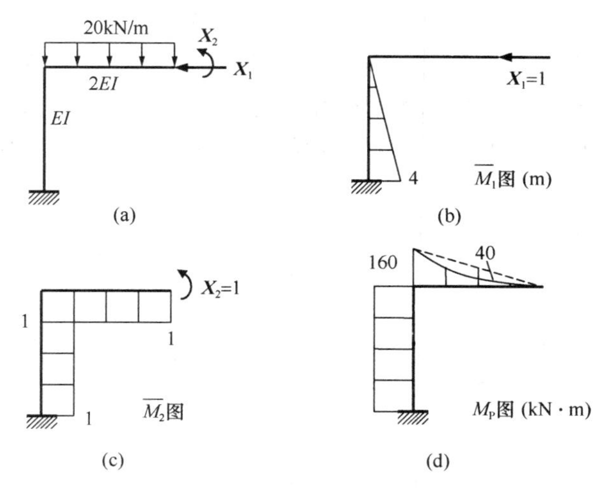

图 11-28 半结构及其基本结构弯矩图

（2）计算力法方程的系数和自由项

$$\delta_{11}=\frac{1}{EI}\left(\frac{1}{2}\times 4\text{m}\times 4\text{m}\times\frac{2}{3}\times 4\text{m}\right)=\frac{64}{3EI}\text{m}^3$$

$$\delta_{22}=\frac{1}{EI}(1\times4\text{m}\times1)+\frac{1}{2EI}(1\times4\text{m}\times1)=\frac{6}{EI}\text{m}$$

$$\delta_{12}=\delta_{21}=\frac{1}{EI}\left(\frac{1}{2}\times4\text{m}\times4\text{m}\times1\right)=\frac{8}{EI}\text{m}^2$$

$$\Delta_{1\text{P}}=\frac{1}{EI}\left(-\frac{1}{2}\times4\text{m}\times4\text{m}\times160\text{kN}\cdot\text{m}\right)=-\frac{1280}{EI}\text{kN}\cdot\text{m}^3$$

$$\Delta_{2\text{P}}=\frac{1}{EI}(160\text{kN}\cdot\text{m}\times4\text{m}\times1)+\frac{1}{2EI}\left(-\frac{1}{2}\times160\text{kN}\cdot\text{m}\times4\text{m}\times1+\frac{2}{3}\times40\text{kN}\cdot\text{m}\times4\text{m}\times1\right)=-\frac{2240}{3EI}\text{kN}\cdot\text{m}^2$$

（3）求解力法方程

将以上求出的有关量代入力法典型方程：

$$\begin{cases}\delta_{11}X_1+\delta_{12}X_2+\Delta_{1\text{P}}=0\\ \delta_{21}X_1+\delta_{22}X_2+\Delta_{2\text{P}}=0\end{cases}$$

可得：

$$\begin{cases}\left(\frac{64}{3EI}\text{m}\right)X_1+\frac{8}{EI}X_2-\frac{1280}{EI}\text{kN}\cdot\text{m}=0\\ \left(\frac{8}{EI}\text{m}\right)X_1+\frac{6}{EI}X_2-\frac{2240}{3EI}\text{kN}\cdot\text{m}=0\end{cases}$$

解方程，可得：

$$X_1=\frac{80}{3}\text{kN}\qquad X_2=\frac{800}{9}\text{kN}\cdot\text{m}$$

（4）作弯矩图

由 $M=\overline{M}_1X_1+\overline{M}_2X_2+M_\text{P}$ ，先得到半结构的弯矩图，然后利用弯矩的正对称性，可以得到原结构的弯矩图，如图 11-29 所示。

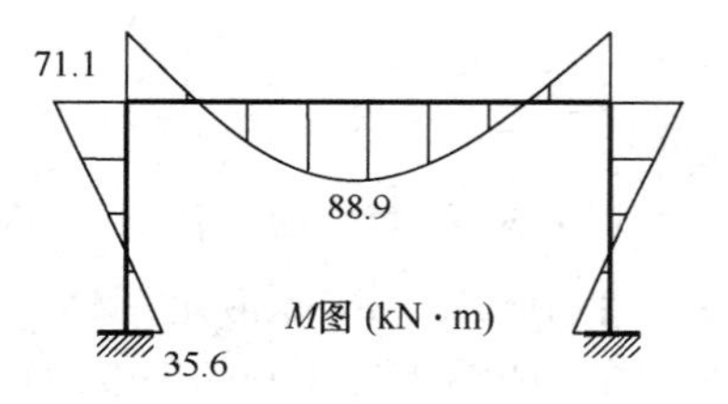

图 11-29　门式刚架最终弯矩图

【例 11-13】利用对称性求如图 11-30（a）所示两跨刚架的弯矩图。

【解】该刚架是对称结构，可利用对称性将荷载分解为正对称荷载和反对称荷载。在这样的正对称荷载作用下（图 11-30b），结构的弯矩为零。因此，只需要计算结构在反对称荷载作用下的弯矩。

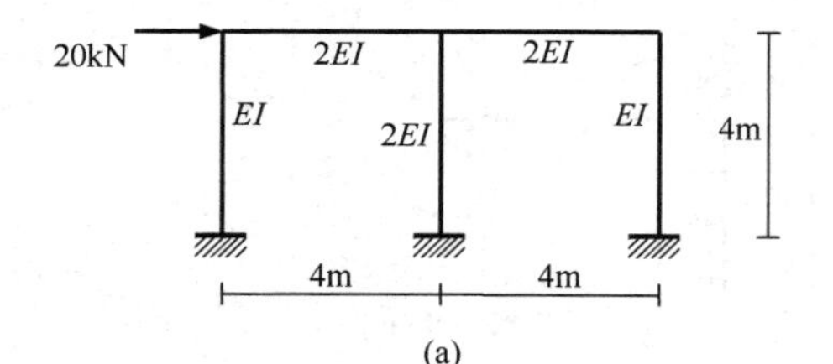

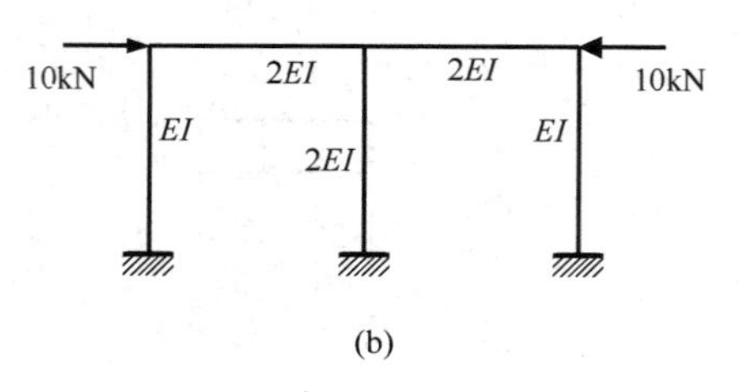

图 11-30　两跨刚架的荷载分解

两跨刚架在反对称荷载作用下（图 11-31a），可取如图 11-31（b）所示单跨刚架为半结构，再将该单跨刚架的荷载分解为正对称和反对称的，同理，只需考虑如图 11-31（c）所示反对称荷载作用的情况。因此，可取的半结构如图 11-31（d）所示，用力法进行内力分析。

（1）取基本结构，作相应弯矩图

图 11-31（d）所示半结构是一次超静定结构，去掉右边竖向支杆，代以多余未知力 X_1，得到如图 11-32（a）所示基本体系。

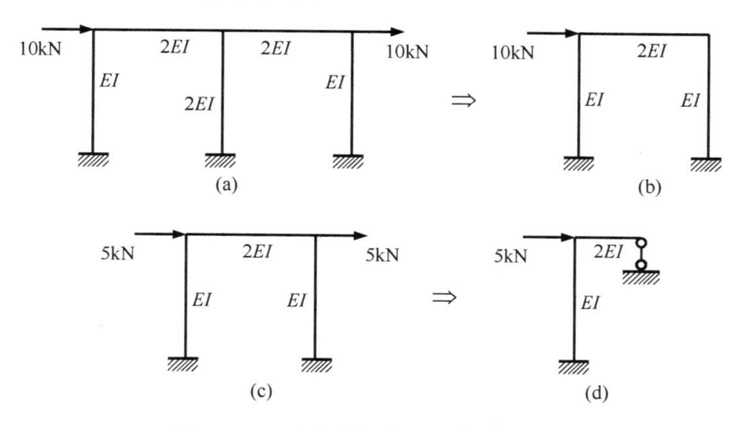

图 11-31 两跨刚架受反对称荷载作用

基本结构的 $\overline{M}_1$ 和 M_P 图如图 11-32（b）、（c）所示。

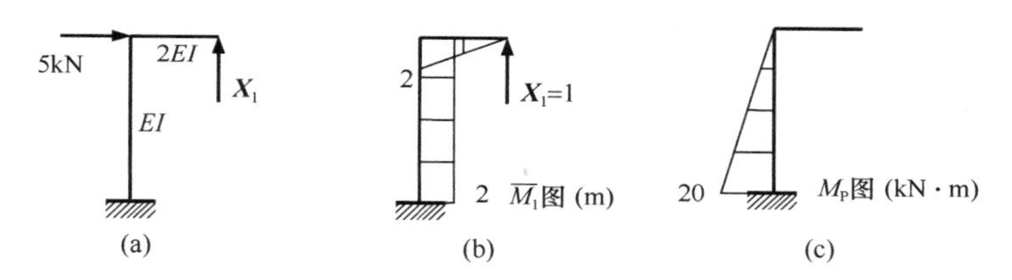

图 11-32 半结构及其基本结构的弯矩图

（2）计算主系数 δ_{11} 和自由项 Δ_{1P}

$$\delta_{11}=\frac{1}{2EI}\left(\frac{1}{2}\times 2\text{m}\times 2\text{m}\times\frac{2}{3}\times 2\text{m}\right)+\frac{1}{EI}(2\text{m}\times 4\text{m}\times 2\text{m})=\frac{52}{3EI}\text{m}^3$$

$$\Delta_{1P}=\frac{1}{EI}\left(-\frac{1}{2}\times 20\text{kN}\cdot\text{m}\times 4\text{m}\times 2\text{m}\right)=-\frac{80}{EI}\text{kN}\cdot\text{m}^3$$

（3）求解力法典型方程

将 δ_{11} 和 Δ_{1P} 代入力法典型方程：$\delta_{11}X_1+\Delta_{1P}=0$，可得：

$$\frac{52}{3EI}X_1-\frac{80}{EI}\text{kN}=0$$

解方程得到：

$$X_1=\frac{60}{13}\text{kN}=4.615\text{kN}$$

（4）作双跨刚架的弯矩图

先由 $M=\overline{M}_1X_1+M_P$ 作出 $\frac{1}{4}$ 结构的弯矩图，然后利用反对称性可以得到 $\frac{1}{2}$ 结构（单跨刚架）的弯矩图（图 11-33a），最后再根据反对称性作出原结构的弯矩图(图 11-33b)。

由以上例题可见，熟练掌握对称性的利用，对求解对称结构是非常有用的。除了对称结构可用对称性简化计算外，还有许多方法可使尽可能多的副系数 $\delta_{ij}=0$，譬如选取成组的广义未知力、适当加铰等。关于其他简化措施可参考相关的教材，这里不再详述。

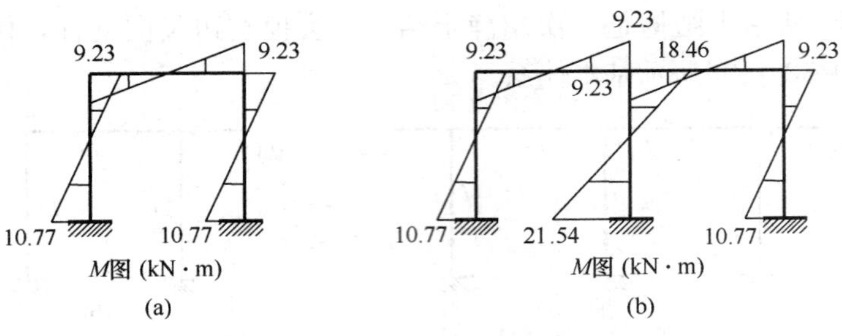

图 11-33　半结构及原结构的弯矩图

习题

11-1　确定下列结构的超静定次数。

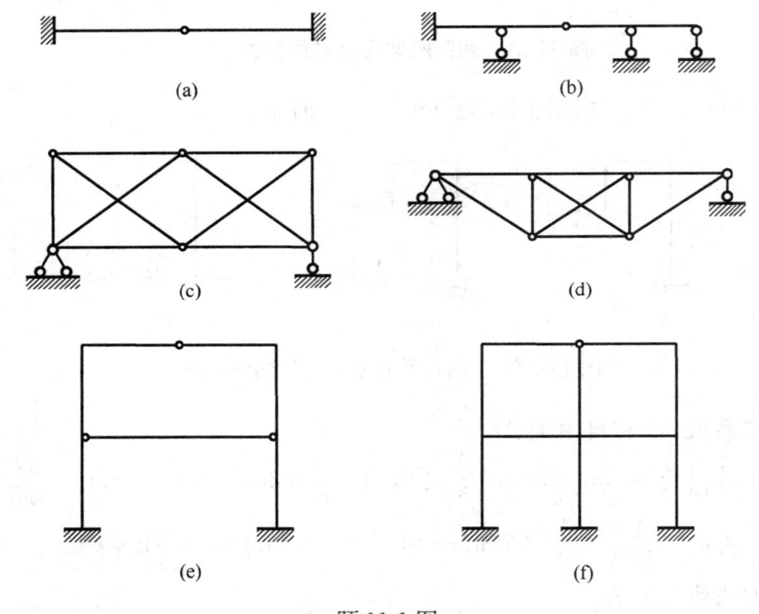

题 11-1 图

11-2　计算下列超静定梁，并作梁的弯矩图。

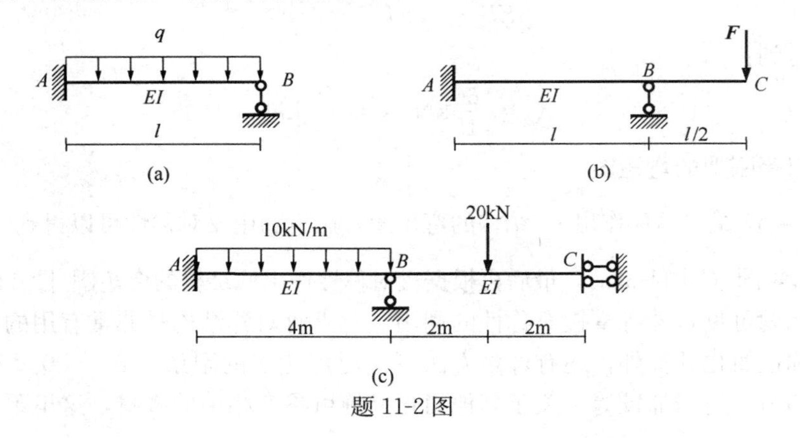

题 11-2 图

11-3 计算下列超静定刚架，并作刚架的内力图。

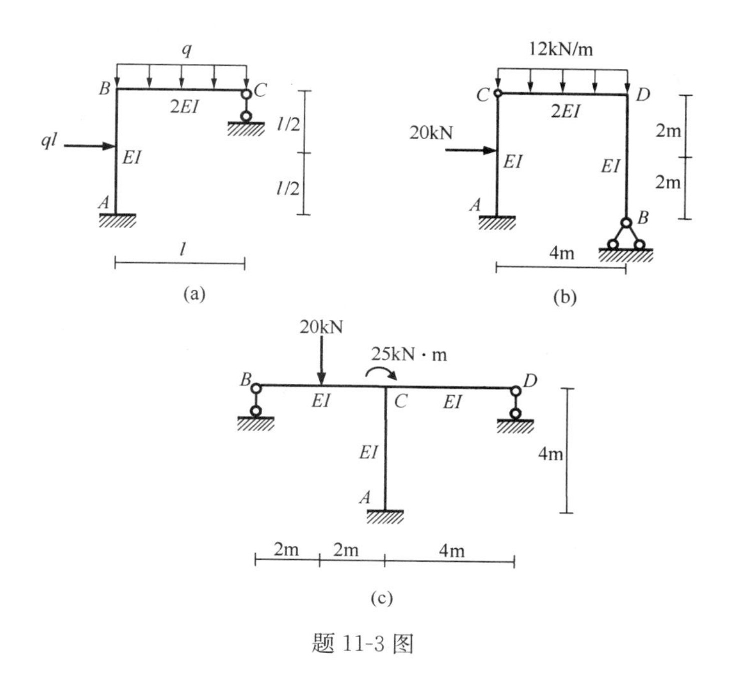

题 11-3 图

11-4 计算下列超静定桁架各杆的轴力。已知各杆 EA 相同。

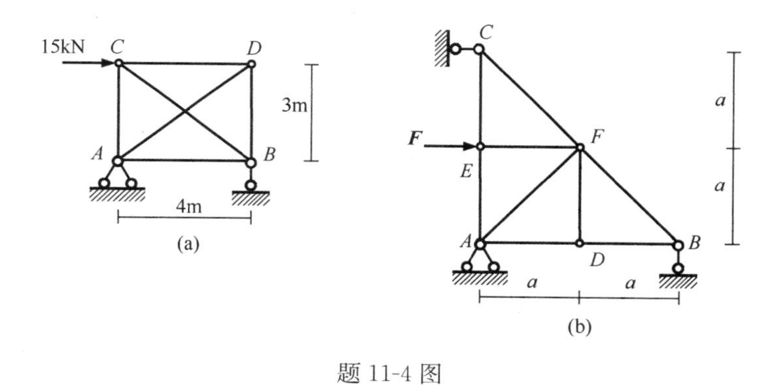

题 11-4 图

11-5 计算图示超静定排架，并作排架的弯矩图。

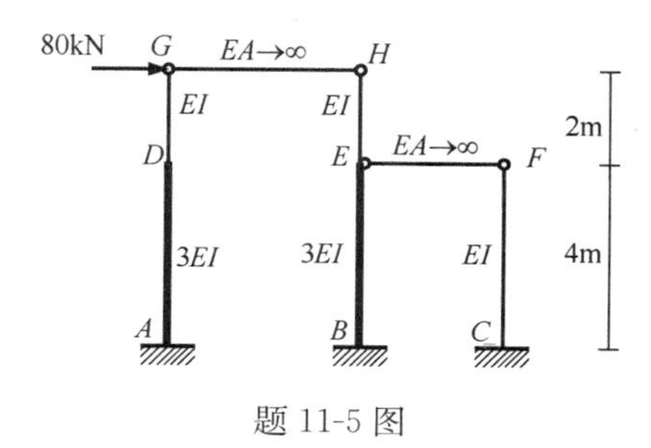

题 11-5 图

11-6 计算下列对称结构，并作结构的弯矩图。

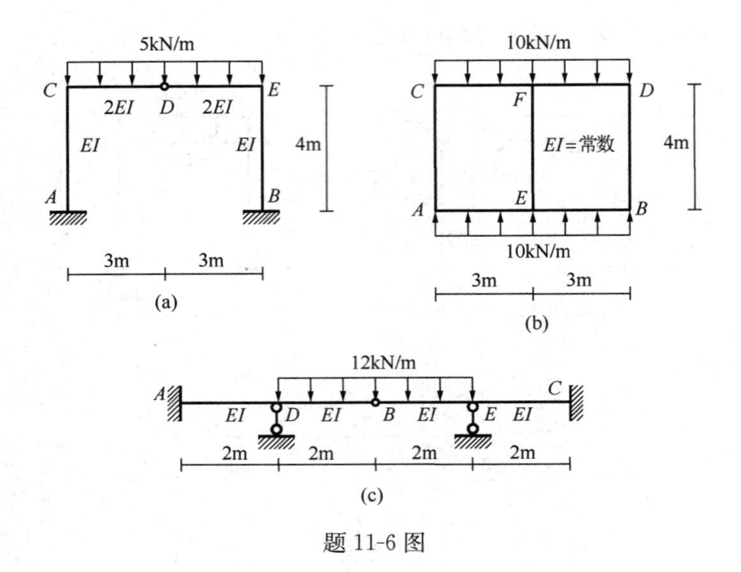

题 11-6 图

11-7 已知图示组合吊车梁横梁的 $EI=1400\text{kN}\cdot\text{m}^2$，轴力杆件的 $EA=2.56\times10^5\text{kN}$。试计算各杆内力，作横梁的弯矩图。

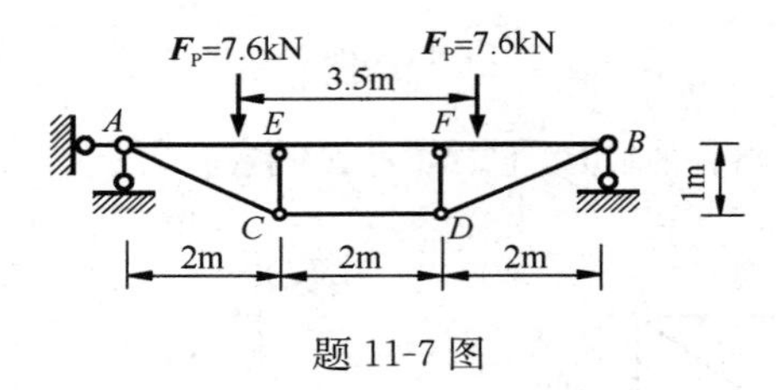

题 11-7 图

第十二章 位移法

前面介绍了力法求解超静定结构，本章将介绍另一种以位移作为基本未知量的超静定结构计算方法。为了减少基本未知量的数目，这里一般不考虑杆件的轴向变形。

位移法也是结构力学的经典方法之一，是求解超静定结构的另一基本方法。它不仅适用于求解超静定结构，也可用于静定结构的计算。

位移法与力法不同，求解问题的思路是“先化整为零，再集零为整”。本章主要介绍典型方程法。

第一节 位移法的基本概念

图 12-1 所示连续梁，由于荷载作用，结构会产生变形，如图中虚线所示，中间刚结点处的杆件截面将产生角位移 Z_1 。

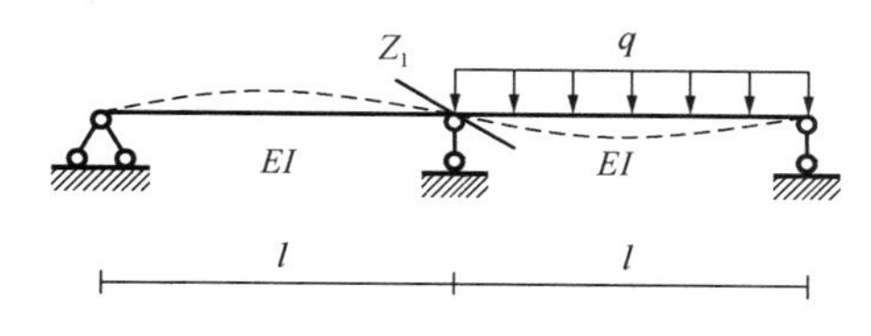

图 12-1 两跨连续梁的变形

用基本结构来代替原结构，即在中间刚结点处加一限制转动的约束（以下称附加刚臂），再将附加刚臂强行转动一角度 Z_1 ，如图 12-2（a）所示。这样一来，相当于将原结构拆分为如图 12-2（b）所示两个固定端有转角位移 Z_1 的单跨超静定梁。

同时，原结构的受力情况也可以视为以下两种基本结构工况的叠加，即如图 12-3（a）所示基本结构上仅有附加刚臂处转角位移 Z_1 的工况，及如图 12-3（b）所示基本结构仅受荷载作用的工况。

当基本结构上仅有附加刚臂处发生转角位移 Z_1 时，基本结构的弯矩图为如图 12-4（a）所示单位弯矩图的 Z_1 倍，即 $M_1 = \overline{M}_1 Z_1$ 。

附加刚臂处发生转角位移 Z_1 时在该处引起的反力为 R_{11}：

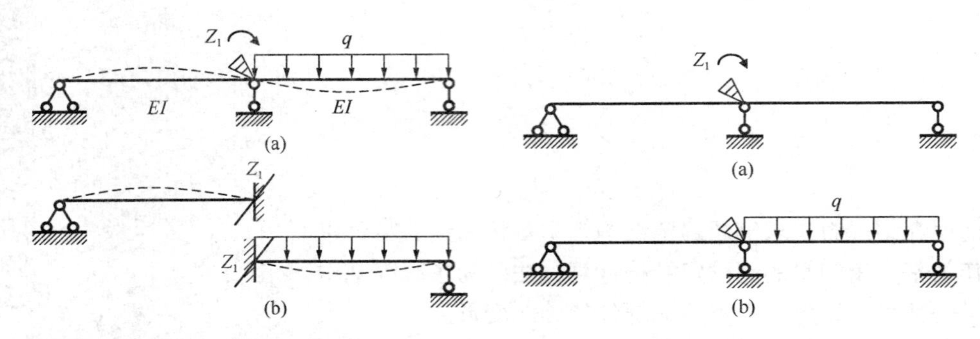

图 12-2 两跨连续梁的位移法基本结构　　　　图 12-3 基本结构的两种工况

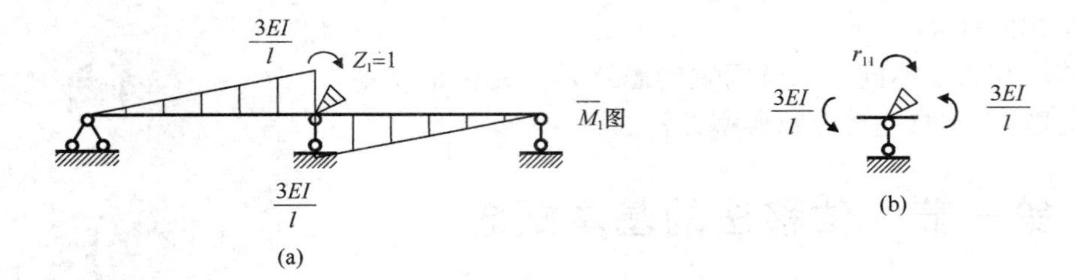

图 12-4 基本结构的 $\overline{M}_1$ 图

$$R_{11}=r_{11}Z_1 \tag{12-1}$$

其中，r_{11} 为附加刚臂处发生单位转角 $Z_1=1$ 时在附加刚臂处引起的反力。由如图 12-4（b）所示隔离体（忽略杆端剪力）的力矩平衡条件，得到：

$$r_{11}=\frac{3EI}{l}+\frac{3EI}{l}=\frac{6EI}{l} \tag{12-2}$$

当荷载单独作用于基本结构时，基本结构的弯矩图如图 12-5（a）所示。由此可知，仅右跨梁有弯矩。荷载在右跨梁左端引起的杆端弯矩为 $ql^2/8$（上侧纤维受拉）。

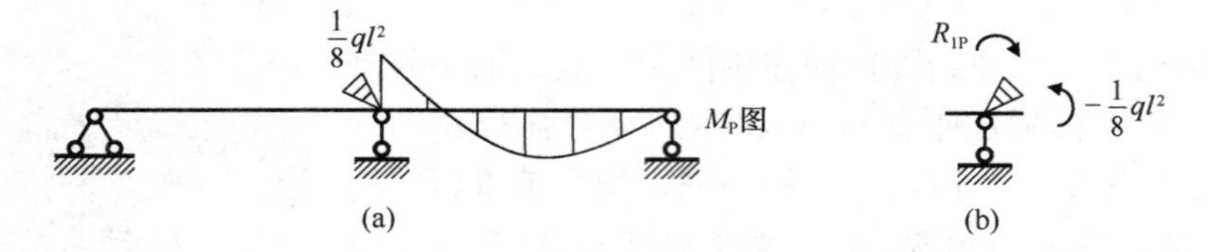

图 12-5 基本结构的 M_P 图

由如图 12-5（b）所示隔离体（忽略杆端剪力）的力矩平衡条件，得到：

$$R_{1P}=-\frac{1}{8}ql^2 \tag{12-3}$$

根据平衡条件，附加刚臂处总的反力为零，即：

$$R_1=R_{11}+R_{1P}=r_{11}Z_1+R_{1P}=0 \tag{12-4}$$

将求出的 r_{11} 和 R_{1P} 代入上式，则有，

$$\frac{6EI}{l}Z_1-\frac{1}{8}ql^2=0$$

解方程，可得：

$$Z_1 = \frac{ql^3}{48EI}$$

原结构的弯矩图（图 12-6）是由两种工况下的弯矩图叠加得到，即

$$M = \overline{M}_1 Z_1 + M_P \tag{12-5}$$

通过以上算例分析，可以看出力法和位移法不同。力法是以多余未知力作为基本未知量，以静定结构作为基本结构，根据多余约束处的位移协调条件建立力法基本方程的。而位移法是以位移作为基本未知量，以单跨超静定梁的组合体作为基本结构，根据附加约束处的静力平衡条件建立位移法基本方程的。

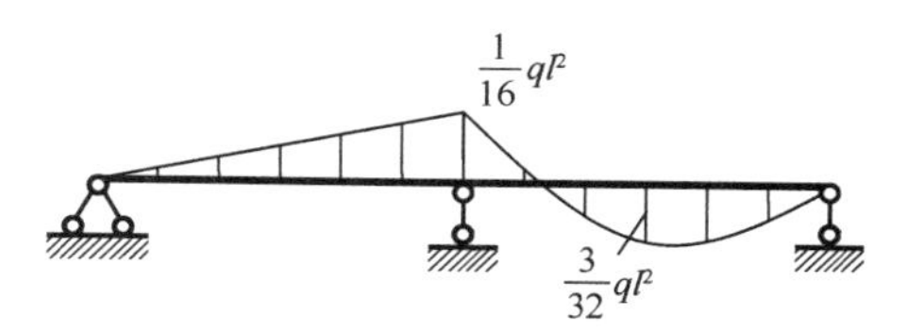

图 12-6 两跨连续梁最终弯矩图

第二节 等截面单跨超静定梁的杆端弯矩

位移法是以单跨超静定梁的组合体作为基本结构。在计算位移法基本方程中的系数和自由项时，需要用到单跨超静定梁在荷载和支座位移情况下的杆端弯矩。因此，本节将介绍这方面的知识。

一、转角位移方程

单跨超静定梁的杆端内力与杆端位移（转角和线位移）、荷载之间的关系称为转角位移方程，其中由荷载作用产生的杆端内力称为固端内力。

位移法对转角、线位移、杆端弯矩的正、负符号有特别的规定，现将这些规定分述如下：

（1）杆端截面转角以顺时针为正，逆时针为负；

（2）杆件两端相对线位移使杆件发生顺时针转动的为正，逆时针转动的为负；

（3）对于杆端，杆端弯矩是顺时针为正，逆时针为负；对于支座或结点，杆端弯矩是逆时针为正，顺时针为负。

至于杆端剪力和轴力，与前面的符号规定一致，这里不再赘述。

下面给出三种支座约束的等截面单跨超静定梁的转角位移方程。假设梁的抗弯刚度为 EI，跨度为 l，线刚度 $i = EI/l$。方程中 M_{AB}^F、M_{BA}^F 表示荷载作用产生的杆端固端弯矩。

1. 两端固定梁

两端固定梁，承受杆端转角 φ_A、φ_B 和相对线位移 Δ_{AB} 及荷载作用，如图 12-7 所示。

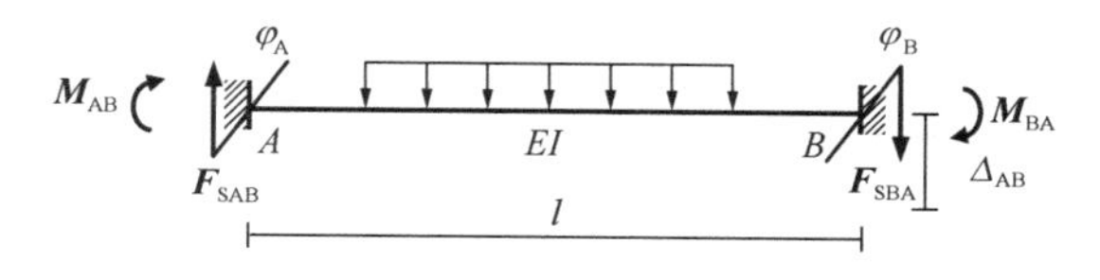

图 12-7 两端固定梁

杆端弯矩计算公式为：

$$M_{AB}=4i\varphi_{A}+2i\varphi_{B}-\frac{6i}{l}\Delta_{AB}+M_{AB}^{F} \tag{12-6a}$$

$$M_{BA}=2i\varphi_{A}+4i\varphi_{B}-\frac{6i}{l}\Delta_{AB}+M_{BA}^{F} \tag{12-6b}$$

2. 一端固定一端铰支梁

一端固定一端铰支梁，承受杆端转角 φ_A 和相对线位移 Δ_{AB} 及荷载作用，如图 12-8 所示。

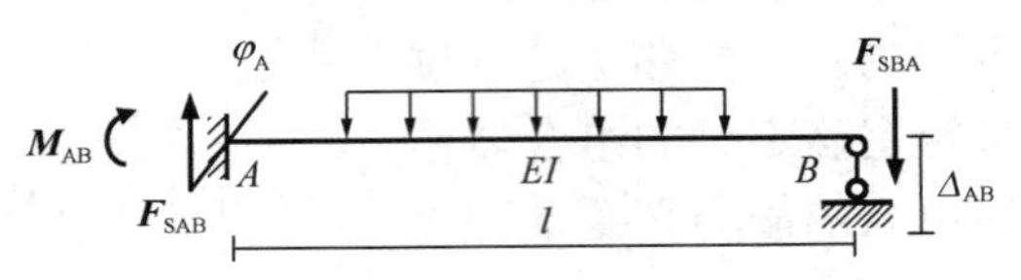

图 12-8　一端固定一端铰支梁

杆端弯矩计算公式为：

$$M_{AB}=3i\varphi_{A}-\frac{3i}{l}\Delta_{AB}+M_{AB}^{F},\qquad M_{BA}=0 \tag{12-7}$$

3. 一端固定一端定向支承梁

一端固定一端定向支承梁，承受杆端转角 φ_A 和 φ_B 及荷载作用，如图 12-9 所示。

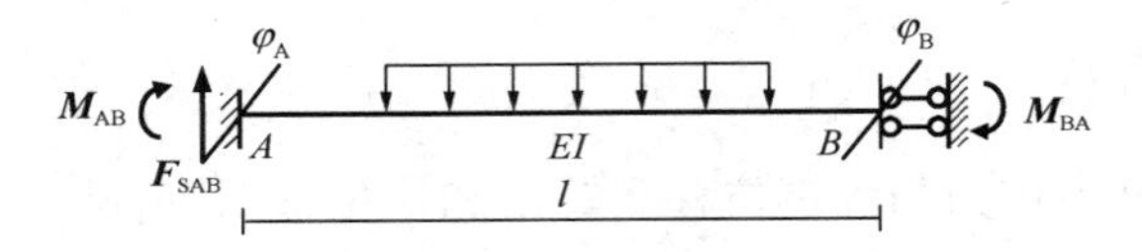

图 12-9　一端固定一端定向支承梁

杆端弯矩计算公式为：

$$M_{AB}=i\varphi_{A}-i\varphi_{B}+M_{AB}^{F} \tag{12-8a}$$

$$M_{BA}=-i\varphi_{A}+i\varphi_{B}+M_{BA}^{F} \tag{12-8b}$$

二、形常数和载常数

常见情况的形常数　　**表 12-1**

序号	形常数	相应弯矩图
1	$\varphi=1$　$4i$　$2i$	$2i$　$4i$
2	$\varphi=1$　$3i$	$3i$
3	$\varphi=1$　i　i	i　i

续表

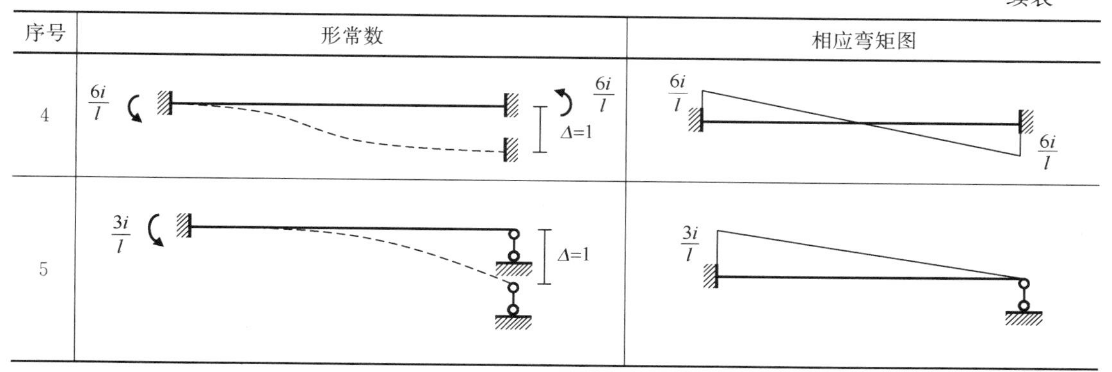

单跨超静定梁支座位移引起的杆端内力与杆件截面特性和材料性质有关，故称为形常数；而由荷载作用产生的杆端内力与荷载和梁的跨度有关，故称为载常数，也称为固端弯矩和固端剪力。表 12-1 给出几种常见情况的形常数，表 12-2 给出常用的固端弯矩以及相应的弯矩图。其中 l 和 $i=EI/l$ 分别为梁的跨度和线刚度。

常用的载常数 **表 12-2**

序号	载常数	相应弯矩图
1	$\frac{1}{12}ql^2$，q，l，$\frac{1}{12}ql^2$	$\frac{1}{12}ql^2$，$\frac{1}{12}ql^2$，$\frac{1}{24}ql^2$
2	$\frac{1}{8}Fl$，F，$l/2$，$l/2$，$\frac{1}{8}Fl$	$\frac{1}{8}Fl$，$\frac{1}{8}Fl$，$\frac{1}{8}Fl$
3	$\frac{1}{8}ql^2$，q，l	$\frac{1}{8}ql^2$，$\frac{1}{8}ql^2$
4	$\frac{3}{16}Fl$，F，$l/2$，$l/2$	$\frac{3}{16}Fl$，$\frac{1}{4}Fl$
5	$\frac{1}{3}ql^2$，q，l，$\frac{1}{6}ql^2$	$\frac{1}{3}ql^2$，$\frac{1}{8}ql^2$，$\frac{1}{6}ql^2$
6	$\frac{3}{8}Fl$，F，$l/2$，$l/2$，$\frac{1}{8}Fl$	$\frac{3}{8}Fl$，$\frac{1}{8}Fl$
7	$\frac{1}{2}Fl$，F，l，$\frac{1}{2}Fl$	$\frac{1}{2}Fl$，$\frac{1}{2}Fl$

续表

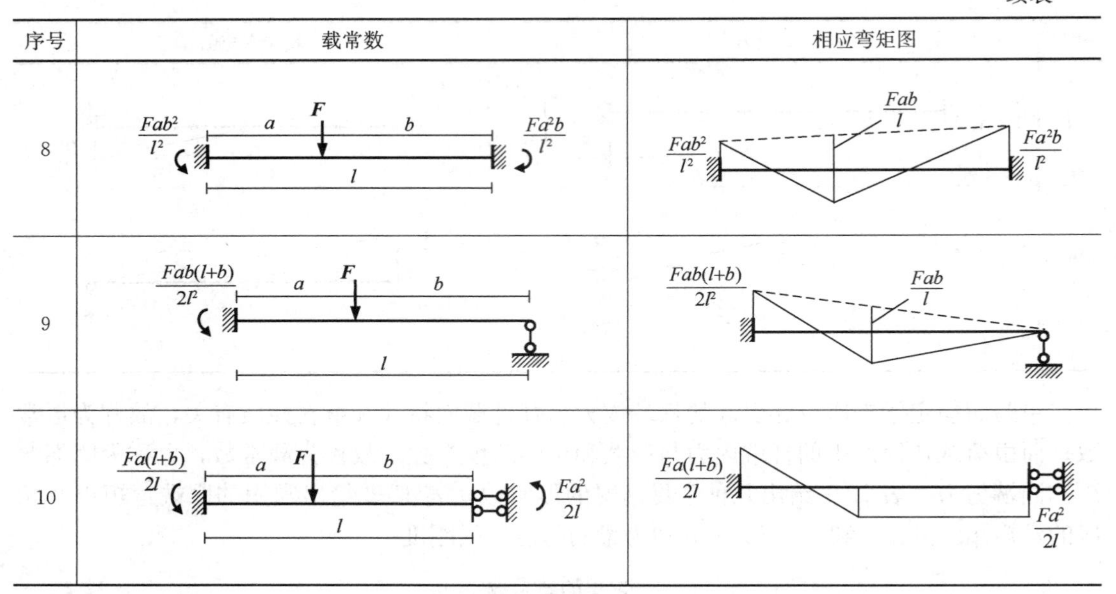

序号	载常数	相应弯矩图
8	$\frac{Fab^2}{l^2}$，F，a，b，l，$\frac{Fa^2b}{l^2}$	$\frac{Fab^2}{l^2}$，$\frac{Fab}{l}$，$\frac{Fa^2b}{l^2}$
9	$\frac{Fab(l+b)}{2l^2}$，F，a，b，l	$\frac{Fab(l+b)}{2l^2}$，$\frac{Fab}{l}$
10	$\frac{Fa(l+b)}{2l}$，F，a，b，l，$\frac{Fa^2}{2l}$	$\frac{Fa(l+b)}{2l}$，$\frac{Fa^2}{2l}$

表 12-1 的形常数与表 12-2 的载常数都可以用力法求解出来，其他情况下的载常数请用力法自行求解与验算。

第三节　位移法的基本结构和基本未知量

一、基本结构

位移法的基本结构是单跨超静定梁的组合体。因此，在原结构上附加约束，即附加刚臂和附加链杆，可以使其拆分为单跨超静定梁。附加刚臂为限制刚结点转动的约束，附加链杆为限制线位移的约束。

图 12-10（a）所示 L 形刚架，在刚结点处附加一刚臂（图 12-10b），可将原结构拆分为两个单跨超静定梁，其中一个为两端固定梁，另一个为一端固定一端铰支梁。

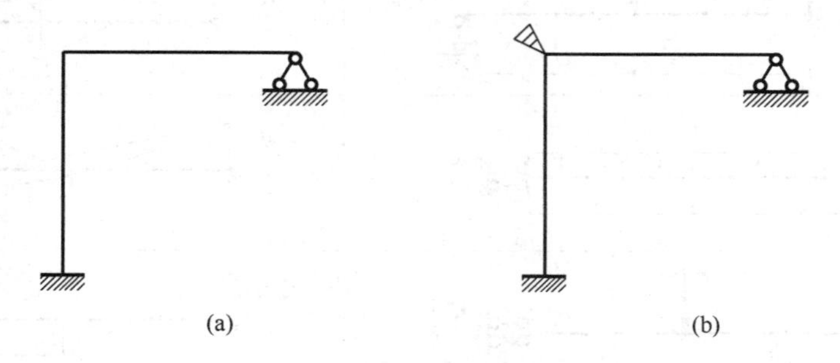

图 12-10　L 形刚架及其位移法基本结构

图 12-11(a)所示刚架，在两个刚结点处附加刚臂，并附加一水平支杆(图 12-11b)，可将原结构拆分为三个两端固支梁。

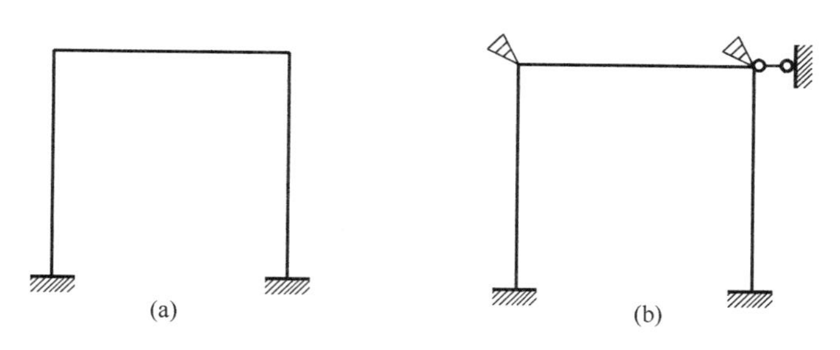

图 12-11 门式刚架及其位移法基本结构

二、基本未知量的数目

位移法基本未知量的数目等于基本结构上所有附加约束的数目，即附加刚臂和附加链杆之和。一般，附加刚臂的数目等于结构中刚结点的个数，附加链杆的数目等于结构独立的结点线位移的个数。而结构独立的结点线位移个数就是原结构全部铰化后，要保持几何不变所需添加的链杆数。

下面给出一些具体算例。

【例 12-1】确定如图 12-12（a）所示结构的位移法基本结构和基本未知量数目。

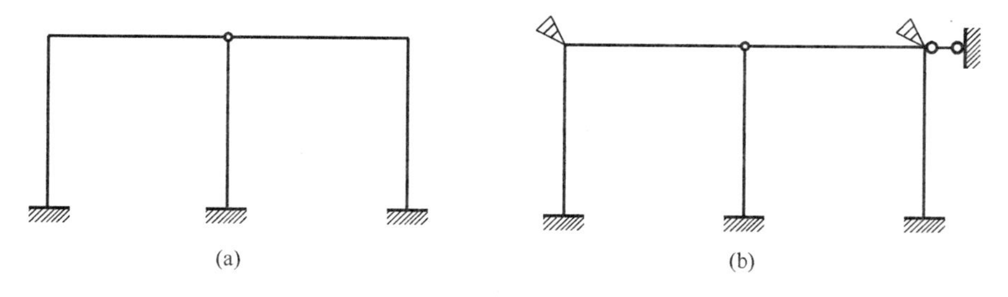

图 12-12 有侧移刚架的基本结构与基本未知量

【解】图 12-12（a）所示结构有 2 个刚结点，原结构全部铰化后需添加一根链杆才能保持几何不变，因此共需附加两个刚臂和一根水平链杆，如图 12-12（b）所示，才能将原结构拆分成五个单跨超静定梁。所以，用位移法计算时有三个基本未知量。

【例 12-2】确定如图 12-13（a）所示结构的位移法基本结构和基本未知量数目。

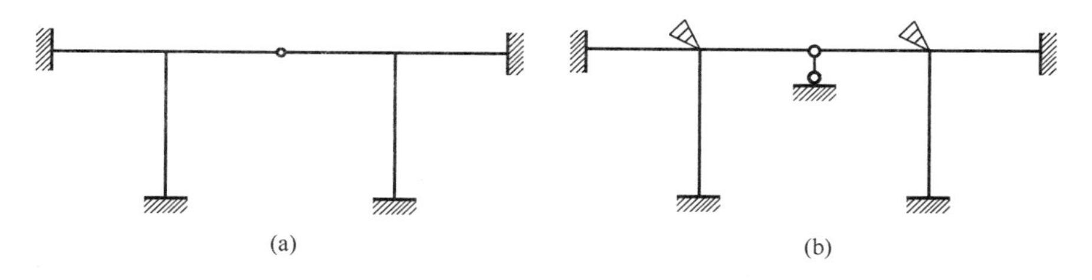

图 12-13 无侧移刚架的基本结构与基本未知量

【解】该结构有 2 个刚结点，原结构全部铰化后需添加一根链杆才能保持几何不变，共需附加两个刚臂和一根竖向链杆（图 12-13b），才能将原结构拆分成六个单跨超静定梁。因此，用位移法计算时有三个基本未知量。

【例 12-3】确定如图 12-14 (a) 所示结构的位移法基本结构和基本未知量数目。

【解】图 12-14 (b)、(c) 给出两种拆分方案，均需附加三个刚臂和两根链杆，才能将原结构拆分成四个单跨超静定梁。因此，用位移法计算时有五个基本未知量。

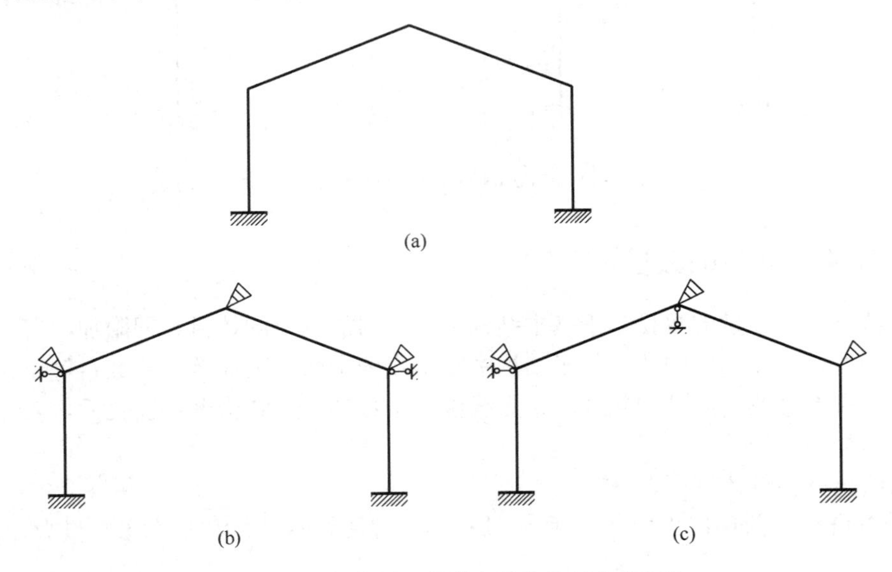

图 12-14 复杂刚架的基本结构与基本未知量

第四节 位移法的基本方程

对于具有 n 个位移法基本未知量的结构，必须附加 n 个附加约束，根据每一个附加约束处相应的一个平衡条件，能建立以下 n 个位移法基本方程：

$$\begin{cases} r_{11}Z_1 + r_{12}Z_2 + \cdots\cdots + r_{1n}Z_n + R_{1P} = 0 \\ r_{21}Z_1 + r_{22}Z_2 + \cdots\cdots + r_{2n}Z_n + R_{2P} = 0 \\ \cdots\cdots \\ r_{n1}Z_1 + r_{n2}Z_2 + \cdots\cdots + r_{nn}Z_n + R_{nP} = 0 \end{cases} \tag{12-9}$$

式中，r_{ii} 为主系数，表示附加约束 i 发生单位位移 $Z_i = 1$ 时在附加约束 i 处产生的反力；r_{ij} 为副系数，表示附加约束 j 发生单位位移 $Z_j = 1$ 时在附加约束 i 处产生的反力；R_{iP} 为自由项，表示荷载单独作用时在附加约束 i 处产生的反力。

上述这些系数的第一个下标表示产生反力的地点；第二个下标表示产生反力的原因。主系数 r_{ii} 为正值，副系数 r_{ij} 和自由项 R_{iP} 可为正值、负值或零。由虚功原理可以证明：$r_{ij} = r_{ji}$（反力互等）。

原结构的最终弯矩图，根据 $M = \overline{M}_1 Z_1 + \overline{M}_2 Z_2 + \cdots\cdots + \overline{M}_n Z_n + M_P$ 叠加可得。

第五节 无侧移刚架的计算

前面给出位移法的基本理论，下面两节将通过具体算例说明位移法的应用及其计算步骤。先介绍位移法对无侧移刚架和多跨连续梁的计算。

【例 12-4】 用位移法计算如图 12-15（a）所示刚架的弯矩。已知各杆 EI 相等且为常数。

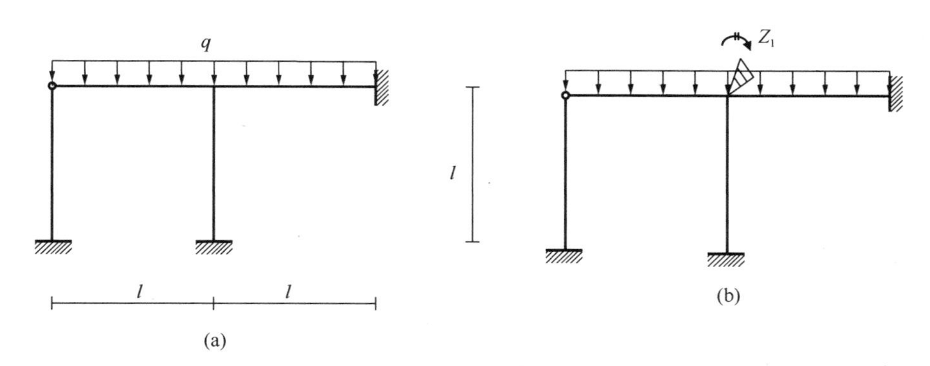

图 12-15 无侧移刚架及其基本结构

【解】（1）取基本结构

用一个附加刚臂可将原结构拆分为四个单跨超静定梁，如图 12-15（b）所示。因此，只有一个位移法的基本未知量：Z_1。

（2）作 $\overline{M}_1$ 和 M_P 图

附加刚臂处有单位转角 $Z_1=1$ 时，基本结构的弯矩 $\overline{M}_1$ 如图 12-16（a）所示，荷载单独作用下基本结构的弯矩 M_P 如图 12-16（b）所示。附加刚臂受力图中略去了杆端剪力和轴力。

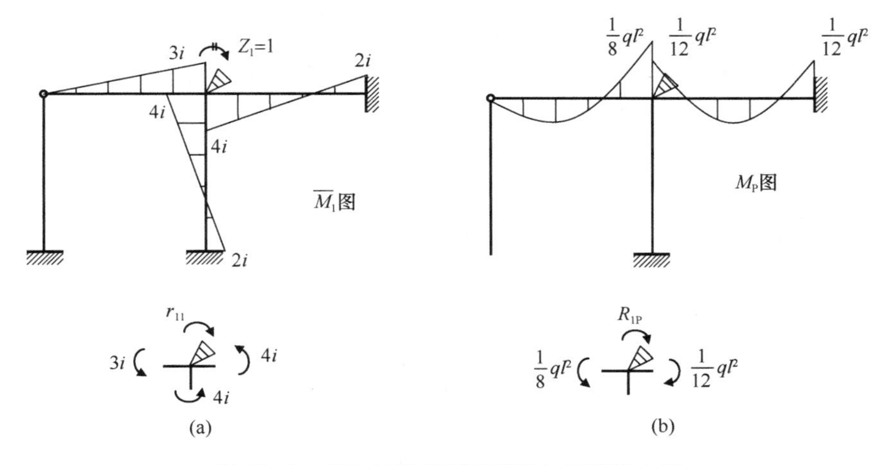

图 12-16 基本结构弯矩图及附加刚臂受力图

（3）计算主系数 r_{11} 和自由项 R_{1P}

根据 $\overline{M}_1$ 图（图 12-16a）及附加刚臂处的力矩平衡条件，可得：

$$r_{11}=3i+4i+4i=11i$$

根据 M_P 图（图 12-16b）及附加刚臂处的力矩平衡条件，可得：

$$R_{1P}=\frac{1}{8}ql^2-\frac{1}{12}ql^2=\frac{1}{24}ql^2$$

(4) 求解位移法方程

将已知量代入位移法典型方程：

$$r_{11}Z_1 + R_{1P} = 0$$

得到：

$$11iZ_1 + \frac{1}{24}ql^2 = 0$$

解方程，可得：

$$iZ_1 = -\frac{ql^2}{264}$$

(5) 作弯矩图

根据 $M = \overline{M}_1 Z_1 + M_P$ 叠加可得结构的最终弯矩图（图 12-17）。

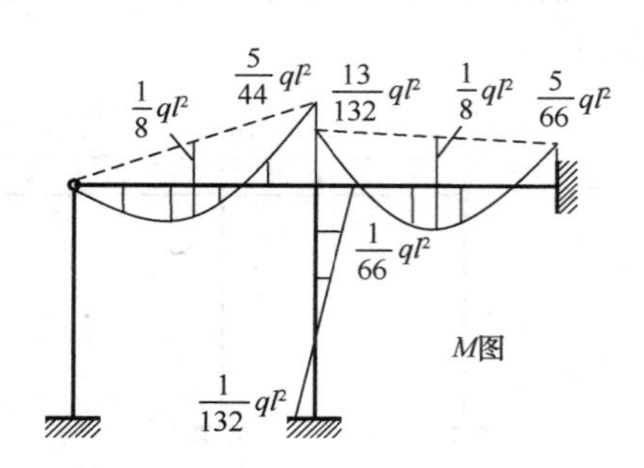

图 12-17 结构的最终弯矩图

【例 12-5】用位移法计算如图 12-18 所示三跨连续梁的弯矩。

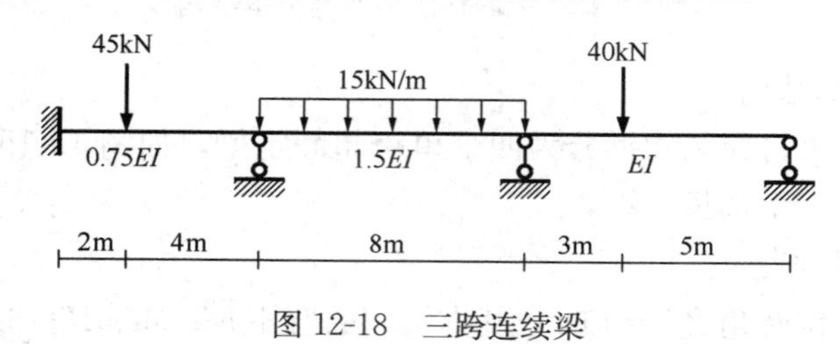

图 12-18 三跨连续梁

【解】(1) 取基本结构（图 12-19）

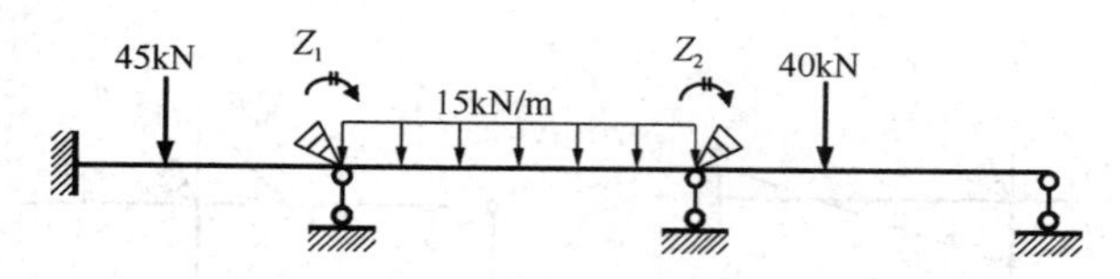

图 12-19 连续梁的位移法基本结构

附加 2 个刚臂，将原结构拆分为三个单跨超静定梁。因此，有两个位移法的基本未知量：Z_1 和 Z_2。

(2) 作 $\overline{M}_1$ 、$\overline{M}_2$ 和 M_P 图

计算基本结构中各跨梁（从左到右）的线刚度，分别得到：

$$i_1 = \frac{0.75EI}{6\text{m}} = \frac{0.125EI}{\text{m}}, \quad i_2 = \frac{1.5EI}{8\text{m}} = \frac{0.1875EI}{\text{m}}, \quad i_3 = \frac{EI}{8\text{m}} = \frac{0.125EI}{\text{m}}$$

然后作附加刚臂处发生单位位移和荷载单独作用下基本结构的弯矩图。

$\overline{M}_1$ 为 $Z_1 = 1$ 时基本结构的弯矩图（图 12-20a）；$\overline{M}_2$ 为 $Z_2 = 1$ 时基本结构的弯矩图（图 12-20b）；M_P 为荷载单独作用时基本结构的弯矩图（图 12-20c）。

(3) 计算系数和自由项

由图 12-20（a）中附加刚臂 1 处和 2 处的力矩平衡条件，分别得到：

$$r_{11} = (0.5EI + 0.75EI)/\text{m} = 1.25EI/\text{m}$$

$$r_{21} = 0.375EI/\text{m}$$

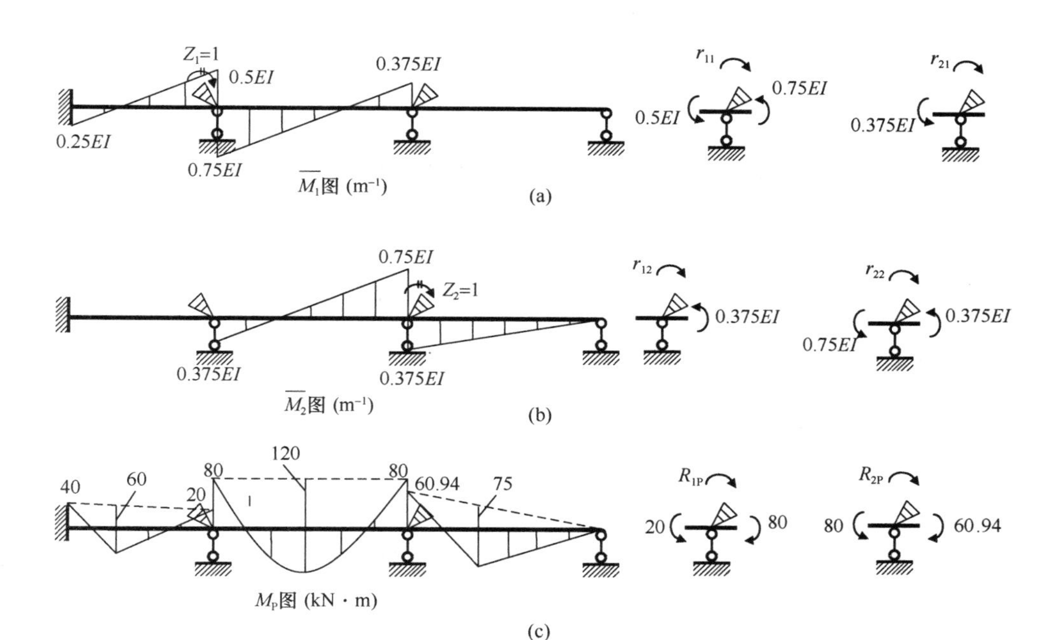

图 12-20　基本结构的弯矩图

由图 12-20（b）中附加刚臂 2 处和 1 处的力矩平衡条件，分别可得：

$$r_{22} = (0.75EI + 0.375EI)/\text{m} = 1.125EI/\text{m}$$

$$r_{12} = 0.375EI/\text{m} = r_{21}$$

由图 12-20（c）中附加刚臂 1 处和 2 处的力矩平衡条件，分别可得：

$$R_{1P} = (20-80)\text{kN}\cdot\text{m} = -60\text{kN}\cdot\text{m}$$

$$R_{2P} = (80-60.94)\text{kN}\cdot\text{m} = 19.06\text{kN}\cdot\text{m}$$

（4）求解位移法方程

将求出的系数和自由项代入位移法方程：

$$\begin{cases} r_{11}Z_1 + r_{12}Z_2 + R_{1P} = 0 \\ r_{21}Z_1 + r_{22}Z_2 + R_{2P} = 0 \end{cases}$$

可得：

$$\begin{cases} (1.25EIZ_1 + 0.375EIZ_2)/\text{m} - 60\text{kN}\cdot\text{m} = 0 \\ (0.375EIZ_1 + 0.375EIZ_1)/\text{m} + 19.06\text{kN}\cdot\text{m} = 0 \end{cases}$$

解方程得到：

$$Z_1 = \frac{58.98}{EI}\text{kN}\cdot\text{m}^2 \qquad Z_2 = -\frac{36.6}{EI}\text{kN}\cdot\text{m}^2$$

（5）作弯矩图

利用 $M = \overline{M}_1 Z_1 + \overline{M}_2 Z_2 + M_P$，叠加得到结构的弯矩图（图 12-21）。

通过以上算例的分析可知，无侧移刚架和连续梁的基本未知量均为角位移。

总之，用位移法求解超静定结构的内力，有以下基本步骤：

（1）确定原结构的基本未知量，插入附加约束，得到基本结构；

（2）作 $\overline{M}_i$ 和 M_P 图，即单位位移和荷载单独作用时基本结构的弯矩图；

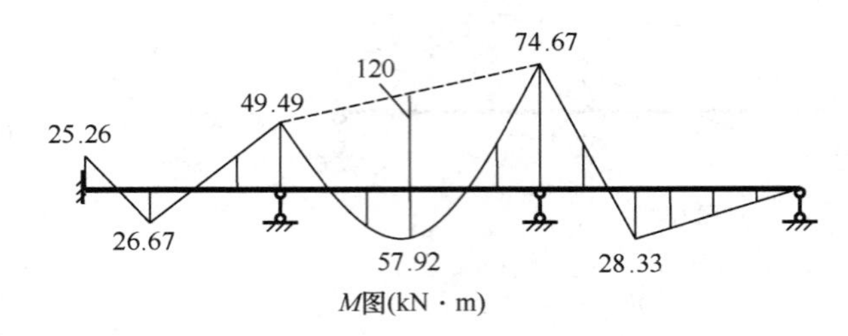

图 12-21　三跨连续梁最终弯矩图

（3）计算主系数 r_{ii} 、副系数 r_{ij} 和自由项 R_{iP} ；

（4）解位移法方程，求出基本未知量 Z_i ；

（5）由 $M=\overline{M}_1Z_1+\overline{M}_2Z_2+\cdots\cdots+\overline{M}_nZ_n+M_P$ 叠加作弯矩图；

（6）由弯矩图和相关平衡条件作剪力图和轴力图。

第六节　有侧移刚架的计算

有侧移刚架与无侧移刚架的计算不同，有侧移刚架的位移法基本未知量除了角位移以外，还有相对线位移。计算过程也相对复杂一些，一般需要计算杆端剪力。下面给出一些典型算例。

【例 12-6】用位移法计算如图 12-22（a）所示刚架，作弯矩图。已知各杆 EI 相等且为常数。

【解】（1）取基本结构

该结构有一个刚结点，原结构全部铰化后需加一根链杆方能保持几何不变，故需要附加一个刚臂和一根水平链杆，将原结构拆分成三个单跨超静定梁，如图 12-22（b）所示。因此，有两个位移法的基本未知量：Z_1 和 Z_2 ，而三个单跨梁的线刚度均为 $i=EI/l$ 。

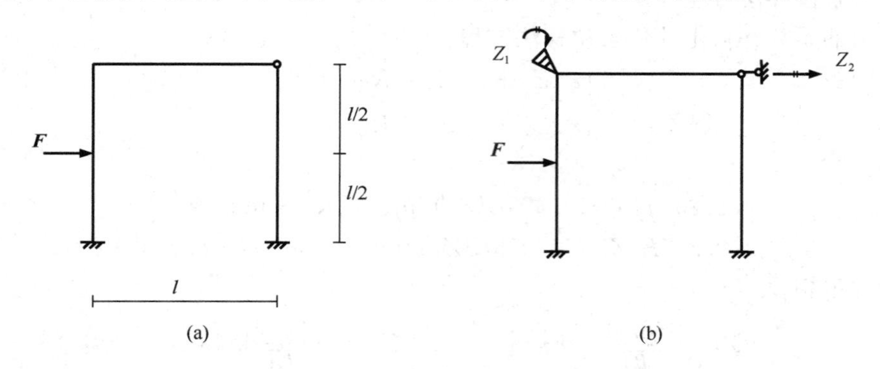

图 12-22　有侧移刚架及其基本结构

（2）作 $\overline{M}_1$ 、$\overline{M}_2$ 和 M_P 图

分别作附加刚臂 1 处有单位转角和附加链杆 2 处有单位水平位移时基本结构的弯矩图 $\overline{M}_1$ 和 $\overline{M}_2$ ，以及荷载单独作用下基本结构的弯矩图 M_P ，并取相应的隔离体，如图 12-23 所示。隔离体图中的杆端剪力可以由相应的弯矩图计算得到。

（3）计算系数和自由项

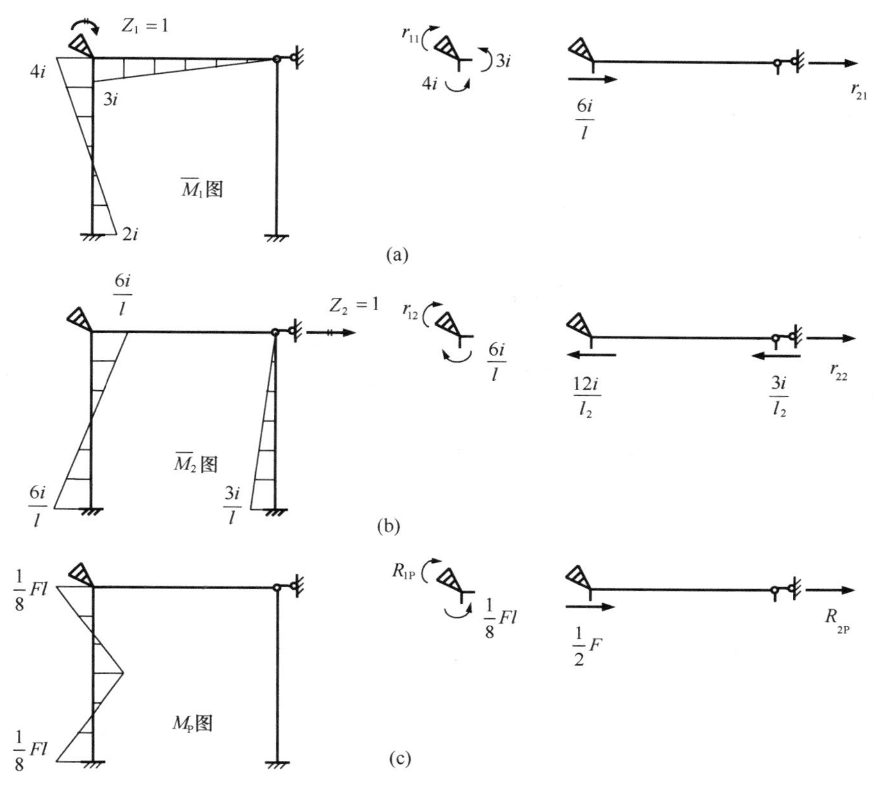

图 12-23　基本结构弯矩图及隔离体受力图

由 $\overline{M}_1$ 图及相应的横梁隔离体图（图 12-23a），分别得到：

$$r_{11}=3i+4i=7i \qquad r_{21}=-\frac{6i}{l}$$

由 $\overline{M}_2$ 图及相应的横梁隔离体图（图 12-23b），分别得到：

$$r_{12}=-\frac{6i}{l} \qquad r_{22}=\frac{12i}{l^2}+\frac{3i}{l^2}=\frac{15i}{l^2}$$

由 M_P 图及相应的横梁隔离体图（图 12-23c），分别得到：

$$R_{1P}=\frac{1}{8}Fl \qquad R_{2P}=-\frac{1}{2}F$$

（4）解位移法方程，求基本未知量

将求出的系数和自由项代入位移法方程：

$$\begin{cases}r_{11}Z_1+r_{12}Z_2+R_{1P}=0\\ r_{21}Z_1+r_{22}Z_2+R_{2P}=0\end{cases}$$

可得：

$$\begin{cases}7iZ_1-\dfrac{6i}{l}Z_2+\dfrac{1}{8}Fl=0\\ -\dfrac{6i}{l}Z_1+\dfrac{15i}{l^2}Z_2-\dfrac{1}{2}F=0\end{cases}$$

解方程得到：

$$Z_1 = \frac{3}{184i}Fl \qquad Z_2 = \frac{11}{276i}Fl^2$$

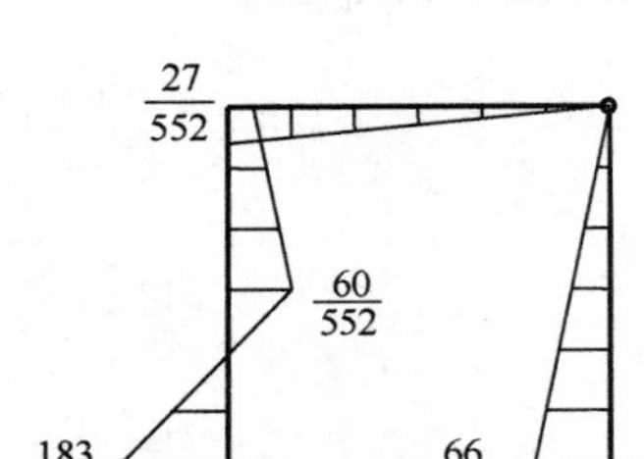

图 12-24 刚架最终弯矩图

(5) 作弯矩图

由 $M = \overline{M}_1 Z_1 + \overline{M}_2 Z_2 + M_P$，叠加得到刚架的弯矩图(图 12-24)。

【例 12-7】 用位移法计算如图 12-25 (a) 所示有侧移刚架的弯矩。

【解】 (1) 取基本结构

该结构有一个刚结点，原结构全部铰化后需加一根链杆方能保持几何不变。这里需用一个附加刚臂和一根附加水平链杆，将原结构拆分成四个单跨超静定梁，如图 12-25 (b) 所示。因此，有两个位移法的基本未知量。

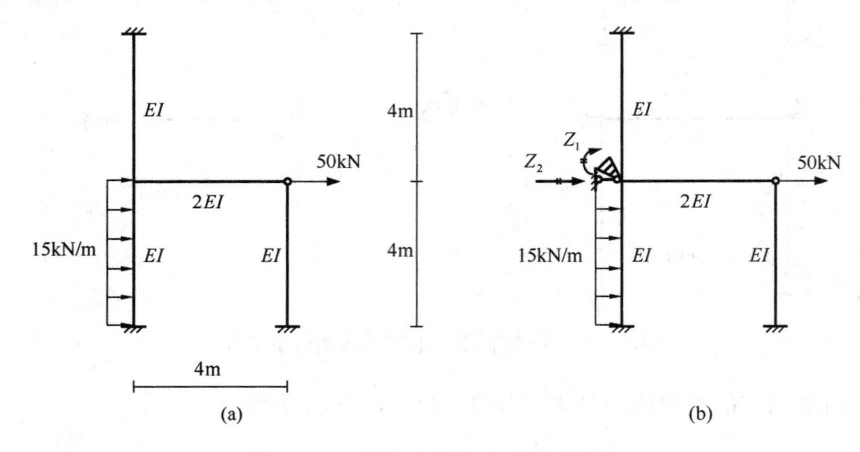

图 12-25 超静定刚架及其基本结构

(2) 作 $\overline{M}_1$、$\overline{M}_2$ 和 M_P 图

假设：$i = \dfrac{EI}{4\text{m}}$，则三根竖柱的线刚度为 i，横梁的线刚度为 $2i$。

分别作角位移 $Z_1 = 1$、水平线位移 $Z_2 = 1$ 以及荷载单独作用时基本结构的弯矩图，并给出相应的隔离体图(图 12-26)。隔离体图中的杆端剪力可以由相应的弯矩图计算得到。

(3) 计算系数和自由项

由 $\overline{M}_1$、$\overline{M}_2$、M_P 图及其相应的隔离体图，可得：

$$r_{11} = 4i + 4i + 6i = 14i$$

$$r_{22} = \left(\frac{3i}{4} + \frac{3i}{4} + \frac{3i}{16}\right) \cdot \frac{1}{\text{m}^2} = \frac{27i}{16\text{m}^2}$$

$$r_{12} = r_{21} = 0$$

$$R_{1P} = 20\text{kN} \cdot \text{m} \qquad R_{2P} = (-30 - 50)\text{kN} = -80\text{kN}$$

(4) 解位移法方程，求基本未知量

$$\begin{cases} r_{11}Z_1 + r_{12}Z_2 + R_{1P} = 0 \\ r_{21}Z_1 + r_{22}Z_2 + R_{2P} = 0 \end{cases}$$

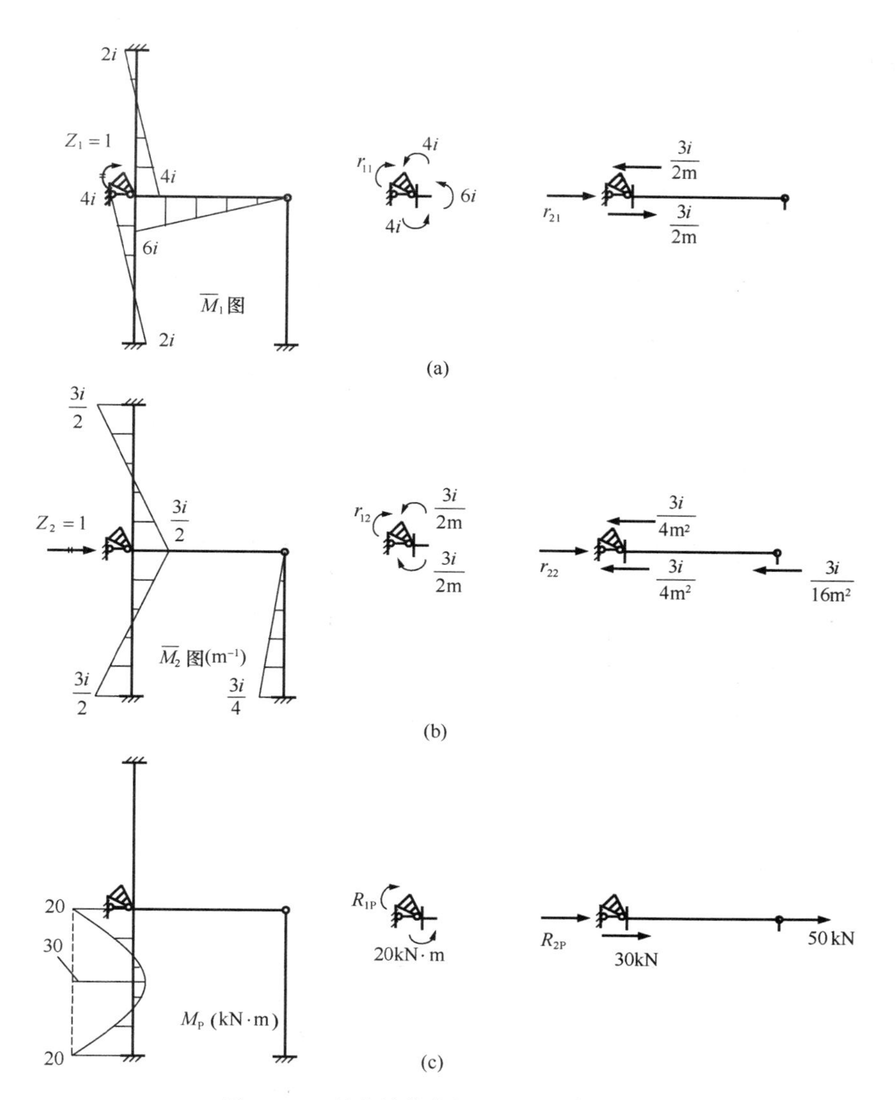

图 12-26 基本结构弯矩图及隔离体受力图

$$\begin{cases} 14iZ_1 + 20\text{kN} \cdot \text{m} = 0 \\ \dfrac{27i}{16\text{m}^2}Z_2 - 80\text{kN} = 0 \end{cases}$$

$$Z_1 = -\frac{10}{7i}\text{kN} \cdot \text{m} \qquad Z_2 = \frac{1280}{27i}\text{kN} \cdot \text{m}^2$$

(5) 作弯矩图

由 $M = \overline{M}_1 Z_1 + \overline{M}_2 Z_2 + M_P$，叠加得到该刚架的最终弯矩图（图 12-27）。

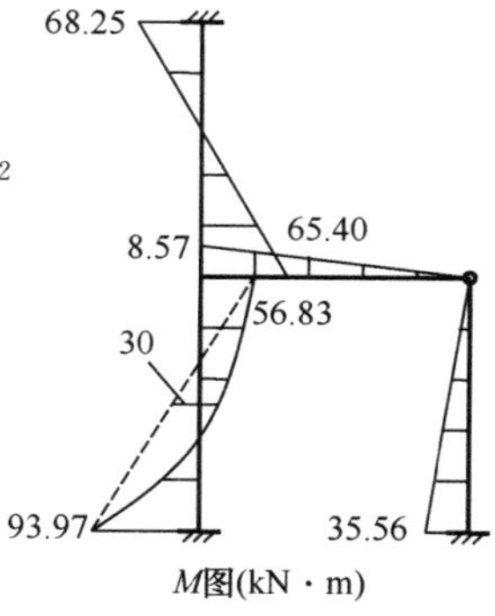

图 12-27 结构最终弯矩图

从以上两例题可知，对于有侧移的刚架，除了需要利用附加刚臂处的力矩平衡条件外，还需利用部分隔离体的力平衡条件。

在工程实际中，一般门式刚架（包括多层或多跨）在竖向荷载作用下，侧移是比较小的，忽略它，对弯矩的影响不大。有兴趣者可对以上两例的计算结果进行对比分析。

习题

12-1 确定下列结构的位移法基本未知量。

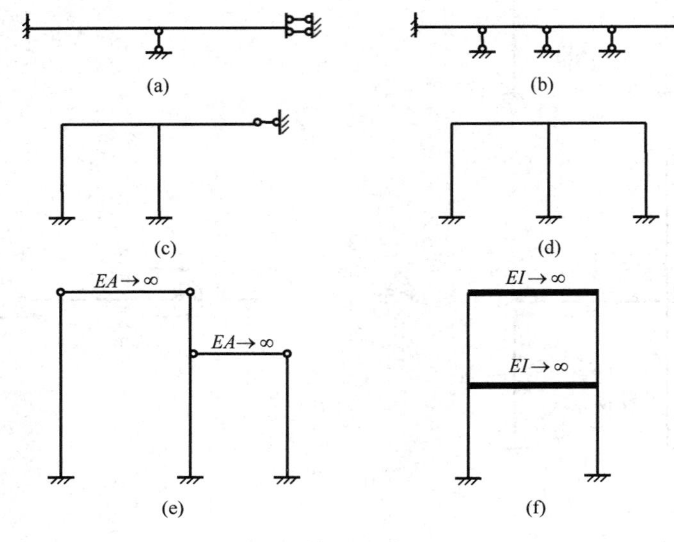

题 12-1 图

12-2 试求下列结构的内力。

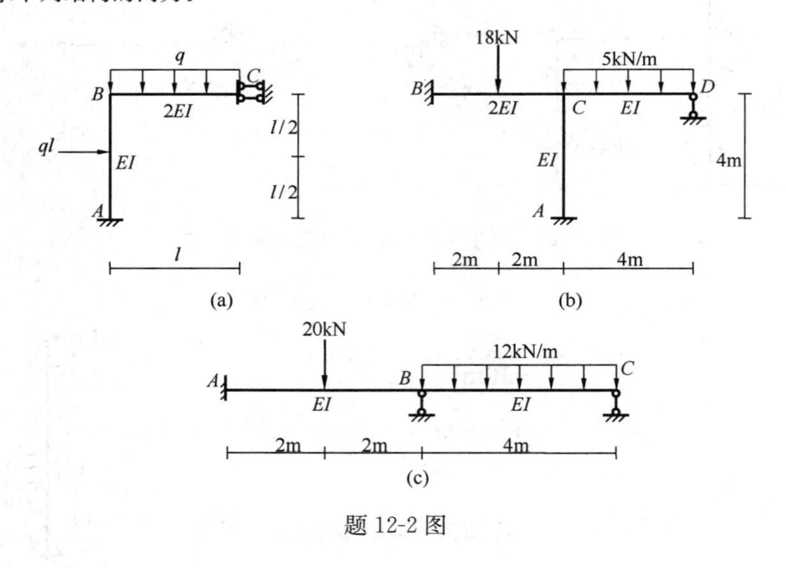

题 12-2 图

12-3　计算下列超静定结构，并作弯矩图。

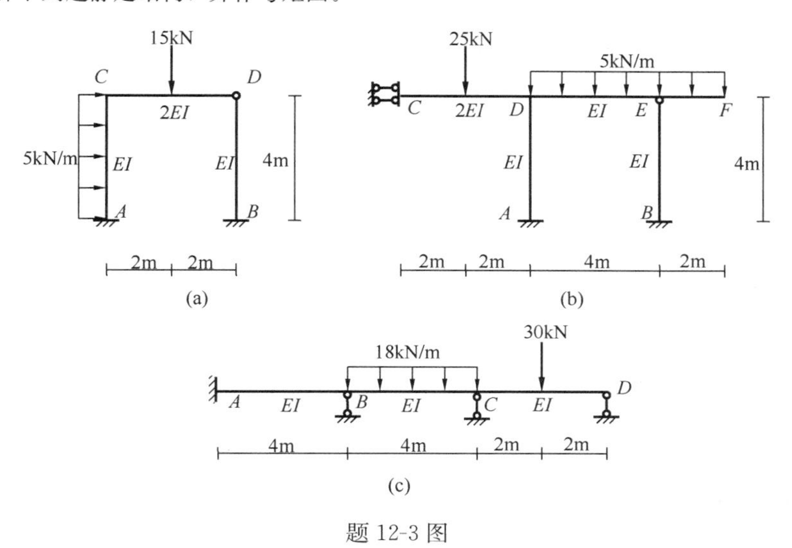

题 12-3 图

12-4　计算下列对称结构，并作弯矩图。

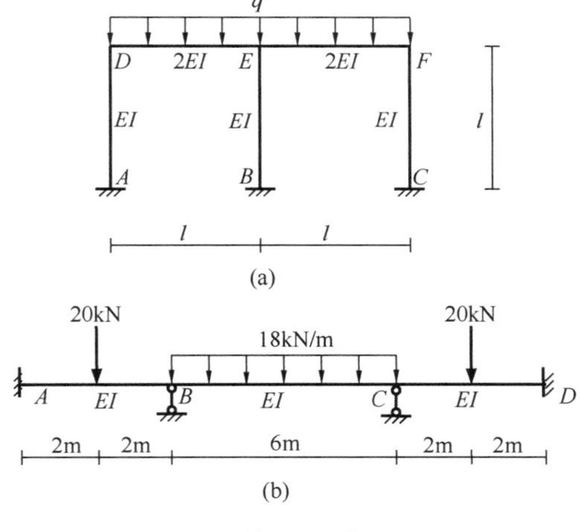

题 12-4 图

第十三章 力矩分配法

采用力法和位移法计算超静定结构时，需要建立典型方程，联立求解方程组，所得到的解是一定意义上的精确解。

采用力矩分配法，可以避免建立和联立求解方程。它是一种通过反复循环计算，逐步趋于精确解的渐近方法。

用力矩分配法求解连续梁和无侧移刚架十分简便，常在工程设计中采用。本章重点介绍计算这类结构内力的渐近方法。

第一节 基本概念

力矩分配法是以位移法为理论基础的，它仅适用于连续梁和无侧移刚架的计算，就是位移法基本结构中只需附加刚臂的超静定结构。

下面介绍力矩分配法的三个基本概念：转动刚度、分配系数和传递系数。通过不平衡力矩的分配，引入以上概念。

图 13-1（a）所示刚架，刚结点 1 处作用有一集中力偶 M_0，它是力矩分配法里的不平衡力矩。采用位移法计算时，需在刚结点 1 处附加一刚臂，约束其转动，基本结构如图 13-1（b)所示。然后分别作出基本结构在单位转角和集中力偶单独作用下的弯矩图 $\overline{M}_1$（图 13-1c）和 M_P（图 13-1d)。显然，集中力偶单独作用在附加刚臂上不会引起相关杆件的杆端弯矩。

由 $\overline{M}_1$ 和 M_P 图，可以计算出位移法方程的主系数 r_{11} 和自由项 R_{1P}：

$$r_{11} = 4i_{12} + 3i_{13} + i_{14} \tag{13-1}$$

$$R_{1P} = -M_0 \tag{13-2}$$

然后将相关量代入位移法基本方程：

$$r_{11}Z_1 + R_{1P} = 0 \tag{13-3}$$

解方程，可得：

$$Z_1 = \frac{M_0}{4i_{12} + 3i_{13} + i_{14}} \tag{13-4}$$

最后，可由 $M = \overline{M}_1 Z_1 + M_P$，得出用转角 Z_1 表示的各杆近端弯矩：

$$M_{12} = 4i_{12}Z_1 \qquad M_{13} = 3i_{13}Z_1 \qquad M_{14} = i_{14}Z_1 \tag{13-5}$$

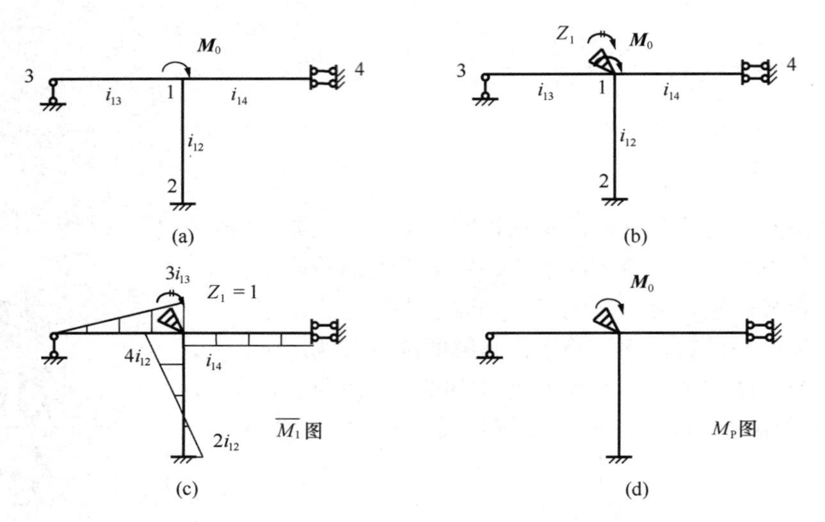

图 13-1 位移法分析思路

一、转动刚度

由式（13-4）发现，转角 Z_1 表示的各杆近端弯矩可统一表示成：

$$M_{1k}=S_{1k}Z_1 \tag{13-6}$$

其中，S_{1k} 称为 $1k$ 杆 1 端的转动刚度。它表示在 $1k$ 杆的 1 端（近端）发生正向（顺时针）单位转角时，在该端所产生的弯矩值，显然该值与杆件本身的线刚度及其远端的支承情况有关。

当杆件远端为固定端时，其近端的转动刚度为：

$$S_{12}=4i_{12} \tag{13-7a}$$

当杆件远端为铰支端时，其近端的转动刚度为：

$$S_{13}=3i_{13} \tag{13-7b}$$

当杆件远端为定向支座时，其近端的转动刚度为：

$$S_{14}=i_{14} \tag{13-7c}$$

将式（13-4）代入式（13-5），可求出不平衡力矩 M_0 引起的各杆近端弯矩：

$$M_{12}=\frac{4i_{12}}{4i_{12}+3i_{13}+i_{14}}M_0 \tag{13-8a}$$

$$M_{13}=\frac{3i_{13}}{4i_{12}+3i_{13}+i_{14}}M_0 \tag{13-8b}$$

$$M_{14}=\frac{i_{14}}{4i_{12}+3i_{13}+i_{14}}M_0 \tag{13-8c}$$

二、分配系数

若由式（13-8）表示的各杆近端弯矩可统一表示为：

$$M_{1k}=\mu_{1k}M_0 \tag{13-9}$$

其中，μ_{1k} 称为力矩分配系数。它反映了各杆件承受不平衡力矩的能力，其值与杆端的转动刚度有关：

$$\mu_{1k} = \frac{S_{1k}}{\sum\limits_{(1)} S_{1j}} \tag{13-10}$$

这里，$\sum\limits_{(1)} S_{1j}$ 表示汇交于刚结点 1 的所有杆件在 1 端的转动刚度之和。那么，由上式可以看出，μ_{1k} 的值小于 1，而汇交于结点 1 的所有杆件的力矩分配系数之和：

$$\sum_{(1)} \mu_{1k} = 1 \tag{13-11}$$

三、传递系数

由图 13-1，可得到各杆的远端弯矩：

$$M_{21} = \frac{1}{2} M_{12} \qquad M_{31} = 0 \qquad M_{41} = -M_{14}$$

若将各杆的远端弯矩统一表示成：

$$M_{k1} = C_{1k} M_{1k} \tag{13-12}$$

其中，C_{1k} 称为 $1k$ 杆 1 端的传递系数。它表示当杆件近端发生正向单位转角时，引起的远端弯矩与近端弯矩之比值。传递系数仅与杆件远端的支承情况有关：

当远端为固定端时，传递系数为：

$$C_{12} = \frac{1}{2} \tag{13-13a}$$

当远端为铰支端时，传递系数为：

$$C_{13} = 0 \tag{13-13b}$$

当远端为定向支座时，传递系数为：

$$C_{14} = -1 \tag{13-13c}$$

四、力矩分配法的基本思路

力矩分配法解题的基本思路是：首先对刚结点施加转动约束，求出约束状态下各杆的固端弯矩（荷载作用下的杆端弯矩）；将施加约束处固端弯矩的代数和，设为该结点的不平衡力矩；然后逐次放松各结点，根据各结点杆端的分配系数，将不平衡力矩分配到各杆端，得到分配弯矩；将分配弯矩乘以传递系数，得到远端的传递弯矩。对于只有一个刚结点的结构，一次分配和一次传递就能得到精确解。对于多个刚结点的结构，需要多次循环，反复放松和约束各结点、分配不平衡力矩、计算分配弯矩和传递弯矩，直至满足一定的精度，最后将各杆的固端弯矩、历次的分配弯矩和传递弯矩相加，得到各杆端的最后弯矩。

下面通过以下算例对该基本思路加以说明。

【例 13-1】 用力矩分配法计算如图 13-2 所示的连续梁，并作弯矩图。

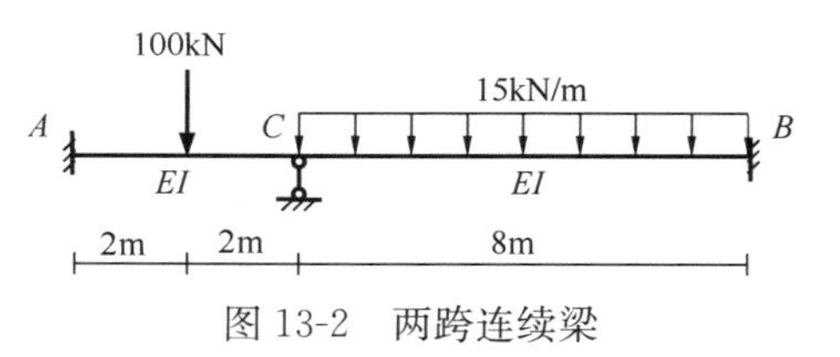

图 13-2 两跨连续梁

【解】（1）计算转动刚度和分配系数

CA 杆和 CB 杆的线刚度分别为：

$$i_{CA} = \frac{EI}{4}$$

$$i_{CB} = \frac{EI}{8}$$

对刚结点 C 施加转动约束，附加一刚臂。根据 CA 杆和 CB 杆的远端均为固定端，可知它们的转动刚度分别为：

$$S_{CA} = 4i_{CA} = 4 \times \frac{EI}{4} = EI \qquad S_{CB} = 4i_{CB} = 4 \times \frac{EI}{8} = 0.5EI$$

汇交于 C 结点杆件的分配系数为：

$$\mu_{CA} = \frac{S_{CA}}{S_{CA} + S_{CB}} = \frac{EI}{EI + 0.5EI} = \frac{2}{3}$$

$$\mu_{CB} = \frac{S_{CB}}{S_{CA} + S_{CB}} = \frac{0.5EI}{EI + 0.5EI} = \frac{1}{3}$$

(2) 计算固端弯矩

由表 12-2 可知，荷载作用下各杆的固端弯矩分别为：

$$M_{AC}^{F} = -\frac{Fl}{8} = -\frac{100\text{kN} \times 4\text{m}}{8} = -50\text{kN} \cdot \text{m}, \qquad M_{CA}^{F} = \frac{Fl}{8} = 50\text{kN} \cdot \text{m}$$

$$M_{CB}^{F} = -\frac{ql^2}{12} = -\frac{15\text{kN/m} \times (8\text{m})^2}{12} = -80\text{kN} \cdot \text{m}, \qquad M_{BC}^{F} = \frac{ql^2}{12} = 80\text{kN} \cdot \text{m}$$

(3) 计算分配弯矩

放松刚结点 C 的转动约束，该结点的不平衡弯矩为：

$$M_C = M_{CA}^{F} + M_{CB}^{F} = (50 - 80)\text{kN} \cdot \text{m} = -30\text{kN} \cdot \text{m}$$

将该不平衡弯矩变号，乘以分配系数，得到各杆近端的分配弯矩：

$$M'_{CA} = \mu_{CA}(-M_C) = \frac{2}{3} \times 30\text{kN} \cdot \text{m} = 20\text{kN} \cdot \text{m}$$

$$M'_{CB} = \mu_{CB}(-M_C) = \frac{1}{3} \times 30\text{kN} \cdot \text{m} = 10\text{kN} \cdot \text{m}$$

(4) 计算传递弯矩

CA 杆和 CB 杆的远端均为固定端，所以传递系数均为 1/2。将各杆近端的分配弯矩乘以传递系数，得到其远端的传递弯矩：

$$M''_{AC} = C_{CA}M'_{CA} = \frac{1}{2} \times 20\text{kN} \cdot \text{m} = 10\text{kN} \cdot \text{m}$$

$$M''_{BC} = C_{CB}M'_{CB} = \frac{1}{2} \times 10\text{kN} \cdot \text{m} = 5\text{kN} \cdot \text{m}$$

(5) 计算杆端弯矩

由于该连续梁只有一个刚结点，施加了一个转动约束，经过一次分配和传递后，可以消除结点的不平衡力矩。将各杆端的固端弯矩、分配弯矩和传递弯矩相加，得到最终的杆端弯矩：

$$M_{AC} = M_{AC}^{F} + M''_{AC} = (-50 + 10)\text{kN} \cdot \text{m} = -40\text{kN} \cdot \text{m}$$

$$M_{CA} = M_{CA}^{F} + M'_{CA} = (50 + 20)\text{kN} \cdot \text{m} = 70\text{kN} \cdot \text{m}$$

$$M_{CB} = M_{CB}^{F} + M'_{CB} = (-80 + 10)\text{kN} \cdot \text{m} = -70\text{kN} \cdot \text{m}$$

$$M_{BC} = M_{BC}^{F} + M''_{BC} = (80 + 5)\text{kN} \cdot \text{m} = 85\text{kN} \cdot \text{m}$$

以上力矩分配法的计算过程可以用下面一个简表列出。

以上结点不平衡力矩分配传递过程的简表如下：

结点	A		C	B
杆端	AC	CA	CB	BC
转动刚度	EI		0.5EI	
分配系数	2/3		1/3	
固端弯矩	−50	50	−80	80
一次分配		20	10	
一次传递	10	←	→	5
最终杆端弯矩	−40	70	−70	85

（6）作弯矩图

根据荷载和求出的杆端弯矩，可作出梁的最终弯矩图，如图 13-3 所示。

【例 13-2】用力矩分配法计算如图 13-4 所示刚架，作弯矩图。

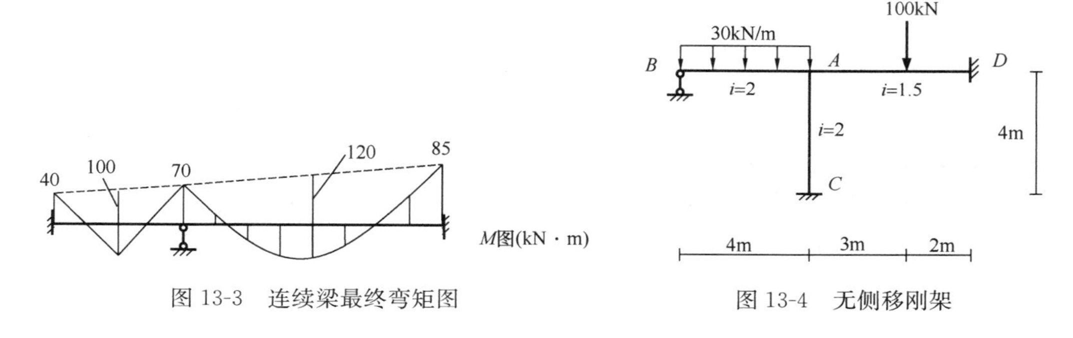

图 13-3 连续梁最终弯矩图　　图 13-4 无侧移刚架

【解】（1）计算各杆转动刚度

将刚结点 A 的转动约束，附加一刚臂，则相关杆件的转动刚度分别为：

$$S_{AB}=3i=3\times2=6$$
$$S_{AC}=4i=4\times2=8$$
$$S_{AD}=4i=4\times1.5=6$$

（2）计算分配系数

由杆件转动刚度的计算结果，可得关于刚结点 A 的力矩分配系数：

$$\mu_{AB}=\frac{S_{AB}}{S_{AB}+S_{AC}+S_{AD}}=\frac{6}{6+8+6}=0.3$$
$$\mu_{AC}=\frac{S_{AC}}{S_{AB}+S_{AC}+S_{AD}}=\frac{8}{6+8+6}=0.4$$
$$\mu_{AD}=\frac{S_{AD}}{S_{AB}+S_{AC}+S_{AD}}=\frac{6}{6+8+6}=0.3$$

（3）计算杆的固端弯矩

由表 12-2 所示载常数，可得荷载引起的各杆固端弯矩为：

$$M_{AB}^{F}=\frac{1}{8}ql^{2}=\frac{1}{8}\times30\text{kN}\cdot\text{m}\times(4\text{m})^{2}=60\text{kN}\cdot\text{m}$$

$$M_{AD}^{F}=-\frac{Fab^{2}}{l^{2}}=-\frac{100\text{kN}\times3\text{m}\times(2\text{m})^{2}}{(5\text{m})^{2}}=-48\text{kN}\cdot\text{m}$$

$$M_{DA}^{F}=\frac{Fa^{2}b}{l^{2}}=\frac{100kN\times(3m)^{2}\times 2m}{(5m)^{2}}=72kN\cdot m$$

而其余杆端的固端弯矩为零。

（4）计算分配弯矩

将刚结点 A 的转动约束放松，得到该结点的不平衡力矩为：

$$M_{A}=M_{AB}^{F}+M_{AD}^{F}=(60-48)kN\cdot m=12kN\cdot m$$

则相关杆件近端分配到的不平衡弯矩（分配弯矩）分别为：

$$M'_{AB}=\mu_{AB}(-M_{A})=0.3\times(-12kN\cdot m)=-3.6kN\cdot m$$

$$M'_{AC}=\mu_{AC}(-M_{A})=0.4\times(-12kN\cdot m)=-4.8kN\cdot m$$

$$M'_{AD}=\mu_{AD}(-M_{A})=0.3\times(-12kN\cdot m)=-3.6kN\cdot m$$

（5）计算传递弯矩

由传递系数：$C_{AB}=0, C_{AC}=\frac{1}{2}, C_{AD}=\frac{1}{2}$，以及杆件近端的分配弯矩，可得传递至杆件远端的不平衡弯矩（传递弯矩）分别为：

$$M''_{BA}=C_{AB}M'_{1A}=0\times(-3.6kN\cdot m)=0$$

$$M''_{CA}=C_{AC}M'_{AC}=\frac{1}{2}\times(-4.8kN\cdot m)=-2.4kN\cdot m$$

$$M''_{DA}=C_{AD}M'_{AD}=\frac{1}{2}\times(-3.6kN\cdot m)=-1.8kN\cdot m$$

（6）计算最终杆端弯矩，作结构的弯矩图

将各杆的固端弯矩与分配弯矩及传递弯矩累加，得到的最终杆端弯矩为：

$$M_{AB}=M_{AB}^{F}+M'_{AB}=(60-3.6)kN\cdot m=56.4kN\cdot m, M_{BA}=0$$

$$M_{AC}=M'_{AC}=-4.8kN\cdot m, M_{CA}=M''_{CA}=-2.4kN\cdot m$$

$$M_{AD}=M_{AD}^{F}+M'_{AD}=(-48-3.6)kN\cdot m=-51.6kN\cdot m$$

$$M_{DA}=M_{DA}^{F}+M''_{AD}=(72-1.8)kN\cdot m=70.2kN\cdot m$$

由此可以得到如图 13-5 所示结构的最终弯矩图。

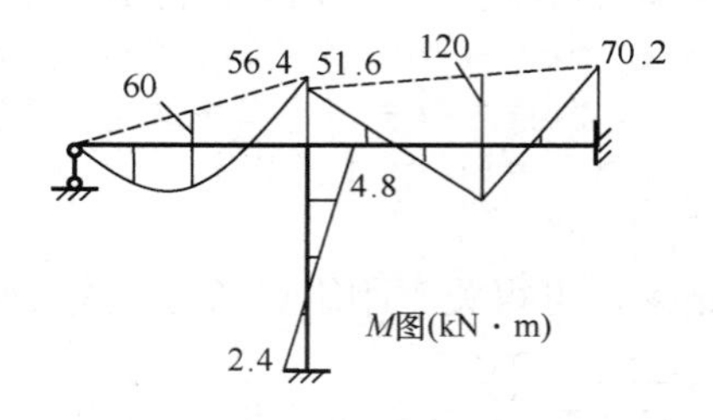

图 13-5　刚架最终弯矩图

以上计算过程的简表如下：

结点	C	A			D	B
杆端	CA	AC	AB	AD	DA	BA
转动刚度		8	6	6		
分配系数		0.4	0.3	0.3		
固端弯矩	0	0	60	−48	72	0
一次分配		−4.8	−3.6	−3.6		
一次传递	−2.4				−1.8	0
最终杆端弯矩	−2.4	−4.8	56.4	−51.6	70.2	0

通过以上算例分析，可以总结出用力矩分配法计算只有一个刚结点的超静定连续梁和无侧移刚架的解题步骤：

（1）约束刚结点的转动，计算杆件转动刚度、分配系数和传递系数；

（2）计算荷载引起的杆件固端弯矩和结点的不平衡力矩；

（3）放松该刚结点的转动约束，将结点不平衡力矩反号进行分配和传递；

（4）将杆件的固端弯矩与杆端分配弯矩及传递弯矩累加，得到最终杆端弯矩；

（5）根据最终杆端弯矩和荷载情况，作出结构的弯矩图。

第二节　多跨连续梁的计算

下面以三跨或三跨以上的连续梁为例，介绍多个刚结点结构的力矩分配法计算过程。

【例 13-3】用力矩分配法计算如图 13-6 所示三跨连续梁的弯矩图（计算结果保留两位小数）。

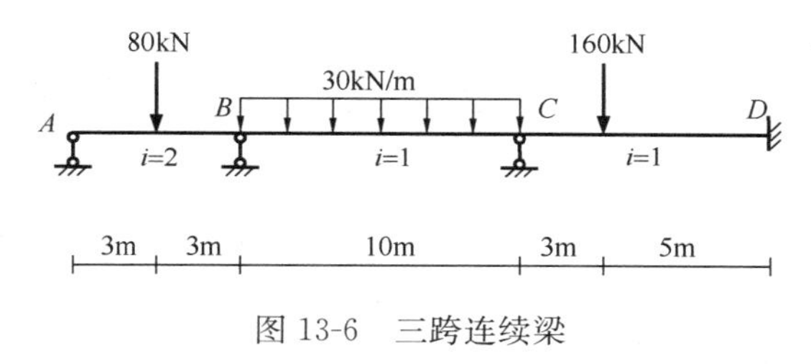

图 13-6　三跨连续梁

【解】（1）计算杆件转动刚度

将刚结点 B、C 的转动加以约束，分别附加刚臂。求出各杆件的转动刚度为：

$$S_{BA}=3i=3\times2=6 \qquad S_{BC}=4i=4\times1=4$$

$$S_{CB}=4i=4\times1=4 \qquad S_{CD}=4i=4\times1=4$$

（2）计算分配系数和传递系数

分别求出关于刚结点 B、C 的力矩分配系数：

$$\mu_{BA}=\frac{S_{BA}}{S_{BA}+S_{BC}}=\frac{6}{6+4}=0.6\,, \qquad \mu_{BC}=\frac{S_{BC}}{S_{BA}+S_{BC}}=\frac{4}{6+4}=0.4$$

$$\mu_{CB}=\frac{S_{CB}}{S_{CB}+S_{CD}}=\frac{4}{4+4}=0.5\,, \qquad \mu_{CD}=\frac{S_{CD}}{S_{CB}+S_{CD}}=\frac{4}{4+4}=0.5$$

而由相关杆件的远端支座约束，可得它们的传递系数分别为：

$$C_{BA}=0,\ C_{BC}=\frac{1}{2},\ C_{CB}=\frac{1}{2},\ C_{CD}=\frac{1}{2}$$

（3）计算固端弯矩

由上一章的知识，可得荷载作用下各杆的固端弯矩为：

$$M_{BA}^{F}=\frac{3}{16}Fl=\frac{3}{16}\times80\text{kN}\times6\text{m}=90\text{kN}\cdot\text{m},M_{AB}^{F}=0$$

$$M_{BC}^{F}=-\frac{1}{12}ql^{2}=-\frac{30\text{kN}\times(10\text{m})^{2}}{12}=-250\text{kN}\cdot\text{m}$$

$$M_{CB}^{F}=\frac{1}{12}ql^{2}=250\text{kN}\cdot\text{m}$$

$$M_{CD}^F=-\frac{Fab^2}{l^2}=-\frac{160kN\times 3m\times(5m)^2}{(8m)^2}=-187.5kN\cdot m$$

$$M_{DC}^F=\frac{Fa^2b}{l^2}=\frac{160kN\times(3m)^2\times 5m}{(8m)^2}=112.5kN\cdot m$$

显然，刚结点 B 的不平衡力矩值（160kN·m）比刚结点 C 的（62.5kN·m）要大，因此应当先从结点 B 的不平衡力矩开始分配和传递。

(4) 计算分配弯矩和传递弯矩

第一轮循环：先将刚结点 B 的转动约束放松，只约束刚结点 C 的转动，结点 B 的不平衡力矩为：

$$M_B^{(1)}=M_{BA}^F+M_{BC}^F=(90-250)kN\cdot m=-160kN\cdot m$$

分配弯矩：$M'^{(1)}_{BA}=\mu_{BA}(-M_B^{(1)})=0.6\times 160kN\cdot m=96kN\cdot m$

$M'^{(1)}_{BC}=\mu_{BC}(-M_B^{(1)})=0.4\times 160kN\cdot m=64kN\cdot m$

传递弯矩：$M''^{(1)}_{AB}=C_{BA}M'^{(1)}_{BA}=0\times 96kN\cdot m=0$

$M''^{(1)}_{CB}=C_{BC}M'^{(1)}_{BC}=0.5\times 64kN\cdot m=32kN\cdot m$

再将刚结点 C 的转动约束放松，只约束结点 B 的转动，则结点 C 的不平衡力矩为：

$$M_C^{(1)}=M_{CB}^F+M_{CD}^F+M''^{(1)}_{CB}=(250-187.5+32)kN\cdot m=94.5kN\cdot m$$

分配弯矩：$M'^{(1)}_{CB}=\mu_{CB}(-M_C^{(1)})=0.5\times(-94.5kN\cdot m)=-47.25kN\cdot m$

$M'^{(1)}_{CD}=\mu_{CD}(-M_C^{(1)})=0.5\times(-94.5kN\cdot m)=-47.25kN\cdot m$

传递弯矩：$M''^{(1)}_{BC}=C_{CB}M'^{(1)}_{CB}=0.5\times(-47.25kN\cdot m)=-23.63kN\cdot m$

$M''^{(1)}_{DC}=C_{CD}M'^{(1)}_{CD}=0.5\times(-47.25kN\cdot m)=-23.63kN\cdot m$

第二轮循环：再将刚结点 B 的转动约束放松，只约束结点 C 的转动，这时结点 B 的不平衡力矩为：

$$M_B^{(2)}=M''^{(1)}_{BC}+M''^{(1)}_{BA}=-23.63kN\cdot m$$

分配弯矩：$M'^{(2)}_{BA}=\mu_{BA}(-M_B^{(2)})=0.6\times 23.63kN\cdot m=14.18kN\cdot m$

$M'^{(2)}_{BC}=\mu_{BC}(-M_B^{(2)})=0.4\times 23.63kN\cdot m=9.45kN\cdot m$

传递弯矩：$M''^{(2)}_{AB}=C_{BA}M'^{(2)}_{BA}=0$

$M''^{(2)}_{CB}=C_{BC}M'^{(2)}_{BC}=0.5\times 9.45kN\cdot m=4.73kN\cdot m$

再将刚结点 C 的转动约束放松，只约束结点 B 的转动，此时结点 C 的不平衡力矩为：

$$M_C^{(2)}=M''^{(2)}_{CB}=4.73kN\cdot m$$

分配弯矩：$M'^{(2)}_{CB}=\mu_{CB}(-M_C^{(2)})=0.5\times(-4.73kN\cdot m)=-2.37kN\cdot m$

$M'^{(2)}_{CD}=\mu_{CD}(-M_C^{(2)})=0.5\times(-4.73kN\cdot m)=-2.37kN\cdot m$

传递弯矩：$M''^{(2)}_{BC}=C_{CB}M'^{(2)}_{CB}=0.5\times(-2.37kN\cdot m)=-1.19kN\cdot m$

$M''^{(2)}_{DC}=C_{CD}M'^{(2)}_{CD}=0.5\times(-2.37kN\cdot m)=-1.19kN\cdot m$

第三轮循环：再将结点 B 的转动约束放松，约束结点 C 的转动，结点 B 的不平衡力矩为：

$$M_B^{(3)}=M''^{(2)}_{BC}=-1.19kN\cdot m$$

分配弯矩：$M'^{(3)}_{BA}=\mu_{BA}(-M_B^{(3)})=0.6\times 1.19kN\cdot m=0.71kN\cdot m$

$M'^{(3)}_{BC}=\mu_{BC}(-M_B^{(3)})=0.4\times 1.19kN\cdot m=0.48kN\cdot m$

传递弯矩：$M''^{(3)}_{AB}=C_{BA}M'^{(3)}_{BA}=0$

$$M''^{(3)}_{CB} = C_{BC}M'^{(3)}_{BC} = 0.5 \times 0.48\text{kN}\cdot\text{m} = 0.24\text{kN}\cdot\text{m}$$

又将结点 C 的约束放松，只约束结点 B 的转动，结点 C 的不平衡力矩为：

$$M^{(3)}_{C} = M''^{(3)}_{CB} = 0.24\text{kN}\cdot\text{m}$$

分配弯矩：$M'^{(3)}_{CB} = \mu_{CB}(-M^{(3)}_{C}) = 0.5 \times (-0.24\text{kN}\cdot\text{m}) = -0.12\text{kN}\cdot\text{m}$

$$M'^{(3)}_{CD} = \mu_{CD}(-M^{(3)}_{C}) = 0.5 \times (-0.24\text{kN}\cdot\text{m}) = -0.12\text{kN}\cdot\text{m}$$

由于分配力矩已经足够小了，不再传递下去。

以上分配、传递计算过程汇总在以下简表中：

结点	A	B		C		D
杆端	AB	BA	BC	CB	CD	DC
转动刚度		6	4	4	4	
分配系数		0.6	0.4	0.5	0.5	
固端弯矩	0	+90.0	−250.0	+250.0	−187.5	+112.5
分配与传递	0 ←	+96.0	+64.0 →	+32.0		
			−23.63 ←	−47.25	−47.25 →	−23.63
	0 ←	+14.18	+9.45 →	+4.73		
			−1.19 ←	−2.37	−2.37 →	−1.19
	0 ←	+0.71	+0.48 →	+0.24		
				−0.12	−0.12	
最终杆端弯矩	0	+200.89	−200.89	+237.23	−237.24	87.68

（5）求最终杆端弯矩

各杆固端弯矩与杆端分配弯矩及传递弯矩累加，可得其最终杆端弯矩：

$$M_{AB} = 0$$

$$M_{BA} = M^{F}_{BA} + M'^{(1)}_{BA} + M'^{(2)}_{BA} + M'^{(3)}_{BA}$$

$$= (90 + 96 + 14.18 + 0.71)\text{kN}\cdot\text{m} = 200.89\text{kN}\cdot\text{m}$$

$$M_{BC} = M^{F}_{BC} + M'^{(1)}_{BC} + M''^{(1)}_{BC} + M'^{(2)}_{BC} + M''^{(2)}_{BC} + M'^{(3)}_{BC}$$

$$= (-250 + 64 - 23.63 + 9.45 - 1.19 + 0.48)\text{kN}\cdot\text{m} = -200.89\text{kN}\cdot\text{m}$$

$$M_{CB} = M^{F}_{CB} + M''^{(1)}_{CB} + M'^{(1)}_{CB} + M''^{(2)}_{CB} + M'^{(2)}_{CB} + M''^{(3)}_{CB} + M'^{(3)}_{CB}$$

$$= (250 + 32 - 47.25 + 4.73 - 2.37 + 0.24 - 0.12)\text{kN}\cdot\text{m} = 237.23\text{kN}\cdot\text{m}$$

$$M_{CD} = M^{F}_{CD} + M'^{(1)}_{CD} + M'^{(2)}_{CD} + M'^{(3)}_{CD}$$

$$= (-187.5 - 47.25 - 2.37 - 0.12)\text{kN}\cdot\text{m} = -237.24\text{kN}\cdot\text{m}$$

$$M_{DC} = M^{F}_{DC} + M''^{(1)}_{DC} + M''^{(2)}_{DC}$$

$$= (112.5 - 23.63 - 1.19)\text{kN}\cdot\text{m} = 87.68\text{kN}\cdot\text{m}$$

（6）作梁的弯矩图

根据杆端弯矩计算结果及荷载情况，作出结构的最终弯矩图，如图 13-7 所示。

用力矩分配法求解多结点结构，首先应该确定从哪个结点开始放松和分配？一般选择从不平衡力矩绝对值最大的结点开始分配计算。

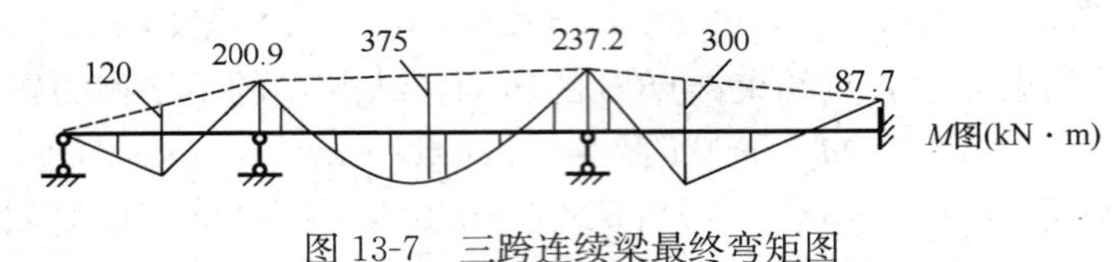

图 13-7　三跨连续梁最终弯矩图

【例 13-4】 用力矩分配法计算如图 13-8 所示多跨连续梁的弯矩图（计算两轮）。

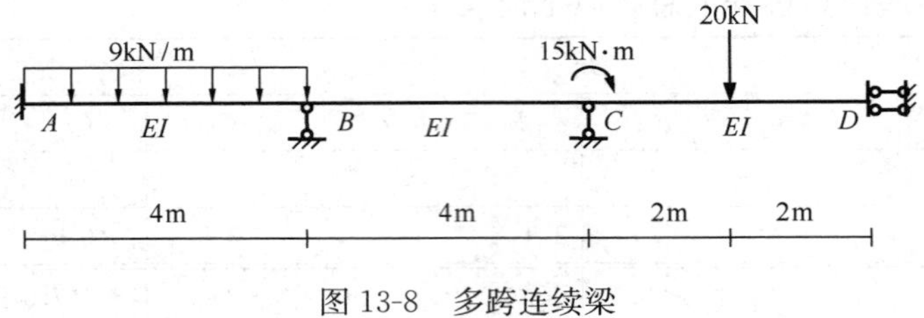

图 13-8　多跨连续梁

【解】（1）计算杆件转动刚度

关于结点 B 和结点 C 的杆件转动刚度分别为：

$$S_{BA}=4i=4\times\frac{EI}{4}=EI \qquad S_{BC}=4i=4\times\frac{EI}{4}=EI$$

$$S_{CB}=4i=4\times\frac{EI}{4}=EI \qquad S_{CD}=i=\frac{EI}{4}=0.25EI$$

（2）计算分配系数

由杆件的转动刚度可以得到以下力矩分配系数：

$$\mu_{BA}=\frac{S_{BA}}{S_{BA}+S_{BC}}=\frac{EI}{EI+EI}=0.5 \qquad \mu_{BC}=\frac{S_{BC}}{S_{BA}+S_{BC}}=\frac{EI}{EI+EI}=0.5$$

$$\mu_{CB}=\frac{S_{CB}}{S_{CB}+S_{CD}}=\frac{EI}{EI+0.25EI}=0.8 \qquad \mu_{CD}=\frac{S_{CD}}{S_{CB}+S_{CD}}=\frac{0.25EI}{EI+0.25EI}=0.2$$

（3）求杆的固端弯矩

AB 杆上作用均布荷载，CD 杆上作用一集中荷载。由表 12-2 可得相关杆件的固端弯矩：

$$M_{AB}^{F}=-\frac{1}{12}ql^{2}=-\frac{1}{12}\times 9\text{kN/m}\times(4\text{m})^{2}=-12\text{kN}\cdot\text{m}$$

$$M_{BA}^{F}=\frac{1}{12}ql^{2}=\frac{1}{12}\times 9\text{kN/m}\times(4\text{m})^{2}=12\text{kN}\cdot\text{m}$$

$$M_{CD}^{F}=-\frac{3}{8}Fl=-\frac{3}{8}\times 20\text{kN}\times 4\text{m}=-30\text{kN}\cdot\text{m}$$

$$M_{DC}^{F}=-\frac{1}{8}Fl=-\frac{1}{8}\times 20\text{kN}\times 4\text{m}=-10\text{kN}\cdot\text{m}$$

而其余杆件的固端弯矩为零。

C 截面处有一突加力偶（顺时针方向），则：

$$M_{C}^{F}=-15\text{kN}\cdot\text{m}$$

（4）求分配弯矩和传递弯矩

结点 B 和结点 C 的不平衡力矩分别为：

$$M_{B}^{(1)}=M_{BA}^{F}+M_{BC}^{F}=12\text{kN}\cdot\text{m}+0=12\text{kN}\cdot\text{m}$$

$$M_C^{(1)} = M_{CD}^F + M_C^F = (-30-15)\text{kN}\cdot\text{m} = -45\text{kN}\cdot\text{m}$$

显然，结点 C 的不平衡力矩较大。因此先选择结点 C 放松约束，分配和传递不平衡力矩，再约束结点 C，将结点 B 的约束放松，进行分配和传递。完成第一轮循环后，再进行第二轮的结点约束放松、力矩分配与传递。

两轮力矩分配和传递的过程及最终杆端弯矩的计算见下表：

结点	A	B		C		D
杆端	AB	BA	BC	CB	CD	DC
转动刚度		EI	EI	EI	0.25EI	
分配系数		0.5	0.5	0.8	0.2	
结点力矩				−15		
固端弯矩	−12.00	+12.00	0	0	−30	−10
分配与传递			+18.00 ←	+36.00	+9.00 →	−9.00
	−7.50 ←	−15.00	−15.00 →	−7.50		
			+3.00 ←	+6.00	+1.50 →	−1.50
	−0.75 ←	−1.50	−1.50			
最终杆端弯矩	−20.25	−4.50	+4.50	+34.50	−19.50	−20.50

（5）求最终杆端弯矩，作弯矩图

$$M_{AB} = M_{AB}^F + M''^{(1)}_{AB} + M''^{(2)}_{AB} = (-12-7.5-0.75)\text{kN}\cdot\text{m} = -20.25\text{kN}\cdot\text{m}$$

$$M_{BA} = M_{BA}^F + M'^{(1)}_{BA} + M'^{(2)}_{BA} = (12-15-1.5)\text{kN}\cdot\text{m} = -4.5\text{kN}\cdot\text{m}$$

$$M_{BC} = M''^{(1)}_{BC} + M'^{(1)}_{BC} + M''^{(2)}_{BC} + M'^{(2)}_{BC} = (18-15+3-1.5)\text{kN}\cdot\text{m} = 4.5\text{kN}\cdot\text{m}$$

$$M_{CB} = M'^{(1)}_{CB} + M''^{(2)}_{CB} + M'^{(2)}_{CB} = (36-7.5+6)\text{kN}\cdot\text{m} = 34.5\text{kN}\cdot\text{m}$$

$$M_{CD} = M_{CD}^F + M'^{(1)}_{CD} + M'^{(2)}_{CD} = (-30+9+1.5)\text{kN}\cdot\text{m} = -19.5\text{kN}\cdot\text{m}$$

$$M_{DC} = M_{DC}^F + M''^{(1)}_{CD} + M''^{(2)}_{CD} = (-10-9-1.5)\text{kN}\cdot\text{m} = -20.5\text{kN}\cdot\text{m}$$

根据杆端弯矩计算结果和作用的荷载，作出梁的最终弯矩图（图 13-9）。

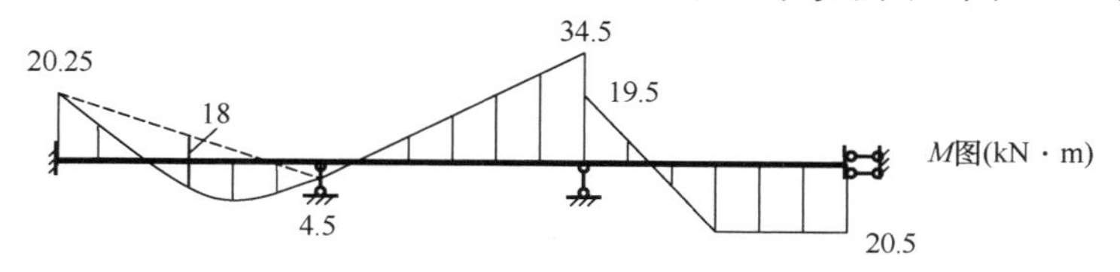

图 13-9 多跨连续梁最终弯矩图

【例 13-4】的特点是：刚结点 C 处作用有一集中力偶。一般，对于结点作用的集中力偶可直接作为结点不平衡力矩来处理。需要强调的是，结点集中力偶的符号是：逆时针为正，顺时针为负。

【例 13-5】用力矩分配法计算如图 13-10 所示连续梁的弯矩图（计算两轮）。

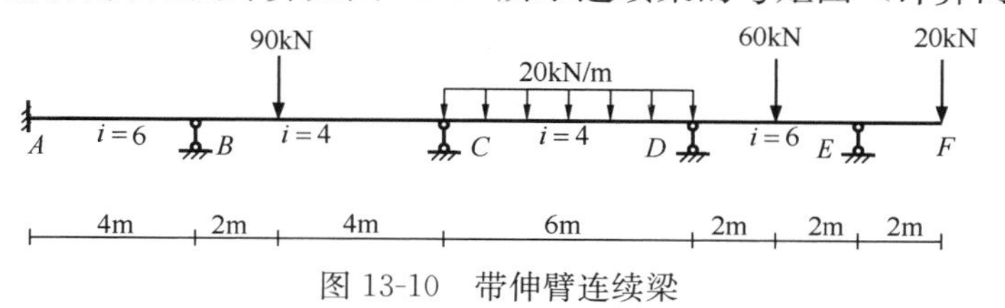

图 13-10 带伸臂连续梁

【解】(1) 计算杆件转动刚度

关于 B 结点：$S_{BA}=4i=4\times6=24$　　$S_{BC}=4i=4\times4=16$

关于 C 结点：$S_{CB}=4i=4\times4=16$　　$S_{CD}=4i=4\times4=16$

关于 D 结点：$S_{DC}=4i=4\times4=16$　　$S_{DE}=3i=3\times6=18$

(2) 计算力矩分配系数

关于 B 结点：

$$\mu_{BA}=\frac{S_{BA}}{S_{BA}+S_{BC}}=\frac{24}{24+16}=0.6 \qquad \mu_{BC}=\frac{S_{BC}}{S_{BA}+S_{BC}}=\frac{16}{24+16}=0.4$$

关于 C 结点：

$$\mu_{CB}=\frac{S_{CB}}{S_{CB}+S_{CD}}=\frac{16}{16+16}=0.5 \qquad \mu_{CD}=\frac{S_{CD}}{S_{CB}+S_{CD}}=\frac{16}{16+16}=0.5$$

关于 D 结点：

$$\mu_{DC}=\frac{S_{DC}}{S_{DC}+S_{DE}}=\frac{16}{16+18}=\frac{8}{17}=0.471$$

$$\mu_{DE}=\frac{S_{DE}}{S_{DC}+S_{DE}}=\frac{18}{16+18}=\frac{9}{17}=0.529$$

(3) 计算杆的固端弯矩

BC 杆和 DE 杆上分别作用一集中力，CD 杆上作用均布荷载，悬臂杆 EF 上的集中力可处理为作用于 E 截面的竖向集中力（20kN）和一集中力偶 M（顺时针方向）：

$$M=20\text{kN}\times2\text{m}=40\text{kN}\cdot\text{m}$$

由表 12-2 可知各杆的固端弯矩为：

$$M_{BC}^{F}=-\frac{Fab^2}{l^2}=-\frac{90\text{kN}\times2\text{m}\times(4\text{m})^2}{(6\text{m})^2}=-80\text{kN}\cdot\text{m}$$

$$M_{CB}^{F}=\frac{Fa^2b}{l^2}=\frac{90\text{kN}\times(2\text{m})^2\times4\text{m}}{(6\text{m})^2}=40\text{kN}\cdot\text{m}$$

$$M_{CD}^{F}=-\frac{1}{12}ql^2=-\frac{1}{12}\times20\text{kN/m}\times(6\text{m})^2=-60\text{kN}\cdot\text{m}$$

$$M_{DC}^{F}=\frac{1}{12}ql^2=\frac{1}{12}\times20\text{kN/m}\times(6\text{m})^2=60\text{kN}\cdot\text{m}$$

$$M_{DE}^{F}=-\frac{3}{16}Fl+\frac{1}{2}M=-\frac{3}{16}\times60\text{kN}\times4\text{m}+\frac{1}{2}\times40\text{kN}\cdot\text{m}=-25\text{kN}\cdot\text{m}$$

$$M_{ED}^{F}=M=40\text{kN}\cdot\text{m}$$

(4) 力矩分配和传递的计算

各杆传递系数为：

$$C_{BA}=C_{BC}=C_{CB}=C_{CD}=C_{DC}=\frac{1}{2},\ C_{DE}=0$$

三个结点的转动约束由外向内逐个放松，不平衡力矩分配和传递的两轮循环计算过程，由以下简表给出。计算结果保留两位小数。

结点	A	B		C		D		E
杆端	AB	BA	BC	CB	CD	DC	DE	ED
转动刚度		24	16	16	16	16	18	
分配系数		0.6	0.4	0.5	0.5	0.471	0.529	
固端弯矩	0		−80	+40	−60	+60	−25	+40
分配与传递	+24.00←	+48.00	+32.00 →	+16.00	−8.24 ←	−16.49	−18.51	
			+3.06 ←	+6.12	+6.12 →	+3.06		
	−0.92 ←	−1.84	−1.22 →	−0.61	−0.72 ←	−1.44	−1.62	
				+0.66	+0.67			
最终杆端弯矩	+23.08	+46.16	−46.16	+62.17	−62.17	+45.13	−45.13	+40

（5）作弯矩图

根据以上简表的计算结果和荷载作用情况，可作出该多跨连续梁的弯矩图，如图 13-11 所示。

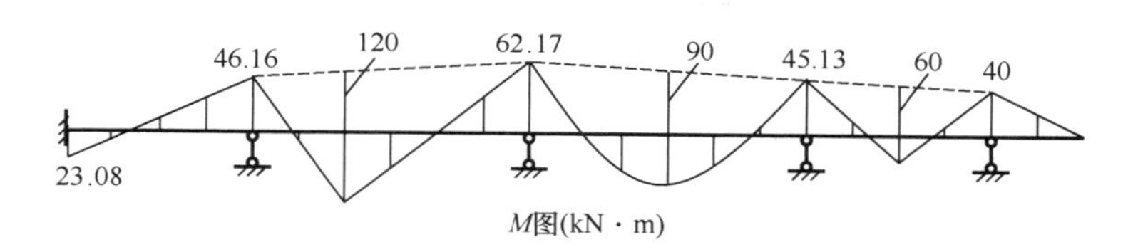

图 13-11 带伸臂连续梁最终弯矩图

这里需要着重说明的是：多跨连续梁和无侧移刚架的悬臂段部分是静定的，内力已知。一般，可将悬臂部分的荷载移置到附近支座截面处，然后不需改变该支座原有的约束性质，直接对去掉悬臂部分的结构进行力矩分配法计算。

习题

13-1 用力矩分配法计算下列连续梁，并作结构的弯矩图和剪力图。

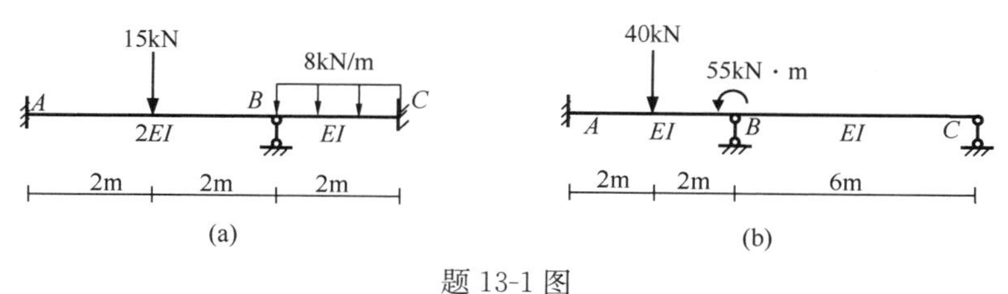

题 13-1 图

13-2　用力矩分配法计算下列无侧移刚架，并作结构的弯矩图。

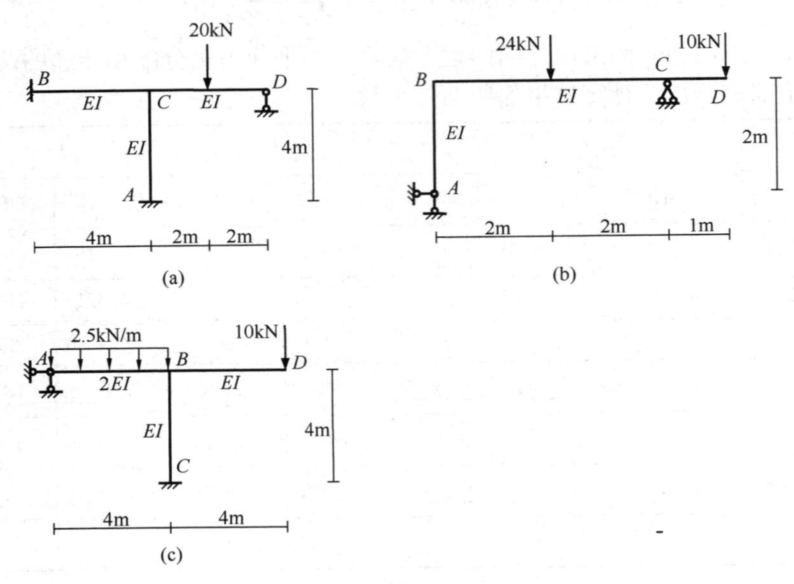

题 13-2 图

13-3　用力矩分配法计算下列多跨连续梁，并作结构的弯矩图。

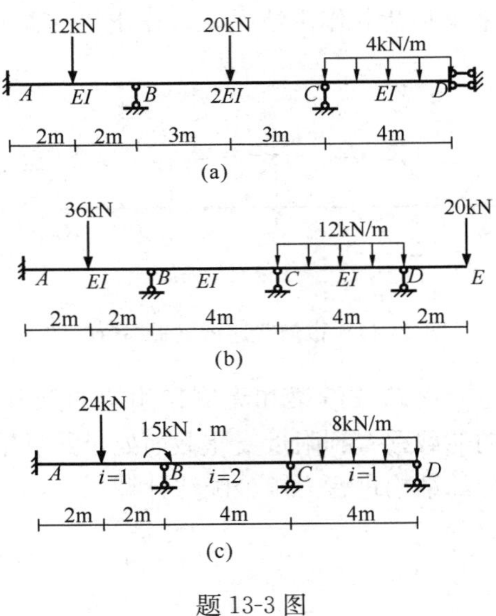

题 13-3 图

第十四章 工程结构简化分析

建筑结构设计主要涉及建筑力学以下两个方面的内容：将实际结构简化为理想的力学模型，即选取计算简图；对选取的计算简图进行内力、位移等计算。

前面各章的重点是介绍对结构进行力学分析的原理和方法，关于如何选取计算简图仅做了简要的介绍。实际的工程结构往往比较复杂，通常由许多构件通过不同方式互相连接组成。为了使读者掌握复杂结构的简化分析，用于工程结构的概念设计和初步设计，从而加强力学分析与工程实际之间的联系，本章将对结构的计算简图和简化分析作较深入的讨论。

下面先对杆件、支座和结点的简化作进一步论述，然后讨论如何对实际结构进行简化和简化分析。

第一节 杆件结构的简化

杆件结构在用杆轴线代替杆件本身时，除曲杆要用曲线表示外，一般对微弯、微折或变截面的杆件，均用直线近似表示。

图 14-1 (a) 所示排架的两根柱子本来是阶梯形的变截面杆件，上柱和下柱的轴线不在同一直线上。为简化计算，根据柱顶的连接情况，可选用下柱轴线或上柱轴线作为全柱的轴线。当上柱柱顶为铰结，横梁的刚度可视为无穷大时(图 14-1b)，因柱上荷载使柱子产生的内力与排架的跨度无关，所以取下柱轴线作为全柱的轴线；而当柱顶为刚结，柱子的内力与屋面受力有关时，排架跨度取上柱轴线之间的距离，故应以上柱轴线作为全柱的轴线。

图 14-2 (a) 所示刚架的杆件是变截面的，柱截面形心的连线虽为直线，但方向并非竖直，梁截面形心的连线则不是直线。为了简化分析，柱子的轴线可简化为通过柱底截面形心的竖向直线，横梁的轴线则近似以过横梁顶点截面形心，且平行于梁上缘的直线表示（图 14-2b)。需要注意的是，在此简化基础上求得的杆件内力，并不是杆件实际截面形心处的内力，须将其转化为截面形心处的内力后(图 14-2c)，再计算应力。

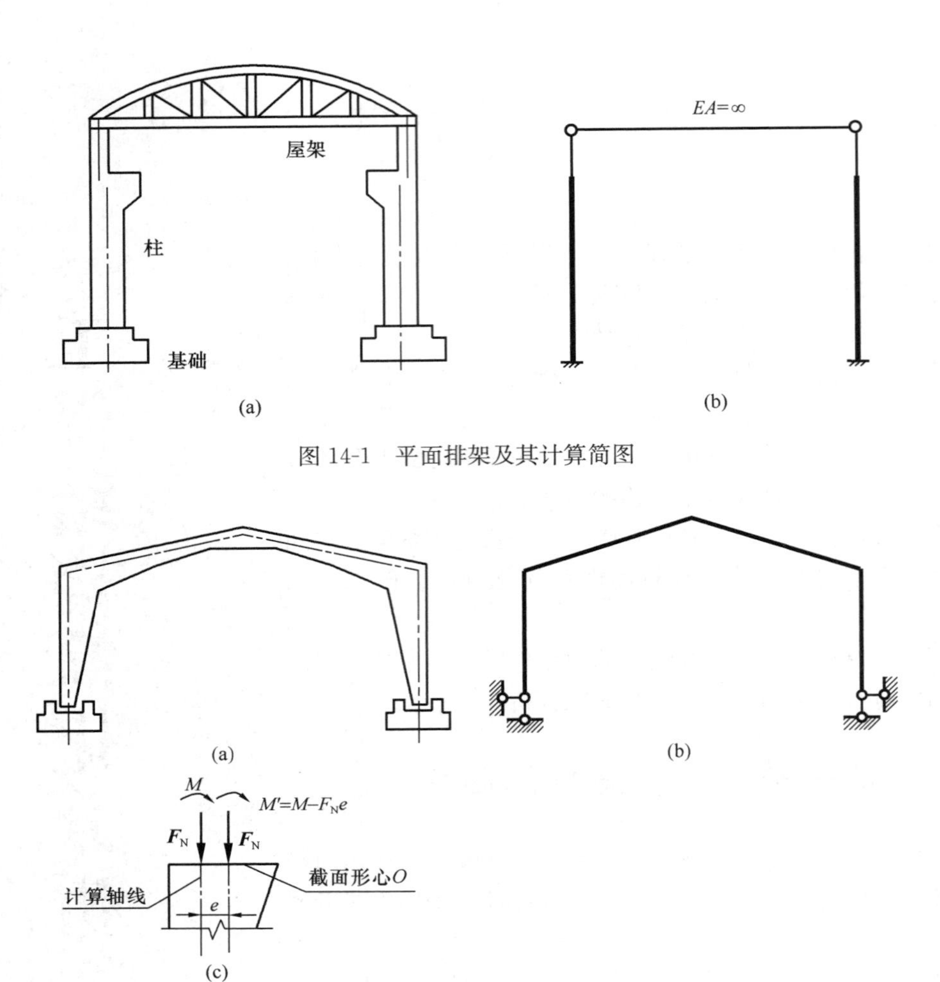

图 14-2 变截面刚架及其计算简图

当结构某部分的刚度远大于其他部分时，常将此部分用刚性杆件代替，达到简化计算的目的。例如图 14-1（a）所示排架，其计算可分为两部分：屋架和柱子。屋架在屋面荷载作用下，可按简支桁架计算，然后再叠加柱上水平荷载通过柱顶传给桁架下弦杆的轴力，即可得到屋架部分的内力。而柱子的计算，除由屋面荷载传来的压力外，主要承受作用于柱上的风荷载和吊车荷载。在考虑这部分荷载对柱的影响时，屋架仅起到在柱顶传递水平力的作用，相当于两端铰结的二力杆。由于屋架在水平方向的刚度远大于柱侧移的刚度，故计算柱的内力时，可将屋架简化为刚度无穷大的直杆，其计算简图如图 14-1（b）所示。

又如图 14-3（a）所示具有贮仓的刚架结构，由于贮仓部分的刚度很大（图 14-3b），简化计算时将此部分的刚度取为无穷大，其计算简图如图 14-3（c）所示。

结构的支座，除可简化为第一章所列举的四种刚性支座：可动铰支座、固定铰支座、固定支座和定向支座外，还可简化为弹性支座。结构在荷载作用下，弹性支座既产生反力又发生位移，且反力和相应位移的比值保持为常数。这个常数就是弹性支座的刚度系数，

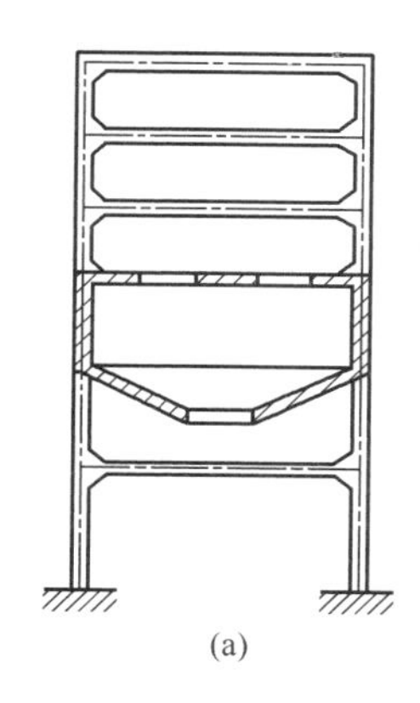
(a)

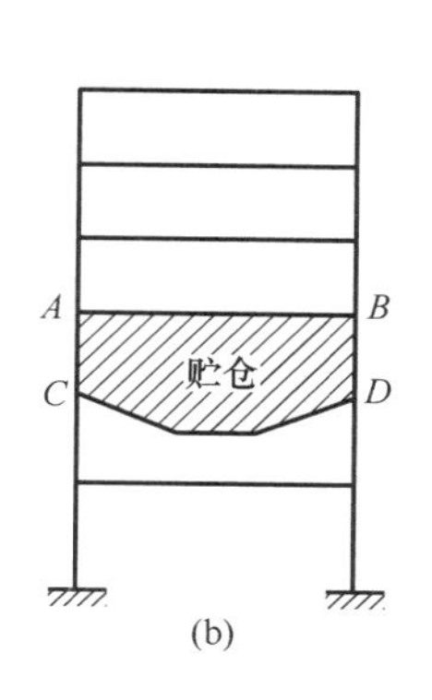

(b)

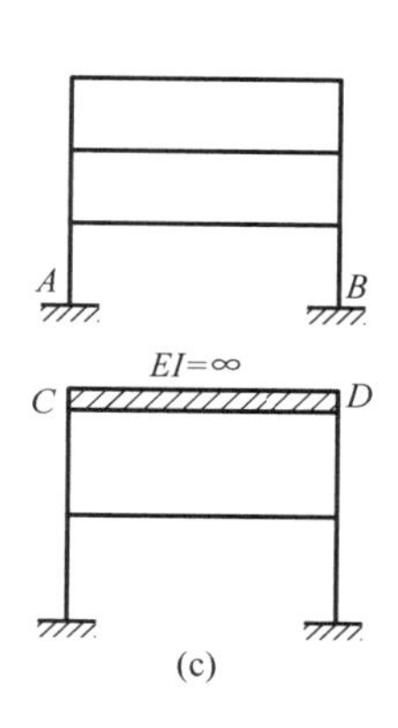

(c)

图 14-3　多层刚架及其计算简图

即支座发生单位位移所需的力。当支承的刚度远大于或远小于结构的刚度时，可将支座简化为刚性支座。但是，当支承刚度与结构刚度相近时，则将支座简化为弹性支座为宜。

对结构的某一部分进行受力分析时，常可将其从结构中取出单独计算，但须将与它相邻的其余部分看作对该部分的弹性支承，支座的刚度则取决于相邻部分的刚度。当相邻部分的刚度远大于或远小于所考虑部分的刚度时，这种支承还可进一步简化为理想的刚性支座。这样的处理方法，在结构计算中经常遇到，具体分析见后面的算例。

杆件交汇处的结点，通常分为铰结点和刚结点两种理想情况，以及由两者联合形成的组合结点。

结点的简化，除了考虑结点的实际构造、杆件的受力特点以及杆件之间的相对刚度外，还要注意所得计算简图的几何组成特性。例如图 14-4（a）、（b）所示钢筋混凝土结构，都是只承受结点荷载。为了保证计算简图的几何不变性，如图 14-4（a）所示结构的所有结点可以取为铰结点，则计算简图如图 14-4（c）所示，而如图 14-4（b）所示结构，如果将所有结点取为铰结点，则变成几何可变体系，不能用作结构。对于工程中的木屋架，由于结点的刚性难以保证，所以其计算简图基本为桁架。

总之，桁架与刚架的不同点之一是：桁架的几何不变性只与杆件的合理布置有关，不依赖于结点的刚性，而刚架的几何不变性与结点的刚性密切相关。

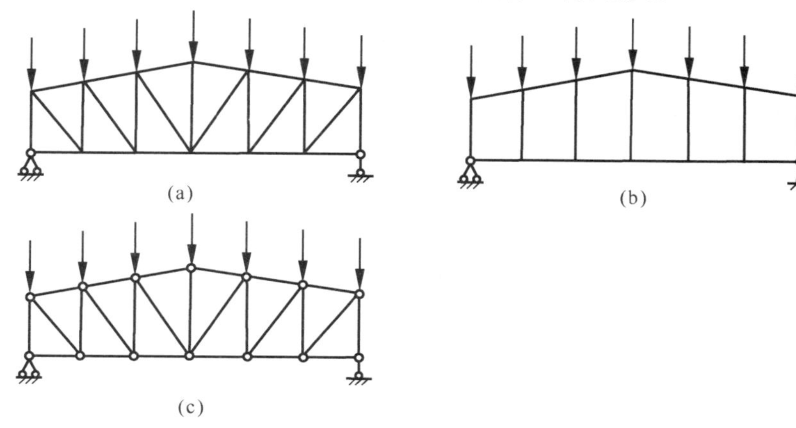

图 14-4　结构的结点

第二节　空间结构体系的简化分析

在计算机技术和结构分析方法高度发展的今天，空间结构体系的整体定量分析已经不是十分困难的事情，但是实际工程中常常需要将复杂结构体系加以简化，通过快速的定性分析预判结构的安全性。因此，空间结构体系的简化分析是非常必要的。

空间结构体系的简化分析主要有以下两种思路。

一、取平面单元计算

情况 1：图 14-5（a）所示单层工业厂房是一个空间结构，其平面布置如图 14-5（b）所示，其横向是若干个由基础、柱子和屋架组成的排架，排架沿厂房纵向一般按 6m 等距离排列，各排架之间用纵向构件如屋面板、吊车梁、纵向支撑等相连。作用在厂房上的恒载和风、雪等荷载，一般沿纵向均匀分布。因此，可以取一榀排架作为计算单元，将图 14-5（b）中阴影所示部分的荷载作用在该平面排架上进行计算。

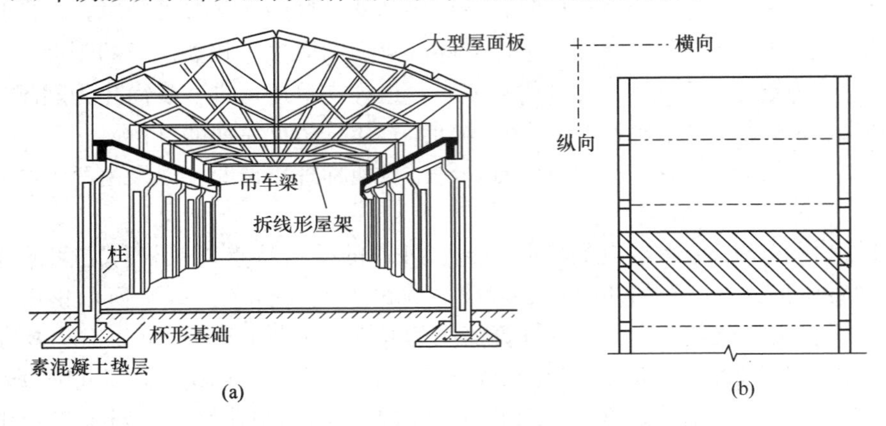

图 14-5　单层工业厂房及其平面单元

这样的简化，反映了厂房结构的主要受力特点，在工程中经常采用。但是，当厂房结构的屋面刚度较大，而两端设置山墙时，结构整体刚性较强，如果按上述方法简化计算，将引起较大的误差。因此，更为精确的方法是考虑厂房结构的空间整体作用。

一般情况下，如果空间结构包含多个平面单元，各平面单元之间又存在一定的空间联系，只要平面单元的刚度大而空间联系的刚度小，就可以从空间结构中取出平面单元按平面结构计算。

情况 2：图 14-6（a）为多跨多层框架结构的柱网平面布置，梁与柱组成空间刚架体系。从抵抗侧移来看，结构的横向刚度较小而纵向刚度较大。为保证结构的承载能力，通常取横向刚架（图 14-6b）进行计算，承担竖向荷载和横向水平荷载（风荷载和地震荷载）的作用。对纵向刚架（图 14-6c），一般只验算地震作用的影响，由于迎风面积小且抵抗风荷载的柱子多，故纵向风载产生的内力可以忽略。

情况 3：对于较长的隧道或者压力管道，因其横截面的几何形状和尺寸相同，所受荷载沿纵向不变，可以作为平面问题处理，用两个相邻的横截面截取出一个平面单元进行计

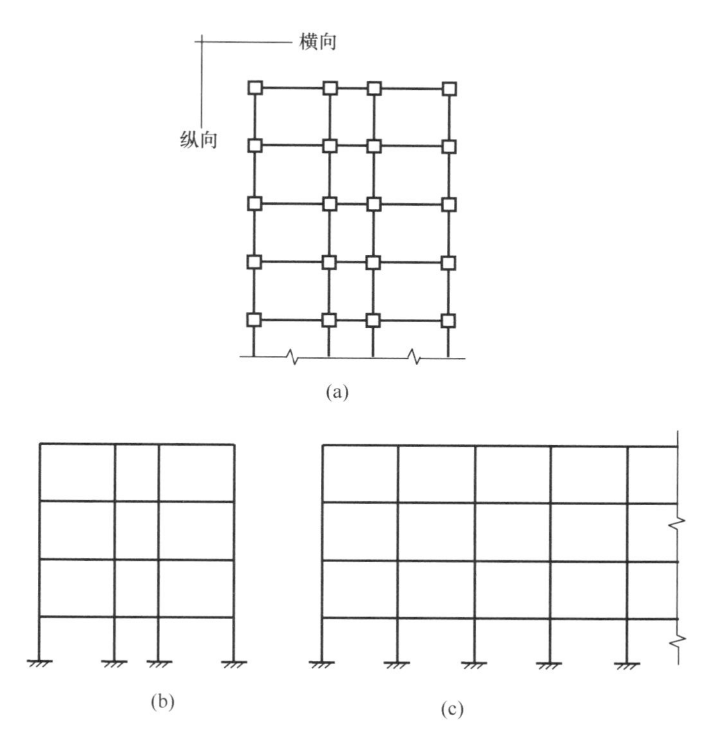

图 14-6　多层多跨框架及其平面单元

算。例如，图 14-7（b）是从图 14-7（a）的隧洞衬砌中取出的平面单元及其计算简图。

图 14-7　隧道及其平面单元

二、沿纵向和横向分别按平面结构计算

图 14-8（a）所示为水利工程中的钢筋混凝土 U 形渡槽，槽身两端简支在支墩或支架上，渡槽横截面如图 14-8（b）所示。槽身顶部沿纵向以间距 a 设置横杆，槽身底部做成

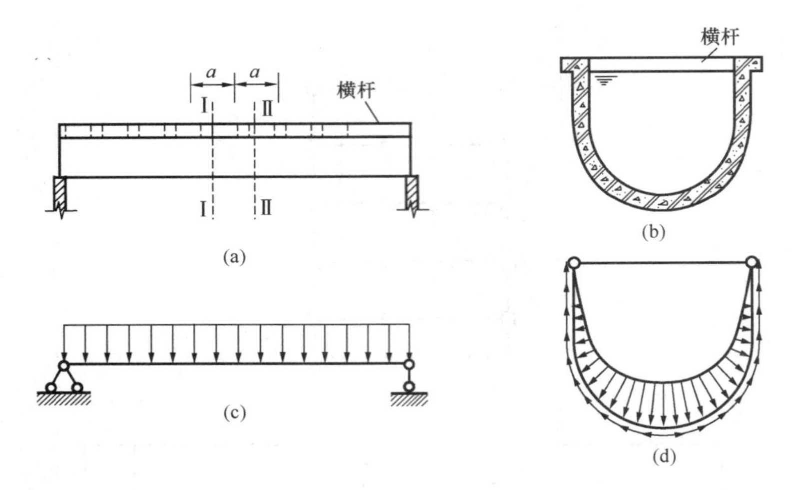

图 14-8　U 形渡槽及其平面结构

平面放置在支墩上。U 形渡槽是一个柱形薄壁结构，设计时常用简化方法，设泊松比 $\mu=0$，将其沿纵向和横向分别按平面结构计算。

沿纵向计算时，将整个槽身看作支承在支墩上的 U 形截面简支梁（图 14-8c），梁上承受均布荷载（包括水重和自重）。通过计算得到横截面的内力，然后进行纵向配筋。

沿横向计算时，用两个相邻的横截面Ⅰ-Ⅰ和Ⅱ-Ⅱ截取一段槽身作为计算单元，计算简图是一个顶部有横杆的 U 形曲梁结构。计算单元上的作用力除水压力和自重（图中只画出水压力）外，还有计算单元两端横截面上的切应力。分析时将两截面的切应力简化合成为如图 14-8（d）所示切向分布剪力，其大小为两截面切应力合力之差，然后用力法算出曲梁的内力，再进行环向配筋。

在给水排水工程和水利工程的构筑物中，一些较大的过水槽也可在初步设计阶段进行这样的简化分析。

第三节　板壳结构的简化分析

工程中的交叉梁系是一种常见的结构体系，板壳结构有时可以简化为交叉梁系进行分析。板壳结构是一种薄壁结构。平分厚度的中面为平面的称为板，中面为曲面的称为壳。土木工程中常用板壳作为屋盖和楼盖的承重结构，水池等构筑物也属于板壳结构。壳的分析较为复杂，下面仅介绍薄板的分析。

一、矩形薄板的简化分析

图 14-9（a）所示四边简支的矩形薄板，边长为 l_1 和 l_2，承受垂直于板面的均布横向荷载 q。计算简图中虚线表示该板的交叉梁系，板所受荷载由交叉梁系沿两个方向传到支座。

从板的中间部分取出交叉的两根梁 AB 和 CD（图 14-9b），近似于承受均布荷载的简支梁。梁 AB 和 CD 的荷载集度分别为 q_1 和 q_2，且 $q_1+q_2=q$；梁 AB 和 CD 的截面惯性矩分别为 I_1 和 I_2。梁的跨中挠度分别为：

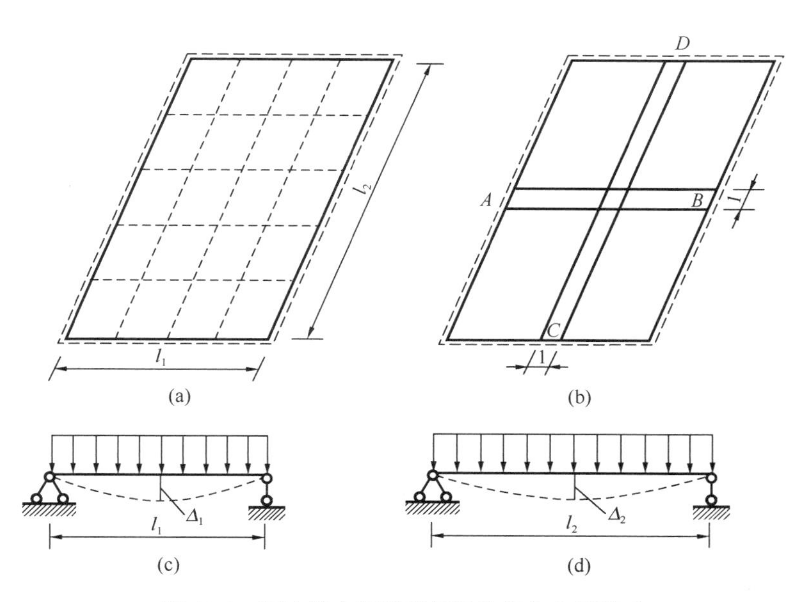

图 14-9　四边简支矩形薄板及其简化分析模型

$$\Delta_1 = \frac{5q_1 l_1^4}{384EI_1}\,, \qquad \Delta_2 = \frac{5q_2 l_2^4}{384EI_2}$$

因两根梁的交叉处挠度应该相等，即 $\Delta_1 = \Delta_2$ ，若 $I_1 = I_2$ ，则由上式可得：

$$\frac{q_1}{q_2} = \frac{l_2^4}{l_1^4}$$

当 $l_2/l_1 > 2$ 时，$q_1 > 16q_2$ ，即荷载 q 的 94%以上将沿短边方向传递。设计中可近似认为荷载只沿短向传递。

从 $\Delta_1 = \Delta_2$ 分析刚度的影响，可得：

$$\frac{q_1}{q_2} = \frac{EI_1/l_1^4}{EI_2/l_2^4}$$

其中，$\frac{EI_1}{l_1^4}$ 和 $\frac{EI_2}{l_2^4}$ 反映了两个方向弯曲刚度的影响，如果 $\frac{EI_1}{l_1^4} > \frac{EI_2}{l_2^4}$ ，则 $q_1 > q_2$ ，显然荷载将沿刚度大的短边方向传递。由此可知，如果两个方向的刚度相近，则荷载为双向传递；如果两个方向的刚度相差悬殊，则荷载主要沿刚度大的方向传递。

根据以上分析，工程设计中可将四边支承的矩形板分为两类：

(1) 单向板。长边与短边之比大于 2，板上荷载沿一个方向（短边）传至支座。

(2) 双向板。长边与短边之比小于或等于 2，板上荷载沿两个方向传至支座。

单向板可取单位宽度的板条作为计算单元，按梁计算。双向板的分析属于弹性力学的薄板小挠度弯曲问题，设计中可采用相应理论得到最大挠度和内力。

二、矩形水池池壁的简化计算

对于高为 h ，长短边分别为 a 和 b 的矩形水池，设计中可根据池壁的长高比，取不同的计算简图。现以单格矩形水池为例说明其简化计算。

1. 双向板式水池

图 14-10 所示水池，当池壁长高比为 $2.0 \geqslant \frac{a}{h} \geqslant 0.5$ ，$2.0 \geqslant \frac{b}{h} \geqslant 0.5$ 时，池壁将沿

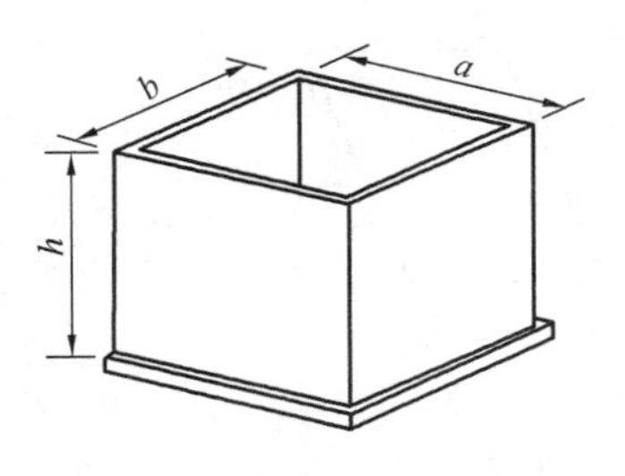

图 14-10 矩形水池

竖直和水平两个方向传力，各池壁都应按双向板计算。这种水池称为双向板式池壁，中小容量贮水池、普通快滤池等均属这种情况。

2. 浅池

图 14-11（a）所示水池，当池壁长高比 $\frac{a}{h}>3.0$，$\frac{b}{h}>3.0$ 时，池壁上所受的荷载主要沿竖向（短边）传递，故可取单位宽度的竖条作为计算单元。因为底板刚度较池壁大得多，所以一般计算简图为下端固定的竖向悬臂梁（图 14-11c）。如果水池有顶盖，则计算简图为下端固定上端铰支的单跨梁（图 14-11d）。这种池壁称为挡土（水）墙式池壁。大容量的矩形贮水池、平流沉淀池等属于这种情况。

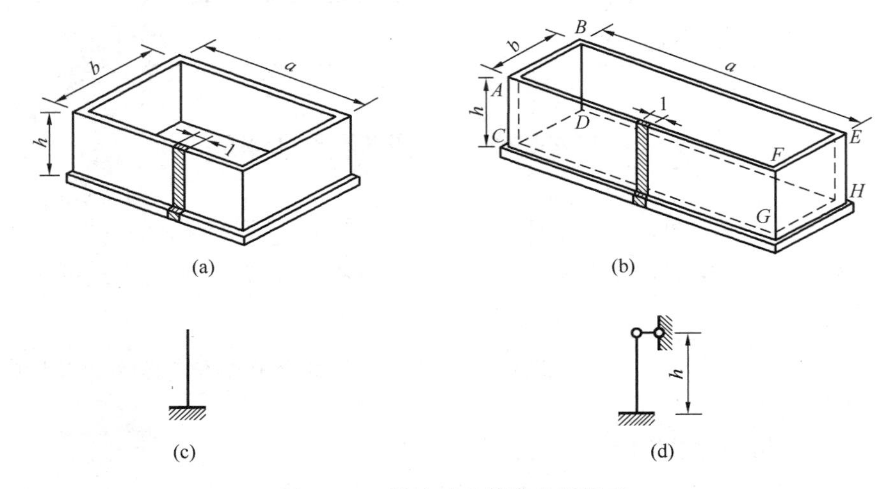

图 14-11 浅池及其简化分析模型

图 14-11（b）所示水池，当池壁长高比为 $\frac{a}{h}>3.0$，$2.0\geqslant\frac{b}{h}\geqslant0.5$ 时，其短向池壁（如 $ABCD$）按双向板计算，长边池壁（如 $ACGF$）按挡土墙式池壁计算。

3. 深池

图 14-12（a）所示水池，当 $\frac{a}{h}<0.5$，$\frac{b}{h}<0.5$ 时，池壁上部主要沿水平方向（短边）传力。这时，池高大于 $2a$ 的部分可截取单位高度的板条作为计算单元，其计算简图为水平封闭刚架（图 14-12b），这种池壁称为水平刚架式池壁，主要用于矩形给水井和较深的矩形地下泵房中。池高小于 $2a$ 的下部应按双向板式池壁计算。

图 14-12（c）所示水池，当 $\frac{a}{h}>0.5$，$\frac{b}{h}<0.5$ 时，不能再按水平刚架计算。对于 $\frac{b}{h}<0.5$ 的一面（如 $ABCD$）可按水平方向传力的单向板计算，而较长的一面则需根据 $\frac{a}{h}$ 的具体数值按双向板式或挡土墙式池壁计算。

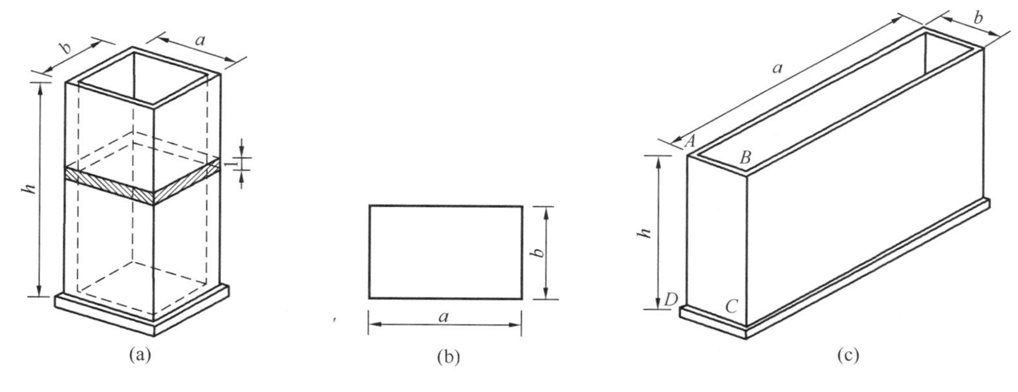

图 14-12　深池及其简化分析模型

第四节　结构的分解简化分析

超静定结构各部分互为弹性支承，如果结构一部分刚度很大，而另一部分刚度很小，则可近似把刚度大的部分视为基本部分，把刚度小的视为附属部分。当荷载只作用在刚度大的部分时，刚度小的部分产生的内力很小，可略去不计。当荷载只作用在刚度小的部分时，刚度大的部分变形很小，可近似将它看作刚度小的部分的刚性支承。基本部分与附属部分的刚度相差越大，这种近似处理的计算结果越精确。下面举例说明。

图 14-13（a）所示厂房排架，右跨为主跨，左跨为附跨，如果主跨排架柱的刚度比附跨柱的刚度大得多，则可将主跨和附跨分开计算。首先计算附跨，这时主跨被当作附跨的刚性支承，若忽略 C 点的线位移，将其作为附跨的固定铰支座，得到如图 14-13（b）所示计算简图。在荷载作用下，求出附跨的内力和支座 C 处的两个反力，然后计算主跨（图 14-13c）。主跨的内力计算除考虑本身承受的荷载外，还要考虑 C 点传来的两个反力。

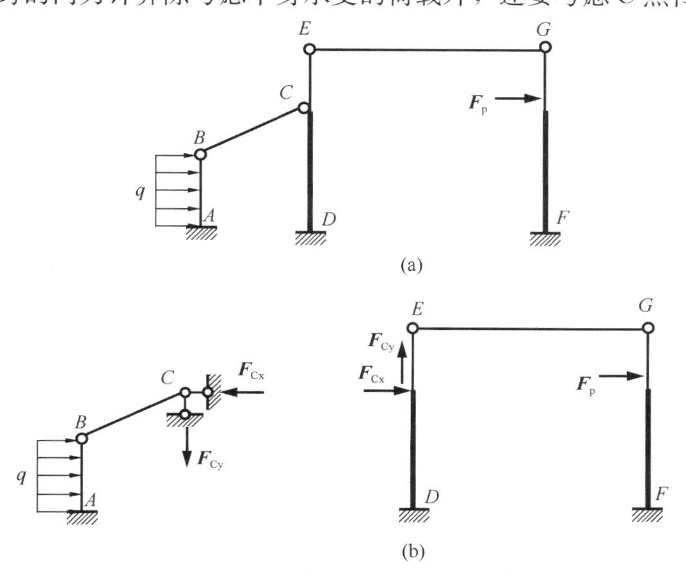

图 14-13　主附跨排架及其简化分析模型

图 14-14 所示肋形梁板结构，常用作房屋结构的屋盖、楼盖以及水池的顶盖。如果采用混凝土现浇，梁、板、柱将形成为一个整体。分析时考虑板的刚度比次梁小，次梁的刚度又比主梁小，因此可将板看成次梁的附属部分，再把板和次梁看作主梁的附属部分。将整个结构体系分解为板、次梁和主梁几类构件，然后分别进行计算。

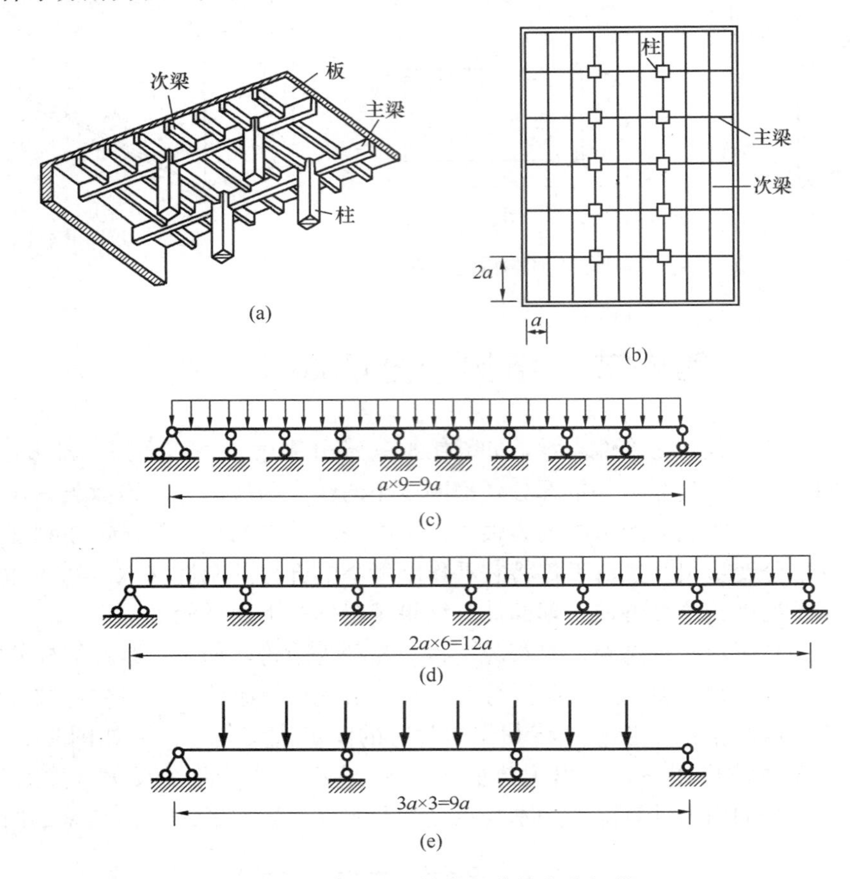

图 14-14 肋形梁板结构及其简化分析模型

由图 14-14（b）的结构布置可知，板可以按单向板计算，板上的荷载主要沿短跨方向传给次梁。次梁作为板的基本部分，可视为板的刚性支承，忽略次梁较小的抗扭刚度后，该刚性支承可简化为可动铰支座。因此，板的计算简图取以次梁为支承的多跨连续梁（图 14-14c），取单位宽度的板条为梁，所承受的荷载按均布荷载考虑。

分析次梁时，板作为附属部分只传递荷载，不起约束作用。而主梁是次梁的基本部分，将它看作次梁的刚性支承，忽略主梁的抗扭刚度后，次梁的计算简图可取以主梁为支承的多跨连续梁（图 14-14d）。所受荷载包括板传来的荷载和次梁的自重，按均布荷载考虑。

分析主梁时，板和次梁均为其附属部分，只起传递荷载的作用。主梁所受荷载主要是由次梁传来的集中力，主梁的自重也近似化为作用在次梁位置的集中荷载。由于主梁和柱子是整体浇筑的，故其内力计算按刚架计算较为合理。如果柱子的抗弯刚度比主梁的抗弯刚度小得多，则可把柱子看作主梁的铰支座，主梁按多跨连续梁计算（图 14-14e）。

工程实际计算结果表明，只要主梁线刚度与次梁线刚度的比值大于 8，以上简化计算结果的精度可以满足工程设计要求。

第五节 忽略次要变形的简化分析

一般，结构在荷载作用下产生的变形可分为主要变形和次要变形，忽略次要变形也是工程实际中常采用的简化分析方法之一。例如，计算梁和刚架时，常略去剪切变形和轴向变形的影响，只考虑弯曲变形的贡献。又如多跨连续梁，如果仅有一跨承受荷载，则只需取出该跨和它的左、右两边各两跨，按五跨连续梁计算即可。下面以多层多跨刚架为例说明相应的简化计算方法。

图 14-15（a）所示无侧移刚架，只有 AB 梁上作用荷载。由于远处的变形迅速减小，故可只取 AB 梁及其相邻各梁柱部分（图 14-15b）做近似计算。考虑该计算简图中各远端结点有一定的转动而非固定支座，计算中可做修正：将除 AB 梁外其余各杆的线刚度均乘以折减系数 0.9，传递系数由 1/2 改为 1/3。

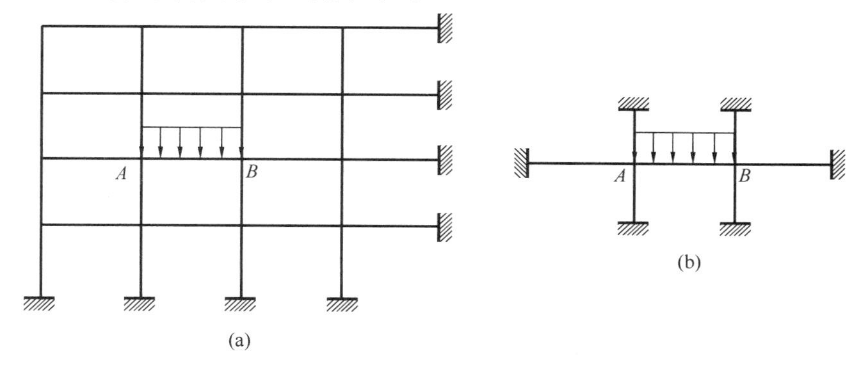

图 14-15　竖向荷载下无侧移刚架部分横梁的简化分析模型

在竖向荷载作用下，有侧移刚架的侧移值一般较小，可以忽略不计，工程中常采用分层计算法。图 14-16（a）所示刚架，可分为如图 14-16（b）所示的三个刚架，用力矩分

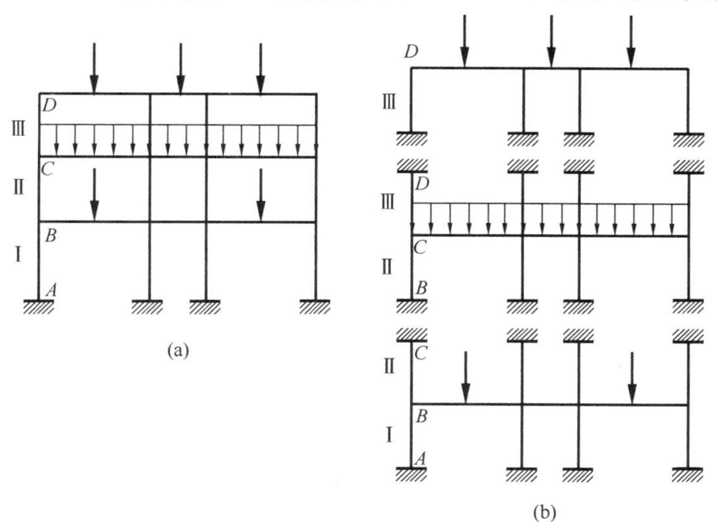

图 14-16　竖向荷载下有侧移刚架的分层简化分析模型

配法分别计算，然后进行叠加。计算中，除底层外其余各层柱子的线刚度均乘以折减系数0.9，传递系数由1/2改为1/3。

需要说明的是，分层计算法得到的杆端弯矩，在各刚结点处是不平衡的，但误差一般不大，可对各结点的不平衡力偶做一次分配，但不再传递。

图14-17（a）所示承受水平荷载的多跨多层刚架，如果横梁的刚度比柱子的刚度大得多，则刚架结点的水平位移为主要变形，结点的转角是次要位移，可以忽略不计。根据转角位移方程可知，各杆的剪力为常数，弯矩为斜直线，各层柱子的两个杆端弯矩值相等。工程中常采用反弯点法进行近似计算。

一般，取部分结构为隔离体（图14-17b），由水平方向力的平衡条件求出各柱的剪力，然后根据柱子的中点为反弯点（弯矩为0），则得到各柱的杆端弯矩。

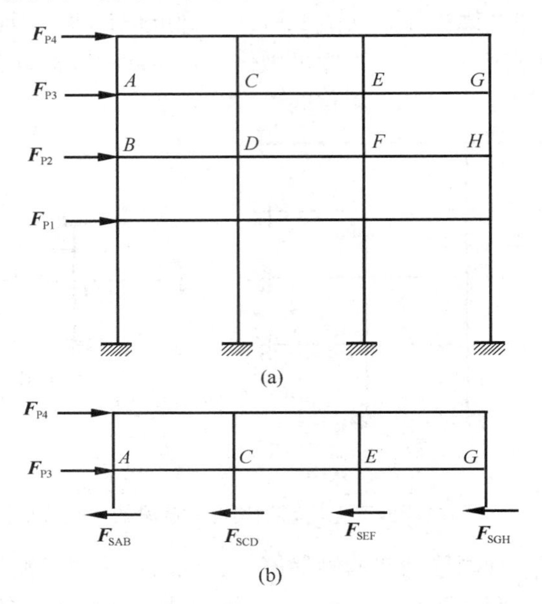

图14-17 水平荷载下有侧移刚架的简化分析模型

第十五章 华广结构力学求解器简介

本章简要说明华广结构力学求解器的应用。

结构力学求解器是学习结构力学的辅助工具。掌握结构力学求解器的应用，除了检验结构力学基础部分的求解是否正确，还可以进一步学习结构力学专题部分的相关内容，如结构动力计算、结构稳定性分析、结构的极限荷载等。

华广结构力学求解器操作简便，简单易学，界面友好，计算结果准确。

第一节　结构计算数据的输入

华广结构力法求解器的输入数据分两部分，一部分是结构计算数据，另一部分是图形标注数据。前者是求解计算必备的数据；后者仅为图形标注数据，不影响求解计算。数据输入可采用交互输入方式；也可在编辑框中，直接编辑数据和修改数据。数据输入和修改后，图形会同步显示。下面介绍结构计算数据的输入内容。

1. 题头

输入的第一行数据为题头，是求解器的功能选项。本求解器具有如下计算功能：几何组成分析（题头：GCAP）；结构静力计算初级（题头：PBSAP）；结构静力计算高级（题头：SPBSAP）；影响线（题头：PBSILAP）；结构稳定分析（题头：PBSSAP）；结构动力计算（题头：PBSDAP）；极限荷载计算（题头：PBSULAP）。

本章主要介绍前四项计算功能。

2. 结点

用交互输入方式，按顺序输入各结点 X 轴坐标值和 Y 轴坐标值，两个坐标值间用逗号分隔。

3. 单元

用交互输入方式，按顺序输入杆单元的始端结点号和终端结点号，然后输入各单元的抗拉刚度（面积参数）和抗弯刚度（惯性矩参数），最后输入单元弹性模量。这些数据之间用逗号分隔。

对于梁式杆件，如果不考虑其轴向变形，在单元起止结点号后输入面积参数 0，惯性矩参数 1。

对于轴力杆件，两端为铰结，在单元起止结点号后输入面积参数 1，惯性矩参数 0。

4. 支承条件

可选的支承条件共有 7 种，详见该求解器的使用说明。常用的有以下三种类型：固定端支座（编码 7)、可动铰支座（编码 2)、固定铰支座（编码 3)。输入结点号及支承条件编码，两者之间用逗号分隔。

5. 结点荷载

输入的结点荷载有三种类型：水平集中力（编码 1)、竖向集中力（编码 2)、集中力矩（编码 3)。荷载的大小和方向在荷载编码后给出。

6. 单元荷载

结构的单元荷载指非结点荷载，常用的单元荷载有三种类型：水平集中力荷载（编码 1)、竖向集中力和竖向均布荷载（编码 2)、集中力矩（编码 3)。均布荷载值后面需给出荷载作用位置、荷载大小及方向。

7. 结束标识

结构计算数据输入完成后，必须要输入结束标识（END)。

第二节　静定结构分析算例

本节将给出应用华广结构力学求解器完成的静定结构分析的典型算例，内容包括平面体系几何组成分析、平面杆系结构的内力计算。

【例 15-1】 试对如图 15-1 所示平面体系进行几何组成分析。

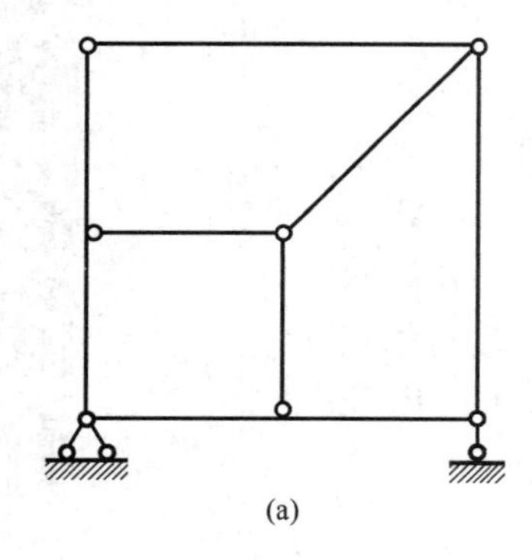

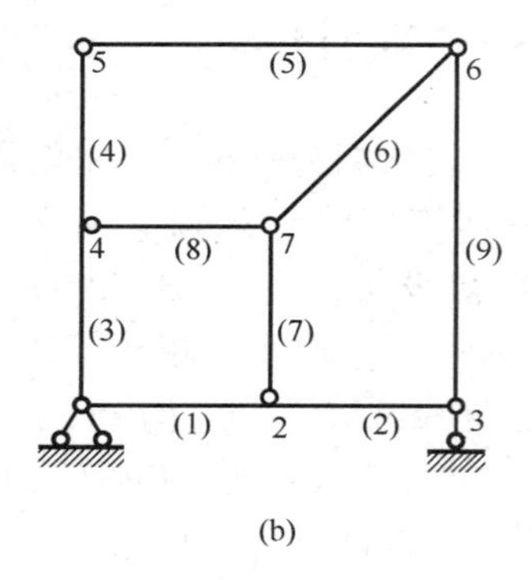

图 15-1　平面体系及其结点单元编号输出结果

【解】(1) 交互输入相关数据

题头：GCAP，逗号后的数据表示输出图形的缩放，正数表示放大，负数表示缩小。

结点：按顺序输入 7 个结点的两个平面坐标值。

单元：按顺序输入 9 个单元，其中前 4 个单元为梁式杆件，后 5 个单元为轴力杆件。由于结点 1 为梁式杆的铰结点，故在单元 3 的结点 1 前加负号。

支承：结点 1 处为固定铰支座（编码 3)，结点 3 处为可动铰支座（编码 2)。

结束：输入结束标识 END。

(2) 输入的数据显示

CGCAP，-6
结点，*0*，*0*
结点，*1*，*0*
结点，*2*，*0*
结点，*0*，*1*
结点，*0*，*2*
结点，*2*，*2*
结点，*1*，*1*
单元，*1*，*2*，*0*，*1*，*1*
单元，*2*，*3*，*0*，*1*，*1*
单元，-1，*4*，*0*，*1*，*1*
单元，*4*，*5*，*0*，*1*，*1*
单元，*5*，*6*，*1*，*0*，*1*
单元，*6*，*7*，*1*，*0*，*1*
单元，*7*，*2*，*1*，*0*，*1*
单元，*7*，*4*，*1*，*0*，*1*
单元，*6*，*3*，*1*，*0*，*1*
支承，*1*，*3*
支承，*3*，*2*
END

（3）相关输出结果

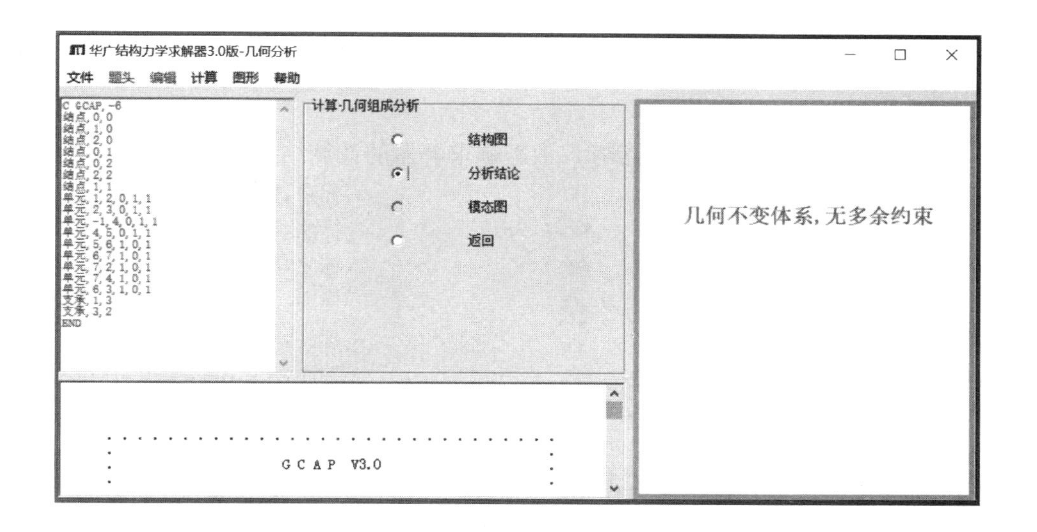

【例 15-2】试计算如图 15-2（a）所示三铰刚架在荷载作用下的内力。

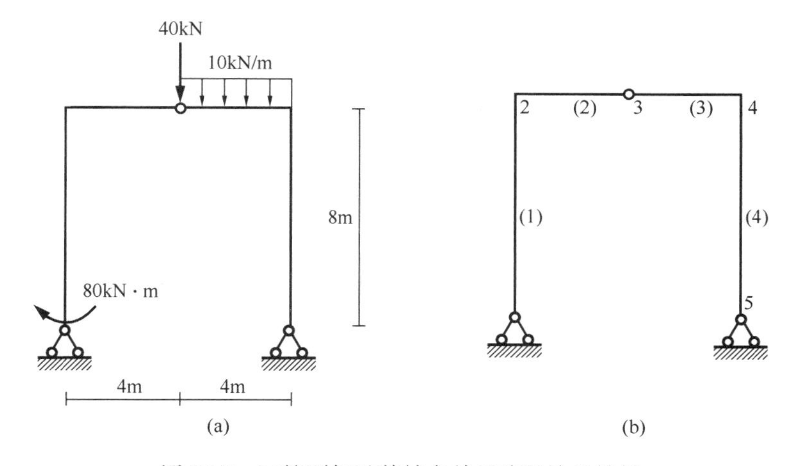

图 15-2 三铰刚架及其结点单元编号输出结果

【解】（1）交互输入相关数据

题头：PBSAP，逗号后的-10表示图形的缩小。

结点：按顺序输入每个结点的两个平面坐标值，共有 5 个结点。

单元：按顺序输入每个梁式杆单元的起止结点号、面积参数（取值 0）、惯性矩参数（取值 1）和弹性模量（取值 1），共有 4 个单元。其中结点 3 为铰结点，在单元 2 的结点 3 前加负号。

支承：结点 1 和结点 5 均为固定铰支座（编码 3）。

结点荷载：结点 1 的集中弯矩（编码 3），数值−80（顺时针），后面的 1 和 18 表示集中力矩图形的方位及其偏移（图形编辑数据，不影响计算结果）；结点 3 的竖向集中力（编码 2），数值−40（向下）。

单元荷载：单元 3 的竖向均布荷载（编码 2），数值 10（向下），后面的 0 表示均布荷载（荷载分布距离为 0）。

结束标识：END。

（2）输入的数据显示

以下正体字为图形标注数据供参考，不影响求解器的计算结果。

```
CPBSAP,-10
结点,0,0
结点,0,8
结点,4,8
结点,8,8
结点,8,0
单元,1,2,0,1,1
单元,2,3,0,1,1
单元,-3,4,0,1,1
单元,4,5,0,1,1
支承,1,3
支承,5,3
结荷,1,3,-80,1,18
结荷,3,2,-40
单荷,3,2,10,0
END
标注,1,1,80kN·m,15,30
标注,3,3,40kN,-15,55
标注,3,4,10kN/m,-20,35
尺寸,1,5,1.5,5
尺寸,4,5,2,0
标注,1,5,4m,-35,-30
标注,1,5,4m,25,-30
标注,4,5,8m,23,5
标注,0,(kN·m),(kN),55,20
标注,-1,4,1,-15
标注,-2,3,2,-20
标注,-2,4,1,-10
标注,-3,3,1,-20
标注,-3,4,1,-15
END
```

（3）相关输出结果

求解器输出静力分析得到的三铰刚架弯矩图、剪力图和轴力图，如图 15-3 所示。

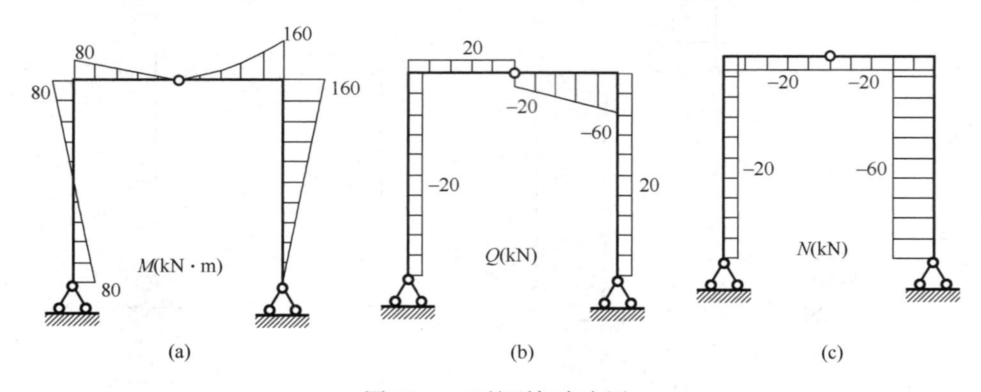

图 15-3 三铰刚架内力图

【例 15-3】试计算如图 15-4（a）所示多跨静定梁的内力影响线。

【解】（1）交互输入相关数据

题头：PBSILAP，逗号后的正数 20 表示输出图形的放大。

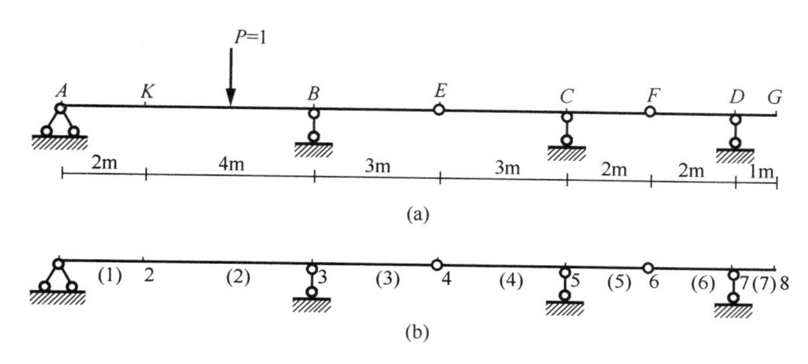

图 15-4 多跨静定梁及其结点单元编号输出结果

结点：共输入 8 个结点的平面坐标值（y 坐标值均为 0），其中结点 2 为所求截面。

单元：共输入 7 个梁式杆单元的起止结点编码、面积参数（0）、惯性矩参数（1）和弹性模量（1）。结点 4 和结点 6 为铰结点，单元 4 的结点 4 和单元 6 的结点 6 前需加负号。

支承：结点 1 为固定铰支座（编码 3），结点 3、结点 5、结点 7 均为可动铰支座（编码 2）。

影响：输入移动荷载和影响量（详见以下求解过程）。

结束标识：END。

（2）输入的数据显示

以下正体字为图形标注数据供参考，不影响求解器计算结果。

```
CPBSILAP,20
结点,0,0
结点,2,0
结点,6,0
结点,9,0
结点,12,0
结点,14,0
结点,16,0
4 单荷,4,0,2,2
5 单荷,5,0,1,2
END
标注,2,3,P=1,5,50
尺寸,1,2,1,0
尺寸,2,3,1,0
尺寸,3,5,1.5,0
尺寸,5,7,1.5,0
尺寸,7,8,1,0
标注,1,2,2m,-5,-25
标注,2,3,4m,-5,-25
标注,3,4,3m,-5,-25
结点,17,0
单元,1,2,0,1,1
单元,2,3,0,1,1
单元,3,4,0,1,1
单元,-4,5,0,1,1
单元,5,6,0,1,1
单元,-6,7,0,1,1
单元,7,8,0,1,1
标注,4,5,3m,-5,-25
标注,5,6,2m,-5,-25
标注,6,7,2m,-5,-25
标注,7,8,1m,-5,-25
标注,1,1,A,-5,18
标注,2,2,K,-5,18
标注,3,3,B,-5,18
标注,4,4,E,-5,18
标注,5,5,C,-5,18
标注,6,6,F,-5,18
标注,7,7,D,-5,18
标注,8,8,G,-5,18
支承,1,3
支承,3,2
支承,5,2
支承,7,2
单荷,2,1,1,2
1 单荷,3,0,0,2
2 单荷,2,0,1,3,1
3 单荷,2,0,1,2,1
END
1 标注,0,B 点反力影响线,200,-50
2 标注,0,K 点弯矩影响线,200,-50
3 标注,0,K 点剪力影响线,200,-50
4 标注,0,C 点左端剪力影响线,200,-50
5 标注,0,C 点右端剪力影响线,200,-50
END
```

（3）相关输出结果

求结点 3（B 支座）的竖向反力影响线时，将输入荷载数据：*1 单荷，3，0，0，2*

的第 1 个字符 1 去掉，得到如图 15-5 所示结果。

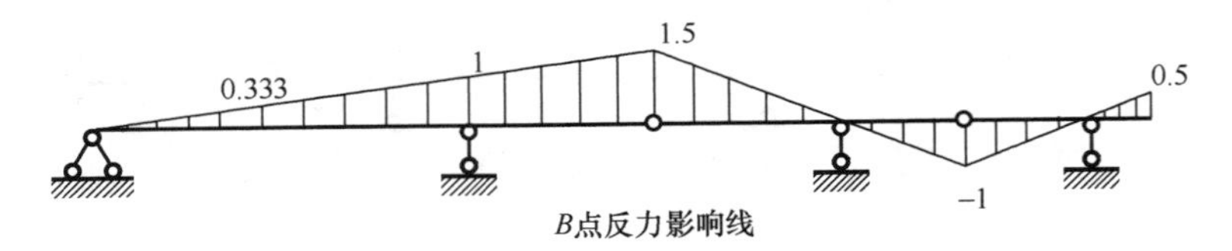

图 15-5　结点 3 竖向反力影响线

求单元 2 始端结点 2（K 截面）的弯矩影响线时，将输入荷载数据：*2 单荷，2，0，1，3，1* 的第 1 个字符 2 去掉，得到如图 15-6 所示结果。

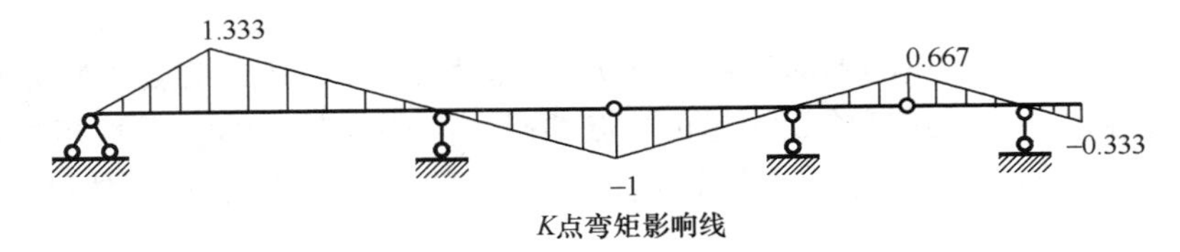

图 15-6　结点 2 弯矩影响线

求单元 2 始端结点 2（K 截面）的剪力影响线时，将输入荷载数据：*3 单荷，2，0，1，2，1* 的第 1 个字符 3 去掉，得到如图 15-7 所示结果。

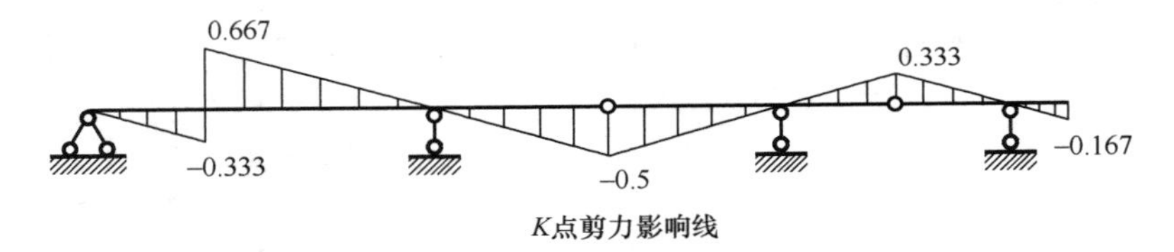

图 15-7　结点 2 剪力影响线

求单元 4 终端结点 5（C 支座左）的剪力影响线时，将输入荷载数据：*4 单荷，4，0，2，2* 的第 1 个字符 4 去掉，得到如图 15-8 所示结果。

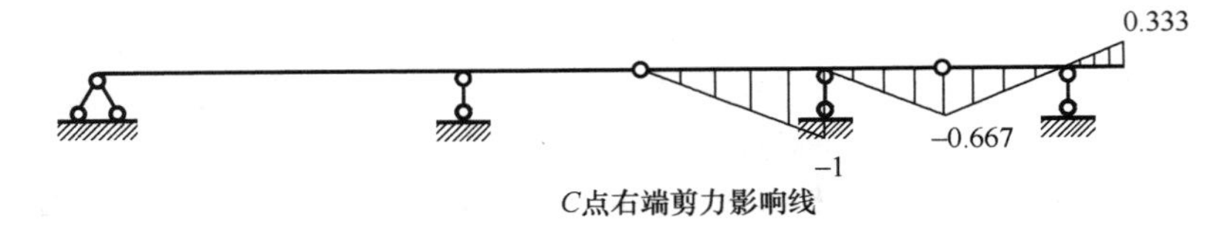

图 15-8　结点 5 左截面剪力影响线

求单元 5 始端结点 5（C 支座右截面）的剪力影响线时，将输入荷载数据：*5 单荷，5，0，1，2* 第 1 个字符 5 去掉，得到如图 15-9 所示结果。

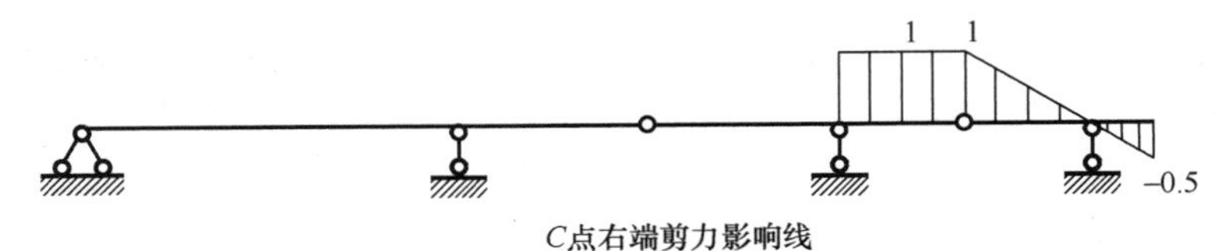

图 15-9　结点 5 右截面剪力影响线

第三节　超静定结构分析算例

本节将给出应用华广结构力学求解器完成的超静定结构分析的典型算例，内容包括超静定梁和刚架、超静定桁架的内力计算。

【例 15-4】 试用位移法计算图示三跨超静定连续梁（图 15-10a）的弯矩。

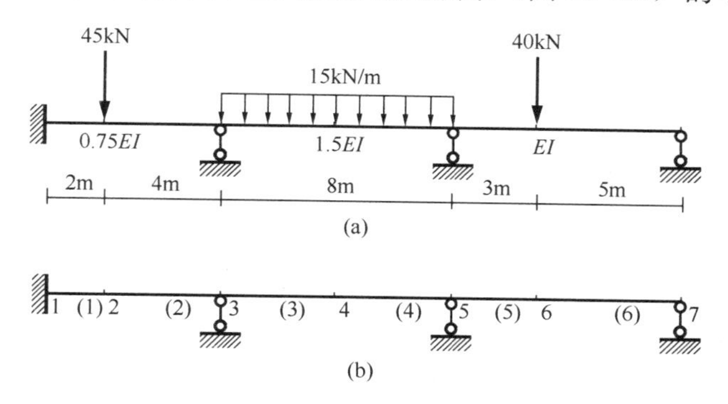

图 15-10　超静定梁及其结点单元编号输出情况

【解】（1）交互输入相关数据

题头：PBSAP，逗号后的正数 10 表示输出图形的放大。

结点：按顺序输入每个结点的两个平面坐标值，共有 7 个结点。

单元：按顺序输入每个梁单元的起止结点号、面积参数（0）、惯性矩参数（1）和弹性模量（1），共有 6 个单元。

支承：结点 1 为固定端，用两位数 37 表示，其中十位数 3 表示支座的方位转动 270°（图形编辑数据，不影响计算结果），个位数表示支座类型，固定端编码为 7；结点 3、结点 5、结点 7 均为可动铰支座（编码 2）。

结点荷载：结点 2 的竖向集中力（编码 2），数值−45（向下），结点 6 的竖向集中力（编码 2），数值−40（向下）。

单元荷载：单元 3、单元 4 的竖向均布荷载（编码 2），数值 15（向下），其后的数字表示荷载分布距离，对于均布荷载取值为 0。

结束标识：END。

（2）输入的数据显示

以下正体字为图形标注数据供参考，不影响求解器的计算结果。

```
CPBSAP,,10
结点,0,0
结点,2,0
结点,6,0
结点,10,0
结点,14,0
结点,17,0
结点,22,0
支承,1,37
支承,3,2
支承,5,2
支承,7,2
结荷,2,2,-45
结荷,6,2,-40
单荷,3,2,15,0
单荷,4,2,15,0
标注,4,4,1.5EI,-10,-5
标注,6,6,EI,0,-5
尺寸,1,2,1,0
尺寸,2,3,1,0
尺寸,3,5,1,0
尺寸,5,6,1,0
尺寸,6,7,1,0
标注,1,2,2m,-5,-25
```

单元,1,2,0,0.75,1
单元,2,3,0,0.75,1
单元,3,4,0,1.5,1
单元,4,5,0,1.5,1
单元,5,6,0,1,1
单元,6,7,0,1,1
END

标注,2,2,45kN,−15,55
标注,4,4,15kN/m,−15,35
标注,6,6,40kN,−15,55
标注,2,2,0.75EI,−10,−5
标注,2,3,4m,−5,−25
标注,3,5,8m,−5,−25
标注,5,6,3m,−5,−25
标注,6,7,5m,−5,−25
标注,0,(kN·m),(kN),90,−40
END

(3) 相关输出结果

求解器输出位移法计算得到的结构弯矩图，如图 15-11 所示。

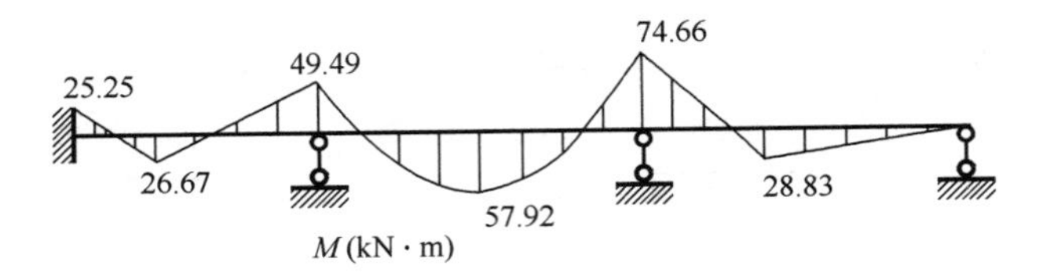

图 15-11 三跨超静定梁弯矩图

【例 15-5】试用力法计算图示超静定刚架（图 15-12a）的内力图。

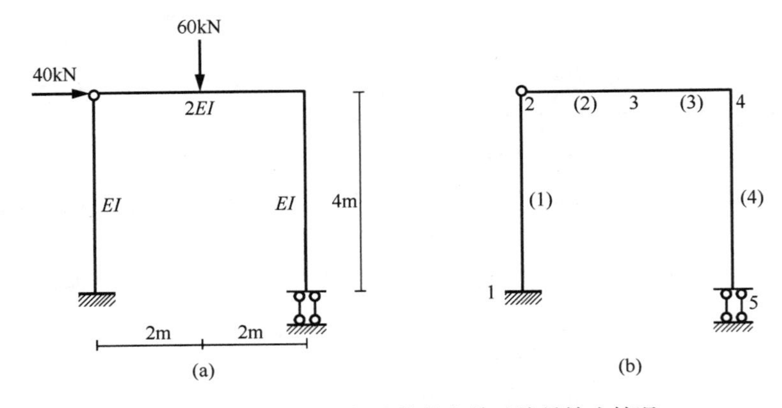

图 15-12 超静定刚架及其结点单元编号输出情况

【解】(1) 交互输入相关数据

题头：PBSAP，逗号后的−8 表示图形画布的缩小。

结点：按顺序输入每个结点的两个平面坐标值，共有 5 个结点。

单元：按顺序输入每个梁式杆单元的起止结点号、面积参数（0）、惯性矩参数（1）和弹性模量（1），共有 4 个单元。其中结点 2 为铰结点，在单元 2 的始端结点 2 前加负号。

支承：结点 1 为固定端（编码 7），结点 5 为竖向定向支座（编码 6）。

结点荷载：结点 2 的水平集中力（编码 1），数值 40（向右），结点 3 的竖向集中力（编码 2），数值−60（向下）。

结束标识：END。

(2) 输入的数据显示

以下正体字为图形标注数据供参考，不影响求解器的计算结果。

CPBSAP,−8	单元,4,5,0,1,1	标注,3,3,2EI,−5,−5
结点,0,0	支承,1,7	标注,5,4,EI,−15,0
结点,0,4	支承,5,6	尺寸,1,5,1.5,0
结点,2,4	结荷,2,1,40	尺寸,4,5,2,0
结点,4,4	结荷,3,2,−60	标注,1,5,2m,−40,−25
结点,4,0	END	标注,1,5,2m,30,−25
单元,1,2,0,1,1	标注,2,2,40kN,−40,20	标注,4,5,4m,20,0
单元,−2,3,0,2,1	标注,3,3,60kN,−15,55	标注,0,(kN·m),(kN),55,20
单元,3,4,0,2,1	标注,1,2,EI,5,0	END

(3) 相关输出结果

求解器输出力法计算得到的结构弯矩图、剪力图和轴力，如图 15-13 所示。

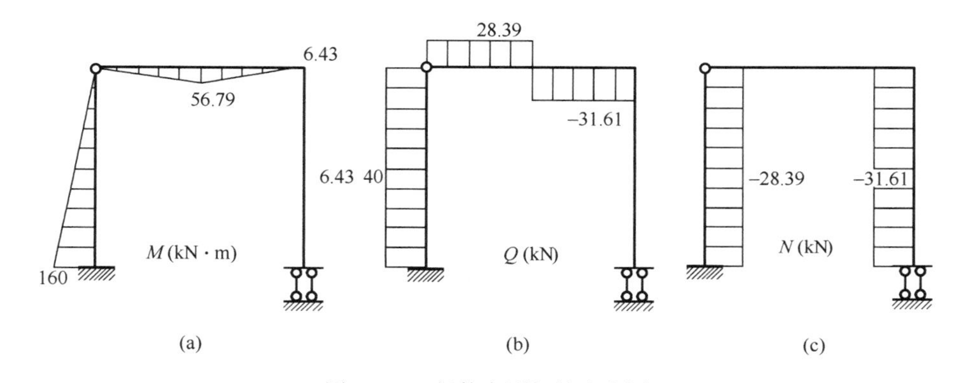

图 15-13 超静定刚架的内力图

【例 15-6】试用力法计算图示超静定桁架（图 15-14a）的轴力图。

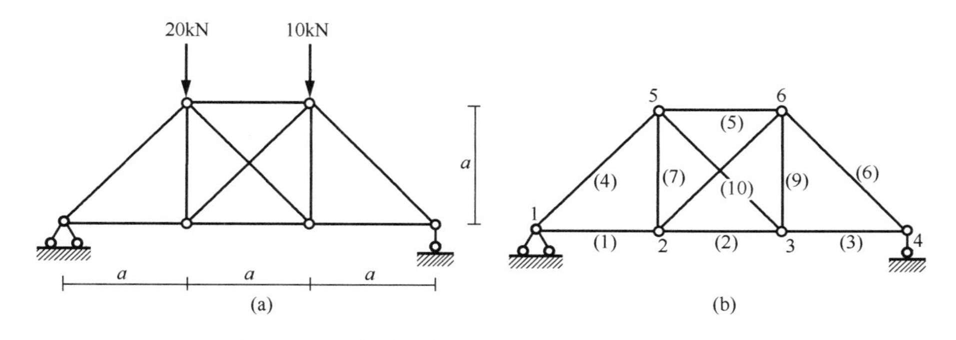

图 15-14 超静定桁架及其结点单元编号输出情况

【解】(1) 交互输入相关数据

题头：PBSAP。

结点：按顺序输入每个结点的两个平面坐标值，共有 6 个结点。

单元：按顺序输入每个轴力杆件单元的起止结点号、面积参数（1）、惯性矩参数（0）和弹性模量（1），共有 10 个单元。

支承：结点 1 为固定铰支座（编码 3），结点 4 为可动铰支座（编码 2）。

结点荷载：结点 5 的竖向集中力（编码 2），数值−20（向下），结点 6 的竖向集中力

(编码 2)，数值－10（向下）。

结束标识：END。

(2) 输入的数据显示

以下正体字为图形标注数据供参考，不影响求解器的计算结果。

```
CPBSAP
结点,0,0
结点,1,0
结点,2,0
结点,3,0
结点,1,1
结点,2,1
单元,1,2,1,0,1
单元,2,3,1,0,1
单元,3,4,1,0,1
单元,1,5,1,0,1
单元,5,6,1,0,1
单元,6,4,1,0,1
单元,2,5,1,0,1
单元,5,3,1,0,1
单元,3,6,1,0,1
单元,6,2,1,0,1
支承,1,3
支承,4,2
结荷,5,2,-20
结荷,6,2,-10
END

标注,5,5,20kN,-15,55
标注,6,6,10kN,-15,55
尺寸,1,3,1.5,0
尺寸,3,4,1,0
尺寸,4,6,2,-15
标注,1,2,a,-5,-25
标注,2,3,a,-5,-25
标注,3,4,a,-5,-25
标注,4,4,a,15,45
标注,0,(kN),100,-25
标注,-3,10,1,-15,15
END
```

(3) 相关输出结果

求解器输出力法计算得到的桁架结构轴力图，如图 15-15 所示。

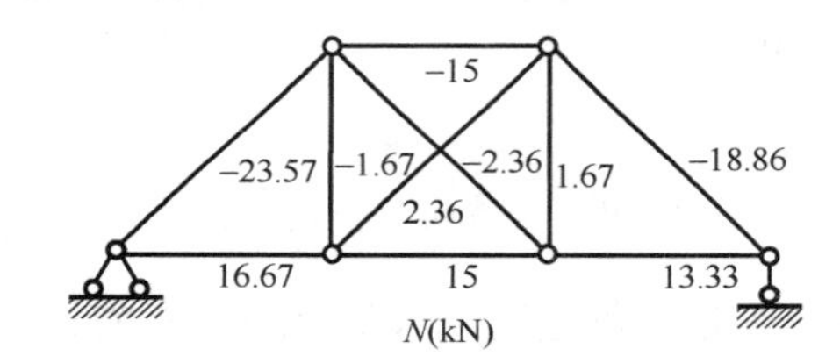

图 15-15 超静定桁架轴力图

本章简要介绍了华广结构力学求解器及其应用，有兴趣的读者可以微信关注“华广结构力学”，进一步学习相关的典型算例，下载最新版的华广结构力学求解器。下载安装完成后，在程序安装文件内有该求解器的详细说明书。

部分习题答案

第三章

3-1 $F_{AB}=7.32\text{kN}$，$F_{AC}=5.18\text{kN}$

3-2 $F_{NA}=0.90\text{kN}$，$F_{NB}=0.73\text{kN}$

3-3 (a) $F_{Ax}=0$，$F_{Ay}=10\text{kN}(\uparrow)$，$F_B=40\text{kN}(\uparrow)$

(b) $F_{Ax}=0$，$F_{Ay}=M/l(\uparrow)$，$F_B=M/l(\downarrow)$

(c) $F_{Ax}=\frac{\sqrt{2}}{2}F(\rightarrow)$，$F_{Ay}=\frac{\sqrt{2}}{4}F(\uparrow)$，$F_B=\frac{\sqrt{2}}{4}F(\uparrow)$

(d) $F_{Ax}=0$，$F_{Ay}=20\text{kN}(\uparrow)$，$M_A=30\text{kN}\cdot\text{m}$（逆时针）

(e) $F_{Ax}=0$，$F_{Ay}=5\text{kN}(\uparrow)$，$F_B=5\text{kN}(\uparrow)$

(f) $F_{Ax}=0$，$F_{Ay}=3\text{kN}(\uparrow)$，$F_B=14\text{kN}(\uparrow)$

3-4 (a) $F_{Ax}=qa(\leftarrow)$，$F_{Ay}=qa(\uparrow)$，$M_A=\frac{3}{2}qa^2$（逆时针）

(b) $F_{Ax}=0$，$F_{Ay}=2qa(\uparrow)$

3-5 (a) $F_{Ax}=0$，$F_{Ay}=F_{By}=2.5F(\uparrow)$

(b) $F_{Ax}=0$，$F_{Ay}=40\text{kN}(\uparrow)$，$F_B=35\text{kN}(\uparrow)$

3-6 $F_{Ax}=20.4\text{kN}(\rightarrow)$，$F_{Ay}=64.6\text{kN}(\uparrow)$，$F_{Bx}=20.4\text{kN}(\leftarrow)$，$F_{By}=60.4\text{kN}(\uparrow)$

3-7 $F_{Ax}=0$，$F_{Ay}=10\text{kN}(\uparrow)$，$M_A=20\text{kN}\cdot\text{m}$（逆时针），$F_C=10\text{kN}(\uparrow)$

第四章

4-1 (a) 几何不变体系，且无多余约束

(b) 几何不变体系，且无多余约束

(c) 几何不变体系，且无多余约束

(d) 几何可变体系

4-2 (a) 几何瞬变体系

(b) 几何不变体系，且无多余约束

(c) 几何不变体系，无多余约束

(d) 几何可变体系

(e) 几何可变体系

(f) 几何不变体系，且无多余约束

(g) 几何不变体系，有一个多余约束

(h) 几何不变体系，且无多余约束

4-3 (a) 几何不变体系，且无多余约束
(b) 几何不变体系，且无多余约束
(c) 几何不变体系，且无多余约束
4-4 (a) 几何不变体系，且无多余约束
(b) 几何不变体系，且无多余约束
(c) 几何不变体系，有一个多余约束
(d) 几何不变体系，且无多余约束
4-5 (a) 至少需加 4 个约束 (3 个链杆，1 个竖向支杆)
(b) 至少需加 3 个约束 (1 个链杆，2 个支杆)

第五章

5-1 (a) $F_{N1}=F$，$F_{N2}=-F$，$F_{N3}=3F$
(b) $F_{N1}=-F$，$F_{N2}=-F$，$F_{N3}=F$
5-2 $F_{N1}=0$，$F_{N2}=60kN$，$F_{N3}=50kN$；$\sigma_1=0$，$\sigma_2=191MPa$，$\sigma_3=39.8MPa$；$\sigma_{max}=191MPa$
5-3 $F=160kN$
5-4 $\sigma_{max}=48.8MPa$
5-5 $\sigma_0=100MPa$，$F=10kN$
5-6 $[F]=60.1kN$
5-7 $b=35.1mm$，$h=117mm$
5-8 $\sigma_{max}=5.56MPa<[\sigma]$，安全
5-9 $F_{NAB}=20kN$，$F_{NBC}=30kN$；$\sigma_{max}=95.5MPa$，$\Delta l=0.62mm$
5-10 $\lambda=150>\lambda_P=102$，$F_{cr}=281kN$
5-11 $\lambda=48$，$\varphi=0.735$，$\sigma_{max}=3.06MPa<\varphi[\sigma]=7.35MPa$，木杆安全

第六章

6-1 $F=251.3kN$
6-2 $d\geqslant 15.5mm$
6-3 $d_{min}=25.2mm$
6-4 $T_{BA}=764N\cdot m$，$T_{AC}=-1146N\cdot m$
6-5 $T_{AB}=4kN\cdot m$，$T_{BC}=-3kN\cdot m$，$\tau_{Emax}=10.04MPa$，$\tau_F=8.61MPa$
6-6 $T=1592N\cdot m$，$d\geqslant 51.3mm$
6-7 $T=906N\cdot m$，$\tau_{max}=2.67MPa<[\tau]$，安全
6-8 $T_{max}=7kN\cdot m$，$\tau_{max}=69.6MPa$，$\varphi=0.040rad$,安全
6-9 $T_{max}=4kN\cdot m$，$d\geqslant 87.4mm$

第七章

7-1 (a) $S_z=-8.1\times 10^4 mm^3$
(b) $S_z=-1.8\times 10^5 mm^3$

(c) $S_z = 4.225 \times 10^4 \text{mm}^3$

7-2 (a) $y_C = -58.46\text{mm}$，$z_C = 0$

(b) $y_C = -41.55\text{mm}$，$z_C = 61.55\text{mm}$

(c) $y_C = -75.77\text{mm}$，$z_C = 0$

7-3 (a) $I_z = 9.55 \times 10^9 \ \text{mm}^4$

(b) $I_z = \dfrac{256 - 3\pi}{3072}a^4 = 0.0803a^4$

7-4 (a) $F_{S1} = -12\text{kN} = F_{S2}$，$M_1 = -16\text{kN} \cdot \text{m}$，$M_2 = -40\text{kN} \cdot \text{m} = M_3$，$F_{S3} = 20\text{kN}$

(b) $F_{S1} = 6\text{kN}$，$M_1 = 12\text{kN} \cdot \text{m} = M_2$；$F_{S2} = -4\text{kN}$

(c) $F_{S1} = -7.5\text{kN} = F_{S2}$，$M_1 = 5\text{kN} \cdot \text{m}$，$M_2 = -10\text{kN} \cdot \text{m} = M_3$，$F_{S3} = 0$

(d) $F_{S1} = -2\text{kN} = F_{S2}$，$M_1 = -4\text{kN} \cdot \text{m}$，$M_2 = 6\text{kN} \cdot \text{m}$

(e) $F_{S1} = 0$，$M_1 = 20\text{kN} \cdot \text{m} = M_2$，$F_{S2} = -10\text{kN}$

(f) $F_{S1} = 0$，$M_1 = 6\text{kN} \cdot \text{m}$；$F_{S2} = 8\text{kN}$，$M_2 = 2\text{kN} \cdot \text{m}$

7-5 (a) $F_{S,\max} = F$，$F_{S,\min} = -F$，$M_{\max} = Fa$，$M_{\min} = 0$

(b) $F_{S,\max} = 2\text{kN}$，$F_{S,\min} = -6\text{kN}$，$M_{\max} = 18\text{kN} \cdot \text{m}$，$M_{\min} = 0$

(c) $F_{S,\max} = F$，$F_{S,\min} = -F/2$，$M_{\min} = -Fa$，$M_{\max} = 0$

(d) $F_{S,\max} = qa$，$F_{S,\min} = -\dfrac{7}{6}qa$，$M_{\max} = \dfrac{5}{6}qa^2$，$M_{\min} = -\dfrac{1}{2}qa^2$

(e) $F_{S,\max} = -qa$，$F_{S,\min} = -2qa$，$M_{\min} = -2.5qa^2$，$M_{\max} = 0$

(f) $F_{S,\max} = F$，$F_{S,\min} = 0$，$M_{\min} = -Fa$，$M_{\max} = 0$

(g) $F_{S,\max} = 0$，$F_{S,\min} = -10\text{kN}$，$M_{\max} = 10\text{kN} \cdot \text{m}$，$M_{\min} = 0$

(h) $F_{S,\max} = 0$，$F_{S,\min} = -10\text{kN}$，$M_{\max} = 20\text{kN} \cdot \text{m}$，$M_{\min} = 0$

7-6 (a) $M_{\max} = -Fa/2$，$M_{\min} = -Fa$

(b) $M_{\max} = qa^2/4$，$M_{\min} = -qa^2/2$

(c) $M_{\min} = -qa^2$

(d) $M_{\max} = 10\text{kN} \cdot \text{m}$，$M_{\min} = -15\text{kN} \cdot \text{m}$

7-7 $M_1 = 1.2\text{kN} \cdot \text{m}$，$\sigma_A = -1.04 \times 10^5 \text{Pa}$，$\sigma_B = -0.52 \times 10^5 \text{Pa}$，
$\sigma_C = 0$，$\sigma_D = 0.52 \times 10^5 \text{Pa}$；$M_{\max} = 2.4\text{kN} \cdot \text{m}$，$\sigma_{\max} = 2.08 \times 10^5 \text{Pa}$

7-8 $\sigma_{l,\max} = 27.3\text{MPa} < [\sigma_l]$，$\sigma_{c,\max} = 46.1\text{MPa} < [\sigma_c]$；安全

7-9 $[q] = 9.2\text{kN/m}$

7-10 $b \times h \geqslant 139\text{mm} \times 209\text{mm}$

7-11 $[F] = 67.5\text{kN}$

第八章

8-1 (a) B 支座弯矩为 $10\text{kN} \cdot \text{m}$（上侧受拉）

(b) $M_A = 3qa^2$（上侧受拉）

(c) $M_{BC} = 30\text{kN} \cdot \text{m}$（上侧受拉）

(d) $M_E = 2\text{kN} \cdot \text{m}$（上侧受拉）

8-2 (a) $M_B = F_P a$（上侧受拉），$M_D = F_P a/2$（下侧受拉）

(b) $M_B = 20\text{kN} \cdot \text{m}$（下侧受拉），$M_D = 20\text{kN} \cdot \text{m}$（上侧受拉）

8-3 (a) $F_{Ax} = ql$（←），$F_{By} = \dfrac{3ql}{2}$（↑），$M_{CB} = ql^2$（下侧受拉）

(b) $F_{Ax}=ql$ (→), $F_{By}=0$, $M_{CD}=ql^2$ (上侧受拉)

(c) $F_{Ax}=10kN$(←), $M_{BA}=40kN\cdot m$(右侧受拉)

(d) $F_{Ay}=2kN$(↑), $M_{BA}=8kN\cdot m$(下侧受拉)

(e) $F_{Ax}=\frac{5}{4}ql$ (←), $F_{Bx}=\frac{5}{4}ql$ (→), $F_{Cy}=2ql$ (↑), $M_{EC}=3ql^2/2$(下侧受拉)

(f) $F_{Ax}=ql$ (→), $F_{By}=ql$ (↑), $M_{DB}=ql^2/2$(下侧受拉)

8-4 (a) $M_{AB}=1.5qa^2$(左侧受拉), $F_{SBC}=-4kN$, $F_{NAB}=-4kN$

(b) $M_{AB}=9kN\cdot m$(右侧受拉), $F_{SBC}=-qa$, $F_{NAB}=-3qa$

(c) $M_{AB}=65kN\cdot m$(左侧受拉), $M_{BC}=40kN\cdot m$(上侧受拉), $F_{SAB}=30kN$, $F_{NBC}=-20kN$

8-5 (a) $M_{DA}=20kN\cdot m$(左侧受拉)

(b) $M_{DA}=\frac{1}{4}F_Pa$(左侧受拉)

(c) $M_{DA}=\frac{m}{2}$(右侧受拉), $M_{EB}=\frac{m}{2}$(左侧受拉)

(d) $M_{DA}=42.67kN\cdot m$(左侧受拉)

(e) $M_{FE}=14kN\cdot m$(左侧受拉)

(f) $F_{Ay}=30kN$(↓), $M_{IE}=60kN\cdot m$(左侧受拉)

(g) $F_{Cx}=20kN$(→), $M_{GC}=80kN\cdot m$(左侧受拉)

8-7 $M_D=24.7kN\cdot m$(内侧受拉), $M_D=12.7kN\cdot m$(内侧受拉)

8-8 (a) 5 根零杆

(b) 4 根零杆

8-9 (a) $F_{NBC}=17.32kN$

(b) $F_{NDE}=53.33kN$

(c) $F_{NCD}=22.5kN$

(d) $F_{NBD}=-30kN$

8-10 (a) $F_{Nb}=0.707F_P$, $F_{Nd}=0.5F_P$

(b) $F_{Na}=0$, $F_{Nb}=8.33kN$

(c) $F_{Na}=10kN$, $F_{Nb}=-11.314kN$

(d) $F_{Nb}=12.5kN$, $F_{Nc}=-3.75kN$

8-11 (a) $F_{NBD}=-20\sqrt{5}kN$

(b) $F_{NFG}=144kN$

第九章

9-2 $\theta_A=0.015$ 弧度 (↻)

9-3 $\Delta_{Cx}=-5.6cm$(←)

9-4 $\Delta_{By}=\frac{ql^4}{8EI}$(↓)

9-5 $\Delta_{Cy}=\frac{1728}{EI}$(↓)

9-6 $\Delta_{Cx}=\frac{F_Pl}{EA}(2\sqrt{2}+1)$(→)

9-7 $\Delta_{Cy}=\frac{40.968}{EA}$(↓)

9-8 (a) $\theta_C = \dfrac{5ql^3}{48EI}$ (↻), $\Delta_{Cy} = \dfrac{ql^4}{24EI}$ (↓)

(b) $\varphi_{C-C} = \dfrac{3ql^2}{8EI}$ (↻↺)

(c) $\Delta_{Cy} = \dfrac{F_P l^3}{12EI}$ (↓)

(d) $\Delta_{Cx} = \dfrac{486}{EI}$ (→)

9-9 $\Delta_{By} = \dfrac{F_P l^3}{EI} + \dfrac{9F_P l}{4EA}$ (↓)

9-10 $\Delta_{Dy} = 16.04\text{mm}$

第十章

10-1 (a) $\overline{M}_A = -l$ (B 点的值), $\overline{F}_{SA} = 1$ (B 点的值), $\overline{M}_C = -\dfrac{2}{3}l$ (B 点的值),

$\overline{F}_{SC} = 1$ (B 点的值)

(b) $\overline{M}_A = l$ (A 点的值), $\overline{F}_{By} = 1$ (A 点的值), $\overline{M}_C = \dfrac{2}{3}l$ (A 点的值),

$\overline{F}_{SC} = -1$ (A 点的值)

(c) $\overline{M}_A = 4\text{m}$ (D 点的值), $\overline{M}_C = -3\text{m}$ (D 点的值), $\overline{F}_{SC} = 1$ (D 点的值)

(d) $\overline{M}_A = -1.5\text{m}$ (D 点的值), $\overline{M}_C = \dfrac{4}{3}\text{m}$ (C 点的值), $\overline{F}_{SC} = \dfrac{1}{4}$ (D 点的值),

$\overline{M}_D = 0$ (D 点的值)

10-2 $\overline{M}_D = 1\text{m}$ (D 点的值), $\overline{F}_{SD} = -\dfrac{1}{2}$ (D 左的值)

10-3 (a) $\overline{F}_{By} = 1$ (A 点的值), $\overline{M}_A = 4\text{m}$ (A 点的值), $\overline{M}_C = 2\text{m}$ (C 点的值),

$\overline{F}_{SC} = -1$ (C 左的值)

(b) $\overline{F}_{By} = 1$ (B 点的值), $\overline{M}_A = 0$ (A 点的值), $\overline{M}_C = \dfrac{4}{3}\text{m}$ (C 点的值),

$\overline{F}_{SC} = -\dfrac{1}{3}$ (C 左的值)

10-4 (a) $\overline{M}_B = 1\text{m}$ (B 点的值), $\overline{F}_{SB} = -0.5$ (B 左的值), $\overline{M}_D = -3\text{m}$ (C 点的值),

$\overline{F}_{Ey} = -1$ (C 点的值)

(b) $\overline{M}_K = \dfrac{3}{4}\text{m}$ (K 点的值), $\overline{F}_{SK} = -\dfrac{3}{4}$ (K 左的值), $\overline{M}_C = -2\text{m}$ (F 点的值),

$\overline{F}_{Dy} = 1.5$ (G 点的值)

10-5 (a) $M_C = 80\text{kN}\cdot\text{m}$, $F_{SC} = -20\text{kN}$

(b) $M_C = 100\text{kN}\cdot\text{m}$, $F_{SC左} = 25\text{kN}$, $F_{SC右} = -35\text{kN}$

10-6 15.667kN

10-7 462.4kN

第十一章

11-1 (a) 2 次；(b) 2 次；(c) 1 次；(d) 3 次；(e) 3 次；(f) 10 次

11-2 (a) $M_{AB}=\frac{1}{8}ql^2$(上侧受拉)

(b) $M_{AB}=\frac{1}{4}Fl$(下侧受拉)

(c) $M_{AB}=6.67\text{kN}\cdot\text{m}$(上侧受拉)

11-3 (a) $M_{AB}=\frac{23}{56}ql^2$(左侧受拉)

(b) $M_{AC}=25.2\text{kN}\cdot\text{m}$(左侧受拉)

(c) $M_{CB}=19.29\text{kN}\cdot\text{m}$(上侧受拉)

11-4 (a) $F_{NAC}=5.625\text{kN}$

(b) $F_{NAD}=0.25F$

11-5 $M_{AD}=211.66\text{kN}\cdot\text{m}$(左侧受拉)

11-6 (a) $M_{AC}=11.25\text{kN}\cdot\text{m}$(右侧受拉)

(b) $M_{AC}=2.05\text{kN}\cdot\text{m}$(左侧受拉)

(c) $M_{AD}=12\text{kN}\cdot\text{m}$(下侧受拉)

11-7 $F_{NCD}=10.52\text{kN}$

第十二章

12-1 (a) 1个;(b) 2个;(c) 2个;(d) 4个;(e) 3个;(f) 2个

12-2 (a) $M_{AB}=\frac{1}{18}ql^2$(左侧受拉)

(b) $M_{CD}=9.8\text{kN}\cdot\text{m}$(上侧受拉)

(c) $M_{AB}=6\text{kN}\cdot\text{m}$(上侧受拉)

12-3 (a) $M_{AC}=23.75\text{kN}\cdot\text{m}$(左侧受拉)

(b) $M_{AD}=7.22\text{kN}\cdot\text{m}$(左侧受拉)

(c) $M_{AB}=6.58\text{kN}\cdot\text{m}$(下侧受拉)

12-4 (a) $M_{AD}=\frac{1}{72}ql^2$(右侧受拉)

(b) $M_{AB}=6.5\text{kN}\cdot\text{m}$(下侧受拉)

第十三章

13-1 (a) $M_{AB}=8.71\text{kN}\cdot\text{m}$(上侧受拉),$F_{SBA}=+8.41\text{kN}$

(b) $M_{BA}=43.33\text{kN}\cdot\text{m}$(上侧受拉),$F_{SBC}=-1.95\text{kN}$

13-2 (a) $M_{AC}=2.73\text{kN}\cdot\text{m}$(右侧受拉)

(b) $M_{BA}=8.67\text{kN}\cdot\text{m}$(左侧受拉)

(c) $M_{BA}=26\text{kN}\cdot\text{m}$(上侧受拉)

13-3 (a) $M_{AB}=4.46\text{kN}\cdot\text{m}$(上侧受拉)

(b) $M_{AB}=21.69\text{kN}\cdot\text{m}$(上侧受拉)

(c) $M_{AB}=12.53\text{kN}\cdot\text{m}$(上侧受拉)

参 考 文 献

[1] 李前程，安学敏，赵彤. 建筑力学[M]. 北京：高等教育出版社，2004.

[2] 刘成云. 建筑力学[M]. 北京：机械工业出版社，2005.

[3] 重庆建筑大学. 建筑力学(第一分册)理论力学[M]. 北京：高等教育出版社，1999.

[4] 哈尔滨建筑大学. 建筑力学(第二分册)材料力学[M]. 北京：高等教育出版社，1999.

[5] 李家宝，洪范文. 建筑力学(第三分册)结构力学[M]. 北京：高等教育出版社，2006.

[6] 龙驭球，包世华. 结构力学1——基本教程(第2版)[M]. 北京：高等教育出版社，2006.

[7] 王焕定，章梓茂，景瑞. 结构力学[M]. 北京：高等教育出版社，2000.

[8] 朱慈勉. 结构力学(第2版)[M]. 北京：高等教育出版社，2009.

[9] 杨弗康，李家宝. 结构力学(第四版)[M]. 北京：高等教育出版社，1998.

[10] 李廉锟. 结构力学(第三版)[M]. 北京：高等教育出版社，1996.

[11] 萧允徽，张来仪. 结构力学[M]. 北京：机械工业出版社，2006.

[12] 黄小清，曾庆敦. 工程结构力学[M]. 北京：高等教育出版社，2001.

[13] 孙训芳，方孝淑，关来泰. 材料力学(I)(第5版)[M]. 北京：高等教育出版社，2009.

主 编 简 介

魏德敏，华南理工大学土木工程系教授，博士生导师。1982年、1985年和1991年分别获工学学士、硕士和博士学位。1996年晋升为教授，1998年被聘为博士生导师。曾任太原理工大学土木工程系副主任、土木建筑科学研究所所长，华南理工大学建筑学院副院长，教育部高等学校力学基础课程教学指导委员会副主任委员，建设部高等学校土木工程专业教学指导委员会委员，广东省力学学会常务理事，广东省人大常委会委员，九三学社中央委员会委员。现兼任《华南理工大学学报》副主编，《工程力学》《地震工程与工程振动》《空间结构》等核心期刊编委，广东省钢结构协会常务理事，中国标准化协会空间结构专业委员会委员，中国建筑学会结构抗火专业委员会委员，广州市政府参事。

主要从事结构力学、建筑力学、弹性力学和塑性力学等课程的教学工作，从事土木工程结构防灾减灾及非线性分析的科研工作，已发表教研和学术论文320余篇，出版学术专著和教材各1部，获批国家发明专利2项，软件著作权4项，培养和招收博士生、硕士生及博士后100余名。先后获省部级科技进步一等奖一项、二等奖两项，第四届霍英东高等学校青年教师教学三等奖一项。被评为山西省优秀教师和师德明星，华南理工大学教学名师、全国力学教学优秀教师。